中国水利教育协会
高等学校水利类专业教学指导委员会　共同组织

全国水利行业"十三五"规划教材（普通高等教育）

工程水文及水利计算

主编　王丽学　刘丹

中国水利水电出版社
www.waterpub.com.cn
·北京·

内 容 提 要

本书为高等学校农业水利工程专业通用教材。全书共十五章,主要内容包括:水循环及径流形成、水文资料收集与处理、水文统计的基本知识、设计年径流的分析计算、由流量资料推求设计洪水、流域产流与汇流计算、由暴雨资料推求设计洪水、水文预报、河流水质及河流泥沙、水文模型、径流调节的基本概念、水库的兴利调节计算、小型水电站水能计算、水库防洪计算等。

本书可作为相关专业的教学参考书,还可供水利及其他涉水专业的技术人员参考使用。

图书在版编目(CIP)数据

工程水文及水利计算 / 王丽学,刘丹主编. -- 北京:中国水利水电出版社, 2019.7(2023.7重印)
 全国水利行业"十三五"规划教材. 普通高等教育
 ISBN 978-7-5170-7802-9

Ⅰ. ①工… Ⅱ. ①王… ②刘… Ⅲ. ①工程水文学-高等学校-教材②水利计算-高等学校-教材 Ⅳ. ①TV12②TV214

中国版本图书馆CIP数据核字(2019)第134689号

书　名	全国水利行业"十三五"规划教材(普通高等教育) **工程水文及水利计算** GONGCHENG SHUIWEN JI SHUILI JISUAN
作　者	主编　王丽学　刘丹
出版发行	中国水利水电出版社 (北京市海淀区玉渊潭南路1号D座　100038) 网址:www.waterpub.com.cn E-mail:sales@mwr.gov.cn 电话:(010)68545888(营销中心)
经　售	北京科水图书销售有限公司 电话:(010)68545874、63202643 全国各地新华书店和相关出版物销售网点
排　版	中国水利水电出版社微机排版中心
印　刷	清淞永业(天津)印刷有限公司
规　格	184mm×260mm　16开本　17.75印张　432千字
版　次	2019年7月第1版　2023年7月第3次印刷
印　数	3501—5500册
定　价	51.00元

凡购买我社图书,如有缺页、倒页、脱页的,本社营销中心负责调换

版权所有·侵权必究

前 言

本书是根据全国水利行业"十三五"规划教材（普通高等教育）编制计划编写完成的，是高等院校水利类专业本科的通用教材。本书是为适应目前大部分高校"工程水文及水利计算"课程的学分、学时都在缩减的现状，满足课程内容和学时需要，并结合新时期工程水文及水利计算发展的特点而编写的。

本书为高等学校农业水利工程专业的通用教材，也可作为相关专业的教学参考书。在教材结构方面，力求传承经典、成熟的理论体系；在教学内容方面，力求充分阐述本学科的基本理论和基本计算方法，并在此基础上吸纳本学科领域的部分最新研究成果。在编写过程中，力求做到定义、概念准确，文字精炼。

本书由王丽学、刘丹主编，张静、刘派、刘海生、徐威为副主编，徐淑琴、栾策参加编写。全书共分十五章，编写大纲由编写人员集体讨论，全书由沈阳农业大学王丽学统稿。具体分工如下：刘丹（第四章，第六章，第八章第一～四节），刘海生（第三章，第九章），徐威（第十章，第十一章第一～二节），徐淑琴（第十五章），张静（第十三章，第十四章），刘派（第二章，第十一章第三节），栾策（第五章，第八章第五～七节），王丽学（第一章，第七章，第十二章）。

中国农业大学任树梅教授对全书进行了审稿。本书的出版得到了东北农业大学、沈阳工学院、沈阳农业大学、辽宁生态工程职业学院、中国水利水电出版社的关心和支持。书中有些材料引自有关院校及科研生产单位人员编写的教材及文章，在此，编者向所有关心和支持本书的单位和人士以及本书中给出的和没有给出的相关文献的作者，表示诚挚的谢意。

由于编者水平有限，书中难免存在不足及疏漏之处，恳请读者批评指正。

编者

2019 年 5 月

目 录

前言

第一章 绪论 ········ 1
  第一节 工程水文及水利计算的研究内容 ········ 1
  第二节 工程水文及水利计算的主要任务 ········ 2
  第三节 水文现象的基本规律与研究方法 ········ 2

第二章 水循环及径流形成 ········ 6
  第一节 水循环及水量平衡 ········ 6
  第二节 河流与流域 ········ 8
  第三节 降水、蒸发及下渗 ········ 12
  第四节 径流 ········ 20
  复习思考题 ········ 24

第三章 水文资料收集与处理 ········ 25
  第一节 水文测站与站网 ········ 25
  第二节 水位观测 ········ 27
  第三节 流量测量 ········ 31
  第四节 水文调查与水文遥感 ········ 40
  复习思考题 ········ 44

第四章 水文统计的基本知识 ········ 46
  第一节 概述 ········ 46
  第二节 随机变量及其概率分布 ········ 46
  第三节 水文频率曲线 ········ 50
  第四节 现行水文频率计算方法 ········ 53
  第五节 相关分析 ········ 60
  复习思考题 ········ 67

第五章 设计年径流的分析计算 ········ 69
  第一节 概述 ········ 69

    第二节　具有长期实测径流资料时设计年径流量计算 …………………… 72
    第三节　具有短期实测径流资料时设计年径流量计算 …………………… 78
    第四节　缺乏实测径流资料时设计年径流量计算 ………………………… 80
    第五节　设计年径流年内分配计算 ………………………………………… 82
    复习思考题 …………………………………………………………………… 85

第六章　由流量资料推求设计洪水
    第一节　概述 ………………………………………………………………… 86
    第二节　设计洪峰流量及设计洪量的推求 ………………………………… 88
    第三节　设计洪水过程线的推求 …………………………………………… 99
    第四节　分期设计洪水 ……………………………………………………… 103
    第五节　入库设计洪水 ……………………………………………………… 104
    第六节　设计洪水的地区组成 ……………………………………………… 106
    复习思考题 …………………………………………………………………… 106

第七章　流域产流与汇流计算
    第一节　概述 ………………………………………………………………… 108
    第二节　流域产流汇流要素计算 …………………………………………… 108
    第三节　流域产流分析计算 ………………………………………………… 112
    第四节　流域汇流分析计算 ………………………………………………… 118
    复习思考题 …………………………………………………………………… 128

第八章　由暴雨资料推求设计洪水
    第一节　概述 ………………………………………………………………… 130
    第二节　直接法推求设计面暴雨量 ………………………………………… 131
    第三节　间接法推求设计面暴雨量 ………………………………………… 135
    第四节　设计暴雨时空分配的计算 ………………………………………… 137
    第五节　设计洪水的推求 …………………………………………………… 139
    第六节　小流域设计洪水计算 ……………………………………………… 142
    第七节　可能最大降水及可能最大洪水 …………………………………… 154
    复习思考题 …………………………………………………………………… 158

第九章　水文预报
    第一节　概述 ………………………………………………………………… 160
    第二节　短期洪水预报 ……………………………………………………… 161
    第三节　中长期水文预报 …………………………………………………… 168
    第四节　水文预报精度评定 ………………………………………………… 170

第十章　河流水质及河流泥沙
    第一节　概述 ………………………………………………………………… 175
    第二节　河流水质 …………………………………………………………… 176

第三节　河流泥沙 ··· 185
　　复习思考题 ··· 189

第十一章　水文模型 ··· 190
　　第一节　概述 ··· 190
　　第二节　水文系统理论模型 ·· 191
　　第三节　水文概念性模型 ·· 197
　　复习思考题 ··· 204

第十二章　径流调节的基本概念 ·· 205
　　第一节　径流调节的分类及灌溉设计标准 ···································· 205
　　第二节　水库特性曲线及特征水位 ·· 207
　　第三节　库区淹没、浸没和水库淤积 ··· 211
　　第四节　水库水量损失 ·· 212
　　复习思考题 ··· 214

第十三章　水库的兴利调节计算 ·· 215
　　第一节　水库兴利调节计算原理及水库运用分析 ···························· 215
　　第二节　水库死水位的选择 ·· 217
　　第三节　年调节水库兴利调节计算 ·· 220
　　第四节　多年调节水库兴利调节计算的长系列法 ···························· 228
　　复习思考题 ··· 231

第十四章　小型水电站水能计算 ·· 232
　　第一节　水能利用基本知识 ·· 232
　　第二节　无调节、日调节水电站水能计算 ···································· 235
　　第三节　年调节水电站水能计算 ··... 241
　　复习思考题 ··· 245

第十五章　水库防洪计算 ·· 246
　　第一节　水库调洪作用 ·· 246
　　第二节　水库调洪计算的原理与方法 ··· 248
　　第三节　水库防洪计算 ·· 257
　　第四节　溃坝洪水计算 ·· 263

附录 ·· 267

参考文献 ··· 273

第一章 绪 论

第一节 工程水文及水利计算的研究内容

工程水文及水利计算的研究内容有两方面：一是工程水文学；二是水利计算。

一、工程水文学

工程水文学是针对不同涉水工程的性质和需求将水文学的基本理论与方法运用于工程建设与管理，为工程规划设计、施工建设、运行管理提供水文依据的一门科学。

广义的水文学是指研究地球上各种水体的存在、分布、运动及其变化规律，探讨水体的物理和化学特性以及它们对环境作用的一门科学。水体是指以一定形态存在于自然界中的水的总称。如大气中的水汽，地球表面上的江河、湖泊、沼泽、冰川、海洋以及潜藏在地下的地下水等。各种水体都有自己的特性和变化规律，因此，按照水体所处的空间位置不同，水文学可以分为水文气象学、陆地水文学、海洋水文学和地下水文学。

狭义的水文学是指研究对象只限于陆地水体的陆地水文学。陆地水文学按水体不同，又可以分为河流水文学、湖泊水文学、沼泽水文学、冰川水文学和河口水文学等。河流与人类的经济生活有密切的关系，因此，河流水文学发展得最早、最快。河流水文学根据研究任务不同，又可以分为水文测验学及水文调查、河流动力学、水文地理学、水文实验研究、水文预报、水文分析与计算以及水利计算与规划等多门学科。

本书所述工程水文的主要内容，是在了解水循环及径流等水文现象相关知识（第二章）及水文统计基本知识（第四章）的基础上，重点阐述进行"两个设计"的分析计算，即设计年径流的分析计算（第五章）与洪水设计。其中洪水设计又分为由流量资料推求设计洪水（第六章）与由暴雨资料推求设计洪水（第八章）。在"两个设计"中，又涉及水文资料的收集与处理（第三章）、流域产流与汇流计算（第七章）等内容。另外，还介绍了河流水质及河流泥沙（第十章），并简要叙述了水文预报（第九章）和水文模型（第十一章）。

二、水利计算

水利计算指的是水资源系统开发和治理中对河流等水体的水文情况、国民经济各部门用水需求、径流调节方式和经济论证等进行分析计算。通过水利计算获得的成果，可为建筑物的设计和设备工作状态的选择提供数据，以便确定建筑物的规模和设备的运行规程，同时也为各种水利工程的投资和效益、用水部门正常工作的保证程度和工程修建后的后果等做经济分析、综合论证提供定量依据。

水利计算的主要内容是在了解径流调节基本概念（第十二章）与工程水文提供的年径流与洪水设计成果的基础上，阐述了"两个计算"，即水库的兴利调节计算（第十三章）

与水库防洪计算（第十五章）。此外还叙述了小型水电站水能计算（第十四章）。

第二节 工程水文及水利计算的主要任务

任何一个流域的开发与水利工程建设过程都必须经历规划设计、工程施工及运行管理3个阶段，不同阶段工程水文与水利计算承担不同的服务内容。

工程水文在规划设计阶段主要是为确定工程规模提供水文数据。水文计算的任务就是要研究工程修建后，在长期使用期限内的水文情势，提出作为工程设计依据的水文特征值（如设计年径流、设计洪水等）。水利计算的任务是根据设计水文数据，通过调节计算，选定工程枢纽参数（如正常蓄水位、死水位、装机容量等），并确定主要建筑物的尺寸（如坝高、溢洪道尺寸等），为详细计算各项水利经济指标、进行经济论证提供依据。

工程施工阶段，水文计算的任务是为确定临时性水工建筑物（如施工围堰、导流隧洞、导流渠等）的规模提供施工期设计洪水。为了使施工现场不受洪水淹没，保证工作正常进行，施工期还要提供中、短期水文预报信息，为防汛抢险和截流当好参谋。水利计算的任务是定出临时性水工建筑物的尺寸（如围堰高度）。在编制施工详图阶段，水利计算的任务一般是制定枢纽运行计划，主要是编制枢纽初期运转的调度图。另外，随着枢纽主体工程逐步完成，还须研究多年调节水库的初期充蓄问题。

运行管理阶段，需要知道未来一定时期的来水情况，以便编制水量调度方案，合理调度，充分发挥工程效益。因此，在这一阶段，水文预报工作十分重要。例如，汛前根据洪水预报信息，在洪水来临之前，预先腾出库容拦蓄洪水。到汛末时，又及时拦蓄尾部洪水，以保证灌溉、发电等方面的需求。此外，在工程运用期间随着水文资料的积累，还要经常地复核和修正原设计的水文数据，改进调度方案或对工程实行必要的改造。

工程水文不仅对水利水电工程建设有巨大的作用，而且对国民经济许多领域也是非常重要的。例如道路桥涵、船运码头、城市排水等，在规划设计和管理中都要用到由水文分析计算提供的数据，这些数据在防汛和洪水预报中也是不可缺少的。所以，水文学科在国民经济建设中的作用将越来越重要。水利工作的主要目标是兴利除害，而工程水文和水利计算的作用就是为了实现这一目标而解决工程上遇到的实际问题。

第三节 水文现象的基本规律与研究方法

一、水文现象的基本规律

地球上的水在太阳辐射和重力的作用下，以蒸发、降水和径流等方式周而复始地循环，这些现象称为水文现象。自然界水文现象的发生和发展过程，由于受气象要素和地质、地貌、植被等下垫面因素以及人类活动的影响，情况是十分复杂的。但是，人们可以从中寻求出一些规律和特性，认识这些规律和特性，有利于开展水文研究和业务工作。总体来说这些水文现象在时间变化上与其他自然现象一样，具有必然性和偶然性，在水文学中通常称前者为确定性，后者为随机性。此外，水文现象在空间变化上，还具有地区性。

（1）水文现象的确定性规律。河流每年都有丰水期和枯水期的周期性交替规律，冰雪

第三节 水文现象的基本规律与研究方法

水源的河流则具有以日为周期的流量变化规律，产生这些现象的根本原因是地球绕太阳的公转与自转。再如，在流域上降落一场暴雨，相应地就会出现一次洪水。如果暴雨强度大、历时长、笼罩面积广，产生的洪水就大；反之，则小。显然，暴雨与洪水之间存在着因果关系。由此说明水文现象都具有客观发生的原因和具体的形成条件，从而存在确定性的规律，也称为成因规律。确定性规律具体又包含了周期性成分和非周期性成分：周期成分是以一定时间间隔重复出现的成分，如河流每年都有一个汛期和一个非汛期，在冰雪水源的河流上水文现象具有日周期变化，有些河流还具有连续干旱或洪涝多年变化的周期；非周期性成分包括趋势性成分和跳跃性成分。趋势性和跳跃性成分是连续或突然上升或下降的一种成分，如水库下游的年径流量在水库修建前后有一个突然下降的成分，有些湖泊由于泥沙淤积水位有逐年上升的趋势。

(2) 水文现象的随机性规律。影响水文现象的因素错综复杂，其确定性规律常常不能完全用严密的数理方程表达出来，于是，在一定程度上又表现出非确定性，称随机性。例如根据暴雨洪水的成因规律进行洪水预报，尽管能取得较好的效果，但由于计算中忽略了一些次要的偶然因素的干扰，预报成果表现出某种程度的随机误差。河流某断面每年出现最大洪峰流量的大小和它们出现的具体时间各年不同，也具有随机性，即未来的某一年份到底出现多大洪水是不确定的。但通过长期观测可以发现，特大洪水和特小洪水出现的机会很少，中等洪水出现的机会多，多年平均值则是一个趋于稳定的数值，洪水大小和出现机会形成一个确定的概率分布，这就是所说的随机性规律，因为要掌握这种规律，常常需要统计学的知识，由大量的资料分析出来，故又称统计规律。随机性规律具体包含了独立随机成分和相依随机成分：独立随机成分（纯随机）指现象之间互不影响，完全独立，如河流每年最大洪峰流量年年不同，汛期出现的时间有前有后、有长有短；相依随机成分（自相关）指现象之间按照顺序不是独立的，具有一定的相关关系，如连续丰水年组或枯水年组。

(3) 水文现象的地区性规律。水文现象在空间变化上还具有相似性和特殊性规律：相似性指不同流域所处的地理位置（经纬度、距海远近等）相似，气候条件与下垫面条件也相似，那么由相类似的气候及地理条件综合影响而产生的水文现象，在一定程度上就具有相似性，如湿润地区河流的径流年内分配比较均匀，而干旱地区河流的径流年内分配就很不均匀；特殊性指不同流域虽然所处的地理位置与气候条件相似，但由于下垫面条件的差异，也会有不同的水文现象，这就是水文现象的特殊性，如在同一气候区，山区河流与平原河流的洪水运动规律就不相同。岩溶地区河流与非岩溶地区河流的水文规律也不相同。总之，水文现象的相似性是相对的，而水文现象的特殊性是绝对的。

从上述水文现象的基本特性可以看出，水文现象的变化规律是错综复杂的。为了寻找它们的变化规律，做出定性和定量的描述，首要的工作是进行长期的、系统的观测工作，收集和掌握充分的水文资料。根据不同的研究对象和资料条件，采取各种有效的分析研究和计算方法。在水文计算中经常采用的方法有成因分析法、数理统计法以及地区综合法等，这些方法相辅相成、互为补充。如今水文模型的应用，包含物理模型和数学模型，特别是水文数学模型引起了人们的重视，丰富了现有的水文计算方法。

二、工程水文学研究方法

正是由于水文现象具有确定性规律、随机性规律和地区性规律，工程水文学的主要研究方法相应地分为成因分析法、数理统计法和地理综合法，三者组合的研究方法是耦合法。

（1）成因分析法。水文现象与其影响因素之间存在着成因上的确定性关系，通过对实测资料和实验资料加以分析研究，可以从水文过程形成的机理上建立某一水文现象与其影响因素之间确定性的定量关系，这样，就可以根据过去和当前影响因素的状况，预测未来的水文现象。这种利用水文现象确定性规律来解决水文问题的方法，称为成因分析法，它在水文分析计算中得到广泛应用。

（2）数理统计法。根据水文现象的随机性，以概率理论为基础，运用频率计算方法，可以求得某水文要素的概率分布，从而得出工程规划设计所需要的设计水文特征值。利用两个或多个变量之间的统计关系（相关关系），进行相关分析，以展延水文系列使其更具有代表性。

（3）地区综合法。根据气候要素和其他地理要素的地区性规律，可以按地区研究受其影响的某些水文特征值的地区变化规律。这些研究成果可以用等值线图或地区经验公式表示出来，如多年平均径流深等值线图、洪水地区经验公式等，称为地区综合法。利用这些等值线或经验公式，可以求出资料短缺地区的水文特征值。

（4）耦合法。将成因分析法、数理统计法、地区综合法等进行组合而产生的研究方法，称为耦合法。耦合法是上述三种方法的结合使用，三者相辅相成，互为补充。

在工程水文学中，由于影响水文过程的因素是非常复杂的，成因分析法和数理统计法往往不能截然分开，须结合使用，才能较好地描述水文过程，有效地减少计算成果的误差。如实时洪水预报就是用成因分析法进行产汇流预报，用数理统计法进行误差实时校正。在实际情况下，即使是认识到水文现象的成因规律，往往也是定性的认识，不能从确定性途径建立相应的数学物理方程，需要根据实测资料借助于统计学途径建立相关关系。单位线的地区综合公式就是用成因分析法推求单位线的参数，用地理综合法进行参数的地区综合。同样，要采用数理统计法建立设计变量与参证变量之间的相关关系，必须采用成因分析方法选择合适的参证变量，才能使得所建立的相关关系具备可靠性和有效性。因此，认真地学习、了解和掌握水文过程的成因规律、地理分布规律和统计规律，掌握工程水文学各研究方法的特性，才能较好地解决工程实际问题。

三、水利计算研究方法

水利计算是在工程水文学的基础上，主要利用水量平衡原理进行研究，但它涉及的内容较多，并与其他学科发生交叉，综合性较强。

（1）水量平衡法。水量平衡法就是基于质量守恒定律的调节计算方法。按照研究的对象和重点，调节计算可分为洪水调节计算和枯水调节计算，洪水调节计算主要解决防洪问题，枯水调节计算重点解决兴利问题。在水库的兴利调节计算中，主要是利用计算时段的来水、用水与水库的蓄水变化进行水量平衡分析，确定调节库容和蓄水变化过程；在中小型水电站的水能计算中，也用到水量平衡方法确定水库的蓄水（水位或水头）变化情况；在水库的调洪计算中，也必须根据水库水量平衡方程与蓄泄方程（或称蓄泄曲线）联合求解，才能确定水库防洪需要的各种特征值。可见水量平衡原理贯穿整个水利计算的全部内容。

（2）多学科交叉法。仅依靠水量平衡法难以完成水利计算目标，必须有其他学科的紧密配合才能达到研究目的，如数理统计学、水力学、水利经济学、水能学等。因此，与其他学科一样，从事水利计算研究时，必须具有扎实的相关学科的知识。虽然水利计算是多学科相互交融的一门技术科学，但水量平衡原理起主导地位，所以将水利计算归类为应用水文学范畴也在情理之中，并得到许多专家学者的认可。

四、新时期水文学研究思路

中华文明因水而生，因水而兴。同时在悠久的历史中，中华民族也饱受水患之苦。兴水利，除水害历来是治国安邦的大事。可以说，中华民族五千年的文明史也是一部治水的历史，历史上就有大禹治水三过家门而不入、西门豹引河水灌民田等脍炙人口的故事。中华人民共和国成立后，开展了大规模水利建设，在这个过程中产生了伟大的红旗渠精神、抗洪精神，彰显了中华民族自强不息、艰苦奋斗的民族精神。在长期的治水实践中，中华民族对水的认识、人水关系的思考也在不断深入。自古中国人民就对水有着特殊感情，喜欢"水利万物而不争"的品质，讲求"上善若水""人水和谐共生"，水系沿岸也孕育了黄河文化、大运河文化等水文化。也有巧妙借助水势和地势修建的都江堰水利工程，造就了天府之国，成为人水和谐共生的生动实践。

改革开放以来，随着经济社会的快速发展，除了洪涝灾害等传统水问题外，我国还面临着水资源短缺、水环境污染、水生态破坏等新问题，人们对水生态环境质量的要求也越来越高。面对新老水问题交织和人水关系日益紧张的局面，我们应该从传统文化中汲取智慧，树立尊重、保护、顺应自然的意识，坚持人水和谐共生理念，倡导社会建立正确的用水方式，科学合理利用水资源，同时加强水生态环境保护、治理和修复，涵养水源、防治水土流失，促进江河湖泊休养生息，守护好碧江绿水，缓解人水紧张关系，构建水生态文明。

我国建设社会主义现代化具有许多重要特征，其中之一就是我国现代化是人与自然和谐共生的现代化，注重同步推进物质文明建设和生态文明建设。水作为自然生态系统中的核心要素，构建人水和谐共生关系不仅是构建人与自然和谐共生的关键，也关乎我国经济社会的健康可持续发展，关乎中华民族的未来。

第二章 水循环及径流形成

第一节 水循环及水量平衡

一、水循环

水是万物之母,生存之本,文明之源。水循环是海洋、陆地和大气之间相互作用过程中一种最活跃且最重要的枢纽,对全球气候和生态环境变化起至关重要的作用。水循环的存在,使人类赖以生存的水资源得到不断更新,成为一种再生资源,并使各个地区的气温、湿度等不断得到调整。同时,人类活动也在一定的空间和尺度上影响着水循环。研究水循环与人类的相互作用和相互关系,坚持人水和谐共生,对于合理开发利用水资源,进而改造大自然具有深远的意义。

(一)水循环的概念

水是地球上分布最广泛的物质之一,地球上的水以液态、固态和气态的形式分布在海洋、陆地、大气和生物机体中,这些水构成了地球的水圈。水圈中各种水体在太阳的辐射下不断蒸发变为水汽进入大气,并随气流的运动输送到各地,在一定条件下凝结形成降水。降落的雨水,一部分被植物截留并蒸发,一部分形成地面径流沿江河回归大海,一部分渗入地下。渗入地下的水,有的被土壤或植物根系吸收,最后经蒸发和植物散发返回大气;有的渗入更深的土层形成地下水,以泉水或地下水的形式注入河流回归大海。水圈中各种水体通过蒸发、水汽输送、凝结、降水、下渗,形成地面、地下径流的往复循环过程,称为水循环。

(二)水循环的成因

水循环的成因包括内因和外因两方面。内因是水的物理三态(固态、液态、气态)在一定条件下的相互转化。外因是太阳辐射和地心引力。太阳辐射为水分蒸发提供热量,促使液态、固态的水变成水汽,并引起空气流动。地心引力使空气中的水汽以降水的形式回到地面,并且促使地表水、地下水汇入大海。另外,陆地的地质条件及地貌类型等都对水循环有一定影响。

(三)水循环的分类

水循环按不同过程和规模,可分为大循环和小循环,如图2-1所示。从海洋上蒸发出来的水汽,被气流输送到大陆上空,遇冷凝结形成降雨降落到地面。其中一部分重新蒸发返回到大气中,另一部分以地面和地下径流的形式沿河流回归大海,这种海陆间的水分交换过程称为大循环。从海洋蒸发的水汽,在海洋上空成云致雨,直接降落到海洋表面,或陆地上的水蒸发后又降落到陆地,这种局部的水循环称为小循环。前者为海洋小循环,后者为内陆小循环,二者具有一定的联系。

(四)水循环的意义

水循环是地球上最重要、最活跃的物质循环之一,它实现了地球系统水量、能量和地

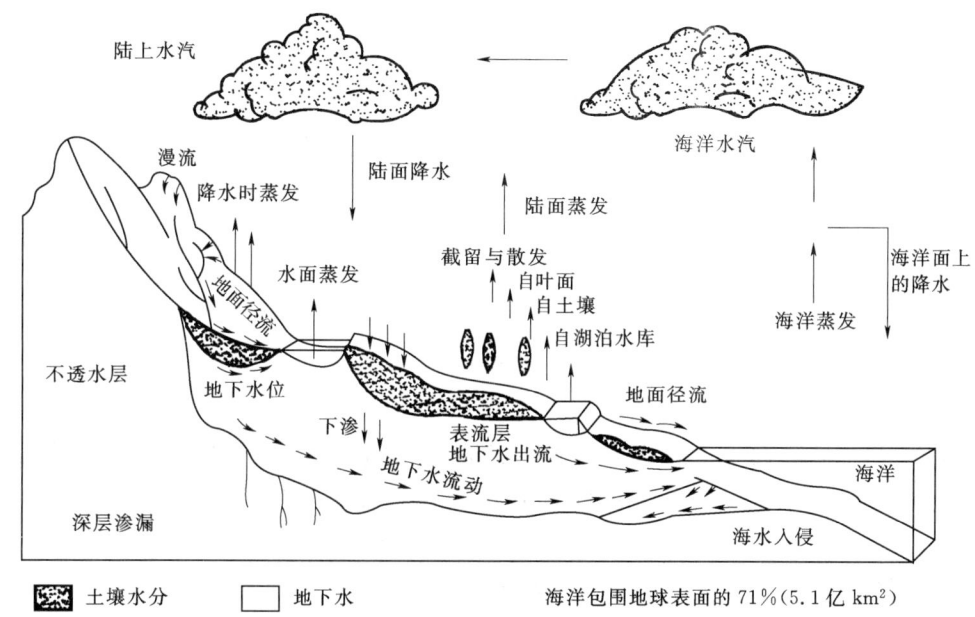

图 2-1 水循环示意图

球生物化学物质的迁移与转换,构成了全球性的连续有序的动态大系统。在水循环中,大气中的水分仅占全球总水量的 0.001%,约为 129 亿 m^3,但平均每年进出大气的总水量高达 6000 万亿 m^3,并以雨、雪、雹、露等形式进行动态循环,使得人类生产、生活不可或缺的水资源具有可再生性和时空分布不均匀性,也就是说没有水循环就没有可供人们利用的水资源。

水在自然界中的循环运动对人类生产和生活有着重大影响。研究水循环的目的在于认识它的基本规律,揭示其内在联系,这对合理开发和利用水资源具有十分重要的意义。

二、水量平衡

(一) 地球的水量平衡

根据物质不灭定律可知,在水循环过程中,对于任一区域,在任一时段内,进入的水量与输出的水量之差必等于其蓄水量的变化量,这就是水量平衡原理。根据水量平衡原理,可以列出水量平衡方程。

对某一区域,其水量平衡方程式为

$$I - O = \Delta S \tag{2-1}$$

式中:I、O 为给定时段内输入、输出该区域的总水量;ΔS 为时段内区域蓄水量的变化量,可正可负。

式 (2-1) 为水量平衡方程的通用式,对不同的研究对象须具体分析其输入量、输出量的组成,写出相应的水量平衡方程,如图 2-2 所示。

图 2-2 通用水量平衡方程示意图

若以地球的整个大陆作为研究范围,则水量平衡方程式为

$$P_c - R - E_c = \Delta S_c \quad (2-2)$$

若以海洋为研究范围，则水量平衡方程式为

$$P_o + R - E_o = \Delta S_o \quad (2-3)$$

式中：P_c、P_o 为陆地和海洋上的降水量；E_c、E_o 为陆地和海洋上的蒸发量；R 为流入海洋的径流量（包括地表和地下径流量）；ΔS_c、ΔS_o 为时段内陆地和海洋蓄水量的变化量。

对于长期平均情况而言，蓄水量的变化量接近于零，可忽略不计。例如，对于陆地多年平均情况，其水量平衡方程可写为

$$\overline{P}_c - \overline{R} = \overline{E}_c \quad (2-4)$$

对于海洋多年平均情况，其水量平衡方程式为

$$\overline{P}_o + \overline{R} = \overline{E}_o \quad (2-5)$$

式中：$\overline{R}$ 为从陆地流入海洋的多年平均年径流量；$\overline{P}_c$ 为陆地多年平均降水量；$\overline{E}_c$ 为陆地多年平均蒸发量；$\overline{E}_o$ 为海洋多年平均蒸发量；$\overline{P}_o$ 为海洋多年平均降水量。

将式（2-4）、式（2-5）合并，即得多年平均全球水量平衡方程为

$$\overline{P}_c + \overline{P}_o = \overline{E}_c + \overline{E}_o \quad (2-6)$$

即

$$\overline{P} = \overline{E} \quad (2-7)$$

式（2-7）表明，全球多年平均降水量 $\overline{P}$ 和多年平均蒸发量 $\overline{E}$ 相等。

（二）区域的水量平衡

水资源的定量分析计算是针对某特定区域开展的，需要研究区域内降水、蒸发、地表水、地下水之间的转化关系。

对某时段（年、月），区域的水量平衡方程如下：

$$P = R + E + U_g \pm \Delta V \quad (2-8)$$

式中：P 为降水量；R 为地表径流量；E 为蒸散发总量；U_g 为地下径流量；$\pm \Delta V$ 为区域内蓄水量的变化量。

对于多年平均情况，由于 $\overline{\Delta V}$ 趋近于零，则有

$$P = R + E + U_g \quad (2-9)$$

区域水资源量为

$$\overline{W} = \overline{P} - \overline{E} = \overline{R} + \overline{U}_g \quad (2-10)$$

区域内由于地表水与地下水补给有重复现象，估算水资源量时，对地表水和地下水既要分项计算，又要计算重复水量，所以，区域水资源量计算式一般形式为

$$\overline{W} = \overline{R} + \overline{U} - \overline{D} \quad (2-11)$$

式中：$\overline{W}$ 为区域多年平均年水资源量；$\overline{R}$ 为区域多年平均年地表径流量；$\overline{U}$ 为区域多年平均年地下水补给量；$\overline{D}$ 为重复水量。

第二节 河流与流域

一、河流

（一）河流的形成与分段

降落在地面的雨水，除下渗、蒸发损失外，形成的地表水在重力作用下，沿着陆地表

面上的有一定坡度的凹地流动,这种水流称为地表径流。由地下水的补给区向排泄区流动的地下水流称为地下径流。而接纳地表径流和地下径流的天然泄水通道称为河流。河流流经的谷地称为河谷,河谷底部有水流的部分称为河床或河槽。面向下游,左边的河岸称左岸,右边的河岸称右岸。

一条河流可分为河源、上游、中游、下游及河口五段。

(1) 河源。河源是河流的发源地,可以是泉水、溪涧、沼泽、湖泊或冰川。河源不是一点一线,而是呈面状分布。

(2) 上游。河流的上游连接河源,水流具有较高的位置势能,在重力的作用下流动,受河谷地形的影响,水流湍急,落差大,冲刷强烈,奔流于深山峡谷之中,常常出现瀑布、急滩。

(3) 中游。随着河槽地势渐趋缓和,两岸逐渐开阔,河面增宽,水面比降减缓,两岸常有滩地,冲淤变化不明显,河床较稳定。

(4) 下游。下游与河口相连一般处于平原区,河床宽阔,河床坡度和流速都较小,淤积明显,浅滩和河湾较多。

(5) 河口。河流的终点,即河流注入海洋或内陆湖泊的地方。这一段因流速骤减,泥沙大量淤积,往往形成三角洲。

注入海洋的河流,称为外流河,如长江、黄河等。流入内陆湖泊或消失在沙漠中的河流称为内陆河,如新疆的塔里木河和甘肃省的石羊河等。

(二) 河流基本特征

1. 河流长度 L

自河源沿主河道至河口的距离称为河流长度,简称河长,单位通常为 km。

2. 河流断面

河流的断面分横断面和纵断面两种。横断面是指与水流方向垂直的断面,两边以河岸为界,下面以河底为界,上界是水面。横断面也称过水断面,枯水期水流所占部分为基本河床,也称为主槽。洪水泛滥所及部分为洪水河床,也称滩地。只有主槽而无滩地的断面称单式断面,既有主槽又有滩地的断面称复式断面(图 2-3)。

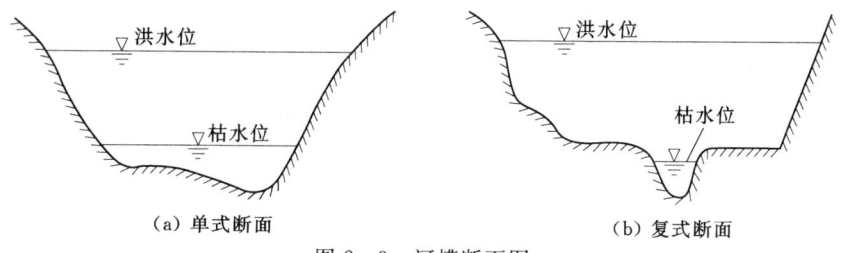

图 2-3 河槽断面图

纵断面是指沿着河流中泓线的剖面,中泓线是河流中沿水流方向各断面最大水深点的连线。用测量方法测出该线上若干河底地形变化点的高程,以河长为横坐标,可绘出河流纵断面图。

3. 河道纵比降 J

河段两端的高程差称为落差。单位河长的落差称为河道纵比降,简称比降。比降常用小数表示，也可用千分数表示。常用的比降有水面比降和河底比降。当河段纵断面近于直线时，比降可按式（2-12）计算：

$$J=\frac{h_1-h_0}{l}=\frac{\Delta h}{l} \qquad (2-12)$$

式中：J 为河段的纵比降；h_1、h_0 为河段上、下端河底高程，m；Δh 为落差，m；l 为河段的长度，m。

当河段纵断面呈折线时，可在纵断面图上，通过下游断面河底处作一条斜线，使斜线以下的面积与原河底线以下的面积相等，此斜线的坡度即为河道的平均纵比降（图2-4），可用式（2-13）计算：

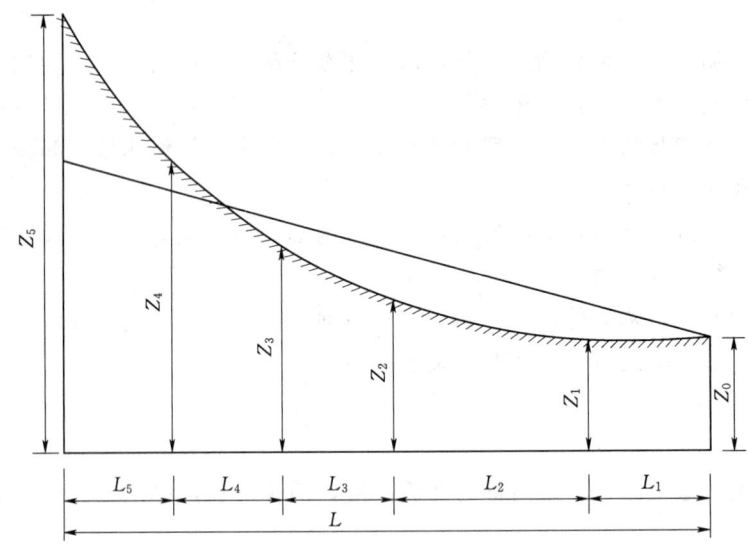

图 2-4　河道平均纵比降示意图

$$J=\frac{(h_0+h_1)l_1+(h_1+h_2)l_2+\cdots+(h_{n-1}+h_n)l_n-2h_0L}{L^2} \qquad (2-13)$$

式中：h_0、h_1、$\cdots$、h_n 为自下游到上游沿程各点的河底高程，m；l_1、l_2、$\cdots$、l_n 为相邻二点间的距离，m；L 为河段全长，m。

4. 河网密度 D

平均单位面积内的河流总长度称为河网密度。它表示流域内水道的多少，能综合反映一个地区的自然地理条件。河网密度可用式（2-14）计算，即

$$D=\frac{\sum L_i}{F} \qquad (2-14)$$

式中：F 为流域面积，m^2；D 为河网密度，1/km；$\sum L_i$ 为流域内干、支流的总长度，m。

二、流域

（一）流域及水系

由分水线包围的汇集地表水和地下水的区域，称为该河流的流域。相对于河流某一断面就有一个相应的流域；当不指明断面时，流域则对河口而言，例如长江流域是指吴淞口

以上的全部集水区域。

流域各条水流路线构成脉络相通的系统，称为水系、河系或河网，与水系相通的湖泊也属于水系之内。根据河系干支流分布形态，河系可分为四种类型：河系分布如扇骨状的称为扇形河系；如羽毛状的称为羽状河系；几条支流并行排列，至河口附近才汇合的称为平行河系；大河流多由以上两三种形式混合排列，称为混合河系。

（二）分水线

流域的界线称为分水线。每个流域的分水线通常是由流域四周的山脊线以及由山脊线与流域出口断面的流线组成，起着分水作用，有地面分水线和地下分水线两种（图2-5）。当地面分水线与地下分水线重合时，这样理想的流域称为闭合流域。但由于地质构造上的原因，地面分水线与地下分水线并不完全一致，这种流域称为非闭合流域。

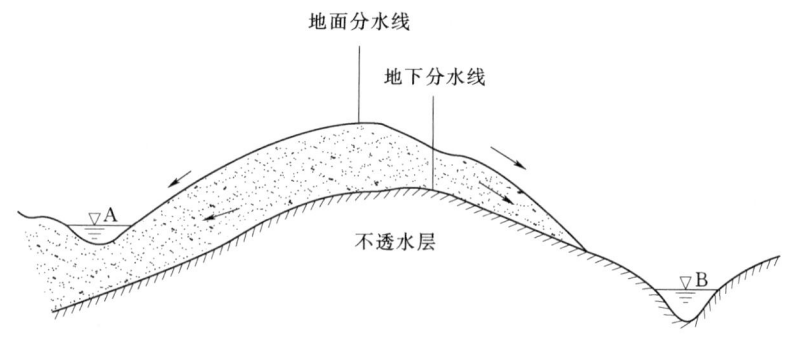

图2-5 分水线示意图

（三）流域的几何特征

1. 流域面积 F

流域面积是流域地面集水区的水平投影面积。通常先在适当比例尺的地形图上定出流域分水线，然后用 GIS 软件测出它所包围的面积。用 F 表示，单位为 km^2。

2. 流域长度 L 和平均宽度 B

流域长度是指流域的中心轴长，以 L 表示，单位为 km。流域长度可在地形图上量算，以流域出口为中心作同心圆，在同心圆与流域分水线相交处绘出许多割线，各割线中点的连线的长度即为流域长度。若流域形状不甚弯曲，也可采用河源到流域出口的直线来确定流域长度。

流域面积 F 与流域长度 L 的比值为流域的平均宽度 B，单位为 km。即

$$B = F/L \tag{2-15}$$

3. 流域形状系数 K

流域形状系数是流域的平均宽度 B 与流域长度 L 之比，即

$$K = B/L = F/L^2 \tag{2-16}$$

扇形流域 K 值较大，容易形成洪峰比较高的洪水；羽形流域 K 值较小，洪水不易集中。它在一定程度上反映了流域形状对汇流的影响。

第三节 降水、蒸发及下渗

一、概述

水循环是自然界最重要、最活跃的物质循环之一，正是由于水循环，才使得人类生产和生活中不可缺少的水资源具有可再生性和时空分布不均匀性，提供了江河湖泊等地表水资源和地下水资源，水循环的内陆小循环对内陆地区的降水有着重要的作用，因此全球水循环的研究中陆面过程的研究显得尤为重要。陆面过程主要以径流为主，径流过程是地球上水循环中最为重要的一环。降水、蒸发、下渗是地球上水循环中的重要因子，也是径流形成的主要影响因素，因此本节主要先介绍降水、蒸发、下渗的基本概念，在第四节具体阐述径流的基本概念及其形成过程和表示方法。

二、降水

降水是指液态或固态的水汽凝结物从云中降落到地面的现象，如雨、雪、霰、雹、露、霜等，其中以雨、雪为主。降水是水循环中最活跃的因子，降水是一种水文要素，也是一种气象要素。因此，降水现象是水文学和气象学共同研究的对象。

降水特征常用几个基本要素来表示，如降水量、降水历时、降水强度、降水面积及暴雨中心等。一定时段内降落在某一点或某一面积上的总水量称为降水量，用水层深度表示，单位为 mm。如一场降水的降水量是指该次降水全过程的总降水量。降水量一般分为7级，见表 2-1。

表 2-1　　　　　　　　　降水量等级表

24h 降水量/mm	<0.1	0.1～10	10～25	25～50	50～100	100～250	>250
等级	微雨	小雨	中雨	大雨	暴雨	大暴雨	特大暴雨

凡日降水量达到和超过 50mm 的降水称为暴雨。暴雨根据降水量等级可进一步划分为暴雨、大暴雨和特大暴雨。降水所经历的时间称降水历时，以 min、h 或 d 计。单位时间的降水量称降水强度，以 mm/min 或 mm/h 计。降水笼罩的平面面积为降水面积，以 km^2 计。暴雨集中的较小的局部地区称暴雨中心。

（一）降水的成因及分类

降水的形成主要是由于地面暖湿气团在各种因素的影响下升入高空，在上升过程中产生动力冷却使温度下降，当温度达到露点（即空气水汽达到饱和时的温度）以下时，气团中的水汽便凝结成水滴或冰晶，这就形成了云；云中的水滴或冰晶由于水汽继续凝结及相互碰撞合并，凝聚物不断增大，当其重量超过上升气流顶托力时，在重力作用下就形成了降水。由此可见，气流上升产生动力冷却是形成降水的主要条件，而气流中的水汽含量及冷却程度则决定着降水强度和降水量的大小。

降水有多种形式，如雨、雪、雹、霰等。对我国多数河流而言，降雨对水文现象的影响最大。降雨常按照使空气抬升而形成动力冷却的原因分为对流雨、地形雨、锋面雨和气旋雨。

第三节 降水、蒸发及下渗

1. 对流雨

夏季天气酷热，蒸发加快，水汽增多，近地表空气受热急剧增温，气温向上递减率过大，大气稳定性降低，因而发生垂直上升运动，形成动力冷却而降雨，称为对流雨。因对流上升速度较快，形成的云多为垂直发展的积状云，降雨强度大，但降雨面积不广，历时也较短。

2. 地形雨

运动的暖湿气团在运移途中，因所经地面的地形升高而被抬升时，由于动力冷却而成云致雨，称为地形雨。地形雨多集中在迎风面山坡上，越过山脊的气团水汽减少，且下沉增温。背风的山坡雨量稀少。例如，位于秦岭南麓的安康和汉中，年降雨量都超过800mm，而位于秦岭北侧的西安、宝鸡，年降雨量尚不足600mm。

3. 锋面雨

在较大范围内，在各水平高度上具有较均匀的温湿特性，并在气压场作用下向共同方向移动的大气团体，称为气团。气团有冷暖之分，冷气团和暖气团相遇时，在其接触处由于性质不同来不及混合而形成一个不连续面，称为锋面。锋面实际上是一个过渡带，所以有时又称为锋区。锋面与地面的交线称为锋线。习惯上把锋面和锋线统称为锋，锋的长度从数百千米到数千千米不等，锋面伸展高度，低的离地面1～2km，高的可达10余千米。由于冷暖气团密度不同，暖空气总是位于冷空气的上方，在地转偏向力的作用下，锋面向冷空气一侧倾斜。我国锋面坡度一般在1/50～1/300之间。由于锋面两侧温度、湿度、气压等气象要素有明显的差别，锋面附近常伴有云、雨、大风等天气现象。锋面活动产生的降雨，统称为锋面雨。

锋面随着冷暖气团的移动而移动。若冷气团起主导作用，推动锋面向暖气团方向移动，并占据原属暖气团的地区，这种锋称为冷锋。若暖气团移动速度较快，受到移动较缓慢的冷气团的阻挡，锋面向冷气团方面移动时，这种锋称为暖锋。若冷暖气团势均力敌，在某一地区摆动或停滞的锋称为静止锋。若冷锋追上暖锋，或两条冷锋相遇，暖空气被抬离地面，锢因在高空，这种锋称为锢因锋。

一般来说，冷锋雨强度大，历时短，雨区范围小；暖锋雨强度大，历时长，雨区范围大；静止锋将产生长历时、强度大的降雨。

4. 气旋雨（又称台风雨）

当一地区气压低于四周气压时，四周气流就要向该处汇集。由于地转力的影响，北半球辐合气流是沿逆时针方向流入的。气流自四周向中心辐合后，再转向高层，上升气流中的水汽因动力冷却凝结成云致雨，称为气旋雨。这种大气的涡旋，称为气旋。高空的涡旋称为涡。高空的涡旋在我国是以形成地区命名，如西北涡、华北涡、西南涡等。西南涡对我国降水情况影响较大，它是西南特殊的地形影响下形成的。西南涡在源地时就可产生阴雨天气，如东移发展，则雨区逐渐扩大，雨量也增大，夏季常引起暴雨。

在低纬度的海洋上形成的气旋，称为热带气旋。国际热带气旋共分5级：低压区，气旋中心位置不能精确测定，平均最大风力小于8级；热带低压，中心位置能确定，但中心附近平均最大风力小于8级；热带风暴，中心附近平均最大风力为8～9级；强热带风暴，气旋中心附近平均最大风力为10～11级；台风，热带气旋中心附近平均最大风力为12级以上。台风由于气流抬升剧烈,水汽供应充分,常发展为浓厚的云区,降水多为暴雨,强度很大,分布不均。

(二) 降雨量的观测

观测降雨量的标准仪器有人工观测的雨量器和自记雨量计。

1. 人工观测和雨量器

雨量器的构造如图2-6所示。图中上部为一漏斗,口径为20cm,漏斗下面放储水瓶,用于收集雨水。设置时其上口一般距地面80cm,器口保持水平。

降雨量的观测,通常在每天8时与20时(两段制)观测两次。雨季增加观测段次,如四段制、八段制,雨大时还要加测。观测时用空的储水瓶将雨量筒中的储水瓶换出,在室内用特制的量杯量出降雨量。当遇降雪时,将雨量筒的漏斗和储水瓶取出,仅留外筒,作为承雪的器具。观测时,将带盖的外筒带至装置雨量筒的地点,调换外筒,并将筒盖盖在已用过的外筒上,取回室内加温融化后计算降水深度。

2. 自记雨量计

自记雨量计是观测降雨过程的自记仪器,常用的自记雨量计有三种类型:称重式、虹吸式和翻斗式。称重式能够测量各种类型的降水,其余两种只能观测降雨。

(1) 称重式自记雨量计。这种仪器可以连续记录接雨杯上的以及储积在其内的降水的重量。记录方式可以用机械发条装置或平衡锤系统,将全部降水量的重量如数记录下来,这种仪器的优点在于能够记录雪、冰雹及雨雪混合降水。

(2) 虹吸式自记雨量计。虹吸式自记雨量计如图2-7所示。雨水从承雨器流入浮子室,浮子随注入雨水的增加而上升,并带动自记笔在附在时钟控制转筒上的记录纸上画出曲线。当雨量达到10mm时,浮子室内的水面升至虹吸管的顶端,浮子室内的水就通过虹吸管排至储水瓶。与此同时,自记笔亦下落至原点,后再随着降雨量增加而上升。

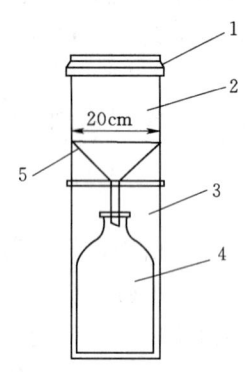
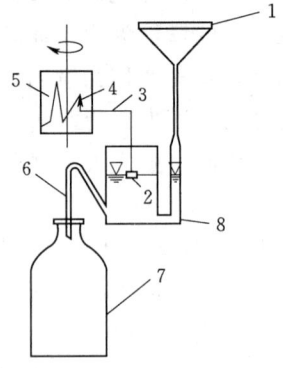

图2-6 雨量器构造示意图　　图2-7 虹吸式自记雨量计构造示意图
1—器口;2—承雨器;3—雨量筒;　　1—承雨器;2—浮子;3—连杆;4—自记笔;5—自记钟;
4—储水瓶;5—漏斗　　　　　　　6—虹吸管;7—储水瓶;8—浮子室

记录纸上的雨量曲线是累积曲线,纵坐标表示雨量,横坐标表示时程。这种曲线既表示了雨量的大小,又表示了降雨过程的变化情况。曲线坡度最陡处,就是降雨强度最大的时候。虹吸式自记雨量计的分辨率为0.1mm,降雨强度适应范围为0.01~4.0mm/min。

(3) 翻斗式自记雨量计。翻斗式自记雨量计由感应器及信号记录器组成。其工作原理为：测雨时，雨水经承雨器进入对称的小翻斗的一侧，当接满 0.1mm 的降雨量时，且使小翻斗向一侧倾倒，水即注入储水箱内。同时，另一侧处于进水状态。当小翻斗倾倒一次，即接通一次电路，向记录器输送一个脉冲信号，记录器控制自记笔将雨量记录下来。自记笔记录 100 次后，将自动从上到下落到自记纸的零线位置，再重新开始记录。翻斗式自记雨量计分辨率为 0.1mm，降雨强度适用范围为 4.0mm/min 以内。

自记雨量计的记录可远传到控制中心的接收器内，实现有线远传和无线遥测。

在水文年鉴中，一般都按站刊布逐日降水量。使用日降水量资料，应注意查明其日分界。此外，还刊布有年内各种历时的最大降水量的统计成果。在汛期降水量摘录表中，载有较详细的降水过程的资料。

(三) 降雨的特性及降雨资料的图示法

降雨的特性包括降雨量、降雨历时、降雨强度、降雨面积及降雨中心等。降雨量为一定时段内降落在某一点或某一面积上的总雨量，常用深度表示，以 mm 计；降雨历时是指一次降雨所经历的时间，以 min 或 h 计；降雨强度为单位时间内的降雨量，以 mm/min 或 mm/h 计；降雨面积是指降雨笼罩的水平面积，以 m^2 或 km^2 计；降雨中心是指降雨量最大的局部地区。

降雨量在时间上的变化过程及空间上的分布情况常用图示法来表示。

1. 降雨量过程线

降雨量在时间上的变化情况，可用时段雨量随时间的变化或降雨强度随时间的变化过程来表示（图 2-8 中 1 线）。降雨量过程还可用累积降雨量曲线表示（图 2-8 中 2 线），此曲线纵坐标表示自降雨开始到各时刻的降雨累积值，横坐标为时间。该曲线上任意两点的坡度，即为两点的平均降雨强度。

2. 降雨量等值线图

为了表示某一地区的次降雨量或某一固定时段降雨量在空间的分布情况，可用降雨量等值线图表示。此图作法与绘制地形等高线相似，可根据各雨量站的次降雨量或某一固定时段的同时降雨量，并参考地形等高线绘制。

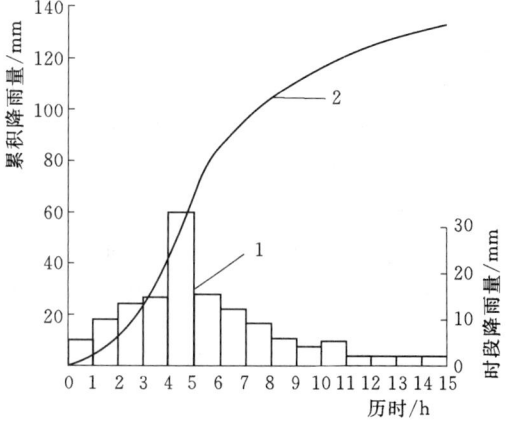

图 2-8 某站一次降雨量过程线及累积降雨量曲线图
1—降雨量过程线；2—累积降雨量曲线

3. 降雨特性综合曲线

(1) 雨强-历时曲线。把一场降雨的降雨强度（简称雨强）随时间的变化过程（图 2-8 中 1 线）重新统计，统计其不同历时内最大的平均降雨强度，如 1h 内最大、3h 内最大，依次类推。以最大平均雨强为纵坐标，以相应的历时为横坐标，即可得出如图 2-9 所示的雨强-历时曲线。它的一般规律为：降雨历时越短，平均强度越大。它可以反映该场降雨的核心部分的雨强变化特征。

(2) 雨深-面积曲线。对一场或一定历时的降雨,从降雨量等值线图的中心开始,分别量取不同的降雨量等值线所包围的面积及该面积内的平均雨深,点绘成曲线。此曲线表示不同面积上的最大平均雨深。一般为指数型衰减曲线,面积越大,平均雨深越小。

(3) 雨深-面积-历时曲线。如将一场暴雨的不同历时,如 12h、24h、48h 等的降雨量等值线图作出相应的平均雨深-面积曲线,并综合绘于同一张图上(图 2-10),即得到平均雨深-面积-历时曲线,简称时面深曲线。其规律为:当历时一定时,面积越大,平均雨深越小;当面积一定时,历时越长,平均雨深越大。

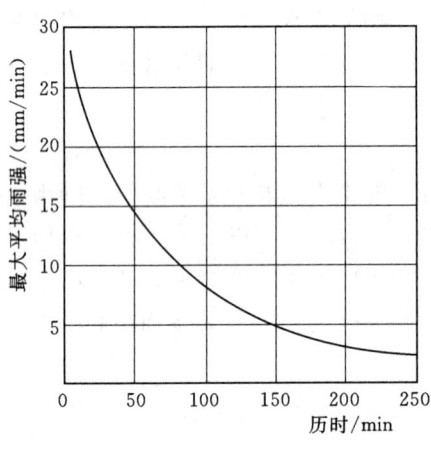

图 2-9 雨强-历时曲线图

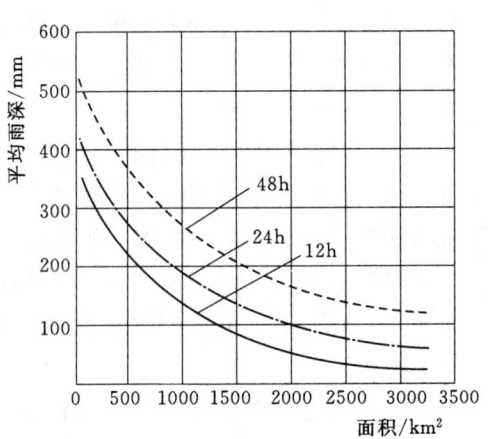

图 2-10 雨深-面积-历时曲线图

(四) 流域平均降雨量的计算

雨量站观测到的降雨量只代表该站附近小范围内的降雨情况,称为点雨量。在水文分析工作中,常需知道一个流域或地区的特定时段内的平均降雨量(称为面雨量)。因此,经常要由各站点降雨量推求流域平均降雨量。

计算流域平均雨量(面雨量)的常用方法有以下 3 种。

1. 算术平均法

当流域内雨量站分布较均匀、地形起伏变化不大时,可以根据各站同一时段内观测的降雨量用算术平均法求得流域上的平均降雨量。计算公式如下:

$$\overline{P} = \frac{P_1 + P_2 + \cdots + P_n}{n} = \frac{1}{n} \sum_{i=1}^{n} P_i \qquad (2-17)$$

式中:$\overline{P}$ 为流域平均降雨量,mm;P_1、P_2、$\cdots$、P_n 为流域内各雨量站同时段内的降雨量,mm;n 为雨量站数。

2. 泰森多边形法

当流域内雨量站分布不太均匀时,采用泰森多边形法(图 2-11)求解流域平均雨量,具体方法如下:先用直线连接相邻的雨量站,组成若干个三角形;然后在各条线上作垂直平分线,这些垂直平分线将流域分为 n 个多边形,每一个多边形正好对应一个雨量站,假定多边形内各点的降雨量由与其距离最近的雨量站代表。设 P_1、P_2、$\cdots$、P_n 为各雨量站观测的雨量,f_1、f_2、$\cdots$、f_n 为各站所在的多边形面积,F 为流域面积,则流域平均雨量 $\overline{P}$ 可由式(2-17)计算:

$$\overline{P} = \frac{P_1 f_1 + P_2 f_2 + \cdots + P_n f_n}{f_1 + f_2 + \cdots + f_n} = \sum_{i=1}^{n} P_i \frac{f_i}{F} \qquad (2-18)$$

3. 降雨量等值线图法

当流域上雨量站分布较密时,可以用降雨量等值线图来计算流域平均雨量(图 2-12)。计算式为

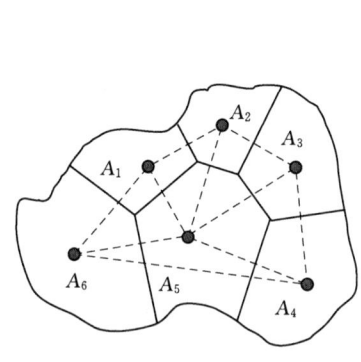

图 2-11 泰森多边形图

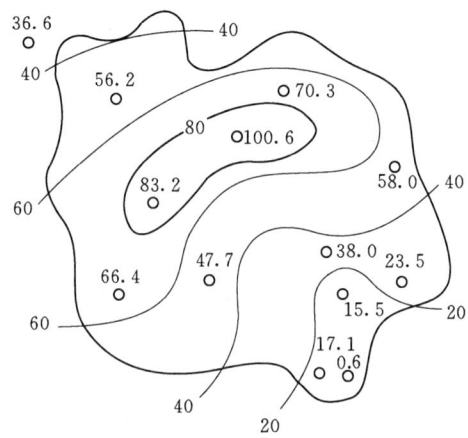

图 2-12 降雨量等值线图(单位:mm)

$$\overline{P} = \frac{1}{F} \sum_{i=1}^{n} P_i f_i \qquad (2-19)$$

式中:f_i 为两条相邻降雨量等值线间的流域面积;P_i 为 f_i 上的平均雨量。

此法的优点是,能了解降雨量在空间上的分布情况,便于分析洪水的组成。有经验的工作人员绘制降雨量等值线图时,还能对流域特性给予适当的照顾,故精度较高。其缺点是要求站点较多,且每次都要重新绘制降雨量等值线图,工作量大。

三、蒸发

蒸发是水循环及水量平衡的基本要素之一,对径流量有直接影响。根据蒸发面的不同,可将蒸发分为水面蒸发、土壤蒸发及植物散发。流域的表面一般包括水面、土壤和植物覆盖等,则发生在这些蒸发面上的蒸发称为流域总蒸发。

单位时间的蒸发量称为蒸发率。蒸发面通常处于充分供水和不充分供水两种情形。在充分供水情况下,某一蒸发面可能达到的最大蒸发率称为最大蒸发率或蒸发能力,记为 E_m。

(一)水面蒸发

水面蒸发过程是水由液态或固态转化为气态的过程,是水分子运动的结果。克服了分子间吸引力的水分子,逸入大气成为水汽;进入大气的水分子,在其运动过程中有部分重新回到水中。从水面逸入大气的水分子量与返回水中的水分子量的差值,就是实际的蒸发量。

水面蒸发量常用蒸发水层的深度来表示,记为 E,单位为 mm。水面蒸发量常用蒸发器及蒸发池进行观测。我国水文和气象部门采用的水面蒸发器有直径为 20cm 的蒸发皿、口径为 80cm 带套盆的蒸发器、口径为 60cm 的埋在地表下的带套盆的 E_{601} 型蒸发器等

(图 2-13)。除此以外，还有水面面积为 20m² 和 100m² 的大型蒸发池。

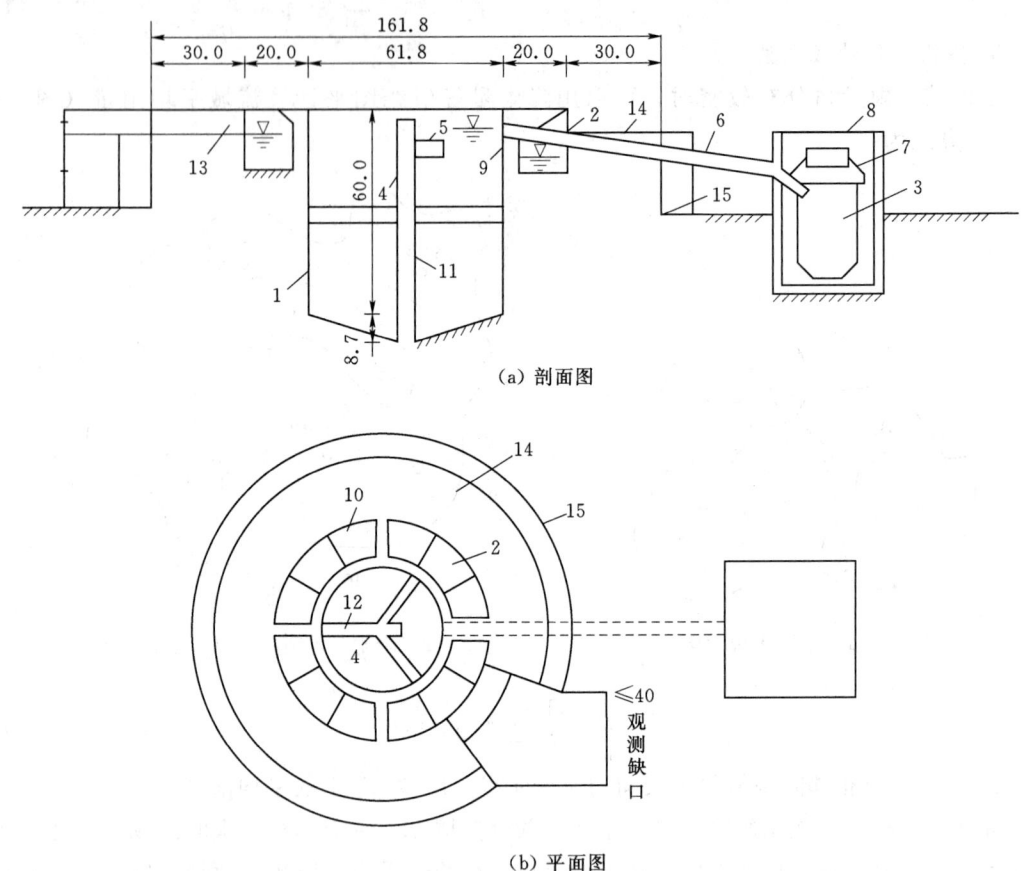

图 2-13 E₆₀₁ 型蒸发器示意图（单位：cm）
1—蒸发圈；2—水圈；3—溢流桶；4—测针桩；5—器内水面指示针；6—溢流用胶管；
7—放溢流桶的箱；8—箱盖；9—溢流嘴；10—水圈外缘的撑挡；11—直管；
12—直管支撑；13—排水孔；14—土圈；15—土圈外围的防塌设施

由于蒸发器的面积远比天然水体小，观测到的蒸发量与天然水体水面上的蒸发量仍有显著差别。因此，用蒸发器观测的蒸发量数据，都应乘一个折算系数，才能作为天然水体蒸发量的估计值。即

$$E = KE_{器} \tag{2-20}$$

式中：E 为天然水面蒸发量，mm；$E_{器}$ 为蒸发器实测蒸发量，mm；K 为蒸发器折算系数。

蒸发器折算系数 K 随蒸发器直径而变，也与蒸发器类型、自然环境、季节变化等因素有关。据研究，当蒸发器的直径超过 3.5m 时，蒸发器观测的蒸发量与天然水体的蒸发量才基本相同，因此，在实际工作中蒸发器折算系数 K 也可采用 20m² 和 100m² 的大型蒸发池的蒸发量 $E_{池}$ 与蒸发器的蒸发量 $E_{器}$ 之比来计算。即

$$K = \frac{E_{池}}{E_{器}} \tag{2-21}$$

(二) 土壤蒸发

土壤蒸发即土壤中所含水分以水汽的形式逸入大气的运动。土壤蒸发较水面蒸发复杂，主要差别在于蒸发表面物理性质不同。气象条件相同，但土壤中所含水分、土壤性质、地势等不同，则其土壤蒸发也不相同。一般测站均不进行土壤蒸发的观测，即使在试验条件下，也因观测手段的限制，成果精度不高。

(三) 植物散发

土壤中的水分经植物根系吸收后，输送至叶面，经由气孔逸入大气，称为植物散发。由于气孔具有随外界条件而收缩、甚至关闭的性能，所以说植物散发是一种物理生物过程。植物散发的水量随植物的品种和季节的差异而不同。

因为植物是生长在土壤中，植物散发与植物所生长的土壤上的蒸发总是同时存在的，通常将此二者合称为陆面蒸发。

(四) 流域总蒸发

流域总蒸发包括流域内各类蒸发的总和。一个流域的下垫面极其复杂，其中包括河流、湖泊、土壤、岩石和不同的植被等，从现有技术条件看，要精确求出各项蒸发量是有困难的。通常利用水量平衡原理建立流域多年平均水量平衡方程，进而求解流域总蒸发量：

$$\overline{E} = \overline{P} - \overline{R} \tag{2-22}$$

式中：$\overline{E}$ 为流域多年平均年蒸发量，mm；$\overline{P}$ 为流域多年平均年降水量，mm；$\overline{R}$ 为流域多年平均年径流量，mm。

我国利用中小流域的降水量与径流量观测资料，用水量平衡公式（2-22）推算出全国各地的流域总蒸发量，并绘制了全国多年平均蒸发量等值线图，可供参考。

四、下渗

下渗是指降落到地面的雨水从地表渗入土壤中的运动过程。下渗运动是在分子力、毛管力与重力作用下进行的。这些作用力对下渗率的影响，在下渗过程中是变化的。

1. 下渗过程

根据水分所受的力和运动特征不同，下渗可分为渗润、渗漏、渗透三个阶段。

(1) 渗润阶段。下渗的水分主要受分子力的作用，被土壤颗粒吸收而成薄膜水。若土壤十分干燥，这一阶段十分明显。当土壤含水量达到最大分子持水量，分子力不再起作用，这一阶段结束。

(2) 渗漏阶段。下渗的水分主要在毛管力和重力的作用下，沿土壤孔隙向下做不稳定流动，并逐步充填土壤孔隙直至饱和，此时毛管力消失。

(3) 渗透阶段。当土壤孔隙充满水达到饱和时，水分在重力作用下呈稳定流动。

一般可将渗润和渗漏两个阶段合并统称渗漏阶段。渗漏阶段属于非饱和水流运动，而渗透阶段则属于饱和水流运动。在实际下渗过程中，各阶段并无明显的分界，它们是相互交错进行的。

2. 下渗率

下渗量的大小一般用下渗率表示，即单位时间内渗入单位面积土壤中的水量称为下渗率或下渗强度，记为 f，单位为 mm/h 或 mm/min。下渗率的变化过程可以通过实验求出。最简单的实验方法是在地面打入同心环，在环中注水，使环内水面维持在固定水深的情况下，根据加水量的详细记录，换算出下渗率的变化过程。同心环测下渗率，由于土面有一水层，与实际降雨情况差别较大，可用人工降雨来改进实验时的加水方法。此时，除要记录实验过程中的降雨强度外，还要记录实验土壤表面的径流过程，通过水量平衡的分析，确定出下渗率的变化过程，一般实验结果用图2-14表示。

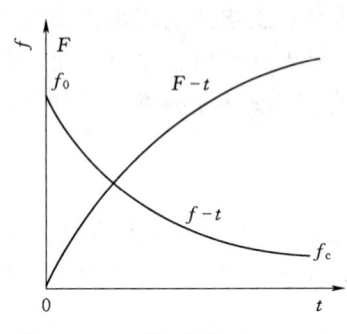

图2-14 下渗曲线（$f\text{-}t$）和下渗累计曲线（$F\text{-}t$）图

下渗率的变化规律也可用经验公式表示：

$$f(t)=f_c+(f_0-f_c)\mathrm{e}^{-\beta t} \qquad (2-23)$$

式中：$f(t)$为t时刻的下渗率；f_0为初始下渗率；f_c为稳定下渗率；β为递减指数。

式（2-23）中f_0、f_c及β都与土壤性质有关，须根据实测资料或实验资料分析确定。

第四节 径 流

一、径流形成过程

由降水或融雪形成的、沿着流域的不同路径流入河流、湖泊或海洋的水流，称为径流。其中沿着地表流动的水流称为地表径流；沿土壤表层相对不透水层界面流动的水流，称为表层流（或壤中流）；在地表以下沿着岩土空隙流动的水流称为地下径流。河川径流的水源是大气降水，降水的形式不同，径流形成过程也不一样。因此，可分为降雨径流和融雪径流。我国的河流以降雨径流为主，融雪径流只是在局部地区或河流的局部地段发生。流域内自降雨开始至水流汇集到流域出口断面的整个物理过程称为径流形成过程。为了便于分析，一般把它概括为产流过程和汇流过程。

（一）产流过程

降落到流域内的雨水，除去损失，剩余的部分形成径流。产生径流的那一部分雨量称为净雨。净雨和所形成的径流数量相等，但两者的过程却完全不同，净雨是径流的来源，径流则是净雨汇流的结果。净雨在降雨结束时就停止了，而径流却要持续很长时间。把降雨扣除损失产生径流的过程称为产流过程，净雨量称为产流量。降雨不能形成径流的部分雨量称为损失量，在前期十分干旱的情况下，降雨产流过程中的损失量称为最大损失量，记为I_m。流域形成径流的过程如图2-15所示。

降雨开始时，除少量降落到河流水面的降雨直接形成径流外，一部分滞留在植物枝叶上，称为植物截留，截留的雨量耗于雨后蒸发。其余降落到地面上的雨水，一般都产生下渗，当降雨强度小于下渗强度时，雨水将全部渗入地下；当降雨强度大于下渗强度时，超出下渗的雨水称为超渗雨。超渗雨会形成地面积水，先蓄满地面的坑洼，称为填洼。填洼雨量最终耗于蒸发和下渗。随着降雨的持续，满足了填洼的地方开始产生地表径流。形成地表径流的雨水，称为地面净雨。下渗到地面以下的雨水，除补充土壤含水量外并逐步向其下层渗透。当土壤含水量达到田间持水量后，下渗趋于稳定。继续下渗的雨水，沿着土

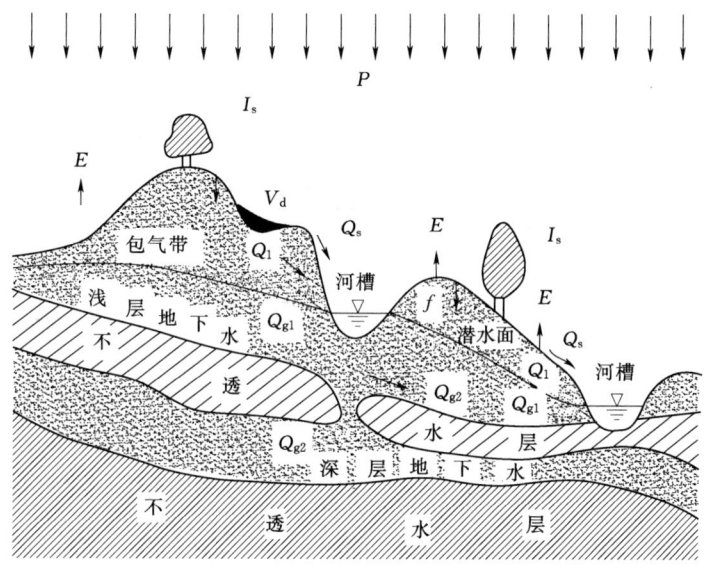

图 2-15 径流形成过程示意图

壤空隙流动，一部分从土壤空隙流出，注入河槽形成径流，称为表层流或壤中流。形成表层流的净雨称为表层流净雨。另一部分继续向深层下渗，到达地下水面后以地下水的形式汇入河流，则成为地下径流。成为地下径流的净雨称为地下净雨。

表层流沿坡面汇集的速度小于地表径流，但显著快于地下径流，因而在实际的水文分析工作中往往将它并入地表径流。

（二）汇流过程

净雨沿坡面从地面和地下汇入河网，然后经河网汇集到流域出口断面，这一完整过程称为流域汇流过程。为了简化分析计算工作，又将全过程分为坡地汇流和河网汇流两个阶段。

1. 坡地汇流

坡地汇流分以下 3 种情况：

（1）地面净雨沿坡面流到附近河网的过程，称坡面漫流。坡面漫流是无数彼此时分时合的小水流，通常无明显固定沟槽，雨强很大时形成片流。坡面漫流的流程一般不长，约为数米至数百米。地面净雨经坡面漫流注入河网，形成地表径流，大雨时地表径流形成洪水。

（2）表层流净雨注入河网，形成表层流径流。表层流与坡面漫流互相转化，常并入地表径流。

（3）地下净雨下渗到潜水或深层地下水体后，沿水力坡降最大方向汇入河网，称为坡地地下汇流。深层地下水流动缓慢，降雨后地下水流可以维持很长时间。较大河流终年不断，为河川基本径流，常称基流。

2. 河网汇流

进入河网的水流，从上游向下游，从支流向干流汇集，先后全部流经流域出口断面，这个汇流过程称为河网汇流。显然，在河网汇流过程中，沿途不断有坡面漫流、表层流及地下径流汇入。使河槽水量增加，水位升高。当降雨和坡面漫流停止后，河网汇流过程还要延续很长的时间，因为已经汇入河网的水流，还需一段向流域出口断面汇集和消退的时间。

流域上一次降雨过程，经植物截留、填洼、入渗和蒸发等项扣除一部分雨量之后，进入河网的水量自然比降雨总量小，而且经过坡面漫流及河网汇流两次再分配的作用，使出口断面的径流过程比降雨过程变化缓慢、历时增长、时间滞后，图2-16清楚地显示了这种关系。

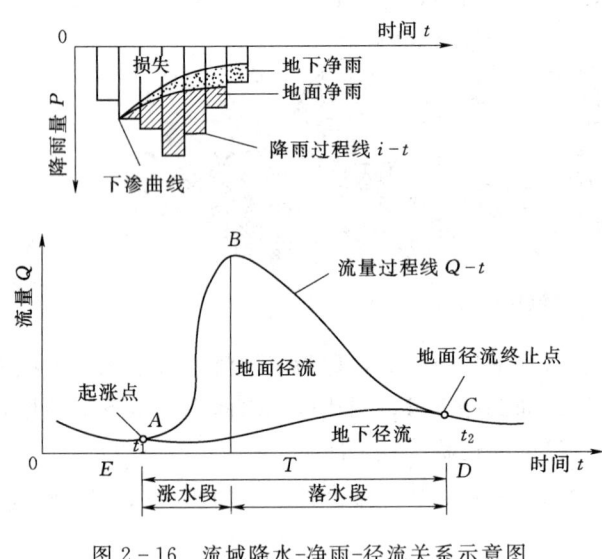

图2-16 流域降水-净雨-径流关系示意图

二、径流的表示方法

河川径流一年内和多年期间的变化特征，称为径流情势，前者称为径流的年内变化或年内分配，后者称为年际变化。河川径流情势常用流量、径流量、径流深、流量模数和径流系数来表示。

1. 流量 Q

流量是指单位时间通过某一断面的水量，常用单位为 m^3/s。流量随时间的变化过程，可用流量过程线来表示，如图2-16中 $Q-t$ 曲线所示。图（2-16）中的流量是各时刻的瞬时流量。流量过程线上升部分为涨水段，下降部分为退水段，最高点的流量称为洪峰流量，简称洪峰，记为 Q_m。

工程水文中常用的流量有年最大洪峰流量、日平均流量、旬平均流量、月平均流量、季平均流量、年平均流量、多年平均流量和指定时段的平均流量等。

2. 径流总量 W

径流总量是指时段 T 内通过某一断面的总水量，常用的单位为 m^3、万 m^3 或亿 m^3。

一个时段的径流总量为

$$W = \int_{t_1}^{t_2} Q(t) dt \tag{2-24}$$

式中：$Q(t)$ 为 t 时刻的流量，m^3/s；t_1、t_2 为时段始、末时刻。

若已知时段平均流量，则径流总量又可以用时段平均流量计算：

$$W = \overline{Q}T \tag{2-25}$$

式中：$\overline{Q}$ 为时段 T 内平均流量，m^3/s；T 为径流历时，s。

3. 径流深 R

径流深是指将径流总量平铺在整个流域面积上所得的水层深度，记为 R，单位为 mm。

若时段 $T(s)$ 内的平均流量为 $\overline{Q}(m^3/s)$，流域面积为 $F(km^2)$，则径流深 $R(mm)$ 可由式（2-26）计算：

$$R = \frac{W}{1000F} = \frac{\overline{Q}T}{1000F} \tag{2-26}$$

式中：F 为流域面积，km^2；W 为时段 T 内的径流总量，m^3。

4. 径流模数 M

径流模数是流域出口断面流量与流域面积 F 的比值，随着对 Q 赋予的意义不同，如洪峰流量、多年平均流量等，而称为洪峰流量模数、多年平均流量模数等，常用的单位为 $L/(s \cdot km^2)$。计算公式为

$$M = \frac{1000Q}{F} \tag{2-27}$$

式中：各符号意义同前。

5. 径流系数 α

径流系数是某一时段的径流深 R 与相应的降雨量 P 之比值，即

$$\alpha = \frac{R}{P} \tag{2-28}$$

因为 $R < P$，故 $\alpha < 1$。

三、我国河川径流分布

我国年径流具有较明显的地区性分布规律，总的趋势由南向北和从东向西递减；新疆、甘肃交界以西，则由西向东递减。同时，由于我国地势复杂，不同地区下垫面条件差异较大，使某些地区年径流分布呈现非地域性变化的特点。年径流不仅地区上变化明显，年内各月、年际之间也有明显的不同。

（一）径流的地理分布

我国多年平均年径流总量为 27115 亿 m^3，多年平均年径流深为 284mm，即年降水量的 43.8% 转化为河川径流。年径流地理分布总趋势由东南向西北递减。100mm 年径流深等值线大致与 400mm 年降水量等值线相当，走向一致。等值线以东为半湿润区和湿润区，等值线以西为半干旱区或干旱区。按径流深的大小，可划分为丰水、多水、过渡、少水、干涸五个明显不同的地带。

（二）径流的年内分配

径流的年内分配主要取决于河流的补给条件。以雨水补给为主的河流，季节性变化剧烈，汛期河水暴涨，容易泛滥成灾；枯水季节水量很小，常常水源不足。河流的多水季节受流域调节的作用，一般较多雨季滞后约半个月至一个月。汛期连续最大 4 个月径流量占全年总径流量的 60% 以上。其中，长江以南、云贵高原以东和西南大部分地区为 60%～70%；松辽平原、华北平原、淮河流域为 70%～80%；广大西部地区为 60% 左右。以冰雪融水补给为主的河流，由于流域内热量的变化比雨量变化小，年内分配比较均匀，大江大河因承受不同地区径流的汇注和地下径流的补给，径流的季节分配比较均匀。

（三）径流的年际变化

径流的年际变化较降水更为剧烈，也是北方大于南方，在水量越贫乏的地区，丰、枯年间水量相差越大。以历年最大与最小年径流量的比值来比较，长江以南各河一般小于 3 倍；淮河、海滦河各支流可达 10～20 倍，部分平原河流甚至更大。径流的年际变化，不

仅存在有时枯时丰的情况，还存在连续枯水和连续丰水的情况。例如，黄河出现过1922—1932年连续11年的少水期，该时段年径流的平均值比正常年份少24%。也出现过1943—1951年连续9年的丰水期，该时段年径流的平均值比正常年份多19%。海河近百年来连旱、连丰比较频繁，如1919—1923年、1927—1931年、1941—1943年、1946—1948年、1965—1968年、1971—1972年等连续二三年甚至五年的干旱；也出现过1954—1956年、1963—1964年等连续二三年的洪涝。

复 习 思 考 题

1. 何谓自然界的水循环？产生水循环的原因是什么？
2. 何谓水量平衡原理？水量平衡方程中经常考虑的因素有哪些？
3. 下渗过程分为哪几个阶段？影响下渗的因素有哪些？
4. 水面蒸发的蒸发器折算系数 K 值与哪些因素有关？
5. 简述河川径流的形成过程。常用什么方法表示径流？径流常用什么单位度量？
6. 某水文站控制流域面积 $F=8200\text{km}^2$，测得多年平均流量 $\overline{Q}=140\text{m}^3/\text{s}$，多年平均降水量 $\overline{P}=1050\text{mm}$，试计算该流域多年平均径流量、多年平均径流深、多年平均流量模数和多年平均径流系数各为多少？
7. 某流域集水面积为 1000km^2，多年平均降水量为 1400mm，多年平均流量为 $20\text{m}^3/\text{s}$。该流域多年平均陆面蒸发量是多少？若在流域出口断面修建一座水库，水库平均水面面积为 100km^2，当地蒸发器实测多年平均年水面蒸发量为 2000mm，蒸发器折算系数为0.8。建库后该流域多年平均径流量有何变化，变化量是多少？

第三章 水文资料收集与处理

第一节 水文测站与站网

一、水文测站

水文测站是在河流上或流域内设立的,按一定技术标准经常收集和提供水文要素的各种水文观测现场的总称。水文测站是组织进行水文观测的基层单位,也是收集水文资料的基本场所。

水文测站的主要任务是,按统一标准,对指定地点(或断面)的水文要素进行系统观测与资料整编。水文测站的观测项目一般包括水位、流量、泥沙、降水、蒸发、水温、冰冻、地下水位、泥沙颗粒、水化学等。一个测站的具体工作内容,应根据设站的目的、要求及测站的任务来确定。水文测站的种类按测站的目的和作用分为基本站、专用站、实验站和辅助站四类。

二、水文站网

水文测站在地理上的分布网称为水文站网。其布设理由是因单个测站观测到的水文要素信息只代表了该测站位置的水文情况,而整个流域内的水文情况则须在流域内的一些适当地点布站观测。布站原则是通过对所设站网采集到的水文信息经过整理分析后,达到可以内插流域内任何地点水文要素的特征值,这也就是水文站网的作用。水文站网规划的任务是研究测站在地区上分布的科学性、合理性、最优化等问题。

我国水文站网于 1956 年开始统一规划布站,经过多次调整,布局已比较合理,对国民经济发展起到了积极作用。但随着我国水利水电的发展,大规模人类活动的影响不断改变着天然河流产汇流、蓄水及来水量等条件,因此对水文站网要进行适当调整、补充。目前,我国水文测站密度为 3.56 站/万 km^2,而世界 100 多个国家的平均值为 4.0 站/万 km^2。

三、水文测站的布设

设立水文测站包括选择测验河段和布设观测断面。

(一) 选择测验河段

在站网规划规定范围内,选择测验河段时,必须保证两个条件:①满足设站的目的和要求;②保证工作安全和测验精度的前提下,有利于简化水文要素的观测和信息的整理分析工作。若满足上述两个条件,则需尽可能使所选河段的水位流量关系稳定,以便用水位资料推算流量,还要求测验河段具有较好的控制条件。对于平原河流,应尽量选择顺直、稳定、水流集中,便于布设测验设施的河段,顺直长度一般不少于洪水主槽宽度的 3~5 倍。对于山区河流,在保证测验工作安全的前提下,尽可能选在急滩、石梁、卡口等的上游处,且河道顺直匀整。至于闸坝站和水库站,一般设置在建筑物的下游,并且要避开水流紊动的影响。堰闸站、建筑物上游如有较长的顺直河段,也可选在上游,但应注意测验安全。水库、湖泊的水位观测点,应选在岸坡。在满足上述要求的前提下,尽可能照顾生活、交通、通信上的方便。

(二) 布设断面

水文测站水文要素收集的基本三要素包括基线、水准点和断面。而各种水文要素的观测都是在测验河段内的各个断面上进行的,这种断面称为测验断面。按照用途的不同,测验断面可分为基本水尺断面、流速仪测流断面、浮标测流断面和比降断面,如图3-1所示。

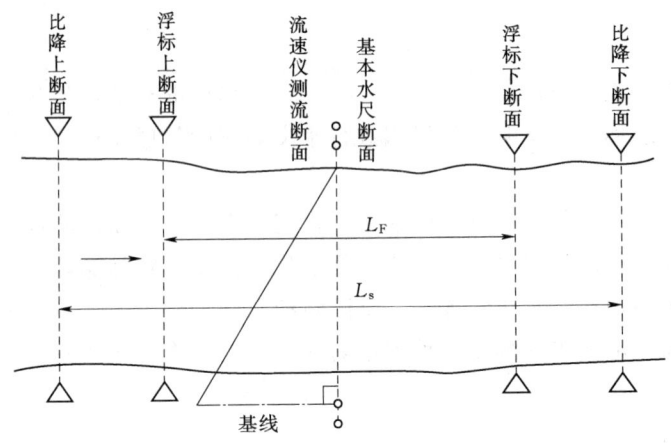

图 3-1 水文站测验断面与基线布设示意图

基本水尺断面是基本水尺所在位置并垂直于流向的横断面。基本水尺是测站观测该断面上全部水位变化过程的水尺,该断面是为经常观测水位而设置的。基本水尺断面一般设在测验河段的中部。

流速仪测流断面是用流速仪法施测流量时所在的横断面,与断面平均流向垂直。设站时应尽可能使其与基本水尺断面重合。如有困难必须分别设置时,这两个断面之间不应有水量加入或分出。

浮标测流断面是用浮标法施测流量所在的横断面。浮标测流断面有3个,即浮标位置和计算横断面面积的中断面、测定浮标流程起讫时间的上断面和下断面。中断面应尽可能与基本水尺断面或流速仪测流断面重合,上、下浮标测流断面设在中断面上、下游的等距离处,该距离 L_F 一般不得小于断面最大平均流速的 50~80 倍。

比降断面是比降水尺所在位置的横断面,用来观测河流的水面比降和分析河床的糙率。比降断面有上、下两个断面,通常布设在基本水尺断面的上、下游,其间距 L_s 应视河道水面比降大小,参考 SL 58—2014《水文测验规范》确定。比降水尺应布设在基本水尺断面的上、下游,其间距照表3-1选定。

表 3-1 不同比降时的上、下比降断面间距表

断面间距/m	100	200	300	400	500	600	700	800	900	1000
比降/万分率或×10^{-4}	6.8	3.8	2.8	2.2	1.9	1.6	1.5	1.3	1.2	1.1

(三) 布设基线

在测验河段上进行水文测验和断面测量时，需要在岸边布设基线。一般用经纬仪、六分仪或平板仪等平面测角交绘法来确定测点在断面上的平面位置（起点距），在岸上布设基线作为基本测量线段。基线通常垂直于测流断面且起点恰在测流断面上（图 3-1）。为满足起点距测量精度的要求，基线长度应不小于河宽的 0.6 倍，应取 10 的整数倍，用钢尺或校正过的其他尺往返测量 2 次，往返测量不符值应不超过 1‰。

此外，水文测站布设还要设置水准点。水准点分基本水准点和校核水准点两种。基本水准点是测定测站高程的主要依据，一般设置在测站附近基础稳固处。校核水准点是用来引测断面、水尺和其他设备高程的，通常设在历年最高洪水位以上牢固的地方。

四、水文测站数据收集的基本途径

1. 驻测

为了探索各种水文特征值在时间上的变化规律和防汛需要而设立的基本水文测站，特别是对于大河干流控制站，要求水文观测人员常驻水文观测站点，对流量等水文要素进行较长时期的连续观测。这是我国目前水文测验工作的主要方式。

2. 巡测

水文观测人员以巡回流动的方式，定期或不定期地对一个地区或流域内各观测点进行流量等水文要素的观测。如有些水文站一年内的水位流量关系呈单一曲线形式，或利用建筑物测流并采用水力学公式推算流量，以及枯水期流量变化不大或枯水期采用定期测流等情况，均可采用巡测方式。

3. 间测

某些水文测站在取得多年实测资料以后，经分析证明水位与流量关系稳定，或其变化在允许误差范围之内，对其中某一水文要素（如流量）采取停测一个时期再行校测的测验方式。停测期间，其值可由另一水文要素（如水位）的实测值来推求。

4. 自动测报系统

随着电子计算机技术、通信技术及传感器的发展，我国已建成不同形式的水文自动测报系统。该系统通常有传感器、编码器、传输系统和资料接收设备等部分组成。遥测站的传感器将感应的水文变量（如水位、雨量等）转换成电信号，经过编码、调制、发射，直接或通过中继站、卫星将信息传送到资料接收中心。经解调、译码、鉴别，还原水文变量，并对搜集到的数据及时地进行适当处理。自动测报系统具有效率高、速度快、节省人力的特点。可以实时地获取水文信息，有效地提高预报精度和增长预见期，对防洪、工程管理和水利调度发挥巨大作用。

第二节　水　位　观　测

一、水位

水位是指江河、湖泊、水库等水体的自由水面相对于某一固定基准面的高程，其单位以米（m）来表示。我国的固定基准面统一采用黄海基面，但各流域由于历史原因，多沿用以往使用的基面，导致采用的基面不统一。目前我国经常使用的基面有大沽基面、废黄河口基面、吴淞基面、珠江基面等。另外即使同一测站往往在不同时期所用基面也不一定统一，因此使用时应该注意查明，并做相应的修正。

水位是反应水体、水流变化的重要标志，是水文测验中最基本的观测要素，是水文测站常规的观测项目。水位的主要作用一方面可以直接应用于堤防、水库、电站、堰闸、浇灌、排涝、航道、桥梁等工程的规划、设计、施工等过程中；另一方面可用水位推算其他水文要素，并掌握其变化过程。

在水位观测中，要认真贯彻 GB/T 50138—2010《水位观测标准》，发现问题及时排除，使观测数据准确可靠。同时还要保证水位资料的连续性，不漏测洪峰和洪峰的起涨点，对于暴涨暴落的洪水，应更加注意。

二、影响水位变化的因素

水位的变化主要取决于水体自身水量的变动，约束水体条件的变更，以及水体受干扰程度等因素。在水体自身水量的变化方面，江河、渠道来水量的变化，水库、湖泊引入、引出水量的变化，蒸发和渗漏等使总水量发生的变化，导致水位发生相应的涨落变化。在约束水体条件的变更方面，河道的冲淤，湖泊和水库的淤积，改变了河、湖、水库底部的平均高程；进、出水口处闸门的开启与关闭引起水位的涨落；河道内水生植物生长、死亡使河道糙率发生变化导致水位涨落。另外，有些特殊情况，如堤防的溃决，洪水的分洪，以及北方河流结冰、冰塞、冰坝的产生与消亡，河流的封冻与开河等，都会导致水位的急剧变化。在水体受干扰方面，水体间的相互作用会使水位发生变化，如河口汇流处的水流之间会发生相互顶托，水库蓄水产生回水的影响，使水库末端的水位抬升，潮汐、风浪的干扰同样影响水位的变化。

三、水位观测设备和方法

观测水位的设备可分为直接观测设备和间接观测设备两种。直接观测设备是传统的水尺，人工直接读取水尺读数加水尺零点高程即得水位。直接观测设备简单，使用方便，但工作量大，需人值守。间接观测设备是利用电子、机械、压力等感应作用，间接反映水位变化。设备构造复杂，技术要求高，不需人值守，工作量小，可以实现自记，是实现水位观测自动化的重要条件。

（一）直接观测设备

水尺是用于测量河流、湖泊、水库和灌渠等水体水位的标志装置。中国古代称为水则，明、清时称志桩，至 20 世纪始称水尺。水尺的常用型式有直立式、倾斜式、矮桩式和悬锤式四种。其中直立式水尺应用最普遍，其他三种则根据地形和需要选定。

1. 直立式水尺

直立式水尺一般由水尺靠桩和水尺板两部分组成（图 3-2）。一般沿水位观测断面设置一组水尺桩，同一组的各支水尺设置在同一断面线上。使用时将水尺板固定在水尺靠桩上，构成直立水尺。水尺靠桩可采用木桩、钢管、钢筋混凝等材料制成。水尺靠桩要求牢固，打入河底，埋入土深约 0.5～1.0m，避免发生下沉。水尺靠桩布设范围应高于测站历年最高水位、低于测站历年最低水位 0.5m。水尺板通常由长 1m、宽 8～10cm 的木板、搪瓷板或合成材料做成。水尺刻度必须清晰，数字清楚，其数字的下边缘应放在靠近相应的刻度处。其尺度刻划一般至1cm，误差不大于0.5mm。

2. 倾斜式水尺

当测验河段内，岸边有规则平整的斜坡时，可采用倾斜式水尺（图3-3）。一般把水尺板固定在岩石岸坡或水工建筑物上，也可直接在岩石或水工建筑物的斜面上涂绘水尺刻度，刻度大小以能代表垂直高度为准。设 $\Delta Z'$ 代表直立水尺最小刻划的长度，ΔZ 代表边坡系数为 m 的斜坡水尺最小刻划长度，则 $\Delta Z' = \Delta Z(1+m^2)^{1/2}$。同直立式水尺相比，倾斜式水尺具有耐久性、不易被洪水和漂浮物冲毁，水尺零点高程不易变动等优点；缺点是要求条件比较严格，在多沙河流上，水尺刻度容易被淤泥遮盖。

图 3-2 直立式水尺　　　　　图 3-3 倾斜式水尺

3. 矮桩式水尺

当河流漫滩较宽，不便用倾斜式水尺，或因受航运、流水、浮运影响严重，不宜设立直立式水尺时，可改用矮桩式水尺。矮桩式水尺由矮桩和临时附加测尺组成。矮桩的入土深度与直立式水尺的靠桩相同，桩顶一般高出河床线5~20cm，桩顶加直径为2~3cm的金属圆钉，以便放置测尺。测尺一般用硬质木料做成。

4. 悬锤式水尺

悬锤式水尺通常设置在坚固陡岸、桥梁或水工建筑物上。由一条带重锤的测绳或悬索所构成的水尺。它用于从水面以上某一已知高程的固定点测量离水面的高差来计算水位。

（二）间接观测设备

间接观测设备主要由感应器、传感器、记录装置三部分组成。感应水位的方式主要有浮筒式、水压式、超声波式等多种类型。按传感距离可分为就地自记式和远传、遥测自记式两种。按水位记录形式可分为记录纸曲线式、打字记录式、固态模块记录等。按感应方式分为浮子式水位计、压阻式压力水位计、恒流式气泡水位计、非恒流式气泡水位计、振弦式压力水位计、超声波水位计、雷达水位计、激光水位计和电子水尺。

（三）水位观测方法

1. 用水尺观测水位

水位数值读取：直接读取水面截于水尺上的读数，精度一般记至1cm。有风浪且无静水设备时，应该记波浪的峰顶和谷底在水尺上所截两个读数，然后求其平均值，或以水面出现瞬时平静的读数为准,并应连续观读2~3次,取其均值。水位用某一基面以上米数表示,由水尺读数与水尺零点高程的代数和算得,即,水位=水尺零点高程+水尺读数。

水位的观测时间和次数:水位变化较平稳时(日变幅在0.06m以内),一日内可只在8时观测一次,即1段制观测。如枯水期水位日变化观测。在水位变化缓慢时(日变幅在0.12m以内),规定每日8时和20时各观测一次,即两段制观测。水位变化较大或出现较缓慢的峰谷时(日变幅在0.12~0.24m以内),规定每日2时、8时、14时、20时观测四次,即四段制观测。

洪水期或水位变化急剧时期可每1~6小时观测1次,当水位暴涨暴落时,应根据需要增为每半个小时或若干分钟观测1次,应测得各次峰、谷和完整的水位变化过程。结冰、流冰和发生冰凌堆积、冰塞的时期应增加测次。

2. 用自记水位计观测水位

自记水位计使用过程中,每日8时定时校测一次;当一日内水位变化较大时,应根据水位变化情况增加校测次数。使用长周期自记水位计时对周记和双周记自记水位计应每七日校测一次,对其他长期自记水位计应在使用初期根据需要加强校测,待运行稳定后,可根据情况适当减少校测次数。

自记水位计与校核水尺比测时需注意,可将水位变幅分为几段,每段比测次数应在30次以上,测次应在涨落水段均匀分布,并应包括水位平稳,变化急剧等情况下的比测值。长期自记水位计应取得一个月以上连续完整的比测记录。比测结果应符合以下规定:置信水平95%的综合不确定度不超过3cm,系统误差不超过1%。计时系统误差应符合自记钟的精度要求。

四、水位资料的整理

观测所得的原始水位记录,需通过整理分析及计算,整编成系统的资料,即全年的逐日平均水位表、逐日平均水位过程线图及洪水要素摘录表等,然后刊入水文年鉴,以供使用。

(一) 日平均水位的计算

1. 算数平均法

若一日内水位变化缓慢,或变化虽大,但有若干次等时距观测的水位记录,则可用算术平均法计算日平均水位$\bar{Z}$:

$$\bar{Z} = \frac{1}{n}\sum_{i=1}^{n} Z_i \quad (3-1)$$

式中:n为观测次数;Z_i为第i次的水位观测值,m。

2. 面积包围法

若一日内水位变幅大,且观测时距又不相等,则可采用面积包围法,即将该日0时至24时的水位过程线与横轴所包围的面积除以24小时,即得日平均水位(图3-4)。计算公式如下:

$$\bar{Z} = \frac{1}{48}[Z_0 a + Z_1(a+b) + Z_2(b+c) + \cdots + Z_{n-1}(m+n) + Z_n n] \quad (3-2)$$

式中:Z_0,Z_1,$\cdots$,Z_n为各次观测的水位,m;a,b,c,$\cdots$,m,n为相邻两次水位间

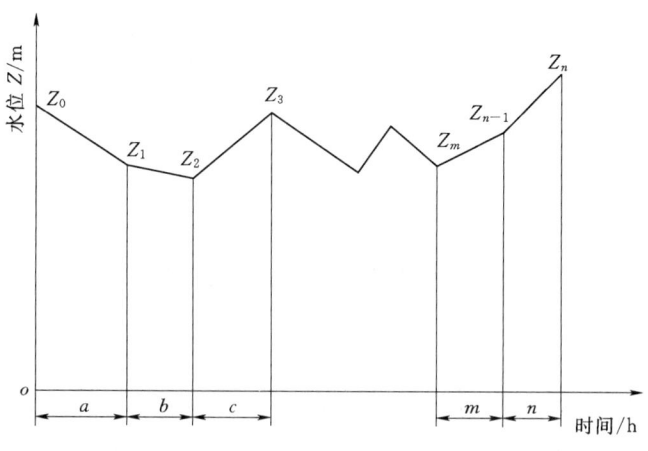

图 3-4 面积包围法示意图

的时距，h。

使用式（3-2）时，0时或24时的观测水位，应根据前后日相邻水位直线内插法求出。

（二）编制"逐日平均水位表"和"洪水要素摘录表"

把计算所得日平均水位，逐日填入记录表内可得"逐日平均水位表"。该表中包括年、月最高水位和最低水位及各种历时水位等。将汛期实测水位按观测时刻顺序填入记录表，可得"洪水要素摘录表"。

第三节 流 量 测 量

流量是单位时间内流过江河某一横断面的水量，以 m^3/s 计。它是江河、湖泊、水库等水体水量变化的基本数据，能够反映观测流域地表水资源的大小。在水文测站上长期连续进行流量测验取得的数据，经过分析、计算和整理而得的资料，可为水利工程的规划设计、施工、管理运行及国民经济服务。

一、流量测量原理

流量的测量是通过测定过水断面面积与断面平均流速并加以计算得到的。由于天然河流受边界条件的影响，对过水断面的流速分布很不均匀。流速随水平及垂直方向的位置不同而变化，即

$$v=f(b,h)$$

其中 v 为断面上某一点的流速，b 为该点至水边的水平距离，h 为该点至水面的垂直距离。通过全断面的流量 Q 为

$$Q=\int_0^A v\mathrm{d}A=\int_0^B\int_0^H f(b,h)\mathrm{d}h\mathrm{d}b \qquad (3-3)$$

式中：A 为水道断面面积，$\mathrm{d}A$ 为 A 内的单元面积（其宽为 $\mathrm{d}b$，高为 $\mathrm{d}h$），m^2；v 为垂直于 $\mathrm{d}A$ 的流速，m/s；B 为水面宽度，m；h 为水深，m。

因为 $f(b,h)$ 的关系复杂，目前尚不能用式（3-3）计算，实际工作中把上述积分

式变成有限差分的形式来推求流量。即将测流断面用垂线划分为若干部分,测算出各部分断面的面积和各部分面积上的平均流速,两者的乘积,称为部分流量;全断面的流量为各部分流量之和,即

$$Q = \sum_{i=1}^{n} q_i \tag{3-4}$$

式中:q_i 为第 i 个部分的部分流量,m^3/s;n 为部分的个数。

由上可知,流量测量工作包括断面测量、流速测定及流量计算三部分。

二、断面测量

(一) 测量内容

垂直于河道或水流方向的截面称为横断面(简称断面)。断面与河床的交线,称河床线。水位线以下与河床之间所包围的面积,称为水道断面,它随着水位的变动而变动;历史最高洪水位与河床线之间所包围的面积,称为大断面,它包括水上、水下两部分。断面测量的目的是绘出测流断面的横断面图。断面测量的内容是测定河床各点的起点距(即距断面起点桩的水平距离)及其高程。对水上部分各点高程采用四等水准测量;水下部分则是测量各垂线水深并观读测深时的水位。

(二) 基本要求

1. 测量范围

大断面测量应测至历年最高洪水位以上 0.5~1.0m;漫滩较远的河流,可只测至洪水边界;有堤防的河流,应测至堤防背河侧地面为止。

2. 测量时间

大断面测量宜在枯水期单独进行,此时水上部分所占比重大,易于测量,所测精度高。水道断面测量一般与流量测验同时进行。

3. 测量次数

新设测站的基本水尺断面、测流断面、浮标断面、比降断面均应进行大断面测量。设立后对于河床稳定的测站(水位与面积关系点偏离曲线小于±3%),每年汛期前复测一次;对河床不稳的站,除每年汛前、汛后施测外,应在每次较大洪峰后加测(汛后及较大洪峰后,可只测量洪水淹没部分),以了解和掌握断面冲淤过程。

4. 测量精度

大断面岸上部分的测量,应采用四等水准测量。施测前应清除杂草及障碍物,可在地形转折点处打入有编号的木桩作为高程的测量点。测量时前后视距不等差不超过 5m,累计差不超过 10m,往返测量的高差应在范围内(K 为往返测量或左右路线所算得的测量线路长度的平均长度,km)。对地形复杂的测站测量精度可低于四等水准测量。

三、水深测量

(一) 测深垂线

1. 布设原则

测深垂线的布设应均匀分布,并能控制河床变化的转折点,使部分水道断面面积无大补大割情况。当河道有明显漫滩时主槽部分的测深垂线应比滩地密。

2. 测深垂线数目

大断面测量水下部分最少测深垂线数目，见表3-2。对新设站，为取得精密法测深资料，为以后进行垂线精简分析打下基础，要求测深垂线数不少于规定数量的一倍。

表3-2　　　　　　　　　大断面测量水下部分最少测深垂线数目

水面宽/m		<5.0	5.0	50	100	300	1000	>1000
最少测深垂线数目	窄深河道	5	6	10	12～15	15～20	15～25	>25
	宽浅河道	3～5	5	6～8	7～9	8～13	8～13	>13

注　水面宽与平均水深比值小于100为窄深河道，大于100为宽浅河道。

（二）水深测量仪器

水深测量常用测深仪器包括测深杆、测深锤、悬索和超声波测深仪。

1. 测深杆与测深锤

测深杆是一个刻有读数标志的测杆，杆的下端配有圆盘。适用于水深较浅，流速较小的河流。可用船测或涉水进行。测深锤测深是用测深锤（铁砣）上系有读数标志的测绳。该法适用于水库或水深较大但流速小的河流。

2. 悬索

悬索测深就是用悬索（钢丝绳）悬吊铅鱼，测定铅鱼自水面下放至河底时，绳索放出的长度。该法适用于水深流急河段，应用范围广，因此它是目前江河断面测深的主要测量方法。

3. 超声波测深仪

超声波测深仪的原理是利用超声波定向反射的特点，根据声波在水中的传播速度和往返经过的时间计算水深。如图3-5所示，声波信号经发射器到河底再返回至发射器的距离为$2L$，其在水中的传播速度为c，传播时间为t，则三者之间的关系为$L=0.5ct$。从图中可读得发射器入水深度为h_0，所以水深为$h=L+h_0$，其中h为水深，h_0为超声波发射器入水深度，L为发射器与河底垂直距离，单位均为米。

超声波测深仪适用于水深较大，含沙量较小，泡漩、可溶固体、悬浮物不多时的江河湖库的水深测量。超声波测深仪具有精度好、工效高、适应性强、劳动强度小，且不易受天气、潮汐和流速大小的限制等特点。但在含沙量大或河床式淤泥质时，不易使用。

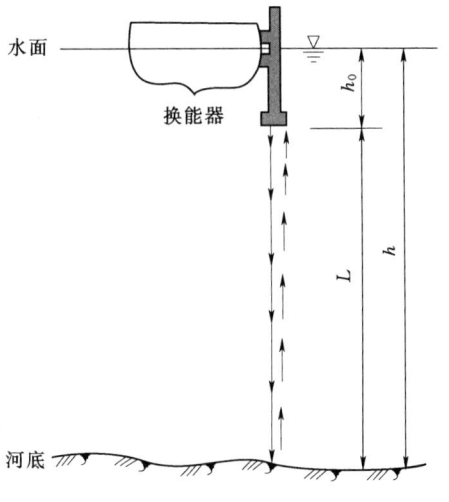

图3-5　超声波测深仪原理图

四、起点距测量

大断面和水道断面的起点距，均采用高水时的断面起点桩（一般设在岸上的断面桩）作为起算零点。起点距的测定也就是测量各测深垂线距起点桩的水平距离。

起点距的测量，可用以下两种方法。

1. 断面索观读法

断面索观读法是在断面上架设钢丝缆索，每隔适当距离做上标记，并事先测量好它们的位置，测量水深的同时，直接在断面索上读出起点距。这种方法适合于河宽较小、水上交通不多、有条件架设断面索的河道测站，精度较高。

2. 测角交会法

在没有架设断面索的测站上，可用经纬仪、平板仪或六分仪平面测角交会法测定起点距。

(1) 经纬仪岸上交会法 [图3-6 (a)]：水文站在布设测流断面时，同时布设基线 AC，并用精确方法量出基线的长度 L，测角时，将经纬仪安放在基线的终点，测出角度 α，则起点距 $D = L \tan \alpha$。

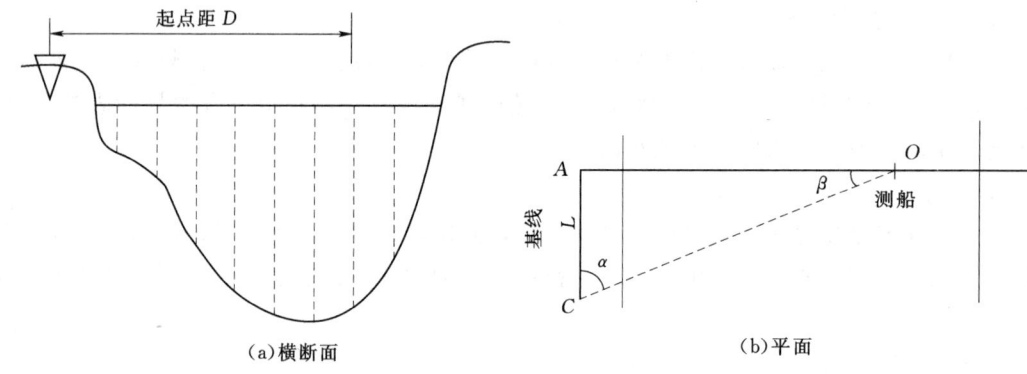

图 3-6 测角交会法示意图

(2) 六分仪船上交会法 [图3-6 (b)]：当河道较宽时，岸上与船上联络困难，风浪较大时用经纬仪瞄准河中活动的目标，施测有些困难，此时可使用六分仪交会法，它的主要优点是测量时施测人员全部上船，不用支架，只需手握仪器即可测出角 β 也能在摇动的船上使用，因此水文勘测中经常使用。起点距 $D = L \cot \beta$。

(3) 将平板仪放在基线终点 C 上，视线对准施测垂线，用图解可直接定出 D。垂线的水深及起点距测得后，部分面积及全断面面积即可求出。

五、流速测量

天然河道中，普遍采用流速仪测流速。一般常用的流速仪，是机械转子式流速仪，转子式流速仪分为旋杯式和旋桨式两种，图3-7为旋杯式流速仪，图3-8为旋桨式流速仪。它们由感应水流的旋转器（旋杯或旋桨）、记录信号的计数器和保持仪器正对水流的尾翼三部分组成。该仪器优点是惯性力矩小，旋轴的摩阻力小，对流速的感应灵敏；结构坚固，不易变形；仪器的支承及接触部分装在体壳内，能防止进水进沙，在含沙含盐的水中都能应用；结构简单，使用方便，便于拆装清洗修理；体积小，重量轻，便于携带，价格低，便于推广。缺点是含沙量较大时转轴加速、漂浮物多时容易缠绕。针对此缺点，各国正在试验研究采用其他感应器来测速，如超声波流速仪、电磁流速仪、光学流速仪等，这些流速仪都称为非转子式流速仪。不能使用流速仪时，也可采用浮标测流（凡能漂浮之物，都可做成浮标，为了方便，宜就地取材）。

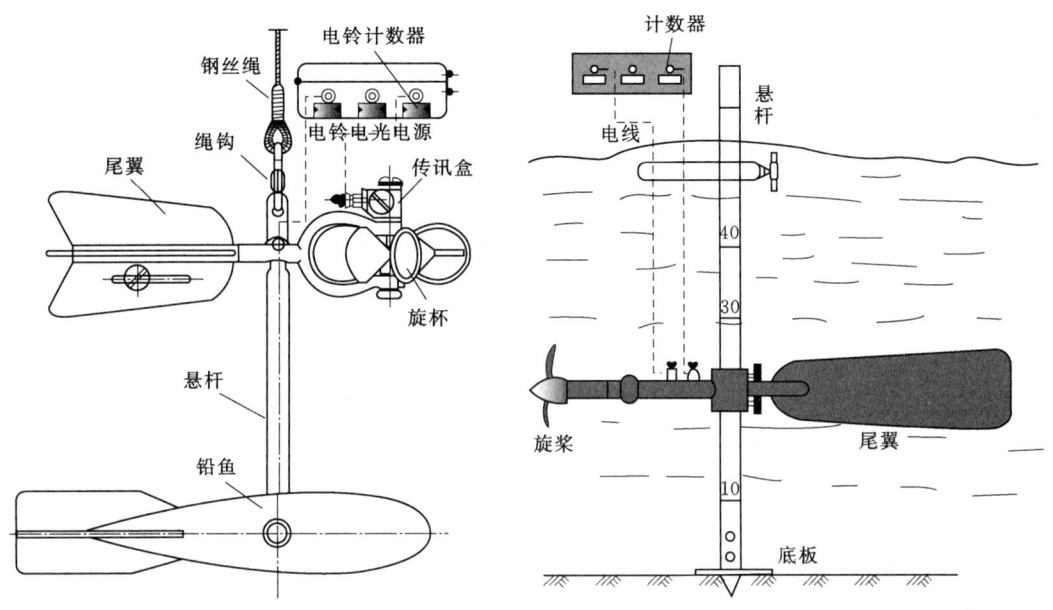

图 3-7 LS68-2 型旋杯式流速仪　　　　图 3-8 LS25-1 型旋桨式流速仪

1. 流速仪测速原理

流速仪测速原理是利用水流冲击流速仪的旋杯或旋桨，同时带动转轴转动，在装有信号的电路上发出讯号，便可知道在一定时间内的旋转次数，流速越大，转轴转得越快，流速与转速之间有一定的关系，这种关系是由厂家在仪器出厂之前，把流速仪放在特定的检定水槽里，通过实验方法来确定流速与转速间的函数关系。关系式如下：

$$v = a\frac{N}{T} + b \tag{3-5}$$

式中：v 为水流速度，m/s；N 为旋转器在 T 秒内的总转数；T 为测速历时（一般要求不少于 100s），s；a、b 为常数，可通过对仪器的检定求得。

旋杯式流速仪适用于含沙量较小的河流，转轴是垂直的。原理是电路闭合一次，输出一个信号，每 5 转输出一个信号。旋桨式流速仪的转轴是水平的，输出一个信号，代表螺旋桨旋转 20 转。

目前的流速仪经过改进，可以由显示器自动计算并显示流速值，称直读式流速仪，使用更为方便。

2. 测速垂线及测点

流速测量时，要根据河流宽度、水深以及精度要求，在测流断面上布设足够数量的测速垂线，为求得垂线平均流速，要在各条测速垂线上，将流速仪放置在不同的水深点测速。每条测速垂线上测点的多少，也应根据测流精度的要求、水深、悬吊流速仪的方式等情况而定。测速垂线的数目可参考表 3-3 选用，精测法测速点分布见表 3-4。

表 3-3　　　　　　我国精测法、常测法最少测速垂线数目的规定

水面宽/m	<5.0	5.0	50	100	300	1000	>1000
精测法测速垂线数目	5	6	10	12~15	15~20	15~25	>25
常测法测速垂线数目	3~5	5	6~8	7~9	8~13	8~13	>13

表 3-4　　　　　　　　　精测法的测速点分布

水深或有效水深/m	悬杆悬吊	>1.0	0.6~1.0	0.4~0.6	0.2~0.4	0.16~0.20		<0.16
	悬索悬吊	>3.0	2.0~3.0	1.5~2.0	0.8~1.5	0.6~0.8	<0.6	
垂线上测点数目和位置		5点法: 0.0h, 0.2h, 0.6h, 0.8h, 1.0h	3点法: 0.2h, 0.6h, 0.8h 2点法: 0.2h, 0.8h	2点法: 0.2h, 0.8h	1点法: 0.6h	1点法: 0.5h	改用悬杆悬吊或其他方法测速	改用小浮标或其他方法测速

畅流期用精测法测流时，如采用悬杆悬吊，当水深大于 1.0m 时可用 5 点法测流，即在相对水深（测点水深与所在垂线水深之比值）分别为 0.0、0.2、0.6、0.8 和 1.0 处施测。为了消除流速的脉动影响，各测点测速历时为 60~100s。

3. 点流速测算

将流速仪放在测速垂线的测点上，记录各测点的总转数 N 和测速历时 T。利用式 (3-6) 就可求得全断面各测点的流速。若采用直读式流速仪，则可直接记录流速。

$$v = kn + c \tag{3-6}$$

式中：v 为点流度，m/s；k、c 为常数，可通过对仪器的检定求得；n 为流速仪转速，$n = N/T$，N 为旋转器总转数，T 为测速历时，s。

六、流量计算

1. 垂线平均流速的计算

根据各条测速垂线上的测点情况和点流速，分别计算各垂线平均流速 v_m，计算公式见表 3-5。公式中点流速的下角标表示该测点的相对水深，如表 3-6 中 3 号测速垂线水深为 2.21m，$v_{0.2}$ 表示水深为 $0.2 \times 2.21 = 0.44$m 处的点流速，同理 $v_{0.6}$、$v_{0.8}$ 表示水深 1.33m 和 1.77m 处的点流速。按公式计算得 3 号垂线平均流速 $v_m = 1/3(v_{0.2} + v_{0.6} + v_{0.8}) = 1/3(1.38 + 1.24 + 1.11) = 1.24$m/s。

表 3-5　　　　　　　　　垂线平均流速计算公式一览表

按测点总数区分的计算公式	计 算 公 式	适应水深/m
1 点法	$v_m = v_{0.6}$	<1.5
2 点法	$v_m = 1/2(v_{0.2} + v_{0.8})$	1.5~2.0
3 点法	$v_m = 1/3(v_{0.2} + v_{0.6} + v_{0.8})$	2.0~3.0
5 点法	$v_m = 1/10(v_{0.0} + 3v_{0.2} + 3v_{0.6} + 2v_{0.8} + v_{1.0})$	>3.0

第三节 流量测量

表 3-6　　　　　　　　某站测深、测速记载及流量计算表

| 施测时间：1988年5月10日3时44分至4时18分 | | | 流速仪牌号及公式　LS25-1型　$v=0.2557\dfrac{N}{T}+0.0068$ | | | | | | | | | |

垂线号数		起点距/m	水深/m	仪器位置		测速记录		流速/(m/s)			测深垂线间		断面面积/m²		部分流量/(m³/s)
测深	测速			相对水深	测点深度/m	总历时 T/s	总转数 N	测点	垂线平均	部分平均	平均水深/m	间距/m	测深垂线间	部分	
左水边		10.0	0.00							0.69	0.50	15	7.50	7.50	5.18
1	1	25.0	1.00	0.6	0.6	125	480	0.99	0.99						
										1.04	1.40	20	28.0	28.0	29.12
2	2	45.0	1.80	0.2	0.36	116	560	1.24	1.10						
				0.8	1.44	128	480	0.97							
										1.17	2.00	20	40.0	40.0	46.80
3	3	65.0	2.21	0.2	0.44	104	560	1.38	1.24						
				0.6	1.33	118	570	1.24							
				0.8	1.77	111	480	1.11							
										1.14	1.90	15	28.5	35.25	40.18
4		80.0	1.60												
										1.35	5	6.75			
5	4	85.0	1.10	0.6	0.66	110	440	1.03	1.03						
										0.72	0.55	18	9.90	9.90	7.13
右水边		103	0.00												
断面流量 128.4m³/s				断面面积 120.6m²				平均流速 1.06m/s			水面宽 9.90m			平均水深 1.30m	

2. 部分面积平均流速的计算

部分面积平均流速是指两测速垂线间部分面积的平均流速，以及岸边或死水边与断面两端测速垂线间部分面积的平均流速。

(1) 岸边部分面积平均流速的计算。可由紧靠岸边的那条测速垂线的 v_m 乘以岸边系数 α 而得。即

$$v_1 = \alpha v_{m_1} \quad (3-7)$$

$$v_{n+1} = \alpha v_{m_n} \quad (3-8)$$

式中：α 为岸边流速系数，其值视岸边情况而定，斜坡岸边 $\alpha=0.67\sim0.75$，一般取 0.70；陡岸 $\alpha=0.80\sim0.90$；死水边 $\alpha=0.60$。例如表 3-6 中，α 取 0.70，则右岸 $v_5=0.70\times1.03=0.72$m/s

(2) 中间部分平均流速的计算。中间部分指由相邻两条测速垂线与河底及水面所组成的部分，部分平均流速等于相邻两条垂线平均流速的平均值。按式（3-9）计算：

$$v_i = \frac{1}{2}(v_{m_{i-1}} + v_{m_i}) \quad (3-9)$$

式中：v_i 为第 i 部分面积对应的部分平均流速；$v_{m_{i-1}}$、v_{m_i} 分别为第 $i-1$ 条及第 i 条测速垂线的垂线平均流速。

因此表 3-6 中，测速垂线 3～4 号间的部分平均流速 $v_4=1/2(1.24+1.03)=$

1.14m/s。

3. 部分面积的计算

部分面积是以测速垂线为分界。岸边部分按三角形计算，中间部分按梯形计算。如表 3-6 中，由于 4 号测深垂线不测速，因此左起第四块面积由测深垂线 3~4 号、4~5 号两块组成，即 $f_4=28.50+6.75=35.25\text{m}^2$。

4. 部分流量计算

部分流量由各部分的部分平均流速与部分面积之积得到，即

$$q_i = v_i A_i \tag{3-10}$$

式中：q_i、v_i、A_i 分别为第 i 个部分的流量、平均流速、断面面积。

断面流量为断面上各部分流量之和 Q，即

$$Q = \sum q_i \tag{3-11}$$

表 3-6 中求得断面流量为 $128.4\text{m}^3/\text{s}$；断面面积为 12.06m^2；断面平均流速为 $128.4/120.6=1.06\text{m/s}$。

七、水位-流量关系

水位的观测比较容易，流量很难通过连续观测来直接点绘洪水流量过程线。因此，一般是通过一定次数的流量测验后，根据实测的水位、流量的对应资料建立水位与流量的关系曲线。通过水位-流量关系曲线可把水位变化过程转换成相应的流量变化过程，并可计算出日、月、年平均流量及各种统计特征值。

（一）稳定的水位-流量关系曲线

在河床稳定，测站控制性能良好的情况下，河道的水流状态比较平稳，水位-流量的关系点较密集，通过点群中心可以绘出单一的水位-流量关系曲线，如图 3-9 所示。通常在图上绘制水位与面积、水位与流速关系曲线，因为水位-流量关系稳定时，相同水位下流速与面积的乘积应等于流量，所以可用它们来辅助水位-流量关系曲线的分析。

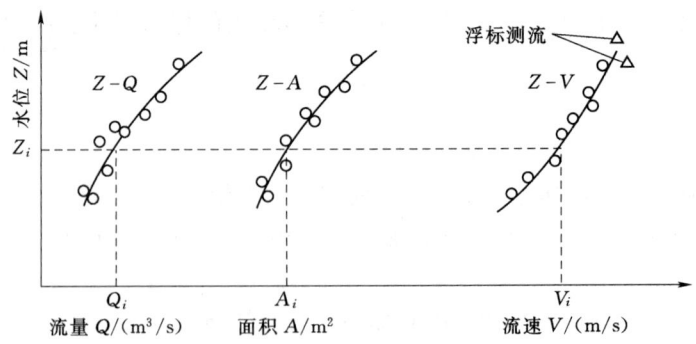

图 3-9 稳定情况下水位-流量关系曲线

在施测流量时，因高水位历时短，测流困难，致使实测点据较少，甚至没有，因此常用一定的方法外延求得，外延的方法有以下两种：

(1) 根据水位-面积和水位-流速关系延长。

(2) 利用水力学公式（如史蒂文森法或曼宁公式）延长等。

(二) 不稳定的水位-流量关系曲线

天然河道中，由于河床冲淤、洪水涨落、变动回水等的影响，使水位-流量关系点据分布散乱，无法定出单一的关系曲线。在这些情况下，需对影响因素进行分析，分别加以处理和修正，方能定出不稳定情况下的水位-流量关系曲线。以上3种原因对水位-流量关系曲线有以下影响：

(1) 河床冲淤，Z-Q 线偏离原曲线，受冲时断面面积增大，同一水位-流量关系点据将会偏离原曲线的右下方，受淤时相反，如图 3-10 所示。

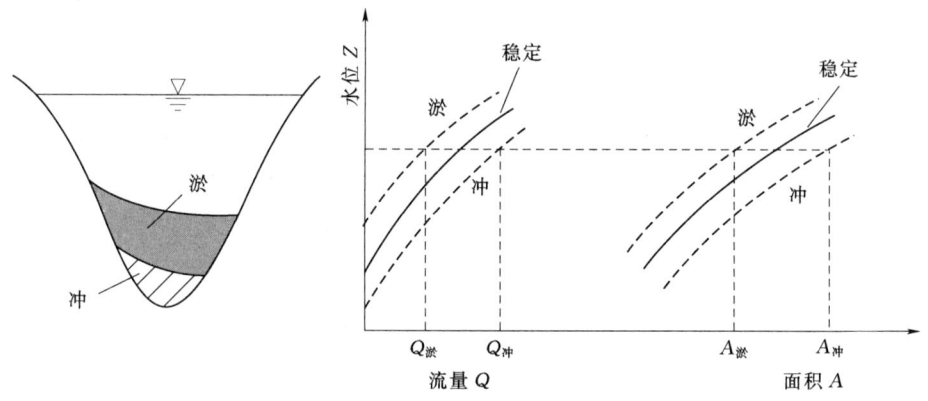

图 3-10 受冲淤影响的 Z-Q 关系曲线

(2) 洪水涨落，Z-Q 线成逆时针绳套形，当受洪水涨落影响时，水面比降发生变化，水位流量关系成绳套形曲线，如图 3-11 所示。

(3) 变动回水，Z-Q 线偏向稳定的水位-流量关系曲线的左边。变动回水使水面比降变小，水位-流量关系点据都要偏向原稳定曲线的左边，如图 3-12 所示。

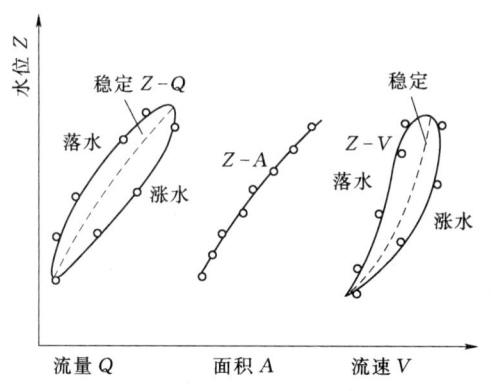

图 3-11 受洪水涨落影响的 Z-Q 关系曲线

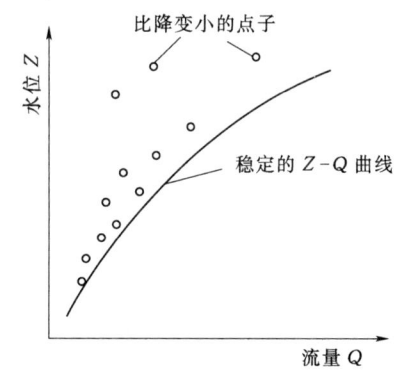

图 3-12 受变动回水影响的 Z-Q 关系曲线

(三) 日平均流量的推求

在 Z-Q 关系曲线确定后，即可根据水位资料来推求日平均流量，方法有以下两种：

(1) 当水位-流量关系曲线较为平直，水位及其他有关水力因素在一日内变化缓慢时，可用日平均水位数值通过水位-流量关系曲线直接查出日平均流量。

(2) 当一日内流量的变化较大时，可用逐时水位求得逐时流量，再用逐时流量按算术平均法或面积包围法计算日平均流量。

有了日平均流量，即可计算月及年的平均流量，并统计最大和最小流量等特征值。这些统计成果最后都将填入逐日平均流量表中，并在水文年鉴中刊布。刊布的还有实测流量成果表及洪水水文要素摘录表等流量整编成果。

第四节　水文调查与水文遥感

目前收集水文资料的主要途径是定位观测，但由于定位观测受时间、空间的限制，收集的资料往往不能满足生产需要，因此必须通过水文调查来补充定位观测的不足，使水文资料更加系统和完整，更好地满足水资源开发利用、水利水电建设及其他国民经济建设的需要。水文调查就是为弥补水文基本站网定位观测的不足或某个特定目的，采用勘测、调查、考证等方式收集某些水文要素等资料的工作。水文调查的内容可分为流域调查、水量调查、洪水与暴雨调查、其他专项调查等。本节主要介绍洪水调查、暴雨调查和枯水调查。

一、水文调查

（一）洪水调查

1. 调查内容

洪水调查分为历史洪水调查和当年洪水调查。洪水调查工作的主要内容有：历史上各次洪水发生时间及相应洪水痕迹和灾情；洪痕高程测量；调查河段的河槽冲淤情况；流域自然地理情况；调查河段的纵横断面测量；对调查成果进行分析论证，从而推算历史洪水的洪峰流量、洪水总量及重现期等；最后总结出调查报告。

2. 调查方法和要求

(1) 资料搜集。洪水调查需要搜集以下资料：

1) 流域的基本资料，如流域地形图、河道纵横断面图、沿河水准点位置和高程、水文气象条件等。

2) 调查河段及附近水文站的洪水资料。

3) 与洪水调查有关的历史文献、文物、考证等，如县志、省志等，以及前人有关历史洪水的发生年代、灾情描述等调查访问的资料。

(2) 调查河段的选择。调查河段的选择，一般都要经过初步选择、实地踏勘、最后确定等三个步骤。调查河段的选择，是关系到成果精度的重要环节，一个理想的调查河段应具有一定数量的洪水痕迹，便于洪峰流量的推算。一般情况下，调查河段的选择应考虑以下条件：

1) 符合调查的目的和要求。如为了满足某一工程设计而进行的洪水调查，选择的调查河段应尽可能靠工程地点；对为延长洪水实测序列而进行的洪水调查，则应尽可能选择水文站附近的河段作为调查河段。

2) 为了能够调查出一定数量的可靠的历史洪水痕迹，调查河段应有一定的长度，且两岸应有古老村落，便于查询了解历史洪水的痕迹和重现期。

3) 为了便于准确推算流量，调查河段应比较顺直，河床冲淤变化不大，河段内无大的支流汇入和流出。

(3) 现场调查。

1) 洪水发生时间的调查。历史上每次大洪水都会给当地群众造成一定的灾害，在沿河居住的老人对此记忆犹新，他们往往可以提供洪水发生的准确时间。洪水发生时间还可以从传说、文献记载等方面了解。对于历史洪水调查，这些都是主要途径。

2) 洪水痕迹的调查。河道内每发生一次洪水，都有一个最高洪水位。最高洪水位所遗留的泥印、水迹、人工标记以及一切能够代表最高洪水位到达位置的标志物，都称为洪水痕迹，或简称洪痕。洪水痕迹是确定最高洪水位、绘制洪水水面曲线、计算洪峰流量最直接的依据，调查时必须慎重。

洪水痕迹的调查，一般来说可以从3个方面进行：首先是依靠了解情况的当地群众指认洪痕；其次是根据群众所提供的线索同群众一道组织查找；此外，调查人员可以根据了解情况，亲自到现场寻找辨认。无论经过指认或辨认的洪水痕迹，都应在现场进行初步的分析与论证，发现问题及时弄清。对一经确认的洪痕都应做好标记，以便测量，对每一洪痕点的可靠程度应作出评价，以便应用时参考。

3. 洪峰流量的估算

推求洪峰流量的方法一般有如下几种：

(1) 水位-流量关系曲线法。若调查所得的洪水痕迹靠近某一水文站，可设法求得水文站基本水尺断面处的历史洪水位高程，然后延长该站的水位-流量关系曲线，即可推得历史洪水洪峰流量。

(2) 比降法。

1) 匀直河段洪峰流量计算。如果附近设有水文站，当调查河段的断面呈单一式时，可近似地按稳定均匀流公式推求洪峰流量 Q_m，即

$$Q_m = \frac{1}{n} A R^{2/3} J^{1/2} \tag{3-12}$$

式中：A 为相当于最高水位时的过水断面面积，m^2；R 为相应的水力半径，m；J 为水力比降，用上、下断面洪痕点的高差除以两断面间沿河间距而得。一般认为，有3个以上洪痕点决定比降才比较可靠；n 为糙率，应根据历史洪水发生时的河道情况，查水力学手册中 n 表确定。

2) 非匀直河段洪峰流量计算。

$$\left. \begin{array}{l} Q_m = \dfrac{1}{n} A R^{2/3} J^{1/2} \\[2mm] J = \dfrac{h_f}{L} = \dfrac{h + \left(\overline{\dfrac{V_\text{上}^2}{2g}} - \overline{\dfrac{V_\text{下}^2}{2g}}\right)}{L} \end{array} \right\} \tag{3-13}$$

式中：h 为上、下两断面的水面落差，m；h_f 为上、下两断面间的摩阻损失；$\overline{V_\text{上}}$、$\overline{V_\text{下}}$ 分别为上、下两断面的平均流速，m/s；L 为上、下两断面间距，m；g 为重力加速度。

(3) 若考虑扩散及弯道损失时洪峰流量推算公式：

$$\left. \begin{array}{l} Q_m = \dfrac{1}{n} A R^{2/3} J'^{1/2} \\[2mm] J' = \dfrac{h + (1-\alpha)\left(\overline{\dfrac{V_\text{上}^2}{2g}} - \overline{\dfrac{V_\text{下}^2}{2g}}\right)}{L} \end{array} \right\} \tag{3-14}$$

式中：J' 为比降修正系数；α 为扩散、弯道损失系数，通常取 0.5；其余符号意义同前。

(4) 用水面曲线推算洪峰流量。当所调查的河段较长，且洪痕较少，各河段河底坡降及断面变化、洪水水面比较曲折时，可用水面曲线法推求洪峰流量。

水面曲线法的工作原理是：假定一流量 Q，由所估定的各段河道糙率 n，自下游一已知的洪水水面点起，向上游逐段推算水面线，然后检查该水面线与各洪痕的符合程度。如大部分符合，表明所假定的流量正确；否则重新修订 Q 值，再推算水面线直至大部分洪痕符合为止。

4. 洪峰流量的检查和洪水过程的推求

(1) 洪峰流量的检查。由于水文现象十分复杂，水文调查工作又受到各种条件的限制，洪水调查访问资料及洪峰流量计算成果可能存在一些问题，甚至有错误之处，因此，必须通过合理性检查和综合分析。洪峰流量计算成果合理性检查和综合分析，一般有以下方法：

1) 与上下游、干支流邻近地区的相同因素对照比较。将需要检查的项目列成单项，如洪水发生的年份，同次洪水各地点的洪峰流量及洪水大小顺位进行比较，如发现问题加以改正。

2) 绘制 Q_m-F 关系图检查。将同一地区调查及实测结果，以洪峰流量为纵坐标，以流域面积为横坐标，在双对数纸上点出 Q_m-F 关系图，可得出下列关系式：

$$Q_m = C_P F^n \tag{3-15}$$

式中：n 为指数，一般为 2/3，但不同的暴雨洪水、不同地区，n 值是变动的，取值范围为 0.5～0.8；C_P 为洪峰模数，其存在地区分布规律，且符合暴雨洪水和下垫面条件的地区分布特点。

(2) 洪水过程推求。

1) 由调查的洪水位过程线估算。当通过调查和文献考证能够绘出历史洪水位过程线时，可通过该调查河段所建立的水位-流量关系推求出流量过程线。有了流量过程线，可推求出洪水总量。

2) 由调查的洪水类型估算。当在有水文站的河段调查早期历时洪水时，如不能确切调查到洪水位过程，可以概略地调查其洪水类型。例如，是长历时降雨还是集中的短历时暴雨；是陡涨陡落还是几次连续洪水，是何种地区来源的洪水。在对实测的洪水进行特性分析，则可以判别其调查的早期历史洪水属于实测洪水总量；或者以某一类型分析以后，可通过相应类型的峰量关系查出调查洪水的洪水总量；或者以某一类型的洪水过程放大。

5. 调查成果的整理

调查、测量成果及计算图表，都应经过校核和分析论证等工作，以保证计算精度和成果的可靠性。对计算的洪峰流量、洪水总量应尽可能与上下游、干支流的洪水作对照检查，进行合理性分析，对成果作出可靠程度的评价。

(二) 暴雨调查

以降雨为洪水成因的地区，洪水大小与暴雨大小密切相关，暴雨调查资料对洪水调查结果起旁证作用。洪水过程线的绘制、洪水的地区组成，也需要综合考虑暴雨资料进行分析。暴雨调查的内容有暴雨成因、暴雨量、暴雨起讫时间、暴雨变化过程及前期雨量情况、暴雨走向及当地主要风向风力变化等。

暴雨调查是掌握特大暴雨,分析其地区分布的重要手段。它与洪水调查工作是相辅相成的,暴雨调查分为历史暴雨调查和近期暴雨调查。由于历史暴雨时隔已久,难以调查到确切的数量。因此一般可通过当地群众对当时雨势、地面坑塘积水、露天器皿接水等情况的回忆,或与近期发生的某次大暴雨做对比分析,并结合历史洪水的调查资料,分析估算暴雨量及其过程或者确定暴雨的量级。

对当年或近期暴雨调查,雨量及其过程可以调查得详细准确些。如雨量、雨强、降雨历时、降雨过程、地区分布及暴雨成因等。调查一般从暴雨中心开始,逐渐向周围地区扩散。应重点调查当地群众的观测成果以及群众院内的水桶、水缸或其他器皿的接水情况,并按盛水容积和器皿面积折算成降雨深度。调查时应注意盛雨器皿所在位置受周围环境的影响,盛雨器皿有无漫溢、渗漏及有无存水和外水加入等情况。对暴雨中心雨量的确定,应作多处调查,进行分析论证,并确定其可靠程度。

(三) 枯水调查

枯水调查是指对某一地区或流域历史上出现的最低水位、最小流量、一定重现期的枯水流量、持续时间、发生次数以及是否断流和旱灾情况等方面进行水文调查工作。枯水时的水位和流量资料,对灌溉、水电、航运、给水等工程的规划设计和管理都是不可缺少的。枯水调查常与洪水调查同时进行,基本方法相似,一般采用历史考证的办法。

历史枯水调查,一般难以找到历史枯水痕迹。在文献中找到有关记载或在大江大河上找到枯水位刻记的情况甚少。一般只能根据仔细的调查访问,了解旱灾发生的次数、时间及情况,并通过在河边或井边估测当时的最低水位来推估最枯流量。

二、水文遥感

遥感技术,特别是航天遥感的发展,使人们能从宇宙空间的高度上,大范围、快速、周期性地探测地球上的各种现象及其变化。遥感技术在水文科学领域的应用称为水文遥感。水文遥感的主要内容包括:动态遥感;从定性描述发展到定量分析;遥感、遥测、遥控的综合应用;遥感与地理信息系统相结合。

20多年来,遥感技术在水文水资源领域得到广泛应用并已成为收集水文信息的一种重要手段,尤其在水资源调查方面更为显著。概括起来,列举如下几方面:

(1) 流域调查。根据卫星相片可以准确查清流域范围、流域面积、流域覆盖类型、河长、河网密度、河流弯曲度等。

(2) 水资源调查。使用不同波段、不同类型的遥感资料,容易判读各类地表水,如河流、湖泊、水库、沼泽、冰川、冻土和积雪的分布;还可分析饱和土壤面积、含水层分布以估算地下水储量。

(3) 水质监测。利用遥感资料进行水质监测可分析识别热水污染、油污染、工业废水及生活污水污染、农药化肥污染以及悬移质泥沙、藻类繁殖等情况。

(4) 洪涝灾害的监测。包括洪水淹没范围的确定,分析决口、滞洪、积涝的情况,泥石流及滑坡的情况。

(5) 河口、湖泊、水库的泥沙淤积及河床演变,古河道的变迁分析等。

(6) 降水量的测定及水情预报。通过气象卫星传播器获取的高温和湿度间接推求降水量或根据卫片的灰度定量估算降水量；根据卫星云图与天气图配合预报洪水及旱情监测。

此外，还可利用遥感资料分析处理测定某些水文要素，如水深、悬移质含沙量等。利用卫星传输地面自动遥测水文站资料，具有投资低、维护量少、使用方便的优点，且在恶劣天气下安全可靠，不易中断，对大面积人烟稀少地区更加适合。

复 习 思 考 题

1. 水文测站观测的项目有哪些？
2. 根据测站的性质，水文测站可分为哪些类型？
3. 收集水文资料，有哪些基本途径？试比较其优缺点。
4. 水文测验河段的选择，主要考虑什么原则？
5. 水文站布设的断面一般有几种？
6. 什么是水位？观测水位有何意义？如何计算日平均水位？
7. 什么是流量？观测流量有何意义？断面流量的确定，关键是什么？
8. 简述流速仪测流的步骤及流量计算方法。
9. 水文调查包括哪几个方面的内容？进行水文调查的目的是什么？
10. 天然河道中，影响水位-流量关系不稳定的主要因素有哪些？简述水位-流量关系曲线的高低水延长方法。
11. 表3-7是某测站逐日平均水位表的摘录，其测量的基面为测站基面（海拔5.43m），如采用黄海基面，试求出每日的水位。

表3-7　　　　　　某测站逐日平均水位表（部分摘录）

月 日	1	3	5	7	9	11
1	43.88	44.34	48.26	48.03	46.37	46.18
2	83	45.09	94	47.30	47.07	38
3	80	27	46	46.70	53	47.55

12. 某水文站观测水位的记录如图3-13所示，试用面积包围法计算该日的日平均水位。

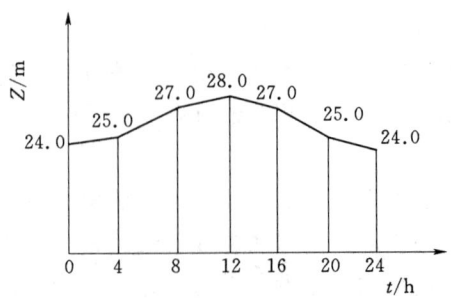

图3-13　某水文站观测水位的记录

13. 按照图3-14所示资料计算断面流量和断面平均流速。

复 习 思 考 题

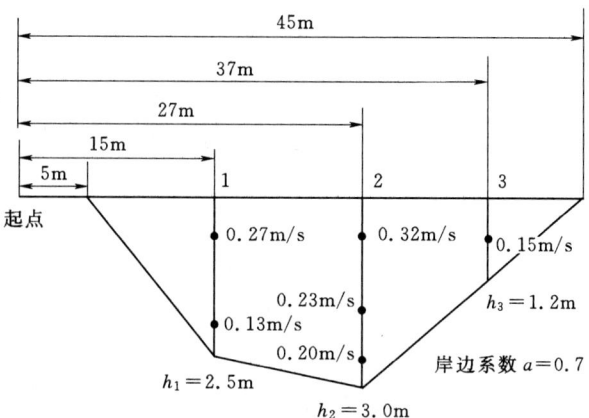

图 3-14 习题 13 图

第四章 水文统计的基本知识

第一节 概 述

自然界中的现象在其运动变化过程中可以分为两种类型：一类是确定性现象，即必然现象；另一类是随机现象，即偶然现象。必然现象表现为在特定条件下，某种结果一定会发生。例如，在标准大气压下，水温达到100℃时，水会沸腾。偶然现象表现为在相同条件下，有多种结果可能发生，事先不知道哪种结果会发生。例如，抛一枚硬币，有时正面朝上有时反面朝上，从表面看杂乱无章，没有规律。但如果抛的次数逐渐增加到足够多，正面朝上与反面朝上出现的次数均会趋近于1/2。这种通过对某一随机现象做大量的观测或试验揭示出来的规律称为统计规律。

水文现象具有必然性的特点，如汛期流域降雨量增加，河道水位就会上涨；枯水期降雨量减少，河道水位就会下降，这是必然性。然而每年径流量的数值受到流域上许多因素的影响，即使年降水量相同，年径流量数值也不完全相同，这就是偶然性。对于偶然现象或随机现象，从表面上看似乎没有规律，但当观察了大量同类现象之后，就可以发现它还是具有一定规律的。如河道某断面的年径流量是一种随机现象，但由长期观测资料可知：其多年平均流量却是一个比较稳定的数值，并且特大或特小的年径流量出现的年份较少，而中等的年径流量出现的年份相对较多。

这种随机现象所遵循的规律称为统计规律。研究随机现象统计规律的学科称为概率论，而由随机现象的一部分试验资料去研究总体现象的数学特征和规律的学科称为数理统计学。因为水文现象是一种具有明显随机性的自然现象，而且水文现象的总体是无限的，水文观测资料仅仅是总体的随机样本，样本的特征在某种程度上反映了总体的特征，所以可以通过对实测资料的研究来推测和预估未来的水文情势，即把数理统计方法应用在水文学上，称为水文统计。

本章主要介绍水文统计的基本理论和方法，重点介绍频率计算和相关分析。

第二节 随机变量及其概率分布

一、随机变量

随机变量是指表示随机试验结果的一个数量。也就是说，若随机试验的所有结果可以用一个变量 X 来表示，X 随试验结果的不同而取得不同的数值，则可将这种随试验结果不同而发生变化的变量 X 称为随机变量。水文现象中的随机变量，一般是指某种水文特征值，例如某站的年降水量、年径流量、洪峰流量等。

为叙述方便，通常用大写字母表示随机变量，用相应小写字母表示它的可能取值。例如，某随机变量 X，它的可能取值记为 x_i，$X=x_1$，$X=x_2$，…，$X=x_n$。水文上一般将 x_1，x_2，…，x_n，称为水文系列。

随机变量可分为两大类型：离散型随机变量和连续型随机变量。

1. 离散型随机变量

若某随机变量只能取得一个有限区间内的某些间断的离散数值，则称此随机变量为离散型随机变量，例如，掷一颗骰子，用一个变量 X 来表示出现的点数，则 X 的可能取值为有限个数 1、2、3、4、5、6，不能取得相邻两数间的任何中间值。

2. 连续型随机变量

若某随机变量可以取得一个有限或无限区间内的任何数值，则称此随机变量为连续型随机变量。水文变量大多属于连续型随机变量。例如年降水量、洪峰流量等，可以取 0 和极限值之间的任何数值。

3. 总体与样本

在数理统计中，把研究对象的个体集合称为总体。从总体中随机地抽取 n 个个体称为总体的一个随机样本，简称样本。样本中的个体数 n 称为样本容量。水文系列的总体通常是无限的，例如，某地区的年降水量其总体是自古迄今乃至将来极其长远岁月的每一年的降水量，我们无法得到，在有限期内观测得到的水文系列仅仅是一个样本。水文分析中概率分析的目的就是要由样本的统计规律来估计总体的规律。

二、随机变量的概率分布

1. 概率分布

随机变量可以取得所有可能取值中的任何一个值，但是取各个可能值的机会不同，有的机会大，有的机会小。随机变量的取值与其概率有一定的对应关系，一般将这种对应关系称为随机变量的概率分布。

对于离散型随机变量 X，将其可能取值 x_i 以及与之相应的概率 P_i 列成表 4-1。

表 4-1　　　　　　　　　　变 量 与 其 概 率 表

X	x_1	x_2	…	x_n
$P(X=x_i)$	p_1	p_2	…	p_n

表 4-1 又称为离散型随机变量的分布列。其中 p_i 为随机变量 X 取值 $x_i(i=1,2,…)$ 的概率，它满足以下两个条件：

(1) $p_i \geqslant 0 (i=1,2,…)$。

(2) $\sum_{i=1}^{n} p_i = 1$。

2. 区间概率

分布律的概念只有离散型随机变量才有。连续型随机变量只能以区间概率来分析其概率分布规律。除此，通常还研究随机变量 X 的取值均大于 x 的概率，将其表示为 $P(X \geqslant x)$，它与 $P(X \leqslant x)$ 可以相互转换。

3. 概率分布曲线与概率密度曲线

随机变量 X 取值大于等于某数值 x 的概率 $P(X \geqslant x)$ 是 x 的函数，水文上称之为随机变量 X 的分布函数，记为 $F(x)$，即

$$F(x) = P(X \geqslant x) \tag{4-1}$$

如果用纵坐标表示随机变量取值 x，横坐标表示分布函数的值 $F(x)$，则其对应关系曲线称为随机变量 X 的概率分布曲线。如图 4-1 (b) 所示。在水文学中，通常称此概率分布曲线为累积频率曲线，简称频率曲线。水文变量中除水位以外不可能出现负值，所以 $F(0)=1$。

随机变量概率分布函数的导数的负值，刻画了概率密度的性质，称为概率密度函数，简称密度函数，记为 $f(x)$。密度函数 $f(x)$ 的几何曲线称为概率密度曲线，如图 4-1 (a) 所示。概率分布函数与密度函数的关系可以表示为

$$F(x) = P(X \geqslant x) = \int_x^\infty f(x) \mathrm{d}x \tag{4-2}$$

概率分布函数与密度函数的对应关系如图 4-1 所示。

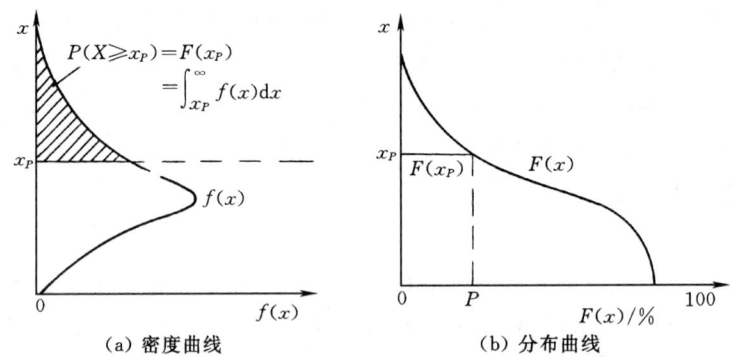

图 4-1 概率密度函数 $f(x)$ 与概率分布函数 $F(x)$ 对应关系示意图

三、随机变量的统计参数

能说明随机变量统计规律特性的某些特征数字称为随机变量的统计参数。例如，某地的年径流量是一个随机变量，各年的径流量不同，若要了解该地年径流量的大概情况，就可以用多年平均年径流量这个数值来反映。

水文现象的统计参数反映其基本的统计规律，能概括水文现象的基本特性和分布特点，是频率曲线估计的基础。

统计参数有总体统计参数与样本统计参数之分。所谓总体是某随机变量所有取值的全体，样本则是从总体中任意抽取的一个部分，样本中所包括的项数则称为样本容量。显然水文随机变量的总体是难以确定的，只能靠有限的样本观测资料去估计总体的统计参数或总体的分布规律，即由样本统计参数来估计总体统计参数。

水文计算中有以下常用的样本统计参数。

1. 算术平均数（均值）$\overline{x}$

设某一随机变量的样本系列为 x_1, x_2, $\cdots$, x_n，把它们的总和除以项数 n 即得算术

平均数,简称均值,以 $\overline{x}$ 表示:

$$\overline{x} = \frac{x_1 + x_2 + x_3 + \cdots + x_n}{n} = \frac{1}{n}\sum_{i=1}^{n} x_i \qquad (4-3)$$

均值表示系列的平均情况,可以说明这一系列总水平的高低,它为分布的重心,能代表整个随机变量的水平。例如,甲河多年平均流量 $\overline{Q}_{甲} = 216\text{m}^3/\text{s}$,乙河多年平均流量 $\overline{Q}_{乙} = 20.1\text{m}^3/\text{s}$,说明甲河流域的水利资源比乙河流域丰富。均值不仅是频率曲线方程中的一个重要参数,而且是水文现象的一个重要特征值。令 $K_i = \dfrac{x_i}{\overline{x}}$,则

$$\overline{K} = \frac{1}{n}\sum_{i=1}^{n} K_i = 1 \qquad (4-4)$$

K_i 称为模比系数,模比系数组成的系列,其均值等于1。这是水文统计中的一个重要特征,即对于以模比系数所表示的随机变量,在其频率曲线的方程中,可以减少一个参数即均值。

2. 均方差 σ 与变差系数 C_v

平均值能反映系列中各变量的平均情况,但不能说明系列中各变量值集中或离散的程度,均方差 σ 与变差系数 C_v 就是用来反映随机变量分布的离散程度的指标。

研究离散程度是以均值为中心来考查的。因此,离散特征参数可用相对于分布中心的离差来计算。设以平均数 $\overline{x}$ 代表分布中心,随机变量与分布中心的离差为 $x - \overline{x}$。随机变量的取值有些是大于 $\overline{x}$ 的,有些是小于 $\overline{x}$ 的,例如,有两个系列:

系列1　49,50,51;
系列2　1,50,99。

这两个系列的均值都等于50,但系列1的 $(x_i - \overline{x}) = \pm 1$,系列2的 $(x_i - \overline{x}) = \pm 49$,系列2的离散程度大于系列1的离散程度。但离差有正有负,为了使离差的正值和负值不致相互抵消,一般取 $(x - \overline{x})^2$ 的平均值的开方作为离散程度的计量标准,并称为均方差,也称标准差,即

$$\sigma = \sqrt{\frac{\sum_{i=1}^{n}(x_i - \overline{x})^2}{n}} \qquad (4-5)$$

均方差取正号,它的单位与 x 相同。不难看出,如果各变量取值 x_i 距离 $\overline{x}$ 较远,则 σ 大,即此变量分布较分散,离散程度大;如果各变量取值 x_i 距离 $\overline{x}$ 较近远,则 σ 小,即此变量分布比较集中,离散程度小。

均方差虽然能说明系列的离散程度,但对均值不相同的两个系列,用均方差来比较其离散程度就不合适了。例如,甲地区的年雨量均值 $\overline{x}_1 = 1200\text{mm}$,均方差 $\sigma_1 = 360\text{mm}$;乙地区的年雨量均值 $\overline{x}_2 = 800\text{mm}$,均方差 $\sigma_2 = 320\text{mm}$,这时就难以用 σ 来判断这两个地区年雨量分布的离散程度哪一个大。尽管 $\sigma_1 > \sigma_2$,但是 $\overline{x}_1 > \overline{x}_2$,所以必须用相对量即 σ 与 $\overline{x}$ 的比值作比较,衡量系列相对离散程度,这个比值称为变差系数 C_v,又称离差系数或离势系数。变差系数为一无因次的数,其计算式为

$$C_v = \frac{\sigma}{\overline{x}} = \frac{1}{\overline{x}}\sqrt{\frac{\sum_{i=1}^{n}(x_i-\overline{x})^2}{n}} = \sqrt{\frac{\sum_{i=1}^{n}(K_i-1)^2}{n}} \qquad (4-6)$$

式中：K_i 为模比系数，$K_i = \frac{x_i}{\overline{x}}$。

从式（4-6）可以看出，变差系数 C_v 可以理解为变量 x 换算成模比系数 K_i 以后的均方差，C_v 越大，表明系列的变化程度越大。由式（4-6）可得出上述两个地区年雨量的变差系数，$C_{v_1}=0.3$，$C_{v_2}=0.4$，即说明甲地区的年雨量离散程度较乙地区的小。对水文现象来说，C_v 的大小反映了河川径流在多年中的变化情况。例如，由于南方河流水量充沛，丰水年和枯水年的年径流相对来说变化较小，所以南方河流的 C_v 比北方河流的 C_v 一般要小。

3. 偏态系数 C_s

变差系数 C_v 只能反映系列的离散程度大小，但不能反映系列在均值两边的对称程度，而偏态系数或称偏差系数 C_s 正是表明这种对比情况的一个特征值，即 C_s 是衡量随机变量分布在均值两边是否对称以及不对称（偏态）程度的参数，为一无因次数。其计算公式为

$$C_s = \frac{\sum_{i=1}^{n}(x_i-\overline{x})^3}{n\sigma^3} = \frac{\sum_{i=1}^{n}(K_i-1)^3}{nC_v^3} \qquad (4-7)$$

当随机变量在均值两边分布对称时，$C_s=0$，称正态分布，此时随机变量大于均值与小于均值的出现机会相等，亦即均值所对应的频率为 50%。若分布不对称，$C_s \neq 0$，其中，当正离差的立方占优势时，$C_s>0$，称为正偏分布；当负离差的立方占优势时，$C_s<0$，称负偏分布。正偏情况下，随机变量大于均值比小于均值出现的机会小，亦即均值所对应的频率小于 50%，负偏情况下则相反。C_s 的变化对密度曲线的影响如图 4-2 所示。

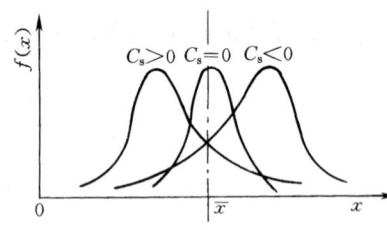

图 4-2 C_s 的变化对密度曲线的影响

水文现象大都属正偏分布，即 $C_s>0$，说明水文变量出现取值大于均值的机会比取值小于均值的机会少。虽然系列中大于均值的项数少，但其值却比均值大得多，所以正离差的立方占优势。例如，有一个系列：300，200，185，165，150，其均值 $\overline{x}=200$，均方差 $\sigma=52.8$，按式（4-7）计算得 $C_s=1.59>0$，属正偏情况。从该系列可以看出，大于均值的只有 1 项，小于均值的则有 3 项，但 $C_s>0$，这是因为大于均值的项数虽少，其值却比均值大的多，离差的三次方就更大；而小于均值的各项离差的绝对值都比较小，三次方所起的作用也不大。

第三节 水文频率曲线

连续型随机变量的分布是以概率密度曲线和分布曲线表示的，这些分布在数学上有很多类型，国内外水文计算中使用的概率分布曲线通常称为水文频率曲线，大体上可分为以

下三种类型：

(1) 正态分布型，包括正态分布、对数正态分布及三参数对数正态分布。

(2) 极值分布型，包括耿贝尔（E.J.Gumbel）分布、通用极值分布（GEV）及韦布尔（W.Weibull）分布。

(3) 皮尔逊（K.Pearson）Ⅲ型分布型，包括皮尔逊Ⅲ型分布、对数皮尔逊Ⅲ型分布。

一、理论频率曲线

理论频率曲线是指用数学方程式来表示的频率曲线，由于水文变量的总体是未知的，且无法通过人工实验或理论分析等途径获得，故其分布函数的准确形式也是未知的，只能从数理统计的一些已知线型中选择与水文现象配合较好的线型，应用于水文分析中。因此，水文上所谓的理论频率曲线，并非是根据水文现象本身的规律由理论分析推导出来，而只是为区别于经验频率曲线的一种习惯说法。

根据经验，在我国与水文资料配合较好的线型是皮尔逊Ⅲ型曲线，该曲线是一条一端有限一端无限的不对称单峰、正偏曲线（图4-3），数学上称为伽玛分布。

曲线的密度函数为

$$f(x)=\frac{\beta^{\alpha}}{\Gamma(\alpha)}(x-a_0)^{\alpha-1}\mathrm{e}^{-\beta(x-a_0)} \quad (4-8)$$

式中：$\Gamma(\alpha)$ 为 α 的伽玛函数；α，β，a_0 为位置、尺度和形状参数，$\alpha>0$，$\beta>0$。

显然，α、β、a_0 三个参数确定以后，该密度函数也随之确定。可以推证，α、β、a_0 这三个参数与总体的三个统计参数 $\bar{x}$、C_v、C_s 具有下列关系：

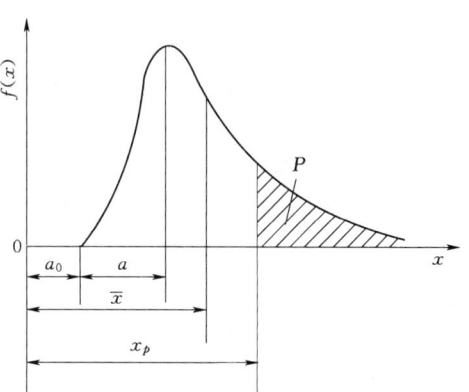

图4-3 皮尔逊Ⅲ型频率曲线
a_0—曲线起点横坐标；a_0+a—峰顶的横坐标，称众值。

$$\left.\begin{array}{l}\alpha=\dfrac{4}{C_s^2}\\[2mm]\beta=\dfrac{2}{\bar{x}C_v C_s}\\[2mm]a_0=\bar{x}\left(1-\dfrac{2C_v}{C_s}\right)\end{array}\right\} \quad (4-9)$$

水文计算中，一般需求出指定频率 P 所相应的随机变量设计值 x_p，即求出的 x_p 满足下述等式：

$$P=P(X>x_p)=\frac{\beta^{\alpha}}{\Gamma(\alpha)}\int_{x_p}^{\infty}(x-a_0)^{\alpha-1}\mathrm{e}^{-\beta(x-a_0)}\mathrm{d}x \quad (4-10)$$

显然，x_p 取决于 P、α、β 和 a_0 四个参数，并且当 α、β、a_0 三个参数已知时，则 x_p 只取决于 P 了。我们知道，α、β、a_0 与分布曲线的 $\bar{x}$、C_v、C_s 有关，因此，只要 $\bar{x}$、C_v 和 C_s 三个参数一经确定，x_p 仅与 P 有关，也就是说，可由 P 唯一地来计算 x_p。但是直接由积分式计算是非常繁杂的，实际做法是通过变量转换，根据拟定的 C_s 值进行积分，并将成果制成专用表格供查用，使计算工作大大简化。

令

$$\phi=\frac{x-\bar{x}}{\bar{x}C_v} \quad (4-11)$$

$$x_p = (\phi_p C_v + 1)\bar{x} \tag{4-12}$$

这里，ϕ 的均值为零，均方差为 1，便于制表，水文中通常称 ϕ 为离均系数。将式 (4-11) 代入式 (4-10)，简化后可得

$$P(\phi > \phi_p) = \int_{\phi_p}^{\infty} f(\phi, C_s) \mathrm{d}\phi \tag{4-13}$$

式中被积函数只含有一个待定参数 C_s。因为其他两个参数 $\bar{x}$ 和 C_v 都包含在 ϕ 中，因而只要假定一个 C_s 值，便可算出一组 P 和 ϕ_p 的对应值。对于若干给定的 C_s 值，P 和 ϕ_p 的对应数值表，已先后由美国工程师福斯特和苏联工程师雷布京制作出来，见本书附表 1。

在频率计算时，由已知的 C_s 值，查 ϕ 值表得出不同 P 的 ϕ_p 值，然后利用已知的 $\bar{x}$、C_v 值，通过式 (4-12) 即可求出与各种 P 相应的 x_p 值，因此就可绘制频率曲线。

令模比系数 $K_p = \dfrac{x_p}{\bar{x}}$，则由式 (4-12) 得 $K_p = \phi_p C_v + 1$，因此通常还可以进一步制成皮Ⅲ型曲线的 K_p 值表（见本书附表 2）。使用时只要根据给定的 C_v 及 C_s（以 C_v 的若干倍计），就可查得指定 P 的 K_p 值，故按下式计算亦可求得 x_p，即

$$x_p = K_p \bar{x} \tag{4-14}$$

这样就可方便地求出与各种 P 对应的 x_p，也就可绘制出一条与已知 $\bar{x}$、C_v、C_s 对应的理论频率曲线——皮尔逊Ⅲ型频率曲线。

二、经验频率曲线

经验频率曲线是指根据实测样本资料所推求的大于或等于某一水文变量的概率，它是水文频率计算的基础，在生产中具有一定的实用性。

设某水文要素的实测系列共有 n 项，按由大到小的次序排列为 x_1，x_2，…，x_m，…，x_n。经验频率就是在系列中大于及等于样本 x_m 的出现次数 m 与样本容量 n 之比值，可按式 (4-15) 计算：

$$P = \frac{m}{n} \times 100\% \tag{4-15}$$

式中：P 为等于和大于 x_m 的经验频率；m 为 x_m 的序号，即等于和大于 x_m 的项数；n 为样本容量，即观测资料的总项数。

如果 n 项实测资料本身就是总体，则上述计算经验频率公式 (4-15) 并无不合理之处。但水文资料都是样本资料，欲从这些资料来估计总体的规律，则会产生较大的偏差。例如，当 $m=n$ 时，最末项 x_n 的频率 $P=100\%$，即是说样本的末项 x_n 就是总体中的最小值，样本之外不会出现比 x_n 更小的值，这显然不符合实际情况。因为随着观测资料年数的增多，总会有更小的数值出现。因此，有必要修正由样本推算总体出现的不合理估算，现行有代表性的经验频率修正公式主要有

数学期望公式 $\qquad P = \dfrac{m}{n+1} \times 100\%$ (4-16)

切哥达也夫公式 $\qquad P = \dfrac{m-0.3}{n+0.4} \times 100\%$ (4-17)

海森公式 $\qquad P = \dfrac{m-0.5}{n} \times 100\%$ (4-18)

式 (4-16) 和式 (4-17) 在统计学上都有一定的理论依据，但具体推导比较复杂。目前我国水文上广泛采用的是数学期望公式。

第四节　现行水文频率计算方法

水文频率计算是以水文变量的样本资料为依据，探求其总体的统计规律，对未来的水文情势做出概率预估。主要内容是根据样本资料点绘经验频率点据并绘制一条经验频率曲线，以此为依据，选配一条与之拟合最佳的理论频率曲线，用来估计水文要素总体的统计规律，并优选出统计参数 $\bar{x}$、C_v、C_s。

一、经验频率曲线

1. 经验频率曲线的绘制及应用

现以沙里涂站 30 年的实测最大洪峰流量资料为例，说明经验频率曲线的计算和绘制方法。具体步骤如下：

（1）将逐年实测的最大洪峰流量填入表 4-2 中第（1）、（2）栏。

（2）将第二栏的年最大洪峰流量按大小递减次序重新排列，填入第（4）栏；第（3）栏为序号，自上而下为 1，2，…，n。

（3）按数学期望公式 $P = \dfrac{m}{n+1} \times 100\%$ 分别计算经验频率 P，填入第（5）栏。

表 4-2　　　　　　　沙里涂站年最大洪峰流量经验频率计算表

年份	年最大洪峰流量 $Q_m/(m^3/s)$	序号	由大到小排列的 $Q_m/(m^3/s)$	经验频率 $P = \dfrac{m}{n+1} \times 100\%$
(1)	(2)	(3)	(4)	(5)
1972	112	1	1390	3.2
1973	955	2	1050	6.5
1974	255	3	955	9.7
1975	179	4	810	12.9
1976	428	5	677	16.1
1977	393	6	541	19.4
1978	144	7	520	22.6
1979	541	8	494	25.8
1980	810	9	450	29.0
1981	323	10	428	32.3
1982	1050	11	393	35.5
1983	215	12	382	38.7
1984	520	13	323	41.9
1985	494	14	292	45.2
1986	215	15	269	48.4

续表

年份	年最大洪峰流量 $Q_m/(m^3/s)$	序号	由大到小排列的 $Q_m/(m^3/s)$	经验频率 $P=\dfrac{m}{n+1}\times 100\%$
1987	450	16	255	51.6
1988	218	17	246	54.8
1989	35	18	243	58.1
1990	292	19	230	61.3
1991	179	20	218	64.5
1992	382	21	215	67.7
1993	269	22	215	71.0
1994	1390	23	179	74.2
1995	230	24	179	77.4
1996	246	25	170	80.6
1997	677	26	157	83.9
1998	170	27	144	87.1
1999	157	28	112	90.3
2000	11	29	35	93.5
2001	243	30	11	96.8

(4) 以第 (4) 栏的水文变量 Q_m 为纵坐标,以第 (5) 栏的 P 为横坐标,在频率格纸上点绘经验频率点,然后徒手目估通过点群中心连成一条光滑曲线,即为该站的年最大洪峰流量经验频率曲线,如图 4-4 所示。

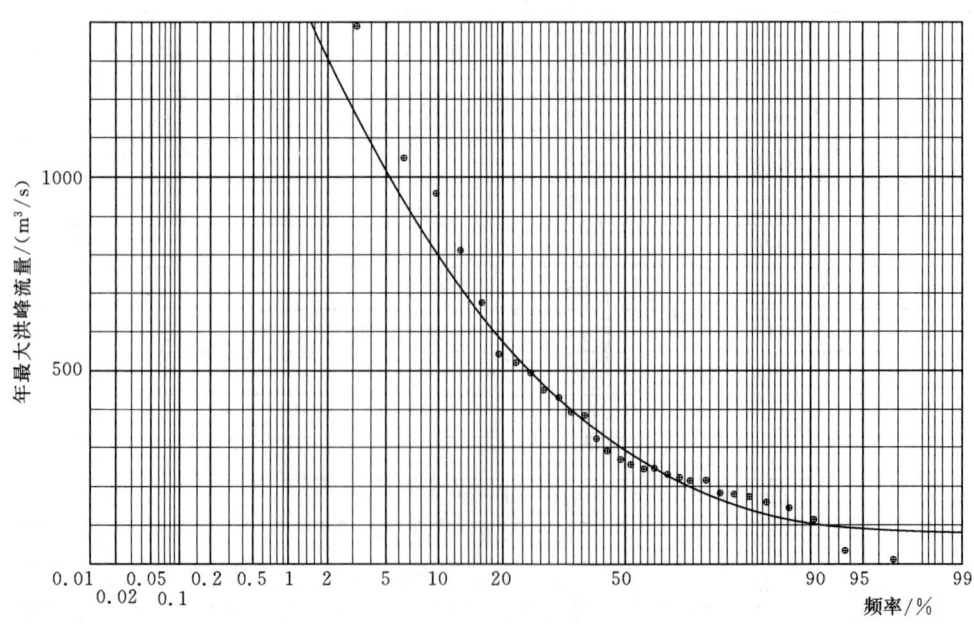

图 4-4 沙里涂站年最大洪峰流量经验频率曲线示意图

(5) 根据工程设计标准指定的频率值,在曲线上查出所需的水文设计值。如设计频率为 10%,则从图 4-4 上可查得设计年最大洪峰流量为 800m³/s。

有了经验频率曲线,就可根据设计要求的频率 P,查出工程设计所需的水文变量 x_p。

2. 经验频率曲线存在的问题

经验频率曲线完全是根据实测资料绘出的,当实测资料较长或设计标准要求较低时,经验频率曲线尚能解决一些实际问题。但是,工程设计往往要推求稀遇的小频率洪水,如 $P=1\%$,0.1%,0.01%。而目前实测资料一般至多不过几十年,计算的经验频率点只有几十个。因此,需要查用的经验频率曲线上端部分往往没有实测点据控制,即使采用频率格纸使经验频率曲线变直一些,但要进行曲线外延时仍具有相当大的主观性,会使设计水文数据的可靠程度受到影响。另外,水文要素的统计规律有一定的地区性,但是很难直接利用经验频率曲线把这种地区性的规律综合出来,没有这种地区性规律,就无法解决无实测水文资料时小流域的水文计算问题。为解决这些问题,人们提出用数学方程式表示的频率曲线来配合经验点据,这就是理论频率曲线。

3. 频率与重现期的关系

重现期是指某一随机事件在很长时期内平均多少年出现一次(多少年一遇)的意思,也即平均的重现间隔期。频率 P 与重现期 T 的关系,在以下两种不同情况下有不同的表示方法:

(1) 当研究洪水或暴雨问题时,一般设计频率 P 小于 50%。重现期指在很长时期(N 年)内,出现大于某水文变量 x_p 事件的平均重现间隔期。N 年相当于重复 N 次试验,若某一水文变量 x_p 的频率为 P,则在 N 年内大于 x_p 事件出现次数为 NP 次,因此,出现大于 x_p 事件的重现期 T 为

$$T = \frac{N}{NP} = \frac{1}{P} \qquad (4-19)$$

式中:T 为重现期,以年计;P 为频率,以小数或百分数计。

例如:某河流断面设计洪水的频率 $P=1\%$ 时,代入上式得 $T=100$ 年,表示该河流断面大于或等于这样的洪水在长时期内平均 100 年发生一次,称为百年一遇洪水。

(2) 当研究枯水问题时,设计频率 P 常大于 50%。重现期是指在很长时期(N 年)内,出现小于某水文变量 x_p 事件的平均重现间隔期。若某一水文变量 x_p 的频率为 P,则在 N 年内小于 x_p 的事件出现次数为 $N(1-P)$ 次,因此,出现小于 x_p 事件的重现期 T 为

$$T = \frac{N}{N(1-P)} = \frac{1}{1-P} \qquad (4-20)$$

例如:某河流断面灌溉设计保证率 $P=90\%$ 时,代入式(4-20)得 $T=10$ 年,表示该河流断面小于这样的年来水量在长时期内平均 10 年发生一次。

重现期是指多年中平均若干年可以出现一次。例如百年一遇的洪水,是指大于或等于这样的洪水在长时期内平均 100 年发生一次,而不能理解为恰好每隔 100 年遇上一次。

二、理论频率曲线

为了综合反映水文变量的地区性规律,克服经验频率曲线外延的主观性,水文频率计

算引入了理论频率曲线。迄今为止，国内外采用的理论线型有10多种，根据我国水文计算规范，理论频率曲线采用皮尔逊Ⅲ型频率曲线。

如果已知参数 $\bar{x}$、C_v、C_s，可求出与 P 值相对应的 x_p，将 P-x_p 对应值点绘在频率格纸上，即得到一个理论频率点。取不同的 P 值，可得到多个理论频率点，通过点群中心绘制一条光滑的曲线，即为理论频率曲线。改变参数 $\bar{x}$、C_v、C_s 值，理论频率曲线的位置高低、坡度或曲率会发生变化，就会得到不同的理论频率曲线。

【例 4-1】 已知某地年雨量资料，已求得统计参数为：$\bar{x}=1000\text{mm}$，$C_v=0.50$，$C_s=2C_v=1.0$，若该地年雨量的分布符合皮Ⅲ分布，试求 $P=1\%$ 时的年雨量 $P_{1\%}$。

解法一：由 $C_s=1$，$P=1\%$ 查附表 1，得 $\phi=3.02$，按式（4-12），得
$$P_{1\%}=(\phi_p C_v+1)\bar{x}=(3.02\times 0.50+1)\times 1000=2510(\text{mm})$$

解法二：由 $C_v=0.50$，$C_s=2C_v$，$P=1\%$ 查附表 2，得 $K_p=2.51$，按式（4-14）得
$$P_{1\%}=K_p\bar{x}=2.51\times 1000=2510(\text{mm})$$

三、水文频率计算配线法（适线法）

配线法（或称适线法）是以经验频率点据为基础，在一定的适线准则下，求解与经验点据拟合最优的频率曲线参数。配线法是我国水文频率估计统计参数的常用方法。其要点是：以实测样本资料绘制的经验点据为依据，选定采用某种线型的理论频率曲线，调整其统计参数，采用目估或优化的方法尽量使曲线与经验点配合好，直到满意为止，则这条理论频率曲线及其参数就可被确定为统计参数采用。

（一）配线法步骤

（1）将实测系列 x_i 由大到小排列，计算各项的经验频率 P_i。以变量的取值为纵坐标，以频率为横坐标，在频率格纸上点绘经验频率点据 x_i-P_i。

（2）选定水文频率分布线型（一般选皮尔逊Ⅲ型）。

（3）假定一组参数 $\bar{x}$、C_v 和 C_s。为了减少假定的盲目性，使假定值大致接近实际值，可用矩法、三点法或权函数法求出三个参数的值，作为第一次假定 $\bar{x}$、C_v 和 C_s 的初始值。当用矩法估计时，因 C_s 的抽样误差太大，一般不计算 C_s，而是根据经验假定 C_s 为 C_v 的某一倍数。

（4）根据 $\bar{x}$、C_v 和 C_s 的初始值，查附表 1（ϕ_p 值表）或附表 2（K_p 值表），计算 x_p 值。以 x_P 为纵坐标，P 为横坐标，即可得到频率曲线。将此线画在绘有经验频率点据的图上，看与经验点据配合的情况，若不理想，则修改参数再次进行计算。配线时主要调整 C_v 以及 C_s。

（5）最后根据频率曲线与经验频率点据的配合情况，从中选择一条与经验频率点据配合较好的曲线作为采用曲线，相应于该曲线的参数便看作是总体参数的估值。

（6）求指定频率的水文变量设计值。

配线法层次清楚，图像明显，方法灵活，操作容易，所以在水文计算中广泛采用。

（二）统计参数对频率曲线的影响

为了避免配线时修改参数的盲目性，需要了解统计参数对频率曲线的影响。假设水文变量总体服从皮尔逊Ⅲ型分布，现在讨论 $\bar{x}$、C_v 和 C_s 对频率曲线的影响。

1. 均值 $\bar{x}$ 对频率曲线的影响

如果 C_v 和 C_s 不变,增大 $\bar{x}$,频率曲线的位置就会升高,坡度会变陡。例如,把 $C_v=0.5$,$C_s=1.0$,$\bar{x}$ 分别为 50、75、100 的三条皮尔逊Ⅲ型频率曲线绘于图 4-5 中。由图可见,均值大的频率曲线位于均值小的频率曲线之上;均值大的频率曲线比均值小的频率曲线陡。

2. 变差系数 C_v 对频率曲线的影响

为了消除均值的影响,以模比系数 K 为变量绘制频率曲线,如图 4-6 所示(图中 $C_s=1.0$)。当 $C_v=0$ 时,随机变量的取值都等于均值,故频率曲线即为 $K=1$ 的一条水平线。C_v 越大,随机变量相对于均值越离散,因而频率曲线将越偏离 $K=1$ 的水平线。随着 C_v 的增大,频率曲线的偏离程度也随之增大,变得越来越陡。

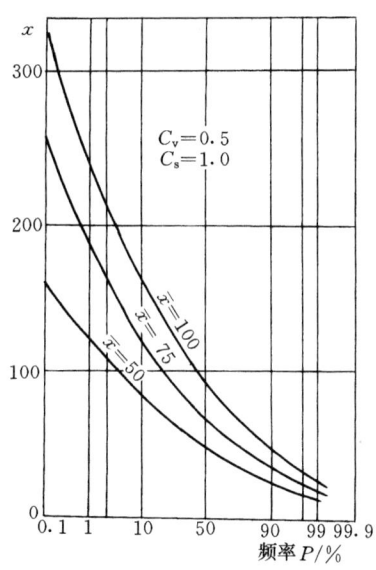

图 4-5 均值对频率曲线的影响示意图

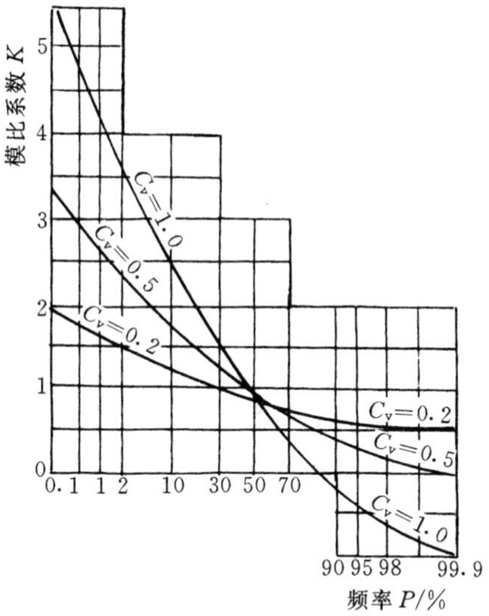

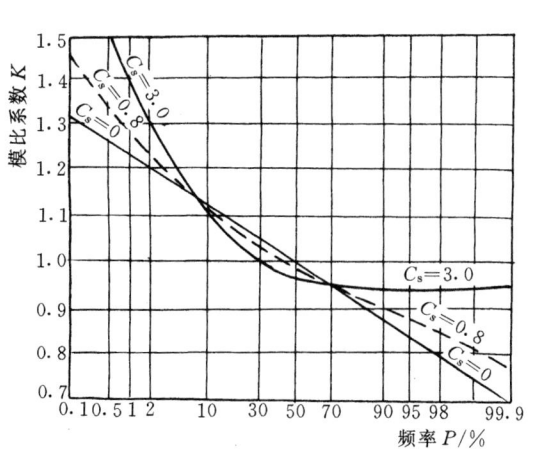

图 4-6 变差系数对频率曲线的影响示意图

3. 偏态系数 C_s 对频率曲线的影响

图 4-7 为 $C_v=0.1$ 时各种不同的 C_s 对频率曲线的影响情况。从图中可以看出,如果 C_v 和 $\bar{x}$ 不变,在正偏情况下增大 C_s,则 C_s 越大时,频率曲线曲率越大,即频率曲线的中部越向左偏,且上半段越陡、下半段越平缓。

(三) 配线法实例

【例 4-2】 沙里淦站有 30 年的实测年径流资料,见表 4-3 中 (1)、(2) 栏。试根据该资料用矩法初选参数,用配线法推求 10 年一遇的设计年径流量。

图 4-7 偏态对频率曲线的影响

表 4-3　　　　　　　　　　沙里涂站年径流量频率计算表

年份	年径流量 $Q/(m^3/s)$	序号	由大到小排列 $Q_i/(m^3/s)$	模比系数 K_i	$(K_i-1)^2$	经验频率 $P=\dfrac{m}{n+1}\times 100\%$
(1)	(2)	(3)	(4)	(5)	(6)	(7)
1972	112	1	1390	3.60	6.76	3.2
1973	955	2	1050	2.72	2.96	6.5
1974	255	3	955	2.47	2.16	9.7
1975	179	4	810	2.10	1.21	12.9
1976	428	5	677	1.75	0.56	16.1
1977	393	6	541	1.40	0.16	19.4
1978	144	7	520	1.35	0.12	22.6
1979	541	8	494	1.28	0.08	25.8
1980	810	9	450	1.17	0.03	29.0
1981	323	10	428	1.11	0.01	32.3
1982	1050	11	393	1.02	0.00	35.5
1983	215	12	382	0.99	0.00	38.7
1984	520	13	323	0.84	0.03	41.9
1985	494	14	292	0.76	0.06	45.2
1986	215	15	269	0.70	0.09	48.4
1987	450	16	255	0.66	0.12	51.6
1988	218	17	246	0.64	0.13	54.8
1989	35	18	243	0.63	0.14	58.1
1990	292	19	230	0.60	0.16	61.3
1991	179	20	218	0.56	0.19	64.5
1992	382	21	215	0.56	0.19	67.7
1993	269	22	215	0.56	0.19	71.0
1994	1390	23	179	0.46	0.29	74.2
1995	230	24	179	0.46	0.29	77.4
1996	246	25	170	0.44	0.31	80.6
1997	677	26	157	0.41	0.35	83.9
1998	170	27	144	0.37	0.40	87.1
1999	157	28	112	0.29	0.50	90.3
2000	11	29	35	0.09	0.83	93.5
2001	243	30	11	0.03	0.94	96.8
总计	11583	30	11583	30.02	19.27	

1. 点绘经验频率曲线

将原始资料由大到小排列，列入表 4-3 中第（4）栏。用式（4-15）计算经验频率,列入表中第（7）栏,并将第（4）栏与第（7）栏的对应数值点绘于频率格纸上（图4-8）。

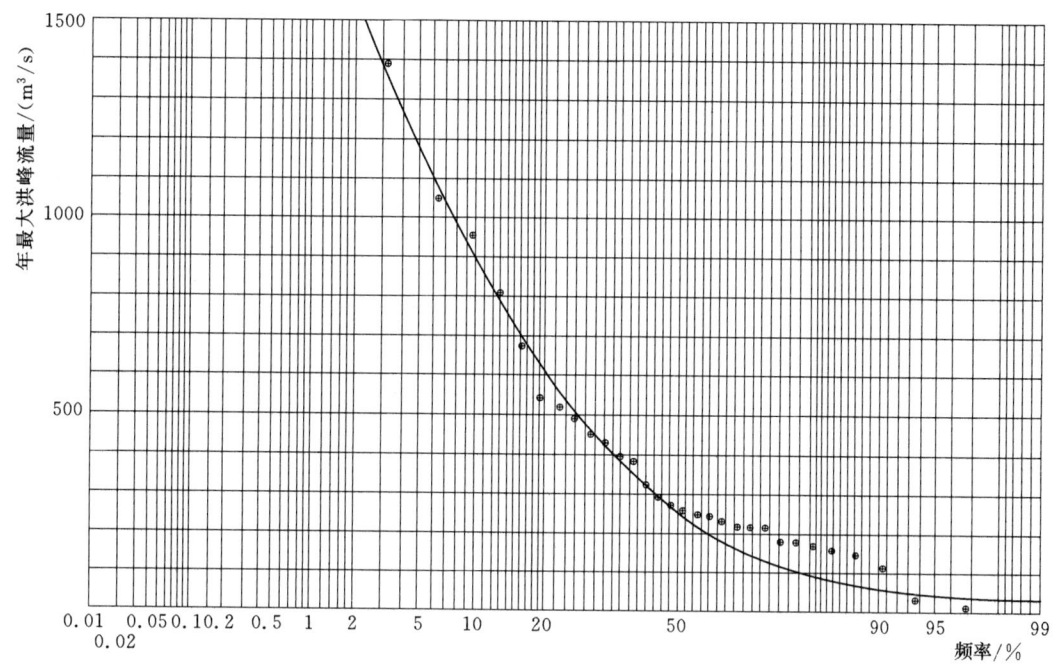

图4-8 沙里涂站年径流频率曲线图

其中,$K_i = \dfrac{Q_i}{\overline{Q}}$ 为各项的模比系数,列于表4-3中第（5）栏,其总和应等于 n 即18（个别由于四舍五入的影响,允许尾数上略有盈）；各项 $(K_i-1)^2$,列入第（6）栏。

2. 计算统计参数

（1）计算系列的均值：

$$\overline{Q} = \frac{1}{n}\sum_{i=1}^{n} Q_i = \frac{11583}{30} = 386.1 (\text{m}^3/\text{s})$$

（2）计算变差系数：

$$C_v = \sqrt{\frac{\sum_{i=1}^{n}(K_i-1)^2}{n-1}} = \sqrt{\frac{19.27}{30-1}} = 0.82$$

3. 选配理论频率曲线

（1）选定 $\overline{Q}=386.1\text{m}^3/\text{s}$,$C_v=0.82$,并假定 $C_s=2.5C_v$,查 K_p 值表,得相应于各种频率 P 的 K_p 值,如表4-4中第（2）栏。再由 $Q_p=K_p\overline{Q}$ 求得 Q_p 值,列入表4-4中第（3）栏。

将表4-4中第（1）、（3）两栏的对应数值点绘在频率格纸上,发现理论频率曲线的中段与经验频率点据配合较好,但头部和尾部在经验频率点的上方。

（2）改变参数,重新配线。根据第一次配线结果,均值不变,取 $C_v=1.02$,$C_s=2.2C_v$,再查 K_p 值表,计算 Q_p 值,将 K_p、Q_p 列于表4-4中第（4）、（5）栏,再次点绘理论频率曲线，发现理论频率曲线与经验点据配合较好，即作为最后采用的理论频率曲线（图4-8）。

表4-4　　　　　　　　　　　理论频率曲线选配计算表

频率	第一次适线 $\overline{Q}=386.1, C_v=0.82, C_s=2.5C_v$		第二次适线 $\overline{Q}=386.1, C_v=1.02, C_s=2.2C_v$	
	K_p	Q_p	K_p	Q_p
(1)	(2)	(3)	(4)	(5)
1	3.959	1528.5	4.807	1855.8
5	2.631	1015.7	3.040	1173.7
10	2.057	794.1	2.301	888.5
20	1.491	575.7	1.572	607.1
50	0.744	287.3	0.659	254.4
75	0.421	162.6	0.290	112.2
90	0.278	107.5	0.150	57.9
95	0.237	91.6	0.117	45.1
99	0.207	80.1	0.094	36.3

4. 推求10年一遇的设计年径流量

由图4-8或表4-4，查得$P=10\%$对应的设计年径流量为$Q_p=888.5\mathrm{m}^3/\mathrm{s}$。

目前，随着计算机技术的推广和普及，国内水利方面的科研和生产部门都编制了大量的水文分析软件，在生产和实践中进行了推广和应用，可参考有关使用说明后进行应用。

第五节　相　关　分　析

一、相关关系

（一）两个变量之间的关系

自然界中的许多现象之间都存在着一定的联系，例如降水与径流之间、上下游洪水之间、水位与流量之间等等都存在一定的联系。所谓的相关分析，就是要分析和研究两个或两个以上随机变量之间的关系。进行相关分析时，变量之间一定要有成因联系，不能只凭数字上的巧合，否则将毫无意义。在水文计算中，经常会遇到某一水文要素的实测资料系列很短，而另一要素的实测资料却比较长的情况。如果二者之间有物理成因上的联系，就可以通过相关分析延长短期系列。此外，在水文预报中也经常采用相关分析的方法。

两个变量之间的关系一般可以有3种情况：

(1) 完全相关。两个变量x与y之间，如果每给定一个x值，就有一个完全确定的y值与之对应，则两个变量之间的关系就是完全相关（又称函数关系）。其相关的形式可为直线关系或曲线关系（图4-9）。

(2) 零相关。如果两变量之间毫无联系，即相互独立，这两个变量之间的关系为零相关或没有关系（图4-10）。

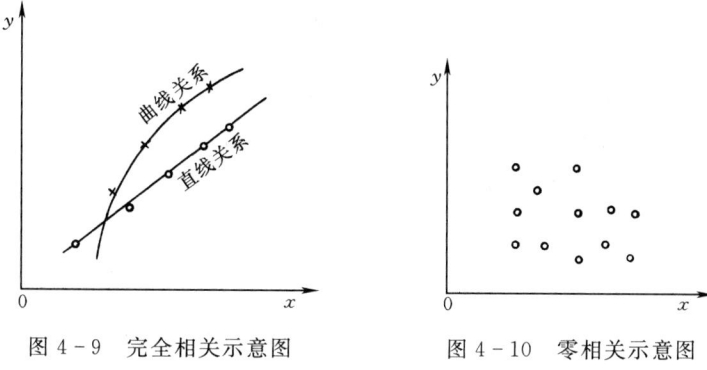

图 4-9　完全相关示意图　　　　图 4-10　零相关示意图

（3）相关关系。若两个变量之间的关系界于完全相关和零相关之间，则称为相关关系。在水文计算中，由于影响水文现象的因素错综复杂，有时为简便起见，只考虑其中最主要的一个因素而略去其他的次要因素，例如径流与相应的降雨量之间的关系，或同一断面的流量与相应水位之间的关系等。如果把它们的对应数值点绘在方格纸上，便可看出这些点子的分布虽有点散乱，但其关系还是具有一个明显的趋势，就是均匀地分布在曲线或直线周围，这种趋势可以用一定的曲线（包括直线）来配合，如图 4-11 所示，这便是简单的相关关系。

（二）相关的种类

相关关系按变量的多少可分为下面两种类型：

（1）简相关。研究两个变量之间的相关关系称简相关或二元相关。在简相关中，又有直线（线性）相关和曲线（非线性）相关两种形式。

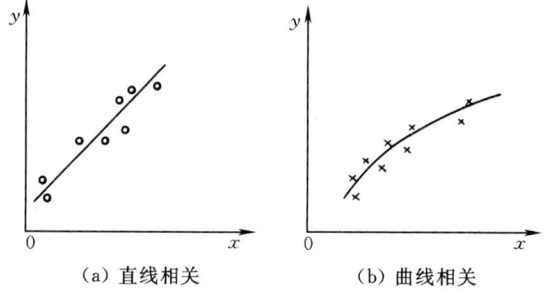

(a) 直线相关　　　(b) 曲线相关

图 4-11　相关关系示意图

（2）复相关。研究三个或三个以上变量之间的相关关系，称复相关或多元相关。也可分直线相关和曲线相关两种。

在水文计算中，简单直线相关的应用最为普遍。本节主要介绍简单直线相关。

二、简单直线相关

（一）相关图解法

设 $x_i(i=1\sim m)$、$y_i(i=1\sim n)$ 分别代表 x、y 系列的观测值，且 $m>n$。把相同长度的观测值 $(x_i, y_i)(i=1\sim n)$ 点绘于方格纸上，如果点据的分布趋势近似于直线，则可用直线方程 $y=a+bx$ 近似地表示这种相关关系。直线方程的求解可用相关图解法和相关分析法。相关图解法是指直接用做图的方法求出相关直线，该法适用于相关点据分布较集中的情况。此法是先目估通过点群中间及均值点 $(\bar{x}, \bar{y})$，绘出一条直线，然后在图上量得直线的斜率 b，直线与纵轴的截距为 a，则直线方程式 $y=a+bx$ 即为所求的相关线方程。该法简便实用，一般精度尚可。

（二）相关分析法

若相关点据分布比较分散，目估定线存在一定的主观性，为了精确起见，最好采用相

关分析法来确定相关线的方程。设直线方程的形式为
$$y = a + bx \tag{4-21}$$
式中：x 为自变量；y 为倚变量；a、b 为待定常数。

假设点 (x_i, y_i) 为实测点，点 $(x_i, \hat{y}_i)$ 为最佳拟合直线上的计算点，则从图 4-12 可以看出，观测点与计算点在纵轴方向上的离差为
$$\Delta y_i = y_i - \hat{y}_i = y_i - a - bx_i$$
要使直线拟合"最佳"，需使离差 Δy_i 的平方和为"最小"，即使
$$\sum_{i=1}^{n}(\Delta y_i)^2 = \sum_{i=1}^{n}(y_i - \hat{y}_i)^2 = \sum_{i=1}^{n}(y_i - a - bx_i)^2 \tag{4-22}$$
为极小值。欲使式 (4-22) 取得极小值，根据极值原理，可分别对 a、b 求一阶偏导数，并使其等于零，即令
$$\left. \begin{array}{l} \dfrac{\partial \sum\limits_{i=1}^{n}(y_i - a - bx_i)^2}{\partial a} = 0 \\[2ex] \dfrac{\partial \sum\limits_{i=1}^{n}(y_i - a - bx_i)^2}{\partial b} = 0 \end{array} \right\} \tag{4-23}$$

求解上述方程组得
$$b = \frac{\sum\limits_{i=1}^{n}(x_i - \overline{x})(y_i - \overline{y})}{\sum\limits_{i=1}^{n}(x_i - \overline{x})^2} = r \frac{\sigma_y}{\sigma_x} \tag{4-24}$$

$$a = \overline{y} - b\overline{x} = \overline{y} - r \frac{\sigma_y}{\sigma_x} \overline{x} \tag{4-25}$$

$$r = \frac{\sum\limits_{i=1}^{n}(x_i - \overline{x})(y_i - \overline{y})}{\sqrt{\sum\limits_{i=1}^{n}(x_i - \overline{x})^2 \sum\limits_{i=1}^{n}(y_i - \overline{y})^2}} = \frac{\sum\limits_{i=1}^{n}(K_{x_i} - 1)(K_{y_i} - 1)}{\sqrt{\sum\limits_{i=1}^{n}(K_{x_i} - 1)^2 \sum\limits_{i=1}^{n}(K_{y_i} - 1)^2}} \tag{4-26}$$

式中：$\overline{x}$、$\overline{y}$ 为 x、y 系列的均值；σ_x、σ_y 为 x、y 系列的均方差；r 为相关系数，表示 x、y 之间关系的相关程度。

将式 (4-24)、式 (4-25) 代入式 (4-21) 中，得
$$y - \overline{y} = r \frac{\sigma_y}{\sigma_x}(x - \overline{x}) \tag{4-27}$$

此式称为 y 倚 x 的回归方程式，它的图形称为 y 倚 x 的回归线，如图 4-12 中的 a 线所示。

回归线的斜率为 $r \dfrac{\sigma_y}{\sigma_x}$，它称作 y 倚 x 的回归系数，记为 $R_{y/x}$，即
$$R_{y/x} = r \frac{\sigma_y}{\sigma_x} \tag{4-28}$$

因此，只需算出 $R_{y/x}$ 和 $(\bar{x}, \bar{y})$，回归方程和回归线就确定了。

必须注意，由回归方程所定的回归线只是观测资料平均关系的配合线，观测点不会完全落在此线上，而是分布于两侧，说明回归线只是在一定标准情况下与实测点据的最佳配合线。

以上介绍的是 y 倚 x 的回归方程，即 x 为自变量，y 为倚变量，应用于由已知变量 x 求未知变量 y。若以 y 求 x，则要应用 x 倚 y 的回归方程。同理，可推得 x 倚 y 的回归方程式为

$$x - \bar{x} = r \frac{\sigma_x}{\sigma_y}(y - \bar{y}) \tag{4-29}$$

它的图形称为 x 倚 y 的回归线，如图 4-12 中的 b 线所示。

（三）相关分析的误差

1. 回归线的误差

回归线仅是观测点的最佳配合线，因此回归线只反映两变量之间的平均关系，利用回归线来插补延长系列时，总有一定的误差。这种误差有大有小，常采用均方误来表示，如用 S_y 表示 y 倚 x 的回归线的均方误，y_i 为观测点的纵坐标，$\hat{y}_i$ 为由 x_i 为通过回归线求得的纵坐标，n 为观测项数，则 y 倚 x 的回归线的均方误：

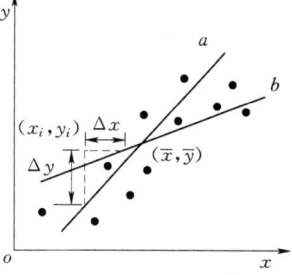

图 4-12 直线相关示意图
a—y 倚 x 的回归线；
b—x 倚 y 的回归线

$$S_y = \sqrt{\frac{\sum_{i=1}^{n}(y_i - \hat{y}_i)^2}{n-2}} \tag{4-30}$$

同样，x 倚 y 的回归线的均方误 S_x 为

$$S_x = \sqrt{\frac{\sum_{i=1}^{n}(x_i - \hat{x}_i)^2}{n-2}} \tag{4-31}$$

式（4-28）、式（4-29）皆为无偏估值公式。

回归线的均方误 S_y、S_x 与变量的均方差 σ_y、σ_x，从性质上讲是不同的。前者是由观测点与回归线之间的离差求得，而后者则由观测点与它的均值之间的离差求得。根据统计学上的推理，可以证明两者具有下列关系：

$$S_y = \sigma_y \sqrt{1 - r^2} \tag{4-32}$$

$$S_x = \sigma_x \sqrt{1 - r^2} \tag{4-33}$$

如上所述，由回归方程式算出的 $\hat{y}_i$ 值，仅仅是许多 y_i 的一个"最佳"拟合或平均趋势值。按照误差原理，这些可能的取值 $\hat{y}_i$ 应落在回归线的两侧一个均方误范围内的概率为 68.3%，落在 3 个均方误范围内的概率为 99.7%，如图 4-13 所示。

必须指出，上述误差只是衡量由回归线求出的条件平均数 $\hat{y}$ 与可能值 y_i 之间的误差，没有考虑样本的抽样误差。事实上，由回归线求出的条件平均数并非总体的条件平均数，

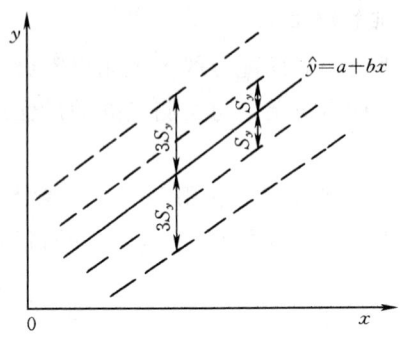

图 4-13　y 倚 x 回归线的误差范围

只要由样本资料来估计回归方程中的参数，抽样误差就必然存在。可以证明，这种抽样误差在回归线的中段较小，而在上下段较大，在使用回归线时，对此必须给予注意。

2. 相关系数及其误差

式（4-30）、式（4-31）给出了 S 与 σ、r 的关系。令 y 倚 x 时的相关系数记为 $r_{y/x}$，x 倚 y 时的相关系数记为 $r_{x/y}$，则

$$r_{y/x}=\pm\sqrt{1-\frac{S_y^2}{\sigma_y^2}} \tag{4-34}$$

$$r_{x/y}=\pm\sqrt{1-\frac{S_x^2}{\sigma_x^2}} \tag{4-35}$$

由式（4-34）、式（4-35）可以看出 $r^2 \leqslant 1$。

（1）若 $r^2=1$，说明所有观测点都位于同一直线上，均方误 S_y 或 S_x 等于 0，两变量具有函数关系，即完全相关。

（2）若 $r^2=0$，说明两变量间不具有直线相关关系，均方误达到最大值，$S_y=\sigma_y$（或 $S_x=\sigma_x$）。

（3）若 $0<r^2<1$，说明两变量间具有直线相关关系。r 的绝对值越大，其相关程度越密切，均方误 S_y 或 S_x 的值越小。

需要说明的是，相关系数 r 反映的是两变量之间直线相关的密切程度，如果 $r=0$，表示两变量间无直线相关关系，但可能存在曲线相关关系。相关系数是根据有限的样本资料计算出来的，必然会有抽样误差，用相关系数的均方误 σ_r 来表示，σ_r 可由式（4-36）计算：

$$\sigma_r=\frac{1-r^2}{\sqrt{n}} \tag{4-36}$$

3. 相关分析中应注意的事项

（1）首先必须分析论证变量间是否确实存在着成因上的联系，要防止假相关。如果两个本来无关的随机变量通过某种数学处理后，外表上这两个变量就显示出某种相关关系，这种现象就叫假相关。

（2）同期观测资料不能太少。一般要求样本容量大于 12，否则抽样误差太大，影响相关分析成果的可靠性。

（3）用来插补延长资料的相关关系要有较大的相关系数。一般认为 $|r|\geqslant 0.8$，相关分析成果才可应用。

（4）用相关法展延系列时，还应尽量避免辗转相关（如果发现两变量系列之间直接计算的相关系数不够大，即相关关系不够密切时，有时常通过第 3 个变量作为时间上或空间上的中转站来间接补延出设计站资料，称为辗转相关）。

(5) 在插补延长资料时，如需用到回归线上无实测点据控制的外延部分，应特别慎重，尤其不能作过多的外延，一般不宜超过实际幅度的 50%。

(6) 回归线的均方误 S_y 小于 $\bar{y}$ 的 15%，相关系数的均方误 σ_r 小于 r 的 5%。

【例 4-3】 已知某水文测站 1975—1994 年降水量与 1980—1994 年径流量资料，试利用如表 4-5 第 (2)、(3) 栏所列的同期观测资料进行相关计算，展延短系列的年径流量资料。

解： 因为年降水量系列长，故以年降水量为自变量 x，年径流量为倚变量 y，计算步骤如下：

(1) 将 y_i 与 x_i 的对应值点绘于方格纸，点群分布趋势呈直线，故可作 y 倚 x 的直线回归计算。

(2) 计算 x、y 系列的均值：

$$\bar{x}=\frac{14373}{15}=958.20(\text{mm}),\bar{y}=\frac{7891}{15}=526.07(\text{mm})$$

(3) 计算表 4-5 中第 (4)~(10) 栏的各项数值。

(4) 计算均方差 σ_x、σ_y：

$$\sigma_x=\bar{x}C_{vx}=\bar{x}\sqrt{\frac{\sum_{i=1}^{n}(K_{xi}-1)^2}{n-1}}=958.20\times\sqrt{\frac{0.5922}{15-1}}=197.07(\text{mm})$$

$$\sigma_y=\bar{y}C_{vy}=\bar{y}\sqrt{\frac{\sum_{i=1}^{n}(K_{yi}-1)^2}{n-1}}=526.07\times\sqrt{\frac{1.9731}{15-1}}=197.47(\text{mm})$$

(5) 计算相关系数 r：

$$r=\frac{\sum_{i=1}^{n}(K_{xi}-1)(K_{yi}-1)}{\sqrt{\sum_{i=1}^{n}(K_{xi}-1)^2\sum_{i=1}^{n}(K_{yi}-1)^2}}=\frac{1.0059}{\sqrt{0.5922\times1.9727}}=0.931>0.8$$

可见，年降水量与年径流量相关较密切。

(6) 计算回归系数 $R_{y/x}$：

$$R_{y/x}=r\frac{\sigma_y}{\sigma_x}=0.931\times\frac{197.47}{197.07}=0.933$$

(7) 由式 (4-25) 求得 y 倚 x 的回归方程式为

$$y-526.07=0.933(x-958.20) \text{ 或 } y=0.933x-367.9$$

(8) 计算回归直线的均方误：

$$S_y=\sigma_y\sqrt{1-r^2}=197.47\sqrt{1-0.931^2}=72.25(\text{mm})$$

S_y 占 $\bar{y}$ 的 13.7% （小于 15%）。

表 4-5　　　　某水文站年降水量与年径流量相关计算表

年份	年降水量 x /mm	年径流量 y /(m³/s)	K_x	K_y	K_x-1	K_y-1	$(K_x-1)^2$	$(K_y-1)^2$	$(K_x-1) \cdot (K_y-1)$
(1)	(2)	(3)	(4)	(5)	(6)	(7)	(8)	(9)	(10)
1980	1200	760	1.252	1.445	0.252	0.445	0.0637	0.1977	0.1122
1981	689	300	0.719	0.570	−0.281	−0.430	0.0789	0.1847	0.1207
1982	870	536	0.908	1.019	−0.092	0.019	0.0085	0.0004	−0.0017
1983	904	392	0.943	0.745	−0.057	−0.255	0.0032	0.0649	0.0144
1984	1139	715	1.189	1.359	0.189	0.359	0.0356	0.1290	0.0678
1985	725	275	0.757	0.523	−0.243	−0.477	0.0592	0.2278	0.1162
1986	997	466	1.040	0.886	0.040	−0.114	0.0016	0.0130	−0.0046
1987	853	334	0.890	0.635	−0.110	−0.365	0.0121	0.1333	0.0401
1988	1341	788	1.399	1.498	0.399	0.498	0.1596	0.2479	0.1989
1989	900	541	0.939	1.028	−0.061	0.028	0.0037	0.0008	−0.0017
1990	707	289	0.738	0.549	−0.262	−0.451	0.0687	0.2301	0.1181
1991	1033	688	1.078	1.308	0.078	0.308	0.0061	0.0948	0.0240
1992	1201	868	1.253	1.650	0.253	0.650	0.0642	0.4225	0.1647
1993	1006	534	1.050	1.015	0.050	0.015	0.0025	0.0002	0.0008
1994	808	405	0.843	0.770	−0.157	−0.230	0.0246	0.0530	0.0361
合计	14373	7891	15.00	15.000	0.000	0.000	0.5922	1.9731	1.0060
平均	958.20	526.07							

(9) 计算相关系数的误差：

$$\sigma_r = \frac{1-r^2}{\sqrt{n}} = \frac{1-(0.931)^2}{\sqrt{15}} = 0.034$$

σ_r 占 r 的 0.034，即 3.4%（小于 5%）。

把 1975—1979 年降水量代入回归方程式中，可以算出对应年的年径流量（表 4-6），从而使年径流量资料系列与年降水量资料系列具有同样的长度（1975—1994 年）。

表 4-6　　　　某水文站由年降水量展延长年径流量计算成果表

年份	1975	1976	1977	1978	1979
年降水量/mm	716	672	519	1276	818
年径流量/(m³/s)	301	259	117	823	396

三、曲线选配

在水文计算中常常会遇到两变量不是直线关系，而是某种形式的曲线相关，如水位-流量关系、流域面积-洪峰流量关系等。遇此情况，水文计算上多采用曲线选配方法，将某些简单的曲线形式，通过函数变换，使其成为直线关系。水文上最常用的方法有幂函数选配和指数函数选配。

（一）幂函数选配

幂函数的一般形式为

$$y = ax^n \tag{4-37}$$

式中：a、n 为待定常数。

对式 (4-37) 两边取对数，并令 $\lg y = Y$，$\lg a = A$，$\lg x = X$ 则

$$Y = A + nX \tag{4-38}$$

对 X 和 Y 而言就是直线关系。因此，如果将随机变量各点取对数，在方格纸上点绘 $(\lg x_1, \lg y_1)$，$(\lg x_2, \lg y_2)$，…，$(\lg x_n, \lg y_n)$ 各点，或者在双对数格纸上点绘 (x_1, y_1)，(x_2, y_2)，…，(x_n, y_n) 各点，这样，就可照前面所讲述的方法，作直线相关分析。

（二）指数函数选配

指数函数的一般形式为

$$y = ae^{bx} \tag{4-39}$$

式中：a、b 为待定常数。

对式 (4-39) 两边取对数，并令 $\lg y = Y$，$\lg a = A$，$b\lg e = B$，则有

$$Y = A + Bx \tag{4-40}$$

因此，在半对数格纸上以 y 为对数纵坐标，x 为普通横坐标，式 (4-40) 在图纸上呈直线形式，也可以做直线相关分析。

四、复相关

研究 3 个或 3 个以上变量的相关，称为复相关，又称多元相关。水文变量的主要影响因素不只一个，且都不容忽视，则要进行复相关分析。复相关的计算，在工程上多用图解法选配相关线。

复 习 思 考 题

1. 试举例说明偶然现象和必然现象。
2. 怎样计算随机变量的统计参数 $\bar{x}$、σ、C_v 和 C_s？
3. 统计参数 $\bar{x}$、C_v、C_s 对频率曲线有什么影响？
4. 重现期 T 与频率 P 有何关系？
5. 简述应用配线法进行频率计算的主要步骤。
6. 相关分析在水文计算中有什么作用？用相关分析法如何插补、展延短期系列资料？
7. 已知某水文站共有 24 年的实测年径流资料，见表 4-7。试用矩法进行配线，并求相应于 10 年一遇的丰水年年径流深和 10 年一遇的枯水年年径流深。
8. 已知某河甲、乙两站的年径流模数 M（表 4-8），甲、乙两站的年径流量在成因上具有联系。试用相关分析法推求回归方程及相关系数，并由甲站资料展延乙站资料。

表 4-7　　　　　　　　　　某水文站实测年径流资料

年份	年径流深 /mm	年份	年径流深 /mm	年份	年径流深 /mm	年份	年径流深 /mm
1952	538.3	1958	641.5	1964	769.2	1970	606.7
1953	624.9	1959	341.1	1965	615.5	1971	586.7
1954	663.2	1960	964.2	1966	417.1	1972	567.4
1955	591.7	1961	687.3	1967	789.3	1973	587.7
1956	557.2	1962	546.7	1968	732.9	1974	709.0
1957	998.0	1963	509.9	1969	1064.5	1975	883.5

表 4-8　　　　　　　　　某河甲、乙两站的年径流模数 M

年份	甲站年径流模数 /[10^{-3} m³/(s·km²)]	乙站年径流模数 /[10^{-3} m³/(s·km²)]	年份	甲站年径流模数 /[10^{-3} m³/(s·km²)]	乙站年径流模数 /[10^{-3} m³/(s·km²)]
1975	3.5	5.4	1982	2.8	4.2
1976	4.6	6.5	1983	3.0	4.6
1977	3.3	5.0	1984	4.0	6.1
1978	2.9	4.0	1985	3.9	
1979	3.1	4.9	1986	2.6	
1980	3.8	5.6	1987	4.8	
1981	3.0	4.5	1988	5.0	

第五章 设计年径流的分析计算

第一节 概　　述

一、年径流的概念

在一个年度内通过河流某断面的水量称为该断面以上流域的年径流量，而该水量年内随时间的变化过程称为年径流的年内分配。年径流量可用年平均流量（m^3/s）、年径流深（mm）、年径流总量（万 m^3 或亿 m^3）或年径流模数 $[m^3/(s·km^2)]$ 表示。

年径流量的起讫时间一般有两种计算方法：一是按水文年度划分；二是按水利年度划分。所谓的水文年度是以水文现象的循环周期作为一年，即从每年的汛期开始到第二年的枯水期结束为一年（对于春汛河流，应以春汛开始作为水文年度的起点）。而水利年度是以水库的蓄泄循环周期作为一年，即从水库蓄水开始到水库供水结束为一年。通常，我国《水文年鉴》中提供的年径流量是按照日历年度统计的。

二、年径流的变化特性

通过对年径流资料的统计分析，可以看出年径流变化的一些特性。

（一）径流的年内变化

年径流具有大致以年为周期的汛期与枯季交替变化的规律，但各年的汛期与枯季历时有长有短，发生时间有早有迟，水量也有大有小，径流过程及总量基本上年年不同，从不重复，具有偶然性。

（二）径流的年际变化

径流不但年内有汛期和枯季，而且在年际间存在着丰水年和枯水年，有些河流丰水年径流量可达平水年的 2～3 倍，而枯水年径流量仅为平水年的 1/10～1/5。例如淮河蚌埠站多年平均流量为 $855m^3/s$，而实测最丰年的年平均流量为多年平均流量的 2.67 倍，实测最枯年的年平均流量只有多年平均流量的 14%。可见不同年份年径流量的变化较大。

此外，年径流在多年间还存在着丰枯水周期，即年径流量在多年变化中有丰水年组和枯水年组交替出现的现象。

年径流的年际变化可以用变差系数 C_v 来表示。我国年径流的变差系数 C_v 的地区分布大致如下：江淮丘陵和秦岭一线以南，年径流 C_v 在 0.5 以下，其中两湖盆地以南一般在 0.3～0.4 之间。湖北西部山区、贵州大部和广西北部地区，C_v 在 0.3 以下。云南中部、四川盆地，一般超过 0.5。淮河流域大部分地区在 0.6～0.8 之间。华北平原可超过 1.0，部分河流达 1.4 以上，是我国变差系数最大的地区。东北地区山地年径流 C_v 较小，一般在 0.5 以下，而松辽平原、三江平原则较大，在 0.8 以上。黄河流域（除甘肃北部、宁夏以及内蒙境内）C_v 一般均在 0.6 以下。内陆河流域，天山西段、祁连山区 C_v 值最小，在

0.2左右；天山东段、阿尔泰山在0.3～0.5。内蒙古高原西部一般大于1.0。

年径流极值的比（最大年径流量与最小年径流量之比）K也可反映年径流多年变化的幅度。从部分测站的统计资料可以看出我国河流年径流极值比率差异较大。长江以南各河一般在5倍以下，北方可达十几倍。全国年径流极值比的高值区主要发生在半干旱地区，如海河流域。

（三）径流的地区变化

径流的地理分布有明显的地带性，也存在局部变化。我国年径流分布的总趋势是，自东南向西北递减，近海多于内陆，山地大于平原。

三、影响年径流的因素

（一）影响年径流量的因素

从以年为时段的流域水量平衡方程式$R=P-E-\Delta W-\Delta U$可知，年径流深R取决于年降水量P、年蒸发量E、时段始末的流域蓄水变量ΔW和流域间的交换水量ΔU。P、E属气候因素，ΔW、ΔU属下垫面因素及人类活动因素。当流域闭合时，$\Delta U=0$。对于多年平均情况来讲，ΔW可忽略。

1. 气候因素对年径流量的影响

作为气候因素的年降水量和年蒸发量，对年径流量的影响程度随流域所处的地理位置不同而不同。在湿润地区，降水量较多，即对年径流量起决定性作用的是年降水量，而年蒸发量的作用则较小。在干旱地区，年降水量较少，并且大部分消耗于蒸发，年降水量与年径流量之间的关系不如湿润地区密切，年降水量和年蒸发量对径流的影响都很大。以冰川积雪补给的河流，年径流量与降雪和气温关系密切。

2. 下垫面因素对年径流量的影响

下垫面因素包括地形、植被、土壤、地质、湖泊、沼泽、流域大小等。下垫面因素一方面通过流域蓄水变量的变化直接影响年径流量，另一方面通过对气候因素的影响而间接地影响年径流量。

（1）地形。地形主要通过对降水、蒸发、气温等气候因素的影响间接地对年径流量产生影响。地形对降水的影响主要表现在山地对气流的抬升和阻滞作用，使迎风坡降水量增大。增大的程度主要随水汽含量和抬升速度而定。同时，地形对蒸发也有影响，一般气温随地面高程的增加而降低，因而使蒸发量减少。所以，高程的增加对降水和蒸发的影响，将使年径流量随高程的增加而增大。

（2）植被。植被可以截留部分雨水，而后耗于蒸发，成为径流形成过程中的损失量；植物根系吸收大量的雨水，使植物的散发量增大。另外，植被的增加可以减少地面径流，增大入渗量，在地下水埋深较浅的流域，从而增大了地下径流量，使径流过程变缓。因此，一般情况下，由于植被对径流的调蓄作用，年径流量的年内分配趋于均匀。

（3）土壤和地质。土壤的结构和透水岩层的厚度直接影响地下水储量的大小和调节能力的大小，从而影响年径流的年内分配过程。对于含水层较厚且土壤渗透能力较强的大流域，地下水库的调节作用较大；反之，则较小。

（4）湖泊和沼泽。流域存在湖泊和沼泽，一方面增大了流域的水面面积，使蒸发量增大，从而使年径流量减少；另一方面，由于湖泊和沼泽对径流的调蓄作用，使径流的年内、年际变化减小。

(5) 流域大小。随着流域面积的增大,增加了流域的水面和陆面面积,从而增强了流域对径流的调蓄能力,使径流的年内、年际变化趋于均匀。

3. 人类活动因素对年径流量的影响

人类活动是指人类对流域的开发利用等各种活动,如为了某种目的所采取的工程措施和非工程措施。这些活动对年径流量的影响包括直接或间接两方面。直接影响包括跨流域调水、水库蓄泄水、植树造林等。跨流域调水将本流域的水调至另一流域,直接影响两流域的年径流量及其空间分布;水库蓄泄也会直接影响到下游断面的径流量及其时程分配;植树造林则改变了地面径流和地下径流的比例,减缓了径流过程。间接影响指包括水面的增加或减少,从水循环上对年径流量产生的影响。

(二) 影响径流年内分配的因素

以月为时段的闭合流域水量平衡方程可写为 $R_月 = P_月 - E_月 - \Delta W_月$,表明月径流量的变化仍取决于气候因素的变化和流域蓄水变量的变化,月降水量与月蒸发量的变化是引起月径流量变化的主要原因。下垫面因素如地下含水层厚度、地面水库、湖泊的调节作用,都可使径流的年内分配趋于均匀。

四、设计年径流分析计算的目的和任务

设计年径流是指相应于某一设计标准的年径流量及其年内分配。设计标准需根据规范并结合各用水部门的实际情况综合确定。

(一) 水利工程的兴利作用

如前所述,河川径流在年内和年际的变化是很大的,往往不能满足人们对水量的需求,为了解决水量供需之间的矛盾,必须修建水利工程(如水库等),对天然径流进行人工调节,按需水要求泄放。例如,年径流量(年来水量)在年内的变化与用水量的年内变化在时间上不协调而产生缺水量,需要水库工程丰水期蓄水,枯水期供水;当连续枯水年出现时,缺水问题更严重,要求水库工程在丰水年蓄水,枯水年供水。这就是水利工程的兴利作用。

(二) 工程规模与来水、用水、保证率的关系

对于季或年调节水库,在同样的干旱年份,即使年来水量相近,但年内分配不同,水库工程的规模也不同,如图 5-1 所示。

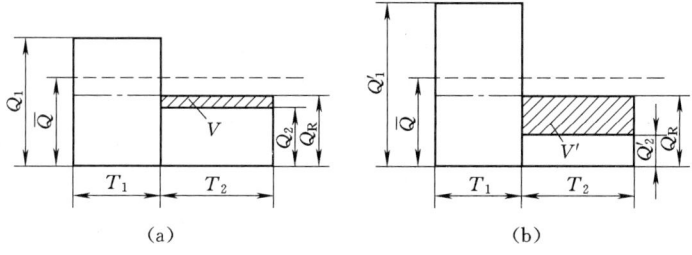

图 5-1 水库库容与径流过程关系示意图

图中 $\overline{Q}$ 代表年平均流量,Q_R 代表灌溉用水量,在洪水时段 T_1 内天然来水过剩($Q_1 > Q_R$),而在枯水时段 T_2 内天然来水不足($Q_2 < Q_R$)。为保证后一时段能充分供水,必须

将前一时段内部分过剩水量存蓄在水库里以备后一时段之用。显然，水库的库容为

$$V=(Q_R-Q_2)T_2 \qquad (5-1)$$

式 (5-1) 表明，为保证用水所需要的水库库容 V 的大小决定于径流的天然过程和用水过程之间的差别。如果用水过程已定，库容就只决定于天然径流的年内分配过程。图 5-1 (a) 径流年内分配比图 5-1 (b) 径流年内分配均匀，所需水库库容 $V<V'$。若有 20 年年径流量资料，在用水量相同情况下，按式 (5-1) 可求得 20 个大小不同的库容值。那么，到底用哪一个库容值来设计水库呢？库容大，用水的保证程度（保证率）就高，但投资要多；反之，库容小，投资少，但用水保证程度就低。这里牵涉到一个设计标准问题，也就是设计保证率问题。设计保证率就是用水量在多年期间能够得到充分满足的概率。

由上可知，在水利工程规划设计阶段，要分析工程规模、来水、用水、保证率四者之间的关系，经过技术经济的综合比较来确定工程规模。其中，设计保证率由用水部门（如灌溉、航运、发电、工业及民用供水等）根据规范，并结合实际情况综合确定；工程的规模，要依据来水与用水的平衡分析，由水利计算来确定；有关灌溉、发电等用水量的计算将在有关专业课中介绍；而其中的来水问题（包括来水量大小和来水量时间的变化）要靠水文计算来解决。

（三）设计年径流计算的任务

设计年径流计算的主要任务是分析研究年径流量的变化（年际变化和年内分配）规律，提供工程设计需要的来水资料，作为确定工程规模的主要依据。

水利工程调节性能和采用的水利计算方法不同，设计年径流分析计算的任务也有所不同。对于无调节性能的引水工程，要求提供历年（或代表年）的逐日流量过程资料；对于有调节性能的蓄水工程，则要求提供历年（或代表年）的逐月（旬）流量过程资料或各种时段径流量的频率曲线。例如对年调节工程而言，设计年径流的任务通常是指推求设计保证率情况下的年径流量及其年内分配过程。

第二节 具有长期实测径流资料时设计年径流量计算

在水利工程规划设计阶段，为了确定工程规模，要求水文计算提供未来工程运行期间的径流过程。水利工程的使用年限一般长达几十年甚至几百年，要通过成因分析的途径确切地预报未来长期的径流过程是不可能的。因此，目前都是用当地过去的长期径流变化过程来代表未来的径流变化情况。这样做的基本依据是：工程所在地点在某一年的年径流变化过程虽然将来不可能重现，但是长时期的变化情势应该是基本稳定的。这是因为径流是气候的产物，而气候情况在几百年期间基本上是稳定的。所谓基本稳定不能理解为各年的天气情况不变，而是说各种气候因素虽然在年际间不断变化着，但是这种变化只是在平均水平上下摆动，并没有增大或减小的明显趋势。

另外，还可以用数理统计方法研究径流量变化的统计规律。可以认为年径流量是简单的独立随机变量，年径流量系列可作为随机系列。把 n 年实测年径流量系列（样本容量为 n）作为年径流量总体的随机样本，如图 5-2 所示。因为样本来自总体，它能够反映总体

第二节 具有长期实测径流资料时设计年径流量计算

分布规律。而未来工程运行期间的年径流量系列也是总体的一部分,所以由以往 n 年实测年径流系列求得的样本分布函数 $F_n(x)$ 去推断总体分布 $F(x)$,以此来代替未来的工程运行期间(K 年)年径流量的分布规律是合理的。

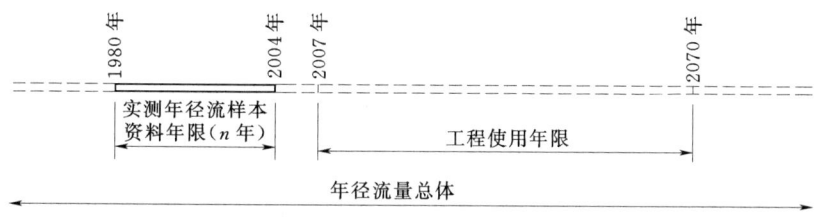

图 5-2　年径流量总体和样本示意图

具有长期实测年径流资料时,设计年径流量的计算包括:实测年径流资料的审查和设计年径流量的推求两个内容。所谓具有长期实测径流资料,一般指 $n \geqslant 30$ 年,而且这些资料必须具备"三性":可靠性、一致性和代表性。

一、水文资料的审查

水文资料是水文分析计算的依据,它直接影响着工程设计的精度。因此,对于所使用的水文资料必须慎重地进行审查。所谓审查就是审查实测年径流量系列的可靠性、一致性和代表性。

(一) 资料的可靠性审查

可靠性审查是对原始资料可靠程度的检验。径流资料通常是以《水文年鉴》和计算机数据库的方式刊发,一般情况下是比较可靠的,但仍可能存在个别错误,应对其测验及整编方法进行审查。

(二) 资料的一致性审查和还原计算

1. 一致性分析的必要性

应用数理统计法的前提之一是要求统计系列具有一致性,即组成统计系列的每一个随机变量具有同一物理成因组成,不同成因的资料不能作为一个统计系列。

对于年径流来说,其一致性是建立在气候条件和下垫面条件稳定的基础上的。如影响年径流量的因素长期没有显著的变化,则说明其成因是一致的。否则,资料的一致性便遭到了破坏。从历史时期气候变迁来看其变化是极其缓慢的,因而可以认为气候条件是相对稳定的。而下垫面条件则由于人类活动而迅速变化,致使资料一致性受到破坏,必须对受到人类活动影响的水文资料进行还原计算,使之还原到天然状态。所谓"天然状态",是指流域内径流在形成过程中没有受到任何影响(包括农田灌溉、跨流域引水、分洪决口、水库蓄泄、工业及生活用水等)。在这些因素的影响下,径流量将会发生显著的变化。例如永定河官厅站多年平均还原水量占天然水量的 20%,枯水年的还原水量竟高达 50% 以上,不能忽视。这样,还原后的若干年径流量资料再加入历史上未受人类活动影响的资料,组成基本上具有一致性的系列,即可进行统计分析。径流还原的方法有分项调查法、降雨径流模式法及蒸发差值法等,分项调查法是还原计算的基本方法。

2. 分项调查法径流还原计算

(1) 还原计算的基本原理。根据水量平衡原理可以写出下列公式:

$$W_{天然} = W_{实测} + W_{还原} \tag{5-2}$$
$$W_{还原} = W_{农业} \pm W_{引水} + W_{蒸发} \pm W_{蓄} + W_{工} + W_{渗漏} \tag{5-3}$$

式中：$W_{天然}$为还原后的天然径流量，$10^4 \mathrm{m}^3$；$W_{实测}$为实测径流量，$10^4 \mathrm{m}^3$；$W_{还原}$为还原总水量，$10^4 \mathrm{m}^3$；$W_{农业}$为农业灌溉净耗水量，$10^4 \mathrm{m}^3$；$W_{引水}$为跨流域引出（或引入）、分洪决口水量（引出为正，引入为负），$10^4 \mathrm{m}^3$；$W_{蒸发}$为水面面积扩大增加的蒸发量，$10^4 \mathrm{m}^3$；$W_{蓄}$为计算时段始末蓄水工程的蓄水变量（增加为正，减少为负），$10^4 \mathrm{m}^3$；$W_{工}$为工业和生活净耗水量，$10^4 \mathrm{m}^3$；$W_{渗漏}$为水库渗漏水量，$10^4 \mathrm{m}^3$。

各项计算可按要求采取总量还原法及过程还原法，前者适于只要求还原年总量，后者适于要求分时段（汛期、非汛期或逐月）还原。

（2）总量还原法。总量还原法是先计算各分项还原水量，各分项还原水量仍主要按水量平衡原理计算。有农业灌溉净耗水量、跨流域引水量、水面面积扩大增加的蒸发量、水库蓄水量的变化量、工业和生活净耗水量和水库渗漏量等，再加实测径流量即为天然径流量。

（3）过程还原法。在径流分析计算中，有时需要径流量的年内分配过程，如按汛期、非汛期或逐月计算。当还原水量不太大时，对于水源为引水或提水工程的农业灌溉净耗水量和跨流域引入水量，可按灌溉需水过程的比例分配到年内各月。工业和生活净耗水量则平均分配。如水源为蓄水工程，其农业灌溉水量、跨流域引出水量、水库水面增加耗水量、水库蓄水量的变化量、工业和生活净耗水量则根据典型水库的实测资料，计算出拦蓄量分配百分数，然后将总还原水量乘以分配百分数求得年内分配过程。水库渗漏量可按月平均水位分配。

（三）资料的代表性审查

代表性是指所抽取的样本的分布规律能否代表总体分布规律。前已述及，可以用数理统计方法研究年径流量变化的统计规律，由以往 n 年实测年径流系列求得的样本分布函数 $F_n(x)$ 去推断总体分布 $F(x)$，以此来代替未来的工程运行期间年径流量的分布规律。但是，n 年长期实测年径流量系列是一个样本，只是总体的一部分，用它来反映总体的分布规律，不可避免地存在着抽样误差。抽样误差的大小取决于 n 年年径流量系列代表性的高低。若样本的代表性好，则抽样误差就小，水文计算成果精度也就高。

对于水文变量来说，总体是未知的。根据数理统计原理可知，当样本容量越大时，其抽样误差分布越集中，说明长系列样本代表性比较高一些。解决的办法通常是利用代表性良好的参证系列为根据，来衡量设计短系列代表性的高低。

我国常用的径流系列的代表性分析方法有以下几种。

1. 周期性分析

n 年径流系列中每年的径流值都在其均值的上下跳动，并有丰、枯水年组交替出现的现象。对于 n 年径流系列，如果包括了丰水段、平水段和枯水段，且丰、枯水段又大致对称分布，则代表性就好，否则代表性较差。一般地说，径流系列越长，代表性越好，但也不尽然。如果系列中丰水段数多于枯水段数，则年径流可能偏丰，反之可能偏枯。若减少其中一个丰水段或枯水段，其代表性可能更好，对此必须做认真、细致的分析。

例如，长江宜昌站1878—1983年共106年系列中，年径流丰枯交替出现，大致有5

第二节 具有长期实测径流资料时设计年径流量计算

个丰枯水循环周期，每个循环周期 13~31 年不等，平均 20 年左右，每个循环周期年平均流量在 14200~14900m³/s 之间，变幅为多年平均值的 1.5%，C_v 变化在 0.106~0.112 之间，说明宜昌站 106 年径流系列具有较好的代表性。

1949 年以前的资料，观测精度相对较差。20 世纪 50 年代初期，由于资料短缺，曾大量使用这类观测成果。但随着观测期的不断增长，有时不用这些资料，代表性可能更好。这类问题需慎重对待，必须经充分论证后决定取舍。

2. 长系列参证变量的比较分析

利用长系列参证变量分析 n 年径流系列的代表性有一个基本假定，即径流系列越长，代表性越好，用它来估计总体的误差越小。参证变量指与设计断面径流密切相关的水文气象要素。如果在气候一致区或水文相似区内，以观测期更长的水文站或气象站的年径流系列或年降水量系列作为参证变量，系列长度为 N 年，与设计代表站 n 年径流系列有 n 年同步观测期，且参证变量的 N 年系列统计特征（主要是均值和变差系数）与其自身的 n 年系列的统计特征接近，则说明参证变量的 n 年系列在 N 年系列中具有较好的代表性，从而也可说明设计代表站 N 年系列也具有较好的代表性。反之，则说明代表性不足。

【**例 5 - 1**】 设计站 A 具有 30 年（1970—1999 年）年径流系列，为了检验这一系列的代表性，可选择与设计变量有成因联系、具有 50 年长系列（1950—1999 年）的邻近流域 B 站为参证站，将 B 站的年径流量作为参证变量。经分析 A、B 两站年径流量的时序变化具有较好的同步性（A 站的年径流量随时程的变化基本上与 B 站是同步的）；因此认为 B 站作为参证站是合适的。首先计算参证变量长系列 N 年（1950—1999 年）的分布参数，再计算短系列 n 年（1970—1999 年）的分布参数，则 $\overline{Q}_N = 210$mm，$C_{vN} = 0.3$，$C_{sN} = 2C_{vN}$；$\overline{Q}_n = 218$mm，$C_{vn} = 0.3$，$C_{sn} = 2C_{vN}$。长短系列分布参数甚为接近，说明参证年径流量短系列在长系列中具有代表性。又因为 A 站与 B 站年径流量具有同步性，故推估 A 站的 30 年年径流系列在其本身的长系列中也具有代表性，可近似地认为在其总体中也具有代表性。

如果经过审查后，发现长短系列的统计参数相差较大，说明短系列的代表性不好，此时应设法对系列进行插补延长以提高其代表性。

二、设计长期年、月径流系列的选取

对实测径流系列经过审查和分析后，再按水利年度排列为一个新的年、月径流系列。然后，从这个长系列中选出代表段，代表段中应包括有丰、平、枯水年，并且有一个或几个完整的调节周期；代表段的年径流量均值、变差系数应与长系列的相近，也就是这个代表段在长系列中具有代表性。我们就可以用这个代表段的年、月径流量过程来代表未来工程运行期间的年、月径流量变化。这个代表段就是水利计算所要求的"设计年、月径流系列"，见表 5 - 1。

有了设计条件下的历年逐月径流过程（来水）和历年逐月的用水过程，就可以逐年进行来水、用水平衡计算，求得逐年所需的库容值。例如，某一水利枢纽有 n 年径流资料，就可以求得各年的库容值 V_1、V_2、…、V_n。将库容值由小到大重新排列，并计算各项的经验频率，点绘在频率格纸上，作出库容频率曲线。于是，可以由设计用水保证率 P，在频率曲线上查得相应的设计库容值 V_P，用以确定工程规模。这种推求设计库容值 V_P 的方

表 5-1　　　　　　　　　　　　　某站年、月径流量表

年份	月平均流量/(m³/s)												年平均流量/(m³/s)
	3	4	5	6	7	8	9	10	11	12	1	2	
1958—1959	16.50	22.00	43.00	17.00	4.63	2.46	4.02	4.84	1.98	2.47	1.87	21.60	11.90
1959—1960	7.25	8.69	16.30	26.10	7.15	7.50	6.81	1.86	2.67	2.73	4.20	2.03	7.78
1960—1961	8.21	19.50	26.40	24.60	7.35	9.62	3.20	2.07	1.98	1.90	2.35	12.82	10.00
1961—1962	14.70	17.70	19.80	30.40	5.20	4.87	9.10	3.46	3.42	2.92	2.48	1.62	9.64
1962—1963	12.90	15.70	41.60	50.70	19.40	10.40	7.48	2.79	5.30	2.67	1.79	1.80	14.40
1963—1964	3.20	4.98	7.15	16.20	5.55	2.28	2.13	1.27	2.18	1.54	6.45	3.87	4.73
1964—1965	9.91	12.50	12.90	34.60	6.90	5.55	2.00	3.27	1.62	1.17	0.99	3.06	7.87
1965—1966	3.90	26.60	15.20	13.60	6.12	13.40	4.27	10.50	8.21	9.03	8.35	8.48	10.40
1966—1967	9.52	29.00	13.50	25.40	25.40	3.58	2.67	2.23	1.93	2.76	1.41	5.30	10.20
1967—1968	13.00	17.90	33.20	43.00	10.50	3.58	1.67	1.57	1.82	1.42	1.21	2.36	10.90
1968—1969	9.45	15.60	15.50	37.80	42.70	6.55	3.52	2.54	1.84	2.68	4.25	9.00	12.60
1969—1970	12.20	11.50	33.90	25.00	12.70	7.30	3.65	4.96	3.18	2.35	3.88	3.57	10.30
1970—1971	16.30	24.80	41.00	30.70	24.20	8.30	6.50	8.75	4.25	7.96	4.10	3.80	15.10
1971—1972	5.08	6.10	24.30	22.80	3.40	3.45	4.92	2.79	1.76	1.30	2.23	8.76	7.24
1972—1973	3.28	11.70	37.10	16.40	10.20	19.20	5.75	4.41	4.53	5.59	8.47	8.89	11.30
1973—1974	15.40	38.50	41.60	57.40	31.70	5.86	6.56	4.55	2.59	1.63	1.76	5.21	17.70
1974—1975	3.28	5.48	11.80	17.10	14.40	14.30	3.84	3.69	4.67	5.16	6.26	11.10	8.42
1975—1976	22.40	37.10	58.00	23.90	10.60	12.40	6.26	8.51	7.30	7.54	3.12	5.56	16.90
1976—1977	15.20	19.70	35.30	30.20	20.80	15.20	6.35	8.27	6.21	2.32	3.36	5.58	14.04
1977—1978	5.03	6.30	22.50	23.21	3.62	3.52	4.83	5.91	12.62	11.25	8.96	9.28	9.75
1978—1979	3.22	12.31	38.74	19.11	10.35	29.25	8.65	5.45	2.32	3.35	2.15	6.37	11.77
1979—1980	8.45	16.62	14.51	39.86	40.75	6.55	3.52	2.34	1.98	2.68	4.25	9.00	12.54
1980—1981	13.35	21.84	38.02	26.71	24.23	6.32	6.53	9.75	3.25	7.80	4.70	3.20	13.81
1981—1982	10.20	12.50	35.90	22.00	12.90	5.50	3.65	5.26	3.35	2.62	4.99	4.21	10.26
1982—1983	7.45	18.60	19.50	31.80	42.50	6.88	3.94	2.45	1.98	2.54	4.26	8.26	12.51
1983—1984	12.20	11.50	33.90	25.00	12.70	7.30	3.65	4.96	3.18	2.35	3.88	3.57	10.35
1984—1985	6.22	25.00	12.50	23.40	24.40	3.99	2.42	2.12	1.68	2.88	1.22	6.30	9.34
1985—1986	12.35	17.74	35.60	45.70	16.40	12.40	7.56	2.35	7.26	2.57	1.92	1.68	13.61
1986—1987	15.30	27.80	36.00	35.70	26.20	6.30	6.87	8.72	3.25	6.86	3.26	3.97	15.02
1987—1988	7.98	18.47	18.50	33.80	40.50	6.18	5.99	2.22	1.08	2.57	5.62	7.35	12.52

注　～～表示供水期；$q=3.0 \text{m}^3/\text{s}$。

法，在水利计算中称为长系列操作法或时历法。

运用长系列操作法，保证率的概念比较明确。但对水文资料要求较高，必须提供设计年、月径流序列。在实际工作中，一般不具备上述条件；同时，在规划设计阶段需要多方案进行比较，计算工作量太大。因此，在规划设计中小型水利工程时，广泛采用代表年

法（设计代表年法或实际代表年法）。

三、设计代表年法中设计年径流量或设计时段径流量的计算

1. 计算时段的确定

计算时段的确定与工程要求有关。对灌溉工程来说，一般取灌溉期作为计算时段，也可取灌溉期内主要需水期为计算时段。如某双季稻灌区灌溉期为 4—10 月，而主要需水期为 7—9 月，可以取 7 个月和 3 个月两种计算时段来统计时段径流量。对水电工程来说，枯水期水量和年水量决定着发电效益，因此，可取枯水期或年作为计算时段。对于水保工程，可取水文年度作为计算时段。

2. 频率计算

当计算时段确定后，就可根据历年逐月径流资料统计时段径流量。若计算时段为年，则按水利年度统计年、月径流量。水利年度的起讫时间可能每年不同，一般按多年平均情况，以每年某月 1 日为固定起点。将实测年、月径流量按水利年度排列后，计算每一年度的年平均径流量，并按大小次序排列，即构成年径流量计算系列。若选定的计算时段为 3 个月（或其他时段），则根据历年逐月径流量资料，统计历年最枯 3 个月的水量，不固定起讫时间，可以不受水利年度分界的限制。同样，把历年最枯 3 个月的水量按大小次序排列，即构成计算系列。

有了年径流量系列或时段径流量系列，即可用前面介绍的配线法，推求指定频率的设计年径流量或指定频率的设计时段径流量。配线时要考虑全部经验点据。如点据与曲线拟合不佳时，应侧重考虑中、下部点据，适当照顾上部点据。年径流频率计算中，C_s/C_v 值按具体配线情况而定，一般可采用 2~3。

3. 成果的合理性分析

分析的主要内容是对径流系列的均值、变差系数及偏态系数进行审查，分析工作的主要依据是水量平衡原理和径流的地理分布规律。

（1）多年平均年径流量的检查。如前所述，影响多年平均年径流量的因素是气候因素，而气候因素是具有地理分布规律的，所以多年平均年径流量也具有地理分布规律。将设计站与上下游站和临近流域的多年平均径流量进行比较，便可判断所得成果是否合理。若发现不合理现象，应检查其原因，作进一步分析论证。

（2）年径流量变差系数的检查。反映径流年际变化程度的年径流量的 C_v 值也具有一定的地理分布规律。我国许多省份编制的《水文图集》中绘有年径流量的 C_v 等值线图，可据此检查年径流量 C_v 值的合理性。但是，这些 C_v 值等值线图，一般是根据大中流域的资料绘制的，与某些有特殊下垫面条件的小流域年径流量的 C_v 值可能并不协调，在分析检查时应进行深入分析。一般说来，小流域的调蓄能力较小，它的 C_v 值比大流域大些。

（3）年径流量偏态系数的检查。年径流量偏态系数的变化规律，至今研究不足。有人认为可以利用 C_s/C_v 值的地理分布规律，来检查 C_s 的合理性。但 C_s/C_v 值是否真正具有地理分布规律还有待进一步研究。C_s 值的合理性检查尚无公认的适当办法。

（4）可将年径流量统计参数与流域平均年降水量统计参数进行对比。即年径流量的均值应小于流域平均年降水量的均值；而一般以降雨补给为主的河流，年径流量的 C_v 应大于年降水量的 C_v。

【例 5-2】 拟兴建一水利水电工程，某河断面有 30 年（1958—1987 年）的流量资料，见表 5-1。试求 $P=10\%$ 的设计丰水年、$P=50\%$ 的设计平水年、$P=90\%$ 的设计枯水年的设计年径流量。

解：（1）进行年、月径流量资料的审查和分析，认为 30 年实测系列具有较好的可靠性、一致性和代表性。

（2）将表 5-1 中的年平均径流量组成统计系列，按照配线法进行频率分析，从而求出指定频率的设计年径流量，频率计算结果如下：

$$\overline{Q}=11.43\text{m}^3/\text{s}, C_v=0.27, C_s=2.5C_v$$

$P=10\%$ 的设计丰水年　$Q_{丰P}=K_丰\overline{Q}=1.36\times11.43=15.5(\text{m}^3/\text{s})$

$P=50\%$ 的设计平水年　$Q_{平P}=K_平\overline{Q}=0.97\times11.43=11.1(\text{m}^3/\text{s})$

$P=90\%$ 的设计枯水年　$Q_{枯P}=K_枯\overline{Q}=0.68\times11.43=7.8(\text{m}^3/\text{s})$

第三节　具有短期实测径流资料时设计年径流量计算

当设计站只有短期实测径流资料（年径流系列不足 30 年），或资料虽有 30 年，但系列不连续或代表性不足，应设法展延年、月径流资料系列，然后，根据展延后的系列进行频率计算。至于展延前资料的可靠性、一致性审查，展延后资料的代表性分析、年径流量的频率计算等方法均与长期实测径流资料时相同。在实际工作中这种情况是经常遇到的。具有短期实测径流资料时，设计年、月径流量计算的关键是系列的展延。本节主要介绍如何展延年、月径流量系列。在水文计算中，通常应用相关图解法或相关分析法来展延系列，关键是选择好合适的参证变量。

一、参证变量的选择

参证变量应符合以下几个条件：

（1）参证变量要与设计站的年、月径流资料在成因上有密切联系，这样才能保证用相关关系展延的成果有足够的精度。

（2）参证变量与设计站的年、月径流资料要有一段相当长的平行观测期（同步系列），以便建立可靠的相关关系。

（3）参证变量必须具有充分长的实测系列（除用以建立相关关系的同期资料外，还要有用来展延设计站缺测年份年、月径流量的资料），并具有较好的代表性。

根据上述条件，结合具体的资料情况，可以选择不同的参证资料（如流域降水资料或上、下游站径流资料）来展延设计站的年、月径流量。不同的年份可以用不同的参证资料来展延，同一年份可以用两种以上参证资料来展延时，则选用其中关系最好的参证资料。如图 5-3 所示。

在水文计算中，通常可以利用径流量或降水量作为参证变量来展延设计站的年、月径流量系列，有时也可用其他变量（如气温）作为参证变量。下面重点讲述利用径流量或降水量资料展延的方法。

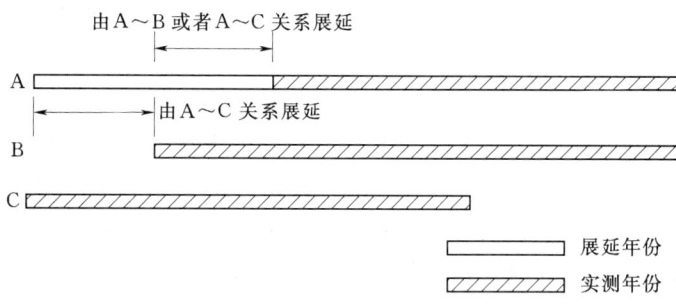

图 5-3 选用不同参证变量展延系列示意图
A—设计站年、月径流系列；B、C—参证站资料系列

二、相关法展延系列

（一）利用径流量资料展延系列

1. 建立邻近站年径流量相关关系

当设计站实测年径流量资料不足，而设计站上游或下游有充分实测年径流量资料时，往往可以利用上下游站的长系列实测年径流量资料来展延设计站的年径流量系列。如果设计站与参证站所控制的流域面积相差不多，一般可获得良好的结果。

2. 建立邻近站月径流量相关关系

当设计站实测年径流量系列过短，难以建立年径流量相关关系时，可以利用设计站与参证站月径流量（或季径流量）之间的关系来展延系列。由于影响月（季）径流量相关的因素较影响年径流量相关的因素要复杂，因此，月（季）径流量之间的相关关系不如年径流量相关关系好。因此，用月（季）径流量相关关系来插补展延径流量时，一般误差较大，需谨慎从事。

选好参证变量并建立关系图后，即可根据实测的参证变量，从相关图上查出设计站年径流量的对应值，从而把设计站系列展延到一定长度。当参证变量与设计变量的对应年份较长时，也可通过相关方程式来展延系列。

（二）利用降雨量资料展延系列

1. 建立年降雨径流关系

当不能利用径流量资料来展延系列时，可以利用流域内或邻近地区的降水量资料来展延系列，这种情况在中小流域常会遇到。对于湿润地区，如我国长江流域及南方各省，降水充沛，年径流系数较大，且闭合流域的年水量平衡方程 $R = P - E - \Delta W$ 中，蒸发量 E 和流域蓄水量 ΔW 这两项因素，各年间的变幅均较小。因此年降雨量 P 与年径流量 R 之间往往存在较好的相互关系，若以流域平均年降雨量作为参证变量来展延年径流量系列，一般可得到良好的结果。对于干旱或半干旱地区，由于年降雨量中的很大部分耗于流域蒸发，年径流系数很小，因此年降雨量 P 与年径流量 R 之间关系不密切，难以用来展延年径流量系列。

2. 建立月降雨径流关系

当设计站的实测年径流量系列过短，不足以建立年降水量与年径流量的相关关系时，也可用月降水量与月径流量之间的关系来展延月、年径流量系列。

一般的月降雨径流关系不如年降雨径流关系好，有时甚至点据散乱而无法定相关线。其原因主要是：以月为时段的流域蓄水变量 ΔW 对降雨径流关系的影响增大。另外，按日历时间机械地划分月降雨量和月径流量，会造成月降雨和月径流不相适应的情况，因为有时月末降雨所产生的大部分径流可能在下月初流出。考虑这种影响，将月末降雨量的部分或全部计入下个月的降雨量中；或者将下月初流出的径流量计入上个月的径流量中，使月降雨量和月径流量相对应，可以使月降雨量和月径流量之间的关系得到改善。

当受流域蓄水量影响较大时，也会使月降雨量和月径流量不相对应，由于不同月份的流域蓄水量不同，即使是月降雨量相同，相应的月径流量也会相差较大，甚至是不降雨的月份，会有较大的径流量产生，这主要是流域前期蓄水造成的（比如枯水期的月径流量一般由地下水供给，几乎与本月少量的降雨量无关），此时不可利用月降雨径流关系来展延枯水期的月径流量。

（三）利用其他水文气象要素展延系列

在某些特殊情况下可以利用其他水文气象要素来展延系列。例如，北方有些高寒山区，河川径流主要由山上融雪水补给，因此，径流与气温之间存在着密切关系，可以用月平均气温来展延月平均流量系列。

有了经插补延长的年径流量系列，就可进行频率计算求得设计年月径流量，其计算方法与有长期实测径流资料的完全相同。

第四节 缺乏实测径流资料时设计年径流量计算

由于我国水文站网还不是很完善，只在一些较大河流上有水文观测站。而在中小型水利工程的规划设计中，经常遇到中小流域根本无径流量观测资料，甚至连降水资料也没有，或者虽有短期实测径流资料但又无法展延的情况。在这种情况下计算设计年径流量时，需要用特殊方法，通过其他间接资料确定统计参数多年平均径流量、C_v 和 C_s。常用的方法有水文比拟法、等值线图法。

一、水文比拟法

水文比拟法是将气候与自然地理条件一致的参证站的水文特征值移用到设计流域的一种方法。应用此法的关键问题是选取恰当的参证流域。

1. 参证流域的选择原则

（1）参证流域应具有长期实测径流资料，且资料代表性好。

（2）参证流域与设计流域必须属同一气候区，且流域下垫面条件相似。

（3）参证流域与设计流域面积不能相差太大，最好不超过 15%。

2. 多年平均年径流量的计算

（1）直接移用。若设计站与参证站位于同一河流的上、下游，两站的控制面积相差不超过 3% 时，或两站虽不在一条河流上，但气候与下垫面条件相似时，可以直接把参证流域的多年平均年径流深移用过来，作为设计流域的多年平均年径流深，即

$$\overline{R}_{设}=\overline{R}_{参} \tag{5-4}$$

（2）修正移用。当两个流域面积相差在 3%～15% 以内，但区间降雨和下垫面条件与

第四节 缺乏实测径流资料时设计年径流量计算

参证流域相差不大时，则应按面积比修正的方法来推求设计站多年平均流量，即

$$\overline{Q}_{设} = \frac{F_{设}}{F_{参}} \overline{Q}_{参} \qquad (5-5)$$

式中：$\overline{Q}_{设}$、$\overline{Q}_{参}$ 分别为设计流域和参证流域多年平均流量，m^3/s；$F_{设}$、$F_{参}$ 分别为设计流域和参证流域的流域面积，km^2。

当两个流域面积相差超过 15% 时，尚需考虑区间自然地理条件，如降雨或其他有关因素的差异，不能简单地按面积比改正。

3. 年径流变差系数 C_v 的估算

移用参证流域的年径流量 C_v 值时要求如下：

(1) 两站所控制的流域特征大致相似。

(2) 两流域属于同一气候区。如果考虑影响径流的因素有差异，可采用修正系数 K，则设计流域年径流深变差系数：

$$C_{vR设} = KC_{vR参} \qquad (5-6)$$

$$K = \frac{C_{vx设}}{C_{vx参}}$$

式中：$C_{vx设}$、$C_{vx参}$ 分别为设计流域、参证流域年降水量的变差系数，可从水文手册中查得；$C_{vR参}$ 为参证流域年径流深的变差系数，可从水文手册中查得。

4. 年径流量偏态系数 C_s 的估算

年径流量的 C_s 值一般通过 C_s/C_v 的比值定出。可以将参证站 C_s/C_v 的比值直接移用或作适当的修正。在实际工作中，常采用 $C_s = 2C_v$。

二、等值线图法

1. 多年平均年径流量的估算

水文特征值的等值线图是表示水文特征值的地理分布规律的。影响水文特征值的因素包括分区性因素（如气候因素），可在地图上做出等值线图；非分区性因素（如下垫面因素：流域面积、河槽下切深度等），无法做出等值线图；或同时受到分区性和非分区性因素的影响，应设法消除非分区性因素的影响，提高等值线图的精度。

影响闭合流域多年平均年径流量的主要因素是气候因素：降雨和蒸发。由于降雨量和蒸发量具有地理分布规律，因此，多年平均年径流量也具有这种规律，可绘制等值线图，并用它来推求缺乏实测资料地区的多年平均年径流量。为消除流域面积这一非分区性因素的影响，等值线图以多年平均年径流深 $R(mm)$ 表示。

对于属某一点的水文特征值（如降水量等），可将观测值直接标注于地图上的观测点处，然后绘制出该特征值的等值线图。但是对于径流量来说，河流在任一测流断面的径流量是由断面以上流域各点的径流汇集而成的，用径流深表示的径流量不是该断面处的数值，而是流域的平均值。所以在绘制多年平均年径流深等值线图时，不应将数值点绘在测流断面处，而应绘在流域的形心处。在山区，径流深有随高程增加而增大的趋势，故常将数值点绘在流域平均高程处。

由于多年平均年径流深等值线图是按上述原则绘制的，因此，在应用该图来推求无实测径流资料情况下设计断面处的多年平均年径流量时，必须首先在图上绘出设计断面以上

的流域范围，然后定出流域的形心。当流域面积较小，流域范围内没有等值线穿过，或只有一两条等值线穿过时，可直接根据流域形心（或平均高程处）两旁的等值线，用直线内插法读得该点的数值，这就是设计流域的多年平均年径流深，经换算，就可得到设计断面处的多年平均流量。

当流域面积较大，有数条等值线穿过时，则应采用面积加权平均法来推求设计流域的多年平均年径流深。如图 5-4 所示，流域多年平均年径流深可由下式求得

$$\overline{R}_\text{设}=\frac{0.5(R_1+R_2)f_1+0.5(R_2+R_3)f_2+\cdots+0.5(R_{n-1}+R_n)f_{n-1}}{F} \quad (5-7)$$

式中：$\overline{R}_\text{设}$ 为设计流域多年平均年径流深，mm；f_1、f_2、$\cdots$、f_n 为流域界限内相邻两等值线间的面积，其和为全流域面积 F，km^2；R_1、R_2、$\cdots$、R_n 为相邻两等值线读数的平均值，mm。

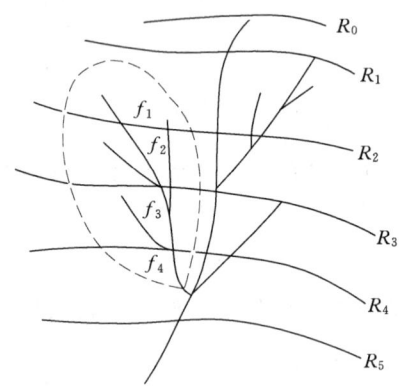

图 5-4 用等值线图推求多年平均年径流深示意图

必须指出，多年平均年径流深等值线图一般都是依据中等流域的实测径流资料绘制的。因此，等值线图应用于中等流域比较合适，成果精度较高。若应用于小流域，则由于小流域河槽下切深度浅等原因，可能不闭合，不能汇集全部地下径流，图上的读数就可能比实际情况偏大。因此，必要时，应进行实地调查，适当加以修正。

2. 年径流量变差系数 C_v 的估算

影响年径流量变化的主要因素是气候因素。因此在一定程度上，也可用等值线图来表示年径流量 C_v 值在地区上的变化规律。年径流量 C_v 等值线图的绘制与应用，与多年平均年径流深等值线图相似。但应注意，年径流量 C_v 等值线图的精度较低。特别是用于小流域，误差可能较大，一般由图上查得的 C_v 值偏小。

3. 年径流量偏态系数 C_s 的估算

可参考各省（区）水文手册、水文图集或水资源分析成果中所提供的数据。在多数情况下，常采用 $C_s=2C_v$。对于湖泊较多的流域，因 C_v 较小，可采用 $C_s<2C_v$；半干旱及干旱地区常采用 $C_s\geqslant 2C_v$。

第五节 设计年径流年内分配计算

一、具有长期实测径流资料时设计年径流年内分配计算

（一）设计代表年法

河川径流量在一年内的变化称为年内分配。不同分配形式的年径流量对工程设计影响不同。根据工程要求，求得设计频率的设计年径流量后，为了进行调节计算，还需根据径流分配特性和水利计算要求，进一步确定径流年内分配即月径流过程。目前常用的方法是：先从实测年、月径流量资料中，按一定的原则选择代表年，然后依据代表年的月径流

过程,将设计年径流量按一定比例进行缩放,求得所需的设计月径流过程,即为设计年径流的年内分配。

1. 代表年的选择

代表年从实测径流资料中选择,并应遵循下述两条原则:

(1) 按水量接近的原则来选择,即选取年径流量或时段径流量与设计值接近的年份。

(2) 按对工程不利的原则来选择。在实测径流资料中水量接近的年份可能不止一年,为了安全起见,应选用水量在年内的分配对工程较为不利的年份作为代表年,从而使工程设计偏于安全。所谓对工程不利,就是根据这种代表年的径流分配情况,计算得到的工程规模较大。如对灌溉工程而言,应选灌溉需水期径流量比较枯、而非灌溉期径流量又相对较丰的年份,这种年内分配经调节计算后,需要较大的库容才能保证供水,以这种代表年的年径流分配形式代表未来工程运行期间的径流过程,所确定的工程规模对供水来说具有一定的安全保证程度。对水电工程而言,则应选取枯水期较长、枯水期径流量又较枯的年份。

水电工程一般选丰水、平水、枯水三个代表年,而灌溉工程只选枯水 1 个代表年。

平水年 $P=50\%$,丰水年 $P\leqslant25\%$,枯水年 $P\geqslant75\%$。

2. 设计年径流年内分配的计算

按上述原则选定代表年径流过程线后,求出设计年径流量与代表年径流量之比值 $K_年$ 或求出设计供水期水量与代表年的供水期水量之比值 $K_供$:

$$K_年=\frac{Q_{年,设}}{Q_{年,代}}(年水量控制) \quad 或 \quad K_T=\frac{Q_{T,设}}{Q_{T,代}}(供水期水量控制)$$

然后以 $K_年$ 或 $K_供$ 值乘以代表年的逐月平均流量,即得设计年径流的年内分配过程。

【例 5-3】 接 [例 5-2],求设计丰水年、设计平水年、设计枯水年的设计年径流的年内分配。

(1) 代表年的选择。选丰、平、枯三个代表年,$P=10\%$ 的设计丰水年,$Q_{年,10\%}=15.5\mathrm{m}^3/\mathrm{s}$,按水量接近、分配不利(汛期水量较丰)原则,选 1975—1976 年为丰水代表年,$Q_{年,代}=16.9\mathrm{m}^3/\mathrm{s}$。

$P=50\%$ 的设计平水年,$Q_{年,50\%}=11.1\mathrm{m}^3/\mathrm{s}$,按能反映汛期、枯水期的起讫月份和汛期、枯水期水量百分比满足平均情况的年份的原则,选 1960—1961 年为平水代表年,$Q_{年,代}=10\mathrm{m}^3/\mathrm{s}$。

$P=90\%$ 的设计枯水年,$Q_{年,90\%}=7.8\mathrm{m}^3/\mathrm{s}$,与之相近的年份有四年,考虑分配不利,即枯水期水量较枯,选取 1964—1965 年作为枯水代表年,1971—1972 年作比较用。

(2) 以年水量控制求缩放倍比 K。

设计丰水年 $$K_丰=\frac{Q_{年,P}}{Q_{年,代}}=\frac{15.5}{16.9}=0.917$$

设计平水年 $$K_平=\frac{11.1}{10.0}=1.11$$

设计枯水年 $$K_枯=\frac{7.8}{7.87}=0.991(1964—1965 年代表年)$$

$$K_{\text{枯}} = \frac{7.8}{7.24} = 1.077 (1971—1972\ \text{年代表年})$$

(3) 设计年径流年内分配计算。以缩放倍比乘以各自代表年的逐月径流,即得设计年径流年内分配,结果见表 5-2。

表 5-2　　某站以年总水量控制,同倍比缩放的设计年、月径流量　　单位:m³/s

月　份	3	4	5	6	7	8	9
枯水代表年 (1964—1965 年)	9.91	12.50	12.90	34.60	6.90	5.55	2.00
$P=90\%$ 的设计枯水年	9.82	12.39	12.78	34.29	6.84	5.50	1.98
枯水代表年 (1971—1972 年)	5.08	6.10	24.30	22.80	3.40	3.45	4.92
$P=90\%$ 的设计枯水年	5.47	6.57	26.17	24.56	3.66	3.72	5.30
平水代表年 (1960—1961 年)	8.21	19.50	26.40	24.60	7.35	9.62	3.20
$P=50\%$ 的设计平水年	9.11	21.65	29.30	27.31	8.16	10.68	3.55
丰水代表年 (1975—1976 年)	22.40	37.10	58.00	23.90	10.60	12.40	6.26
$P=10\%$ 的设计丰水年	20.54	34.02	53.19	21.92	9.72	11.37	5.74

月　份	10	11	12	1	2	全年	
						总量	平均
枯水代表年 (1964—1965 年)	3.27	1.62	1.17	0.99	3.06	94.50	7.87
$P=90\%$ 的设计枯水年	3.24	1.61	1.16	0.98	3.03	93.62	7.80
枯水代表年 (1971—1972 年)	2.79	1.76	1.30	2.23	8.76	86.90	7.24
$P=90\%$ 的设计枯水年	3.00	1.90	1.40	2.40	9.43	93.58	7.80
平水代表年 (1960—1961 年)	2.07	1.98	1.90	2.35	12.82	120.00	10.00
$P=50\%$ 的设计平水年	2.30	2.20	2.11	2.61	14.23	133.21	11.10
丰水代表年 (1975—1976 年)	8.51	7.30	7.54	3.12	5.56	202.70	16.90
$P=10\%$ 的设计丰水年	7.80	6.69	6.91	2.86	5.10	185.88	15.50

若计算时段不是年,而是某一时段 T (如最枯 3 月或灌溉期),则以设计时段径流量与代表年时段径流量之比值,乘以代表年的逐月平均流量,即可求得设计时段径流过程。

这种推求设计年径流过程的方法,称为同倍比缩放法。该方法简单易行,计算出来的年径流过程仍保持原代表年的径流分配形式,但求出的设计年径流过程,只是计算时段(年或某一时段)的径流量符合设计频率的要求。有时需要所求设计年内分配的年及其他各个时段的径流量同时满足设计频率,则需用同频率缩放法。具体计算方法与由流量资料推求设计洪水中的"同频率放大法"相同。

(二) 实际代表年法

实际代表年法是从实测年、月径流量系列中,选取出一个实际的干旱年作为代表年,用其年径流分配过程直接与该年的用水过程相配合而进行调节计算,求出调节库容,来确定工程规模。选出的年份称为实际代表年,其年、月径流量,就是实际代表年的年、月流量。用这种方法求出的调节库容,不一定符合规定的设计保证率。但由于曾经发生的干旱年份给人以深刻的印象,认为只要这样年份的供水得到保证,就达到修建水库工程的目的。实际代表年法概念清楚,比较直观,在小型灌溉工程设计中应用较广。

二、具有短期实测径流资料时设计年径流年内分配计算

当设计流域具有短期实测径流资料时,先用相关分析法插补延长短期的年径流量系列,使其变为长期的年径流量系列,然后就可进行频率计算和年内分配计算,其计算方法与具有长期的实测径流资料的完全相同。

三、缺乏实测径流资料时设计年径流年内分配计算

对于缺乏实测径流资料流域的设计年内分配,广泛使用水文比拟法,即直接移用参证流域各种代表年的月径流量分配比进行计算。

复 习 思 考 题

1. 何谓年径流?年径流的特点有哪些?
2. 何谓设计年径流?设计年径流计算的内容有哪些?
3. 日历年度、水文年度、水利年度各有何含义?
4. 推求设计年径流量之前,需要对水文资料进行哪几个方面的审查?
5. 具有充分实测径流资料时,怎样用设计代表年法推求设计年径流量及其年内分配?
6. 具有短期实测径流资料时,设计年径流计算的关键是什么?应用水文比拟法的关键是什么?
7. 利用参证变量插补展延系列时,选择的参证变量应具有哪些条件?
8. 设计代表年的选择原则是什么?
9. 某水库多年平均流量 $\overline{Q}=15\text{m}^3/\text{s}$,$C_v=0.25$,$C_s=2.0C_v$,年径流理论频率曲线为 P—Ⅲ 型。

(1) 按表 5-3 求该水库设计频率为 90% 的年径流量。

(2) 按表 5-4 径流年内分配典型,求设计年径流的年内分配。

表 5-3　　P—Ⅲ 型频率曲线模比系数 K_p 值表 ($C_s=2.0C_v$)

C_v \ $P/\%$	20	50	75	90	95	99
0.20	1.16	0.99	0.86	0.75	0.70	0.89
0.25	1.20	0.98	0.82	0.70	0.63	0.52
0.30	1.24	0.97	0.78	0.64	0.56	0.44

表 5-4　　枯水代表年年内分配典型

月份	1	2	3	4	5	6	7	8	9	10	11	12	年
分配比/%	1.0	3.3	10.5	13.2	13.7	36.6	7.3	5.9	2.1	3.5	1.7	1.2	100

第六章 由流量资料推求设计洪水

第一节 概 述

一、洪水的形成

由于流域内降雨或融雪,大量径流汇入河道,导致流量激增,水位上涨,这种水文现象称为洪水。另外,还可能出现由于冰坝或大坝溃决等特殊情况而形成的洪水。洪水通过河道的任一断面都有一个过程,如图 6-1 中从 $A—C$ 的曲线所示。AC 曲线下的面积为洪水总量,B 点为洪峰,Q_m 为洪峰流量。洪峰、洪水总量、洪水过程线统称为洪水三要素。

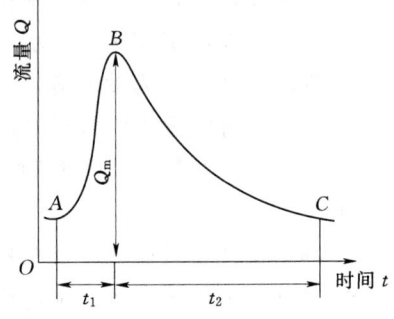

图 6-1 洪水过程示意图

当河槽中的洪水流量超过河段洪水宣泄能力(即安全泄量)时就会泛滥成灾。为防治洪灾,可采取多种防洪工程措施,如在上游修建水库,在中游开辟蓄滞洪区,在下游开挖疏浚河道、修筑堤防等。

二、水工建筑物的等级和防洪标准

在河流上筑坝建库能在防洪方面发挥很大的作用,但是,水库本身却直接承受着洪水的威胁,一旦洪水漫溢坝顶,将会造成严重灾害。为了处理好防洪问题,在设计水工建筑物时,必须选择一个相应的洪水作为依据。若此洪水选择过大,会使工程造价增多而不经济,但工程却比较安全;若此洪水选择过小,虽然工程造价降低,但遭受破坏的风险增大。如何选择对设计的水工建筑物较为合适的洪水作为依据,涉及一个标准问题,称为防洪标准。确定防洪标准是一个非常复杂的问题,许多国家通过工程措施投资和防洪效益进行综合经济比较,并结合风险分析来确定防洪标准。我国根据工程效益、政治及经济各方面的综合考虑,颁布了按工程规模分类的工程等别和按建筑物划分的防洪标准,这就是 GB 50201《防洪标准》和 SL 252《水利水电工程等级划分及洪水标准》。根据工程规模、效益和在国民经济中的重要性,将水利水电工程分为 5 等,其等别见表 6-1。

水利水电枢纽工程的水工建筑物,根据其所属枢纽工程的等别、作用和重要性分为 5 级,其级别见表 6-2。

对不同地形条件的水利水电工程永久性建筑物所制定的各类水工建筑物的防洪标准分为设计标准(正常运用)和校核标准(非常运用)两种情况。正常运用的洪水标准较低,非常运用的洪水标准较高。SL 252《水利水电工程等级划分及洪水标准》中规定了设计和校核洪水标准,见表 6-3 和表 6-4。

第一节 概 述

表 6-1　　　　　　　　　　　水利水电枢纽工程的等别

工程等别	水库		防洪		治涝	灌溉	供水	发电
	工程规模	总库容 /(10^8m^3)	城镇及工矿企业的重要性	保护农田 /万亩	治涝面积 /万亩	灌溉面积 /万亩	供水对象的重要性	装机容量 /(10^4kW)
Ⅰ	大（1）型	≥10	特别重要	≥500	≥200	≥150	特别重要	≥120
Ⅱ	大（2）型	10～1.0	重要	500～100	200～60	150～50	重要	120～30
Ⅲ	中型	1.0～0.10	中等	100～30	60～15	50～5	中等	30～5
Ⅳ	小（1）型	0.10～0.01	一般	30～5	15～3	5～0.5	一般	5～1
Ⅴ	小（2）型	0.01～0.001		<5	<3	<0.5		<1

注　1. 水库总库容指水库最高水位以下的静库容。
　　2. 治涝面积和灌溉面积均指设计面积。
　　3. 1亩≈666.67m²。

表 6-2　　　　　　　　　　　水 工 建 筑 物 的 级 别

工程等别	永久性水工建筑物级别		临时性水工建筑物级别	工程等别	永久性水工建筑物级别		临时性水工建筑物级别
	主要建筑物	次要建筑物			主要建筑物	次要建筑物	
Ⅰ	1	3	4	Ⅳ	4	5	5
Ⅱ	2	3	4	Ⅴ	5	5	
Ⅲ	3	4	5				

表 6-3　　山区、丘陵区水利水电工程永久性水工建筑物洪水标准（重现期）　　　单位：年

水工建筑物级别	山区、丘陵区		
	设计	校核	
		混凝土坝、浆砌石坝及其他水工建筑物	土坝、堆石坝
1	1000～500	5000～2000	可能最大洪水（PMF）或10000～5000
2	500～100	2000～1000	5000～2000
3	100～50	1000～500	2000～1000
4	50～30	500～200	1000～300
5	30～20	200～100	300～200

表 6-4　　平原区水利水电工程永久性水工建筑物洪水标准（重现期）　　　单位：年

项　目		水工建筑物级别				
		1	2	3	4	5
水库工程	设计	300～100	100～50	50～20	20～10	10
	校核	2000～1000	1000～300	300～100	100～50	50～20
拦河水闸	设计	100～50	50～30	30～20	20～10	10
	校核	300～200	200～100	100～50	50～30	30～20

按正常运用标准算出的洪水称为设计洪水，用它来决定水利水电枢纽工程的设计洪水位、设计泄洪流量等。当设计洪水发生时，工程应保证安全、正常运行。当河流发生比设计

洪水更大的洪水时，选定一个非常运用洪水标准进行计算，得到的洪水称为非常运用洪水或校核洪水。宣泄校核洪水时，泄洪设施应保证泄量的要求，允许消能设施和次要建筑物部分被破坏，但不应影响枢纽工程主要建筑物的安全或发生河流改道等重大灾害性后果。

由表 6-3 和表 6-4 可见，除山丘区的土石坝和堆石坝之外，如果大坝失事将对下游造成特别重大灾害时，Ⅰ级建筑物的校核洪水标准应取可能最大洪水 PMF（或万年一遇洪水）。其余山丘区、平原区各等级建筑物的防洪标准（设计和校核）均采用频率洪水来表示。

校核洪水大于设计洪水，但工程设计时，对两种情况采用不同的安全系数和不同的超高，有时设计洪水反而控制建筑物尺寸，所以设计计算一般应考虑两种标准的洪水。

三、设计洪水计算的目的

通过对暴雨、洪水等资料的分析，寻求其规律，从而对未来长时期内的洪水情势作出切实可靠的预估，推求出在设计地点将来可能出现的符合设计标准的洪水，为水利水电部门以及其他部门（如铁路、公路等）防洪措施的规划设计提供必要的水文依据。

四、设计洪水计算的内容及方法

在进行水利水电工程设计时，为了保证建筑物本身和防护区的安全，必须按照某种标准的洪水进行设计，这种作为水工建筑物设计依据的洪水称为设计洪水。

设计洪水计算包括推求设计洪峰流量、不同时段设计洪水总量（如最大 1d、最大 3d、最大 7d 设计洪量）和设计洪水过程线三个要素。但对于具体工程，因其特点和设计要求不同，设计洪水计算的内容和重点也就不同。

推求设计洪水的途径有以下几种：

(1) 由流量资料推求设计洪水。与由径流资料推求设计年径流量及其年内分配大体相似。即先求出指定设计频率的设计洪峰流量和各种时段的设计洪量，然后进一步求得设计洪水过程线。

(2) 由暴雨资料推求设计洪水。由于流量资料系列太短或无实测流量资料，不能直接按流量资料进行设计时，可由暴雨资料通过频率计算先求出设计暴雨，再经过产流和汇流计算推求出设计洪水过程线。此外，还可根据水文气象资料，用成因分析的方法推求出可能最大暴雨，然后再经产流、汇流计算得出可能最大洪水。

(3) 利用暴雨等值线图和一些简化公式估算设计洪水。对于缺乏实测资料地区，通常只能利用暴雨等值线图和一些简化公式等间接方法估算设计洪水。有关这类图、公式或一些经验数据，在各省编印的暴雨洪水图集中均有刊载，可供中小流域无资料地区查用。

(4) 利用水文随机模拟法推求设计洪水。用前述几种方法求设计洪水虽易操作，但存在许多假设（如各区洪水同频率、不同时段流量同频率等）与实际情况不太相符的情况，因而造成误差。随机模拟法是利用实测资料建立数学模型，然后模拟出大量洪水序列，模拟序列统计参数与实测序列统计参数一致。

第二节　设计洪峰流量及设计洪量的推求

由流量资料推求设计洪峰流量和不同时段的设计洪水总量（简称洪量），一般使用数理统计方法，计算符合设计标准的数值，称为洪水频率计算。SL 44《水利水电工程设计洪水计算规范》指出，对于大中型工程应尽可能采用流量资料来计算设计洪水。其计算过程要经过洪水资料选样、审查、插补延长、特大洪水的处理、洪水的峰量频率计算和洪水峰量频率计算成果的合理性检查几个步骤。

一、洪水资料的选样

洪水资料的选样就是在现有的洪水记录中，按一定的原则选取若干个洪峰流量或某一时段的洪量组成样本系列，作为频率计算的依据。

1. 选样的原则

洪水资料的选样应满足独立、随机选样的要求。当某些地区年内的洪水可明显分为不同的成因时，考虑到样本的一致性，可按不同的成因分别选样。

2. 洪峰流量的选样

洪峰流量的选样采用年最大值法选样。即每年只选取最大的一个瞬时洪峰流量。若有 n 年资料，就可选得 n 个最大洪峰流量，组成洪峰流量的样本系列。

3. 洪量的选样

对于洪量，我国目前采用固定时段独立选取年最大值法选样。首先确定统计时段，习惯上常取的时段长度为 1d、3d、5d、7d、10d、15d、30d 等。对具体的工程而言，不必统计上述全部时段，可根据洪水特性和工程设计要求选定 2～3 个计算时段。若遇连续多峰型河流，水库调洪历时较长或下游有防洪错峰要求时，可根据具体情况多选几个时段。计算时段应包括调洪控制时段和洪水总历时。确定了统计时段后，若有 n 年资料，各不同时段分别选出 n 个最大洪量，组成不同时段的洪量样本系列。同一年内所选取的固定时段洪量，可发生在同一次洪水中，也可不发生在同一次洪水中，关键在选取最大值。短时段洪量不一定被包含在长时段洪量中，但也可能被包含在其中。年最大值法选样示意如图 6-2 所示。

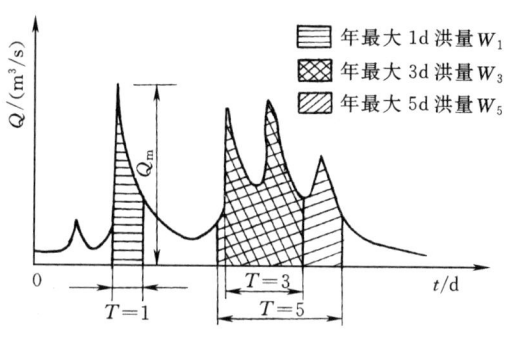

图 6-2 年最大值法选样示意图

年最大 3d 洪量 W_3 不包含 W_1，W_3 却被包含在年最大 5d 洪量 W_5 中。

年最大瞬时洪峰流量值和各种时段的年最大洪量值，可由历史水文年鉴获得，或者直接从水文特征值统计资料上查得。

二、洪水资料的审查

在应用水文资料之前，首先要对原始资料进行审查。资料审查的内容和年径流量资料相似，主要内容如下：

（1）资料可靠性的审查与改正。

（2）资料一致性的审查与还原。

（3）资料代表性的审查与插补延长。

SL 44《水利水电工程设计洪水计算规范》中规定，为了使样本具有一定的代表性，要求实测洪水年数不少于30年。结合我国水文观测的进展情况,年数可以增加,以提高资料代表性。

三、洪水资料的插补延长

若工程所在地点(一般称为设计断面或设计站)洪水资料较短或代表性不足,满足不了洪水计算的要求时,则应尽可能进行资料的插补延长,以便扩大样本容量,减少抽样误差。插补延长的方法一般有以下几种。

1. 根据上下游测站的洪水特征值相关关系进行插补延长

点绘同次洪水相应洪峰流量或洪量(一年可取一次或几次)的相关图,就可根据参证站的洪水数据,通过相关图推算出设计站的洪水数据。

如果设计站的洪水由其上游的几个支流测站的洪水组成,则应将上游干支流测站的同次洪水错开传播时间叠加后,再与下游设计站的洪水点绘相关关系,进行插补延长。

若设计断面的资料很短,甚至完全没有实测资料,则无法建立与参证站的相关关系。如果设计站与参证站相距很近,可考虑直接移用,必要时可作适当的修正。具体方法如下:

(1) 如果设计断面上游或下游不远处有较长资料的流量站,两者集水面积不超过3%,且中间未进行天然和人为的分洪滞洪时,则可以将上游或下游站的洪水流量资料直接移用至设计断面。

(2) 如果设计断面与参证测站的集水面积相差超过3%,但不大于10%~20%,且暴雨分布较均匀时,则参证站的资料可按式(6-1)作流域面积改正后,移用至设计断面:

$$Q_{设} = \left(\frac{F_{设}}{F_{参}}\right)^n Q_{参} \quad (6-1)$$

式中:$Q_{设}$、$Q_{参}$为设计断面和上(或下)游参证站的洪峰流量或洪水总量,m^3/s、m^3;$F_{设}$、$F_{参}$为设计断面和上(或下)游参证站的流域面积,km^2;n为经验性指数。

参数n值可根据本河流及附近河流上下游测站的实测和调查洪水资料按式(6-1)反推。对洪量,可取$n=1$;对洪峰流量,大中河流的n值为0.5~0.7,较小河流的n值可大于0.7。

(3) 如果在设计断面的上下游不远处各有一参证站,并且都有实测资料,一般可假定洪峰及洪量随着集水面积呈线性变化,用式(6-2)进行内插:

$$Q_{设} = Q_{参,上} + (Q_{参,下} - Q_{参,上}) \frac{F_{设} - F_{参,上}}{F_{参,下} - F_{参,上}} \quad (6-2)$$

式中:$Q_{参,上}$、$Q_{参,下}$为上、下游参证站的洪峰流量或洪水总量,m^3/s、m^3;$F_{参,上}$、$F_{参,下}$为上、下游参证站的集水面积,km^2。

上述上、下游站洪峰流量、洪量资料按面积修正的方法,还可用于设计成果。水利工程的设计断面(如水库的坝址断面)是根据地形、地质、施工条件等多方面因素综合考虑后选定的。往往不大可能恰好就在水文站测流断面的位置上。而推求设计洪水时所用的资料是测流断面的,故最后必须通过上述面积修正的方法换算到工程的设计断面。

2. 根据本站峰量关系进行插补延长

通常根据调查到的历史洪峰流量或由相关法求得缺测年份的洪峰流量,利用峰量关系

第二节 设计洪峰流量及设计洪量的推求

可以推求相应的洪水总量,也可以先由流域暴雨径流关系推求出洪量,再插补其相应的洪峰。

对于峰量关系不够密切的情况,可引入适当的参数,以改善其相关关系。常用的参数有峰型、暴雨中心位置、降雨历时等。

3. 利用暴雨径流关系进行插补延长

若流域内有长期暴雨资料时,可根据洪水缺测年份的流域最大暴雨量,通过产流、汇流计算,推求出相应的洪水过程,再在洪水过程中摘取洪峰流量和各时段洪量。简化的办法是建立某一定时段流域平均暴雨量与洪峰流量、时段洪量的相关关系,由暴雨资料插补洪水资料。

4. 根据相邻河流测站的洪水特征值进行延长

若有与设计流域自然地理特征相似、暴雨洪水成因一致的邻近流域,如果资料表明该流域同次洪水的各种特征值与设计流域的洪水特征值之间确实存在良好的相关关系,也可用来插补延长。

四、特大洪水的处理

1. 特大洪水的定义

所谓特大洪水,目前还没有一个非常明确的定量标准,通常是指比系列中的一般洪水大得多,并且通过洪水调查或考证可以确定其量值大小及其重现期的洪水。历史上的一般洪水没有文字记载,没有留下洪水痕迹,只有特大洪水才有文献记载或洪水痕迹可供查证,所以调查到的历史洪水一般就是特大洪水。

特大洪水可以发生在实测系列 n 年之内,也可以发生在实测系列 n 年之外,前者称资料内特大洪水,后者称资料外特大洪水(或历史特大洪水)。一般特大洪水流量 Q_N 与 n 年实测系列平均流量 $\overline{Q}_n$ 之比大于 3 时,Q_N 可以考虑作为特大洪水处理。

2. 特大洪水重现期的确定

要准确地确定出特大洪水的重现期 N 是相当困难的,目前,一般是根据历史洪水发生的年代来大致推估。

(1) 从发生年代至今为最大:$N=$ 工程设计年份 - 发生年份 + 1。

(2) 从调查考证的最远年份至今为最大:$N=$ 工程设计年份 - 调查考证期最远年份 + 1。

这样确定特大洪水的重现期具有相当大的不稳定性,要准确地确定重现期就要追溯到更远的年代,但追溯的年代越久,河道情况与当前差别越大,记载越不详尽,计算精度越差,一般以明、清两代 600 年为宜。

【例 6-1】 确定特大洪水重现期实例。

经长江重庆—宜昌河段洪水调查,清同治九年(1870年)川江发生特大洪水,沿江调查到石刻 91 处,推算得宜昌洪峰流量 $Q_m=110000\text{m}^3/\text{s}$。此次洪水为 1870 年以来最大,1992 年进行工程设计,则 $N=1992-1870+1=123$ 年,这么大的洪水平均 123 年就发生一次,可能性还需作进一步的考证,后经调查,忠县东云乡长江岸石壁有两处宋代时刻,记述"绍兴二十三年癸酉六月二十六日水泛涨"。这是长江干流上发现最早的洪水题刻。宋绍兴二十三年为 1153 年。根据实测洪痕,该年忠县洪峰水位为 155.6m,宜昌站洪峰水位为 58.06m，推算流量为 92800m³/s，3d 洪量为 232.7 亿 m³。该年洪水小于 1870 年洪水，故认为自 1153 年以来 1870 年洪水为最大，1870 年洪水的重现期重新确定为：$N=1992-1153+1=840$ 年。如前所述，长江葛洲坝枢纽工程，即以接近千年一遇的 1870 年洪水作为校核洪水。

3. 特大洪水处理的意义

目前，我们所掌握的样本系列不长，抽样误差较大，若用于推求千年一遇、万年一遇的稀遇洪水，根据不足。为了扩大样本容量，通过实地调查和文献考证，常可获得一些历史上曾发生过的特大洪水的信息。水利工程设计实践证明，如能很好地应用历史洪水资料，并合理地处理这些调查考证的以及发生在实测资料中的特大洪水，就相当于将洪水样本由实测年限 n 延长到调查考证年限 N，从而增加了样本的代表性，使得设计成果更加合理、可靠。

4. 连序系列和不连序系列

洪水系列（洪峰或洪量）有两种情况。

（1）连序系列。对于 n 年实测（包括插补）的洪水系列，若没有历史洪水加入，也没有实测特大洪水需要提出来另行处理，那么无论资料的年份是否连续，而就 n 个实测洪水的数值直接按由大到小的顺序统一排位，则序号是连贯的，中间没有空位，这样的系列称为连序系列，如图 6-3 (a) 所示。

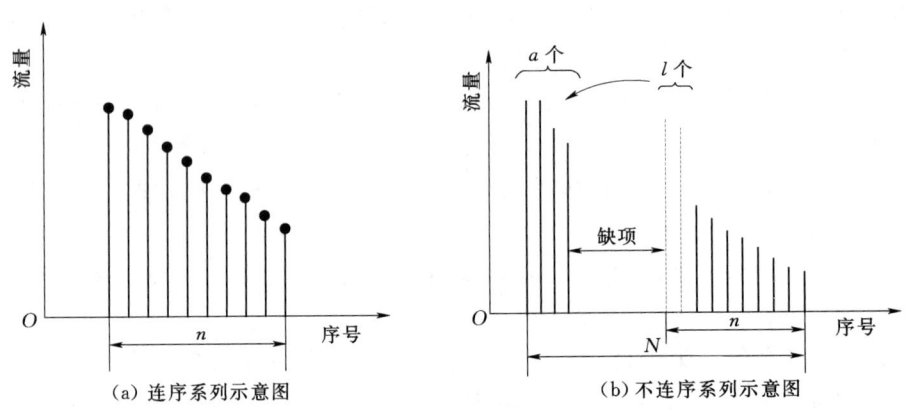

图 6-3　洪水系列

（2）不连序系列。当特大洪水与实测的一般洪水加在一起组成一个系列时，样本容量根据特大洪水调查考证的年限增长为 N，在 $N-n$ 年内各年洪水数值无法一一查得，因此若各年洪水值在 N 年中由大到小排位，则其排位序号是不连贯的，其中有一部分属于漏缺项位，这样的系列称为不连序系列，如图 6-3 (b) 所示。

可见，不连序样本在时间上一定是不连续的；连序样本在时间上可以连续，也可以不连续。

5. 洪水经验频率的估算

（1）连序系列中第 m 项的经验频率 P_m 计算公式为

$$P_m = \frac{m}{n+1} \times 100\% \tag{6-3}$$

式中：n 为连序系列的总年数。

（2）不连序系列有分别和统一处理两种方法：

1）分别处理法。把实测系列和特大值系列看作是从总体中独立抽出的两个随机连序样本，则特大洪水和一般实测洪水就可在各自的系列中分别进行排位，估算经验频率。

对 N 年中的 a 项特大洪水，经考证无遗漏时，序位为 M 的经验频率 P_M 为

$$P_M = \frac{M}{N+1} \times 100\% \tag{6-4}$$

式中：N 为调查考证期，即自调查考证的最远年份至样本资料的最末年份；M 为特大洪水由大到小的排位序号，$M=1, 2, \cdots, a$。

若因年代久远，在 N 年系列中除 a 项特大洪水外，可能还有遗漏时，则可根据对特大洪水的调查考证情况，将各次特大洪水分别放在能够查清其序位的不同调查期内进行排位，估算其经验频率。

当某一项洪水可以同时在几个系列中排位时，其经验频率取其中误差较小者。一般来说，系列越长，抽样误差越小，但调查考证中发生遗漏、错误的可能性也有所加大，具体情况应作具体分析。

对 n 年实测洪水的计算，若实测洪水中有特大洪水，则应抽出放在 N 年中与历史洪水一起排位，但必须保留它在实测系列中的序位，即实测系列中其他一般洪水的序位不能因特大值的抽去而改变。

$$P_m = \frac{m}{n+1} \times 100\% \tag{6-5}$$

2）统一处理法。把实测系列和特大值系列共同组成一个不连序系列作为代表总体的样本，实测系列为其中的组成部分。不连序系列各项可在调查考证期 N 年内统一排位。

假设在调查考证期 N 年中有特大洪水 a 项，其中有 l 项发生在 n 年实测系列之内 [图 6-3（b）]，则 N 年中 a 项特大洪水的经验频仍用 $P_M = \frac{M}{N+1} \times 100\%$ 估算；实测系列中其余的 $(n-l)$ 项，因抽样是在总体内小于末位特大洪水的条件下进行的，故经验频率的估算公式为

$$P_m = \frac{a}{N+1} + \left(1 - \frac{a}{N+1}\right)\frac{m-l}{n-l+1} \tag{6-6}$$

式中：m 为实测洪水的序位；N 为调查考证期；P_m 为实测系列第 m 项的经验频率；a 为在 N 年中连续顺位的特大洪水项数；n 为实测洪水系列项数；l 为实测洪水系列中抽出作特大洪水处理的项数；$\frac{a}{N+1}$ 为 N 年内末位特大洪水的经验频率。

如果在 N 年之外，有更远的 N' 年内的调查洪水，则同样可把 N 和 N' 组成不连序系列，按上述公式估算各项经验频率。

上述两种方法，我国目前都在使用，一般来说，分别处理法把特大洪水与实测一般洪水视为相互独立的，这在理论上有些不合理，但比较简单，在特大洪水排位可能有错漏时，因不相互影响，从这方面讲则是比较合适的。当特大洪水排位比较准确时，理论上，用统一处理法更好一些。故第一种方法适用于实测系列代表性较好，而历史洪水排位可能

有错漏的情况；第二种方法适用于在调查考证期 N 年内为首的数项历史洪水确系连序而无错漏的情况。以上两种方法所得的频率计算成果很接近的。

【例 6-2】 某河某站，自 1953—1986 年中，有两年资料缺测，且无法插补。在 32 年实测资料中，1982 年洪水最大，且为特大洪水；1964 年洪水次大；1978 年洪水最小。经调查考证获得 1905 年和 1931 年两次历史的信息，即 1905 年洪水大于 1931 年洪水，但都没有 1982 年洪水大，且已查清在 1905—1986 年的 82 年中没有遗漏比 1931 年更大的洪水。又经文献考证，1764 年曾发生过一次量级比 1982 年还要大的洪水，是 1764 年以来的最大洪水，但因年代久远，1764—1905 年间的其他洪水情况未能查清。

根据以上情况，显然各次洪水不能放在同一个时期中排位。在实测期 $n=32$ 年中，1982 年为第一位，1964 年为第二位。1978 年第 32 位；在调查考证期 $N_1=82$ 年中，因已查清没有被遗漏比 1931 年更大的洪水，故 1982 年、1905 年、1931 年可分别排为 82 年中的第一、二、三位；而 1764 年应为调查考证期 $N_2=223$ 年中的第一位，因在 1764—1905 年间的其他洪水情况不明，故 1905 年以后的洪水不能提出来放在 223 年中一起排位。

按上述分析，用两种方法求得各次洪水的经验频率，见表 6-5。表 6-5 中在按统一处理法计算经验频率时，先将 N_1 和 N_2 组成一个不连序的系列，在求得 1764 年特大洪水的经验频率（0.004）后，按式（6-6）便可计算出 1982 年、1905 年、1931 年的经验频率；然后再将 n 和 N_1 组成一个不连序系列，末位特大洪水的经验频率为 1931 年的 0.04，同样由式（6-6）便可计算出实测系列中各个一般洪水的经验频率。

表 6-5 洪水系列经验频率计算表

系列年数		洪水序位		洪水年份/年	经验频率 P	
n（实测）	N（调查）	m（实测）	M（调查）		分别处理法	统一处理法
	$N_2=223$ (1764—1986 年)		1	1764	$P_M=1/(223+1)=0.004$	$P_M=1/(223+1)=0.004$
	$N_1=82$ (1905—1986 年)		1	1982	$P_M=\dfrac{1}{82+1}=0.012$	$P_M=0.004+(1-0.004)\times\dfrac{1-0}{82-0+1}=0.016$
			2	1905	$P_M=\dfrac{2}{82+1}=0.024$	$P_M=0.004+(1-0.004)\times\dfrac{2-0}{82-0+1}=0.028$
			3	1931	$P_M=\dfrac{3}{82+1}=0.036$	$P_M=0.004+(1-0.004)\times\dfrac{3-0}{82-0+1}=0.04$
$n=32$ (1953—1986 年，其中缺测 2 年)		1		1982	已抽到上栏排位	$P_m=0.04+(1-0.04)\times\dfrac{2-1}{32-1+1}=0.07$
		2		1964	$P_m=2/(32+1)=0.06$	
		⋮		⋮	⋮	⋮
		32		1978	$P_m=32/(32+1)=0.97$	$P_m=0.04+(1-0.04)\times\dfrac{32-1}{32-1+1}=0.97$

五、洪水峰量频率计算

为便于在相同的基础上进行地区综合分析和比较，在我国水利水电工程设计中，从 20 世纪 60 年代后统一采用皮尔逊Ⅲ型曲线（特殊情况，可采用其他线型）。洪水峰量频率计算与径流频率计算相似。但由于包含特大洪水的样本为不连序系列，且推求设计值时都使用频率曲线的上部,故在用矩法初估统计参数及配线准则方面略有差别。

1. 统计参数的初估

考虑到特大洪水时统计参数的估算仍采用适线法,参数值的初估可采用矩法、三点法等。但无论用哪一种方法,最后都要根据适线成果来确定统计参数。

(1)矩法。在水文上,常用矩来描述随机变量的分布特征,矩分为原点矩和中心矩两种。随机变量 X 对原点离差的 k 次幂的数学期望 $E(X^k)$ 称为 X 的 k 阶原点矩,记为

$$V_k = E(X^k) \quad (k=1,2,\cdots)$$

当 $k=1$ 时,$V_1 = E(X^1)$,即数学期望是一阶原点矩,也就是算术平均数。随机变量 X 对数学期望离差的 k 次幂的数学期望 $E\{[X-E(X)]^k\}$ 称为 X 的 k 阶中心矩,记为

$$\mu_k = E\{[X-E(X)]^k\} \quad (k=1,2,\cdots)$$

当 $k=2$ 时,$\mu_2 = E\{[X-E(X)]^2\} = \sigma^2$,可见,均方差的平方 σ^2 是二阶中心距。

当 $k=3$ 时,$\mu_3 = E\{[X-E(X)]^3\}$,可见,$C_s = \dfrac{\mu_3}{\sigma^3}$。

矩与随机变量的统计参数有一定的关系,可以用矩来表示随机变量的统计参数。对于样本,其 k 阶原点矩 $\hat{V}_k$ 与 k 阶中心矩 $\hat{\mu}_k$ 分别为

$$\hat{V}_k = \frac{1}{n}\sum_{i=1}^{n} x_i^k \quad (k=1,2,\cdots)$$

$$\hat{\mu}_k = \frac{1}{n}\sum_{i=1}^{n} (x_i - \overline{x})^k \quad (k=2,3,\cdots)$$

式中:n 为样本容量。

由此可见,样本均值就是样本的一阶原点矩,均方差为二阶中心距开方,偏态系数的分子则为三阶中心矩。

在用矩法初估参数时,对于不连序系列,公式的原理与连序系列相同,但形式有所不同。设调查考证 N 年内共有为首的 a 个特大洪水,其中 l 个发生在实测期 n 年内。假定除去特大洪水后的 $N-a$ 年系列,其均值和均方差与 $n-l$ 年系列的均值和均方差相等,即 $\overline{x}_{N-a} = \overline{x}_{n-l}$,$\sigma_{N-a} = \sigma_{n-l}$,可以导出统计参数计算公式:

$$\overline{x} = \frac{1}{N}\left(\sum_{j=1}^{a} x_j + \frac{N-a}{n-l}\sum_{i=l+1}^{n} x_i\right) \tag{6-7}$$

$$C_v = \frac{1}{\overline{x}}\sqrt{\frac{1}{N-1}\left[\sum_{j=1}^{a}(x_j-\overline{x})^2 + \frac{N-a}{n-l}\sum_{i=l+1}^{n}(x_i-\overline{x})^2\right]} \tag{6-8}$$

式中:x_j 为特大洪水的洪峰流量或洪量,$j=1,2,\cdots,a$;x_i 为一般洪水的洪峰流量或洪量,$i=l+1,l+2,\cdots,n$。

偏态系数 C_s 属于高阶矩,用矩法算出的参数值及由此求得的频率曲线与经验点据往往相差较大,故一般不用矩法计算,而是参照邻近流域资料选定一个 C_s/C_v 比值作为初试值。我国各地洪水统计参数有如下特性,即:对于 $C_v \leqslant 0.5$ 的地区,可试用 $C_s/C_v = 3 \sim 4$ 进行适线;对于 $C_v > 1.0$ 的地区,可试用 $C_s/C_v = 2 \sim 3$ 进行适线;对于 $0.5 < C_v \leqslant 1.0$ 的地区,可试用 $C_s/C_v = 2.5 \sim 3.5$ 进行适线。

(2) 三点法。与矩法相比简便。求 3 个统计参数 $\overline{x}$、C_v、C_s。先将经验频率点据绘在

机率格纸上，由点群中心目估徒手绘出一条光滑的经验频率曲线，然后在曲线上取 (P_1, x_{P_1}), (P_2, x_{P_2}), (P_3, x_{P_3}) 三点。对于皮Ⅲ型曲线，根据这三点的条件可得到如下方程组：

$$\left.\begin{array}{l}x_{P_1}=\bar{x}+\sigma\phi(P_1,C_s)\\x_{P_2}=\bar{x}+\sigma\phi(P_2,C_s)\\x_{P_3}=\bar{x}+\sigma\phi(P_3,C_s)\end{array}\right\} \quad (6-9)$$

解方程组 (6-9)，消去 σ，可得

$$\frac{x_{P_1}+x_{P_3}-2x_{P_2}}{x_{P_1}-x_{P_3}}=\frac{\phi(P_1,C_s)+\phi(P_3,C_s)-2\phi(P_2,C_s)}{\phi(P_1,C_s)-\phi(P_3,C_s)} \quad (6-10)$$

令

$$S=\frac{x_{P_1}+x_{P_3}-2x_{P_2}}{x_{P_1}-x_{P_3}} \quad (6-11)$$

并定名 S 为偏度系数。当 P_1、P_2、P_3 取定时，S 仅是 C_s 的函数，S 与 C_s 的关系已根据离均系数 ϕ 值表预先制定，见附表3。由式 (6-11) 求得 S 后，查附表3得 C_s 值。由方程组 (6-9) 可解得

$$\sigma=\frac{x_{P_1}-x_{P_3}}{\phi(P_1,C_s)-\phi(P_3,C_s)} \quad (6-12)$$

$$\bar{x}=x_{P_2}-\sigma\phi(P_2,C_s) \quad (6-13)$$

式 (6-12)、式 (6-13) 中 $\phi(P_1,C_s)-\phi(P_3,C_s)$ 及 $\phi(P_2,C_s)$ 可由 C_s 查附表4得到。由式 (6-12)、式 (6-13) 可求得 σ 和 $\bar{x}$，则 $C_v=\sigma/\bar{x}$ 亦可算出。

式 (6-11)~式 (6-13) 是应用三点法估算参数的基本公式。理论上 P_1、P_2、P_3 可任取，但实际中常取 $P_2=50\%$，P_1 和 P_3 取对应值，即 $P_1+P_3=100\%$。

无论用何种方法初估统计参数，最后都是根据配线成果来选定统计参数。

2. 配线准则

(1) 尽量照顾点群趋势，使曲线通过点群中心，但当经验点据与曲线线型不能全面拟合时，应着重配合曲线中上部精度较高的点据，而对下部点据的配合可以放宽要求。

(2) 对调查洪水资料要持慎重的态度，年代越久的历史洪水，对配线的影响越大，但其流量数值或经验频率的误差也较大。配线中不能机械地通过历史洪水点据，从而脱离了点群；但也不宜距离这些点据过远，应考虑特大历史洪水的可能误差范围，以利曲线调整。

(3) 配线时除应力求与经验点据拟合外，还应考虑不同历时洪水特征值统计参数的变化趋势，以及各种洪水特征值的统计参数在地区上的变化规律。

根据以上准则分别对洪峰、不同时段洪量的样本系列进行配线后，就可得出各自配合最佳的频率曲线，从而可求得设计洪峰和各种指定时段的设计洪量。

【例6-3】 某河水文站实测洪峰流量资料共30年 [由大到小排列，见表6-6第 (2) 栏]，历史特大洪水2年 [见表6-6第 (2) 栏]，历史考证期102年，试用三点法初选参数进行配线，推求该水文站200年一遇的设计洪峰流量。

解：(1) 计算经验频率。用分别处理法计算各年最大洪峰流量的经验频率，见表6-6。

第二节 设计洪峰流量及设计洪量的推求

表 6-6 某河水文站洪峰流量经验频率计算表

序号	洪峰流量/(m³/s)	$P_M = \dfrac{M}{N+1}$	$P_m = \dfrac{m}{n+1}$
(1)	(2)	(3)	(4)
Ⅰ	2520	0.010	
Ⅱ	2100	0.019	
1	1400		0.032
2	1210		0.065
3	960		0.097
4	920		0.129
5	890		0.161
6	880		0.194
7	790		0.226
8	784		0.258
9	670		0.290
10	650		0.323
11	638		0.355
12	590		0.387
13	520		0.419
14	510		0.452
15	480		0.484
16	470		0.516
17	462		0.548
18	440		0.581
19	386		0.613
20	368		0.645
21	340		0.677
22	322		0.710
23	300		0.742
24	288		0.774
25	262		0.806
26	240		0.839
27	220		0.871
28	200		0.903
29	186		0.935
30	160		0.968

（2）三点法初估统计参数。根据表 6-6 在几率格纸上点绘经验频率点据，通过点群中心目估绘出一条光滑的经验频率曲线，在该线上读取 $P=5\%$、50%、95% 三点的洪峰

流量分别为：$Q_{5\%}=1380\mathrm{m}^3/\mathrm{s}$；$Q_{50\%}=440\mathrm{m}^3/\mathrm{s}$；$Q_{95\%}=220\mathrm{m}^3/\mathrm{s}$。

由式（6-11）计算偏度系数 S：

$$S=\frac{Q_{5\%}+Q_{95\%}-2Q_{50\%}}{Q_{5\%}-Q_{95\%}}=\frac{1380+220-2\times 440}{1380-220}=\frac{720}{1160}=0.62$$

由 S 查附表 3，得 $C_s=2.20$。

由 C_s 查附表 4，得

$$\phi_{50\%}=-0.330, \phi_{5\%}-\phi_{95\%}=2.890$$

$$\sigma=\frac{Q_{5\%}-Q_{95\%}}{\phi_{5\%}-\phi_{95\%}}=\frac{1380-220}{2.890}=401(\mathrm{m}^3/\mathrm{s})$$

$$\overline{Q}_\mathrm{m}=Q_{50\%}-\sigma\phi_{50\%}=440-401\times(-0.330)=572(\mathrm{m}^3/\mathrm{s})$$

$$C_v=\frac{\sigma}{\overline{Q}_\mathrm{m}}=\frac{401}{572}=0.7$$

（3）配线并推求设计值。现按 $\overline{Q}_\mathrm{m}=572\mathrm{m}^3/\mathrm{s}$，$C_v=0.7$，$C_s=3C_v$ 进行适线，曲线与点系配合欠佳；又令 $C_v=0.8$，$C_s=3.5C_v$ 再次配线，配合较好，故最后采用该参数作为设计依据。根据最后采用的参数求得坝址断面处 200 年一遇的设计洪峰流量 $Q_{mp}=2785\mathrm{m}^3/\mathrm{s}$（$K_p=4.87$）。

六、洪水峰量频率计算成果的合理性检查

1. 本站各种分析成果之间的分析对比

一般来说，随着时段增长，洪量的均值和设计值也逐渐增大，而时段平均流量的均值或设计值则逐渐减小。洪量的 C_v、C_s 值一般情况下随时段的增长而减小，但对于连续暴雨次数较多的河流，随着历时的增长，C_v、C_s 反而加大，如浙江省新安江流域就有这种现象。参数的变化要与流域的暴雨特性和河槽调蓄作用等因素联系起来。

另外还可以从本站各种历时的洪量频率曲线作对比分析，要求不同历时洪量的频率曲线在实用频率范围内不应相交，并保持合理的间距，当出现相交时，应复查原始资料和计算过程有无错误，统计参数是否选择得当。

2. 与上、下游站及邻近地区河流的分析成果进行对比

同一河流上，如上、下游气候和地形等条件相似，则洪峰流量及洪量的均值应自上游向下游递增，其模数和 C_v 值则由上游向下游递减。当上、下游气候和地形等条件不一致时，应具体分析。

如将上、下游站和干支流站同历时最大洪量的频率曲线绘在一起，下游站、干流站的频率曲线应高于上游站和支流站，曲线间距的变化也有一定的规律。

3. 从暴雨径流之间的关系进行分析对比

暴雨统计参数与相应洪量的统计参数有一定的关系。一般情况下，洪水的径流深（均值或设计值）应小于相应天数的暴雨深，而洪量的 C_v 值则大于相应暴雨量的 C_v 值。

通过合理性分析，如发现明显不合理之处，应分析原因，将成果加以修正。

七、安全保证值

上述计算成果具有抽样误差，误差是正是负，是大是小，只能通过对原始资料的精度、历史洪水调查考证工作的深度、资料的代表性以及统计参数和设计值的合理性进行综

合分析比较后作出定性的估计。

安全保证值的大小，可根据综合分析成果偏小的可能幅度来计算。SL 44—2006《水利水电工程设计洪水计算规范》规定，安全保证值一般不超过设计值的20%。

第三节　设计洪水过程线的推求

洪水峰、量频率计算可求得设计洪峰流量及不同时段的设计洪量。但在规划设计中还常需要一条完整的设计洪水过程线，作为确定水工建筑物规模和尺寸的依据。所谓的设计洪水过程线是指具有某一设计标准（设计频率）的洪水过程线。但是，洪水过程线的形状千变万化，且洪水每年发生的时间也不相同，是一种随机过程。目前，水文学中尚无完善的方法直接从洪水过程线的统计规律求出一定频率的过程线。尽管已有一些研究者从随机过程的角度，对过程线作模拟研究，但尚未达到实用的目的。为了适应工程设计要求，一般是选择某一典型的洪水过程线加以放大，使其放大后过程线中的某些特征值（洪峰、时段洪量）等于相应的设计值，则可认为该过程线就是"设计洪水过程线"。为此，必须首先选择典型洪水，然后加以放大。放大典型洪水过程线时，根据工程和流域洪水特性，我国目前普遍采用同频率放大法或同倍比放大法。

一、典型洪水过程线的选择

典型洪水过程线是推求设计洪水过程线的基础。选择典型洪水过程线，即从实测洪水中选出和设计要求相近的洪水过程线作为典型，并遵循以下原则：

(1) 选择资料完整、精度较高、峰高量大的实测洪水过程线。因为这种洪水的特征值接近于设计值，放大后变形小，与真实情况较接近。

(2) 典型洪水过程应具有一定的代表性，即它的发生季节、地区组成、峰型特征、主峰位置、洪水历时、峰量关系等方面能反映本流域大洪水的一般特性。

(3) 从防洪后果考虑，应选择对工程安全较为不利的典型。一般峰型比较集中，且主峰出现时间偏后的洪水过程对工程较为不利。

(4) 如水库下游有防洪要求，应考虑与下游洪水遭遇的不利典型。

一般按上述原则初步选取几个典型，分别放大，并经调洪计算，取其中偏于安全的作为设计洪水过程线的典型。

二、典型洪水过程线的放大

目前采用的典型洪水放大方法有按峰或按量同倍比控制方法（简称同倍比放大法）和峰量同频率控制方法（简称同频率放大法）。

1. 同倍比放大法

将典型洪水过程线上各个时刻的流量都按同一个倍比值进行放大，求得设计洪水过程线，这种放大方法就称为同倍比放大法。该法常用于峰量关系较好的河流，以及水工建筑物的防洪安全主要由洪峰流量或某时段洪量控制的工程。对于长历时、多峰型的洪水过程，或要求分析洪水地区组成时，同倍比放大法比同频率法更为适用。

由于规划设计的工程，有"以峰控制"和"以量控制"两种，因此放大倍比也有相应的两种。即

$$K_Q=\frac{Q_{mp}}{Q_{m典}} \text{ 或 } K_W=\frac{W_{tp}}{W_{t典}} \tag{6-14}$$

式中：K_Q、K_W 分别为以峰控制和以量控制的放大倍比；Q_{mp}、W_{tp} 分别为设计洪峰流量，m^3/s，t 时段的设计洪量，万 m^3；$Q_{m典}$、$W_{t典}$ 分别为典型洪水的洪峰流量，m^3/s，t 时段洪量，万 m^3。

有些工程如桥梁、涵洞、排洪沟等，决定其断面尺寸的主要因素是洪峰流量，即所谓以洪峰控制，典型洪水放大倍比值为 K_Q。有些具有调节作用的水利工程，其建筑物尺寸主要取决于一定时段设计洪水总量，如水库库容主要由设计洪量决定，即所谓以量控制，其放大倍比值为 K_W。

求出 K_Q、K_W 后，乘以典型洪水各时刻流量就可得出设计洪水过程。采用同倍比放大时，若放大后洪峰或某时段洪量超过或低于设计值很多，且对调洪结果影响较大时，应另选典型。

此法简单方便，放大出来的设计洪水过程线与典型洪水过程线形状基本相似。但求得的设计洪水过程线往往是设计洪峰流量符合了设计标准（即等于设计洪峰流量），而设计洪量并不符合设计标准（即不等于设计洪量）；或者是某一时段的洪量符合了设计标准，而其余各种时段的洪量和洪峰流量不符合设计标准。

2. 同频率放大法

将典型洪水过程线的峰和量，按几个不同的放大倍比值放大，使放大后的设计洪水过程线其洪峰和各时段的洪量分别等于设计洪峰和设计洪量，也就是说，要使求得的设计洪水过程线峰、量都能符合同一个设计频率。这种放大方法就称为同频率放大法。目前大、中型水库规划设计中主要采用此法。

若选定时段为 1d、3d、7d，那么各种放大倍比值可按下列公式推求：

洪峰流量的放大倍比为

$$K_Q=\frac{Q_{mp}}{Q_{m典}} \tag{6-15}$$

最大 1d 洪量的放大倍比为

$$K_1=\frac{W_{1p}}{W_{1典}} \tag{6-16}$$

最大 3d 洪量中其余两日的放大倍比为

$$K_{3-1}=\frac{W_{3p}-W_{1p}}{W_{3典}-W_{1典}} \tag{6-17}$$

最大 7d 洪量中其余四日的放大倍比为

$$K_{7-3}=\frac{W_{7p}-W_{3p}}{W_{7典}-W_{3典}} \tag{6-18}$$

式中：Q_{mp}、W_{1p}、W_{3p}、W_{7p} 分别为设计洪峰流量及 1d、3d、7d 设计洪量；$Q_{m典}$、$W_{1典}$、$W_{3典}$、$W_{7典}$ 分别为典型洪水洪峰流量及 1d、3d、7d 洪量。

可见，要确定各种放大倍比，除首先要根据峰、量频率计算求出设计洪峰流量和不同时段的设计洪量外，还需要根据选定的典型洪水过程线，摘取典型洪峰流量 $Q_{m典}$ 及计算最大 1d、3d、7d 典型洪量 $W_{1典}$、$W_{3典}$、$W_{7典}$。

第三节 设计洪水过程线的推求

需说明，各种时段的洪量选样按独立的原则选取，并不要求长时段一定包含短时段。而在同频率法中计算典型洪量时，却一定要以"长包短"的原则进行，即短时段洪量是在长时段洪量内统计的。前者是为了使样本真正符合年最大的条件，使频率计算成果偏于安全。长包短放大法是为了使所求的设计洪水过程线峰高量大，使成果偏于安全，而且方法便利。

求得以上各种 K 值后，典型洪水过程线上各部分流量，可从短时段到长时段顺次按相应倍比值进行放大。即先按 K_Q 放大洪峰流量，再按 K_1 放大最大 1d 洪量中除洪峰流量外的其余各时刻流量。最大 3d 洪量中因包含了最大 1d 洪量，已按 K_1 放大了，因此 3d 内的其余 2d 按 K_{3-1} 放大。同理，最大 7d 洪量中的其余 4d 按 K_{7-3} 放大，于是就可得到分段放大后的洪水过程线。放大的顺序是先放大核心部分，然后逐步放大长时段的流量。

由于各时段放大倍比值不同，处在时段交界处的流量可同时按两个放大倍比值放大，以致放大后时段交界处的流量会出现突变现象，而整个流量过程线不连续，需要徒手修匀，使其成为光滑曲线。但修匀后必须保持洪峰和各时段洪量等于设计值。此时，修匀后的过程线即为设计洪水过程线。如放大倍比相差较大，要分析原因，采取措施，消除不合理的现象。

此法的优点是使所求的设计洪水过程线的洪峰和不同时段洪量都能符合设计标准，但放大出来的过程线很可能与原来的典型过程相差较远，甚至其形状不符合天然洪水的规律。因此，为改善这种情况，所取的时段数目不宜过多，一般以 3~4 个时段为宜。例如，除洪峰和洪水过程最长时段外，再另取一种控制时段（即对调洪计算起直接控制作用的时段），并依次按洪峰、控制时段、最长时段进行放大。

【例 6-4】 经过对某水库实测和调查洪水的分析，初步确定 1971 年 8 月的一次洪水为典型洪水，其洪峰、各时段洪量及设计洪峰、洪量见表 6-7，洪水过程见表 6-8。要求用分时段同频率放大法，推求 $P=1\%$ 的设计洪水过程线。

表 6-7　　　　　　　某水库典型及设计洪峰、洪量统计表

项　目	洪峰流量 Q_m /(m³/s)	洪量 $W/(10^6 \text{m}^3)$		
		1d	3d	7d
$P=1\%$ 的设计洪水	1460	60.5	90.5	116
典型洪水	1066	47.7	70.9	92.3

（1）计算洪峰和各时段洪量的放大倍比：

$$K_{Q_m} = \frac{Q_{mp}}{Q_{m典}} = \frac{1460}{1066} = 1.37$$

$$K_1 = \frac{W_{1p}}{W_{1典}} = \frac{60.5}{47.7} = 1.27$$

$$K_{3-1} = \frac{W_{3p} - W_{1p}}{W_{3典} - W_{1典}} = \frac{90.5 - 60.5}{70.9 - 47.7} = 1.29$$

$$K_{7-3} = \frac{W_{7p} - W_{3p}}{W_{7典} - W_{3典}} = \frac{116 - 90.5}{92.3 - 70.9} = 1.19$$

表 6-8 设计洪水过程线计算表

典型洪水过程线		放大倍比	放大流量 /(m³/s)	修匀后的流量 /(m³/s)	典型洪水过程线		放大倍比	放大流量 /(m³/s)	修匀后的流量 /(m³/s)
时间	流量 /(m³/s)				时间	流量 /(m³/s)			
(1)	(2)	(3)	(4)	(5)	(6)	(7)	(8)	(9)	(10)
3日0时	30	1.19	35.7	35	6日5时	130	1.29	168	168
3日12时	40	1.19	47.6	48	6日16时	82	1.29	106	106
4日0时	60	1.19/1.27	71.4/76.2	72	6日19时	80	1.29	103	103
4日4时	130	1.27	165	160	6日20时	82	1.29	106	106
4日12时	894	1.27	1135	1135	7日0时	135	1.29/1.19	174/161	171
4日14时	980	1.27	1244	1244	7日1时	140	1.19	167	167
4日15时	1066	1.37	1460	1460	7日3时	170	1.19	202	202
4日16时	950	1.27	1206	1206	7日11时	125	1.19	149	149
4日21时	480	1.27	610	605	8日0时	70	1.19	83.3	83
5日0时	350	1.27/1.29	445/451	446	8日5时	55	1.19	65.5	66
5日3时	240	1.29	310	310	8日13时	46	1.19	54.7	55
5日8时	167	1.29	215	215	9日0时	40	1.19	47.6	47
5日11时	139	1.29	179	179	9日10时	36	1.19	42.8	43
5日20时	107	1.29	138	138	9日24时	31	1.19	36.9	36
6日0时	115	1.29	148	148					

(2) 典型洪水过程线放大。将这些放大倍比值按它们的放大时段填入表 6-8 中的第 (3) 栏中，然后分别乘以第 (2) 栏中的流量值，其值填入第 (4) 栏中。

(3) 过程线修匀。将放大后的流量过程点绘在坐标纸上，由于各时段放大倍比值不同，时段分界处出现不连续现象，经修匀后，其值填入第 (5) 栏中。

典型洪水过程线和设计洪水过程线如图 6-4 所示。

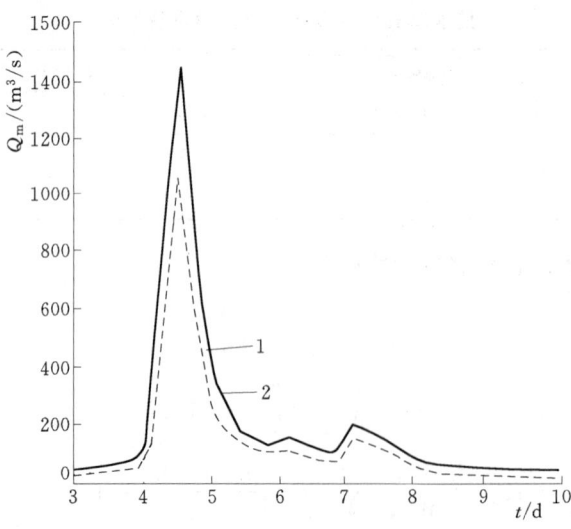

图 6-4 $P=1\%$ 的设计洪水过程线图
1—典型洪水过程线；2—设计洪水过程线

第四节 分期设计洪水

分期设计洪水是为一年中某个时期所拟定的设计洪水。为了满足施工期水工建筑物防洪、水利工程施工导流设计和水工建筑物建成后管理调度等，需要在年内划分若干分期，各分期的洪水成因和洪水大小不同，必须分别计算各时期的设计洪水。例如，为合理拟定水库调度方案，按不同的时期确定水库的汛期防洪限制水位，就需推求分期洪水。

一、洪水季节性变化规律分析和分期划分

划定分期洪水时，应对设计流域季节性变化规律进行分析，并结合工程的要求来考虑。分析时要了解天气成因在季节上的差异，年内不同时期洪水峰、量数值及特性（如均值、变差系数）的变化，全年最大洪水出现在各个季节的情况，以及不同季节洪水过程的形状等。同时，可根据本流域的资料，将历史各次洪水以洪峰发生日期或某一定历时最大洪量的中间日期为横坐标，以相应洪水的峰、量数值为纵坐标，点绘洪水年内分布图，并描绘平顺的外包线，如图 6-5 所示，如有调查的特大洪水，亦应点绘于图上。在天气成因分析和上述实测资料统计的基础上，并考虑工程设计的要求，划定分期洪水的时段。

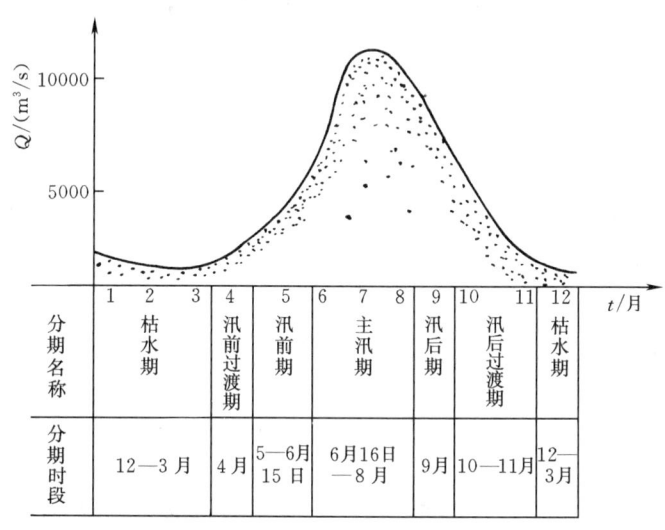

图 6-5 某站洪水年内分布图及分期

分期的一般原则为：尽可能根据不同成因的洪水，把全年划分为若干分期。分期的起讫日期应根据流域洪水的季节变化规律，并考虑设计需要来确定。分期不宜太短，一般以不短于 1 个月为宜。由于洪水出现的偶然性，各年分期洪水的最大值不一定正好在所定的分期内，可能往前或往后错开几天，因此，在用分期年最大选样时，有跨期和不跨期两种选样方法。跨期选样时，为了反映每个分期的洪水特征，跨期选样的日期不宜超过 5~10d。

二、分期设计洪水的计算方法

（1）分期划定后，分期洪水一般在规定时段内，按年最大值法选择。当一次洪水过程位于两个分期时，视其洪峰流量或时段洪量的主要部分位于何期，就作为该期的样本，不

作重复选择,这种选取方法称为不跨期选样。

(2) 分期特大洪水的经验频率计算,应根据调查考证资料,结合实测系列分析,重新论证,合理调整。分期洪水的统计参数计算和配线方法与年最大洪水相同。对施工洪水,由于设计标准较低,当具有较长资料时,一般可由经验频率曲线查取设计值。

(3) 分期设计洪水过程线仍可按本章第三节所述方法进行计算。但是,施工初期围堰往往以抗御洪峰为主,一般只要求推算设计洪峰流量;大坝合龙后,则以某个时段的设计洪量为主要控制,故要求推算设计洪峰和一定时段的设计洪量。如进行调洪计算,则需要设计洪水过程线。中小型工程的施工设计洪水,一般只需要推算分期设计洪峰。

(4) 将各分期洪水的峰、量频率曲线与全年最大洪水的峰、量频率曲线画在同一张概率格纸上,检查其相互关系是否合理。如果它们在设计频率范围内发生交叉现象,即稀遇频率的分期洪水大于同频率的全年最大洪水,这是不合理的。此时应根据资料情况和洪水的季节性变化规律予以调整。一般来说,由于全年最大洪水在资料系列的代表性、历史洪水的调查考证等方面均较分期洪水研究更为充分,其成果相对较可靠。调整时一般应以历时较长的洪水频率曲线为准。

第五节 入库设计洪水

一、入库洪水的概念

入库洪水是指水库建成后,通过各种途径进入水库回水区的洪水。入库洪水一般由3部分组成:

(1) 水库回水末端干支流河道断面的洪水。如图6-6中由A、B、C断面汇入的上游干支流洪水(可能有实测资料)。

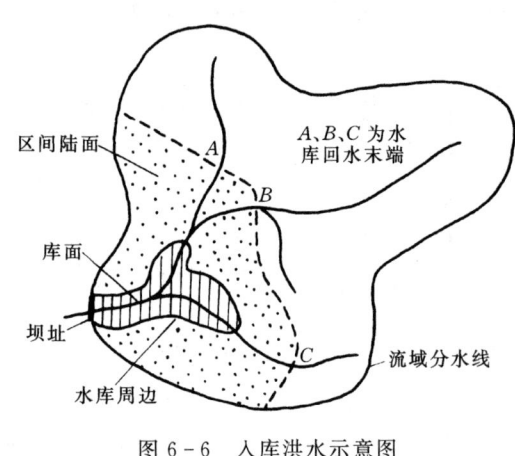

图6-6 入库洪水示意图

(2) 水库区间陆面洪水。即A、B、C断面以下至水库周边的区间陆面上所产生的洪水(无观测资料)。

(3) 库面洪水。即库面降水直接转化为径流的洪水(无观测资料)。

由于建库后流域的产流、汇流条件都有所改变,入库洪水与坝址洪水相比就有所不同,其差异主要表现如下:

(1) 库区产流条件改变,使入库洪水的洪量增大。水库建成后,水库回水淹没区由原来的陆面变为水面,产流条件相应发生了变化,在洪水期间库面由陆地产流变为水库水面直接承纳降水,由原来的陆面蒸发损失变为水面蒸发损失。

(2) 流域汇流时间缩短,入库洪峰流量出现时间提前,涨水段的洪量增大。建库后,洪水由干支流的回水末端和水库周边入库,洪水在库区的传播时间比原河道的传播时间短。因此,流域总的汇流时间缩短,洪峰出现的时间相应提前,而库面降雨集中于涨水段，涨水段的洪量增大。

(3) 河道被回水淹没成为库区，河槽调蓄能力丧失，再加上干支流和区间陆面洪水常易遭遇，使得入库洪水的洪峰增高，峰形更尖瘦。

二、入库洪水的计算方法

建库前，水库的入库洪水不能直接测得，一般是根据水库特点、资料条件，采用不同的方法分析计算。依据资料不同，可分为由流量资料推求入库洪水和由雨量资料推求入库洪水两种类型。

由流量资料推求入库洪水有以下方法：

(1) 流量叠加法。分别推算干支流和区间等各部分的洪水，然后演进到入库断面处，再同时刻叠加，即得到入库洪水，这种方法概念明确，只要坝址以上干支流有实测资料，区间洪水估计得当，一般计算成果较满意。

(2) 马斯京根法。当汇入水库周边的支流较少，坝址处有实测水位流量资料，干支流入库点有部分实测资料时，可根据坝址洪水资料采用马斯京根法，即反演进的方法推求入库洪水。这种方法对资料的要求较少，计算也比较简便。

(3) 槽蓄曲线法。当干支流缺乏实测洪水资料，但库区有较完整的地形资料时，可利用河道平面图和纵横断面图，根据不同流量的水面线（实测、调查或推算得来）绘制库区河段的槽蓄曲线，采用联解槽蓄曲线与水量平衡方程的方法，由坝址洪水反推入库洪水。本方法计算成果的可靠程度与槽蓄曲线的精度有关。

(4) 水量平衡法。水库建成后，可用坝前水库水位、库容曲线和出库流量等资料用水量平衡法反推入库洪水。计算公式为

$$\overline{I}=\overline{O}+\frac{\Delta V_{损}}{\Delta t}+\frac{\Delta V}{\Delta t} \qquad (6-19)$$

式中：$\overline{I}$ 为时段平均入库流量；$\overline{O}$ 为时段平均出库流量；$\Delta V_{损}$ 为水库损失水量；ΔV 为时段始、末水库蓄水量变化值；Δt 为计算时段。

平均出库流量包括溢洪道泄量、泄洪洞泄量及发电流量等，也可采用坝下游实测流量资料作为出库流量。

水库损失水量包括水库的水面蒸发和枢纽、库区渗漏损失等。一般情况下，在洪水期间，此项数值不大，可忽略不计。

水库蓄水量变化值，一般可用时段始、末的坝前水位和静库容曲线确定，如动库容（受库区流量的影响，库区水面线不是水平的，此时水库的库容称动库容）较大，对推算洪水有显著影响，宜改用动库容曲线推算。

三、入库设计洪水计算方法

水利工程的设计应该以建库后的洪水情况作为设计依据，当坝址洪水与入库洪水差别不大时，可用坝址洪水近似代替。当两者差别较大时，以入库设计洪水进行水库防洪规划更为合理。推求入库设计洪水的方法如下：

(1) 推求历年最大入库洪水，组成最大入库洪水样本系列，采用频率分析的方法推求一定标准的入库设计洪水。

(2) 首先推求坝址设计洪水，然后反算成入库设计洪水。

(3) 选择某典型年的坝址实测洪水过程线,用前述方法推算该典型年的入库洪水过程,然后用坝址洪水设计值的倍比求得入库设计洪水过程线。

第六节 设计洪水的地区组成

为规划流域开发方案,计算水库对下游的防洪作用,以及进行梯级水库或水库群的联合调洪计算等问题,需要分析设计洪水的地区组成。也就是说当下游控制断面发生某设计频率的洪水时,要计算其上游各控制断面和区间相应的洪峰、洪量及洪水过程线。

由于暴雨分布不均,各地区洪水来量不同,各干支流来水的组合情况十分复杂,因此洪水地区组成的研究方法与上述固定断面设计洪水的研究方法不同,必须根据实测资料,结合调查资料和历史文献,对流域内洪水地区组成的规律进行综合分析。分析时应着重暴雨、洪水的地区分布及其变化规律,历史洪水的地区组成及其变化规律,各断面峰量关系以及各断面洪水传播演进的情况等。为了分析设计洪水不同的地区组成对防洪的影响,通常需要拟定若干个以不同地区来水为主的计算方案,并经调洪计算,从中选定可能发生而又能满足设计要求的成果。

一、典型年法

典型年法是从实测资料中选择几次有代表性、对防洪不利的大洪水作为典型,以设计断面的设计洪量作为控制,按典型年的各区洪量组成的比例计算各区相应的设计洪量。

本方法简单、直观,是工程设计中常用的一种方法,尤其适用于分区较多、组成比较复杂的情况。但此法因全流域各分区的洪水均采用同一个放大倍比,可能会使某个局部地区的洪水放大后其频率小于设计频率,值得注意。

二、同频率地区组成法

同频率地区组成法是根据防洪要求,指定某一分区出现与下游设计断面同频率的洪量,其余各分区的相应洪量按实际典型组成比例分配。一般有以下两种组成方法:

(1) 当下游断面发生设计频率 P 的洪水 $W_{下P}$ 时,上游断面也发生频率 P 的洪水 $W_{上P}$,而区间为相应的洪水 $W_{区}$,即

$$W_{区}=W_{下P}-W_{上P} \tag{6-20}$$

(2) 当下游断面发生设计频率 P 的洪水 $W_{下P}$ 时,区间也发生频率 P 的洪水 $W_{区P}$,上游断面为相应的洪水 $W_{上}$,即

$$W_{上}=W_{下P}-W_{区P} \tag{6-21}$$

必须指出,同频率地区组成法适用于某分区的洪水与下游设计断面的相关关系比较好的情况。而对于河网调蓄以及其他因素影响较大的河流,一般不能用同频率地区组成法来推求设计洪峰流量的地区组成。

复 习 思 考 题

1. 什么叫设计洪水?设计洪水包括哪三个要素?
2. 推求设计洪水有哪几种途径?简述由流量资料推求设计洪水的适用条件。
3. 推求设计洪水过程线的方法有哪些?

4. 同频率放大法和同倍比放大法各有何优、缺点？各适用于什么条件？

5. 何谓洪水的地区组成？其常用的计算方法有哪些？

6. 已知某水库坝址断面 32 年的洪峰流量实测值（表 6-9），根据历史调查得知 1910 年和 1924 年曾发生过特大洪水，推算得洪峰流量分别为 8150m³/s 和 6990m³/s。试用三点法初估统计参数并推求 200 年一遇洪峰流量。

表 6-9　　　　　　　　某水库坝址断面实测洪峰流量表

年份	流量 Q/(m³/s)	年份	流量 Q/(m³/s)	年份	流量 Q/(m³/s)
1952	1722	1957	1860	1962	2540
1953	1560	1958	2200	1963	3200
1954	3440	1959	5350	1964	1880
1955	310	1960	860	1965	2350
1956	2210	1961	1540	1966	650
1967	1340	1973	900	1979	2450
1968	1460	1974	1200	1980	2970
1969	1700	1975	890	1981	2300
1970	2460	1976	1560	1982	1600
1971	1980	1977	2670	1983	1100
1972	2650	1978	480		

第七章 流域产流与汇流计算

第一节 概　　述

由流域降雨形成流域出口的河川径流大体可概化为两个过程：一是降雨经过截留、填洼、下渗等损失的过程，降雨扣除这些损失之后，剩下的部分称为净雨，在我国常称净雨量为产流量，降雨转化为净雨的过程为产流过程，净雨的计算称为产流计算，净雨量与其产生的径流量相等；二是净雨沿地面和地下汇入河网，并经河网汇集成流域出口径流。这个过程称为流域汇流过程，与之相应的计算称为汇流计算。由降雨过程推求径流过程流程见图7-1。

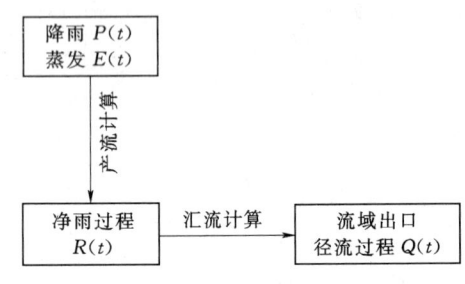

图7-1　由降雨过程推求径流过程流程

第二节　流域产流汇流要素计算

一、降雨资料分析

在产流计算中，需要计算与洪水对应的流域平均雨量、各时段雨量和降雨强度等。但必须注意，降雨场次的划分一定要与洪水场次的划分相对应。如图7-2所示，当把洪水划分为两次时，暴雨也要相应地划分为两次，且两两对应，即暴雨Ⅰ对应洪水Ⅰ，暴雨Ⅱ对应洪水Ⅱ。

二、径流量计算

1. 径流过程线分析

若流域内发生一场暴雨，则可在流域出口断面观测到其形成的洪水过程线。在实测的洪水过程中，包括本次暴雨所形成的地表径流、壤中流、浅层地下径流以及深层地下径流和前次洪水尚未退完的部分水量。产流计算需要将本次暴雨所形成的径流量分割独立开来并计算其径流深。

从径流形成过程分析可知，地表径流与壤中流汇流情况相近，出流快、退尽早，并在洪水总量中占比例较大，故常将二者合并

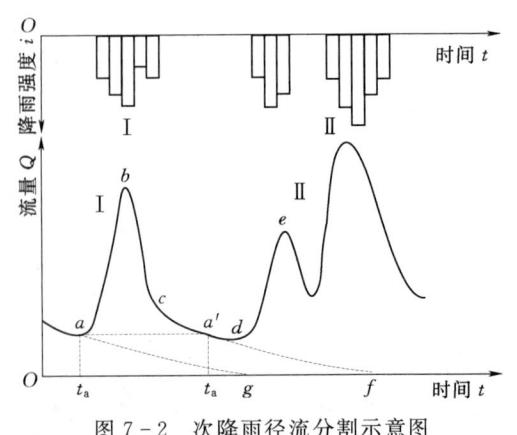

图7-2　次降雨径流分割示意图

分析计算，称为地面径流。地面径流退尽后，洪水过程线只剩浅层地下径流和深层地下径流，流量明显减小，会使过程线退水段上出现一拐点。由于地下径流出流慢、退尽也慢，所以洪水过程线尾部呈缓慢下降趋势，常造成一次洪水尚未退尽，又遭遇另一次洪水的情况。所以，要想把一次降雨所形成的各种径流分割独立开，需要两种意义的分割：次洪水过程的分割与水源划分。

2. 次洪水过程的分割

次洪水过程分割的目的是把几次暴雨所形成的、混在一起的径流过程线独立分割开来。此类分割常采用退水曲线进行。分割时，可将退水曲线在待分割的洪水过程线（应与退水曲线纵、横坐标比例一致）的横坐标上水平移动，尽可能使某条地面退水曲线与洪水退水段吻合，沿该线绘出分割线即可。

退水曲线是反映流域蓄水量消退规律的过程线，可按下述方法综合多次实测流量过程线的退水段求得：取若干条洪水过程线的退水段，采用相同的纵、横坐标比例尺，绘在透明纸上。绘制时，将透明纸沿时间坐标轴左右移动，使退水段的尾部相互重合，作出一条光滑的下包线，该下包线即为地下水退水曲线，反映地下径流的消退规律。以下包线为基础，上面一组退水曲线为地面径流退水曲线，如图7-3所示。

3. 水源划分

次洪水过程的分割完成后，再进行地面径流、浅层地下径流、深层地下径流的划分，即按水源进一步划分径流。

深层地下径流由承压水补给形成，其特点是小而稳定，常称为基流，用 Q_0 表示。可以通过分析、调查径流资料合理选定。通常以比较稳定的最小流量或多年平均最小流量作为基流的大小。选定基流流量后，可在洪水过程线底部用平行线割除基流，如图7-4所示。该线以下径流即为深层地下径流。

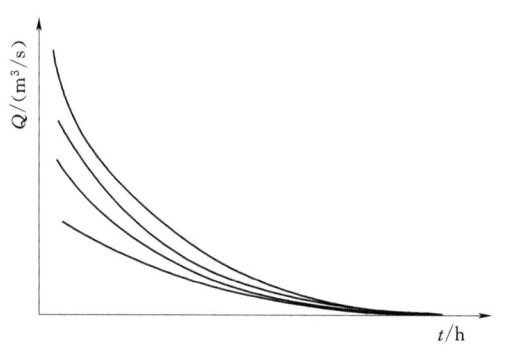

图7-3 退水曲线示意图

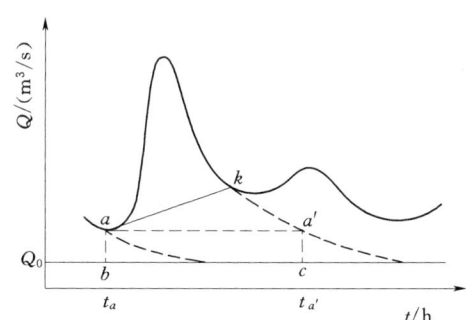

图7-4 分割洪水过程线示意图

地面径流与浅层地下径流的分割常采用斜线分割法：用退水曲线确定洪水退水段上的拐点 k，从洪水起涨点 a 向 k 点画一斜线，该线以上为地面径流，该线与平行线之间为浅层地下径流（图7-4）。

4. 径流量的计算

分割完后，各种径流过程即可独立开，计算其径流量，即求各自的面积。

关于地面径流量计算，即推求从 a 点至 k 斜线以上洪水过程线包围的面积，可列表计算。

关于浅层地下径流量计算，可推求斜线、平行线及两条退水曲线之间的面积。由于退水过程缓慢，使计算较为困难，可从起涨点 a 做纵轴平行线，交水平线于 b 点，然后从 a 做横轴平行线交退水段于点 a'，再从 a' 做纵轴平行线，交水平线于 c 点，如图 7-4 所示。假设 a 与 a' 之后退水规律相同，只要计算 $aka'cba$ 的面积即可。

径流量有时需要用径流深表示，径流深是把径流量平铺到流域面积上得到的水深，由求得的径流量除以流域面积即得径流深。计算公式如下：

$$R = \frac{3.6\sum Q\Delta t}{F} \tag{7-1}$$

式中：R 为次洪径流深，mm；Q 为每隔一个 Δt 的流量值，m³/s；Δt 为计算时段，h；F 为流域面积，km²；3.6 为单位换算系数。

三、前期流域蓄水量及前期影响雨量的计算

降雨开始时流域的干湿程度，对本次降雨产生的径流量影响极大，它是产流计算中的重要因素之一，常用流域蓄水量或定量指标——前期影响雨量 P_a 表示。

1. 前期流域蓄水量 W 的计算

流域蓄水量是指流域中土壤能够保持且在重力作用下不产生向下运动的水量。降雨一定时，雨前流域蓄水量大，则净雨多，径流大；反之，则净雨少，径流也小。

流域中某一地点，在天然状态下，影响土层的蓄水量 W' 将有两种极限情况：一是长期无雨，土壤十分干燥，蓄水量降至最小值，此时的含水量本不为零，但为计算方便，类似假定高程基准面，规定这种情况的蓄水量为零；二是连续大雨后充分湿润时，蓄水量（不包括重力水）达最大值，按照上面规定的零点，其值将等于田间持水量与最小蓄水量之差，是该点土壤蓄水的上限，称作该点的蓄水容量 W'_m。该点的实际蓄水量 W' 将在 $0 \sim W'_m$ 变化。

流域上各点的蓄水容量 W'_m 是不同的，可从零变化到点最大蓄水容量 W'_{mm}，其平均值称流域蓄水容量，以 W_m 表示。它也是一次降雨的最大损失量。其确定方法是：从长期实测记录中选择久旱无雨、流域极为干旱时（$W \approx 0$），又遇大雨，根据水量平衡原理有

$$W_m = P - R - E \tag{7-2}$$

式中：W_m 为流域蓄水容量，mm；P 为流域平均降雨量，mm；R 为流域平均降雨量 P 产生的总径流深，mm；E 为雨期蒸散发量，mm，如降雨历时短可以忽略不计。

一个流域的蓄水容量是反映该流域蓄水能力的基本特征，比较稳定。我国大部分地区的经验表明，W_m 一般为 80~120mm。

实际工作中，几乎都没有实测的流域土壤含水量资料，只能通过间接计算来推求前期流域蓄水量 W。根据流域影响土层的水量平衡方程式可得

$$W_{t+1} = W_t + P_t - R_{P_t} - E_t \tag{7-3}$$

式中：W_{t+1}、W_t 分别为第 $t+1$ 日和第 t 日开始时的流域蓄水量，mm；P_t 为第 t 日的流域降雨量，mm；R_{P_t} 为 P_t 产生的总径流深，mm；E_t 为第 t 日的流域蒸散发量，mm。

根据式（7-3），由 P_t、R_{P_t}、E_t 资料逐日连续计算，就可得到各日的流域蓄水量 W。该式概念明确，精度比较高，但计算工作量大，多用于水文预报。对于设计情况，为简便起见，常用前期影响雨量 P_a 作为衡量流域干湿程度的指标，以反映流域蓄水量的大小。

2. 前期影响雨量 P_a 的计算

常用的前期影响雨量 P_a 的计算公式为

$$P_{a,t+1}=K(P_{a,t}+P_t) \text{ 且 } P_{a,t+1}\leqslant W_m \quad (7-4)$$

$$K=1-\frac{\overline{E}_m}{W_m} \quad (7-5)$$

式中：$P_{a,t+1}$、$P_{a,t}$ 为第 $t+1$ 日和第 t 日开始时的前期影响雨量，mm；K 为流域蓄水的日消退系数，各月可近似取一个平均值；$\overline{E}_m$ 为流域月平均日蒸散发能力，mm。

流域日蒸散发能力 $E_{m,t}$ 取决于第 t 日的气象条件，实验表明与当日的水面蒸发器实测蒸发量 $E_{w,t}$ 有密切关系，可由式 (7-6) 计算：

$$E_{m,t}=K_{w,t}E_{w,t} \quad (7-6)$$

式中：$E_{w,t}$ 为第 t 日的水面蒸发器蒸发值，一般取 E_{601} 型或 80cm 套盆式水面蒸发器的观测值，mm；$K_{w,t}$ 为折算系数，对于一定的蒸发器和一定的流域，将随季节而变，可参考附近地区的数值或通过优选求得。

取连续大暴雨后的 P_a 等于 W_m，由此向后逐日推算，便可求得逐日的 P_a。

【例 7-1】 某流域某年 6 月 18 日至 7 月 5 日的降雨过程见表 7-1。经分析求得该流域的 $W_m=70$mm，6 月多年平均流域日蒸散发能力为 7.5mm，7 月为 8.7mm，试求各日的前期影响雨量 P_a。

解： 由已知条件可算得

6 月：$K_{6月}=1-\dfrac{\overline{E}_m}{W_m}=1-\dfrac{7.5}{70}=0.893$

7 月：$K_{7月}=1-\dfrac{\overline{E}_m}{W_m}=1-\dfrac{8.7}{70}=0.876$

6 月 18—19 日这两天雨量很大，并从流量资料看出产生了洪水，可以认为 20 日的 P_a 已达到 W_m，即 $P_a=70$mm，其后逐日的 P_a 按式 (7-4) 计算，当计算的 $P_a>70$mm 时，取 $P_a=70$mm，结果列于表 7-1 的第 (4) 栏。

表 7-1　　　　　　　　　　P_a 计 算 表

日期	P_t/mm	K	P_a/mm	日期	P_t/mm	K	P_a/mm	备注
(1)	(2)	(3)	(4)	(5)	(6)	(7)	(8)	(9)
6月18日	65.3	0.893		6月28日			32.1	
6月19日	30.2			6月29日	21.3		28.6	
6月20日	16.1		70	6月30日	14.0		44.6	
6月21日	0.8		70					
6月22日			63.2	7月1日		0.876	52.3	$W_m=70$mm
6月23日			56.5	7月2日	15.0		45.8	P_a 为一日开始时刻的
6月24日			50.4	7月3日	28.7		53.3	前期影响雨量 (mm)
6月25日			45.0	7月4日	17.4		71.8	
6月26日			40.2	7月5日			78.1	
6月27日			35.9	…			…	

第三节 流域产流分析计算

一、降雨径流经验相关图

降雨径流经验相关图是用每场降雨过程流域的面平均雨量和相应的径流量,以及影响径流形成的主要因素建立起来的一种定量的经验相关图。这种方法使用简便,又有一定的精度。

在降雨径流经验相关图中经常考虑的主要影响因素有前期影响雨量 P_a、季节(月份 m)、降雨历时 T、雨型、暴雨中心位置等,可以根据流域的具体情况加以选用。

1. 降雨径流三变量相关图

我国湿润和半湿润地区最常用的是 $P-P_a-R$ 三变量相关图法(图 7-5)。从降雨径流成因分析,该图应符合以下规律:

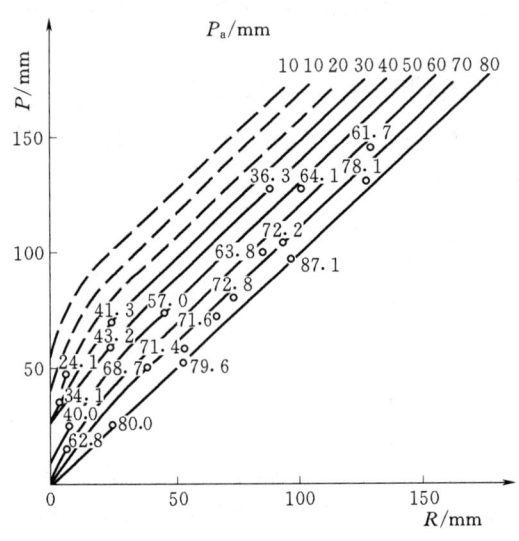

图 7-5 某流域 $P-P_a-R$ 三变量相关图

(1) P 相同时,P_a 越大,损失越小,R 越大,故 P_a 等值线的数值自左向右增大。

(2) P_a 相同时,P 越大,损失相对于 P 越小,径流系数越大,$P-R$ 线的坡度随 P 的增大而减缓,但不应小于 45°。由于该三变数相关图只考虑了前期影响雨量 P_a 这一个影响径流形成的因素,当相关图做好后,应从总体上进行评定。若有些点据较分散,应反复检查各种可能原因,调整计算参数,对点据进行校正,直至该图达到精度要求为止。

$P-P_a-R$ 三变量相关图做好后,就可以根据降雨过程和降雨开始时的 P_a,查算相应的净雨过程。如某流域的 $P-P_a-R$ 三变量相关图,该流域上有一次降雨,其过程为 $P_1=70\text{mm}$,$P_2=62\text{mm}$,降雨开始时的 $P_a=40\text{mm}$,则在 $P_a=40\text{mm}$ 的线上,由 $P_1=70\text{mm}$ 查得 $R_1=25\text{mm}$,由 $P_1+P_2=132\text{mm}$ 查得 $R_1+R_2=68\text{mm}$,所以 $R_2=68-25=43\text{mm}$。如果有多时段净雨,各时段净雨的查算方法以此类推。如降雨开始时的 P_a 不在某一条等值线上,就要用内插法查算。

建立 $P-P_a-R$ 三变量相关图时,需要足够多的实测点据,才能反映不同降雨特性和流域特性的综合经验关系。但有时会遇到降雨径流资料不多、点据较少的情况,按以上方法定线发生困难,此时可绘制简化的降雨径流相关图 $(P+P_a)-R$(图 7-6)。

2. 降雨径流多变数相关图

在干旱、半干旱地区,一次降雨所形成的径流量除受前期影响雨量 P_a 的影响外,还明显地受降雨强度的影响。在这种情况下,还可以建立 $P-P_a-T-R$ 四变数相关图(图 7-7)。

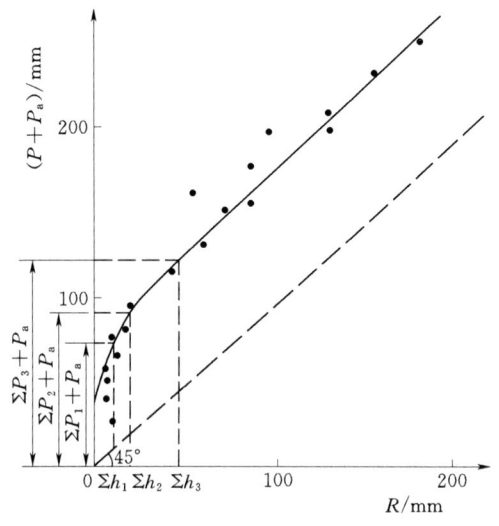 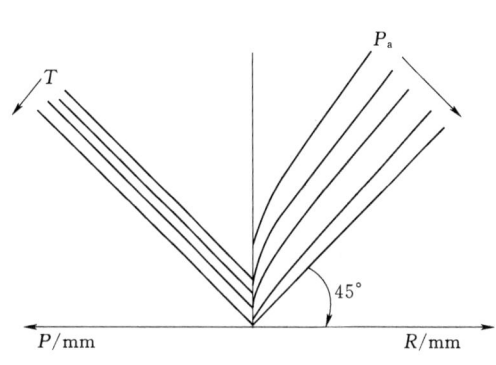

图 7-6　某流域 $(P+P_a)$-R 三变量相关图　　图 7-7　某流域 P-P_a-T-R 四变量相关图

二、蓄满产流的产流量计算

1. 基本原理

蓄满产流是以降雨量是否满足土壤包气带缺水量为产流的控制条件。就流域中某点而言，蓄满前的降雨不产流，净雨量为零；蓄满后才产流，产流量（总净雨量）可用下面的水量平衡方程计算：

$$h' = P - (W'_m - W'_0) - E \tag{7-7}$$

式中：P、E 为某点的降雨量和雨期蒸散发量，mm；h' 为某点有效降雨（$P-E$）产生的总净雨深，mm；W'_m 为某点的蓄水容量，mm；W'_0 为某点降雨开始时的实际蓄水量，mm。

式（7-7）是针对流域某一点的净雨计算方程，而对一个流域，由于各处的下垫面条件不相同，降雨开始时各点的蓄水量有大有小，且各点的蓄水容量也有差异。因此，要计算流域上一次降雨的产流量时，必须考虑流域蓄水分布情况（用流域蓄水容量分布曲线表示），并与式（7-7）联合求解，才能求得流域的净雨深 h。

2. 流域蓄水容量曲线

如前所述，流域各点都有自己的蓄水容量 W'_m，将全流域各点的 W'_m 自小至大排列，计算出小于或等于某一 W'_m 的流域各点面积之和 F_R 占全流域面积 F 的比重 $\alpha = \dfrac{F_R}{F}$，则可绘出如图 7-8 (a) 的 W'_m-α 曲线，这就是流域蓄水容量分布曲线，简称流域蓄水容量曲线。图中 W'_{mm} 为流域中最大的点蓄水容量。由蓄满产流的概念可知，α 实质上是产流面积占全流域面积的相对值。目前国内使用的蓄水容量曲线的线型有两种：b 次抛物线方程和指数方程，本节主要介绍南方湿润地区和北方部分地区广泛使用的 b 次抛物线方程，它的形式为

$$\alpha = 1 - \left(1 - \frac{W'_m}{W'_{mm}}\right)^b \tag{7-8}$$

式中：b 和 W'_{mm} 为待定参数，可用实测降雨径流资料优选求得，b 反映流域中蓄水容量的不均匀性，主要取决于流域的地形地质土壤状况，一般为 $0.2\sim0.4$；W'_{mm} 则取决于流域的气候和植被等特征，在南方湿润地区为 $120\sim150\text{mm}$。

根据流域平均蓄水容量 W_m 的定义，由式（7-8）可得

$$W_m = \int_0^{W'_{mm}}(1-\alpha)dW'_m = \frac{W'_{mm}}{1+b} \tag{7-9}$$

而降雨开始流域蓄水量 W_0 为

$$W_0 = \int_0^A (1-\alpha)dW'_m = \frac{W'_{mm}}{1+b}\left[1-\left(1-\frac{A}{W'_{mm}}\right)^{1+b}\right] \tag{7-10}$$

其中，A 为相应于 W_0 的图 7-8（a）上的纵坐标值。

联解式（7-9）和式（7-10）可得

$$A = W'_{mm}\left[1-\left(1-\frac{W_0}{W_m}\right)^{\frac{1}{1+b}}\right] \tag{7-11}$$

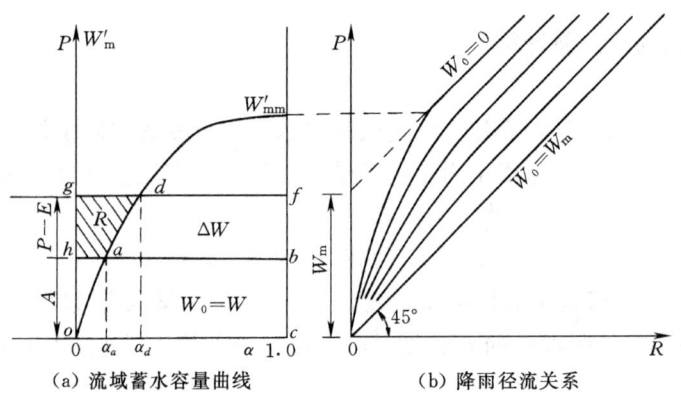

图 7-8 流域蓄水容量曲线与降雨径流关系示意图

3. 产流量计算

（1）应用降雨总径流相关图求产流量。有了蓄水容量曲线，由式（7-7）便可求得流域的降雨总径流相关图。现以图 7-8（a）为例说明如下：假设降雨开始流域蓄水量为 $W_0=W$，若降雨量为 P，雨期流域蒸散发量为 E，则蓄水量分布曲线为 $oabco$，ab 线以上蓄水容量分布曲线以下包围的面积为缺水量，该次降雨产生的径流量就为 $adgha$ 所包围的面积（图中阴影部分）。设不同降雨量 P，可求得相应的径流量 R，于是就可点绘 $W_0=W$ 时的 $P-R$ 关系曲线。取不同的 W_0 值，就可绘制出一条与之相应的 $P-R$ 关系曲线。将不同的 W_0 相应的 $P-R$ 关系曲线绘在一起，就形成了图 7-8（b）所示的降雨总径流相关图 $P-W-R$。应用降雨总径流相关图计算产流量的方法与降雨径流经验相关图法相同。

（2）应用计算公式求产流量。如前所述，当降雨开始流域蓄水容量为 $W_0=W$、降雨量为 P、雨期流域蒸散发量为 E 时，在图 7-8（a）中，根据水量平衡方程，阴影部分的面积为产流量，即

当 $A+P-E < W'_{mm}$ 时

$$R = (P-E) - \Delta W = (P-E) - \int_A^{A+P-E}(1-\alpha)\mathrm{d}W'_{\mathrm{mm}}$$
$$= (P-E) - (W_{\mathrm{m}} - W_0) + W_{\mathrm{m}}\left(1 - \frac{A+P-E}{W'_{\mathrm{mm}}}\right)^{1+b} \quad (7-12)$$

当 $A+P-E \geqslant W'_{\mathrm{mm}}$ 时

$$R = (P-E) - (W_{\mathrm{m}} - W_0) \quad (7-13)$$

当一个流域的 b 和 W'_{mm}（或 W_{m}）确定后，若一次降雨开始时的流域蓄水量为 W_0，降雨量为 P，就可以根据式（7-12）和式（7-13）计算本次降雨的总产流量；若已知降雨过程，也可以推求出产流过程（净雨过程）。该方法便于计算机编程实现。

4. 地面、地下径流（净雨）的划分

由蓄满产流的概念可知，一次降雨产生的径流中包含地面径流 R_{s} 和地下径流 R_{g} 两部分。由于它们的汇流特性不同，因此在产流计算中必须将径流划分为地面径流和地下径流，以便分别进行汇流计算。

根据蓄满产流的概念，只有当降雨满足流域土壤缺水量后（包气带蓄满）才形成径流，届时以后所有的降雨都形成径流。当雨强 $i > f_{\mathrm{c}}$ 时，下渗按 f_{c} 进行，$(i-f_{\mathrm{c}})$ 形成地面径流，f_{c} 形成地下径流；当雨强 $i \leqslant f_{\mathrm{c}}$ 时，降雨不形成地面径流，而全部形成地下径流，下渗按 i 进行。

设 Δt 时段内流域的降雨量为 P，蒸散发量为 E，产流面积为 F_{R}。由于只有在产流面积上才能形成地下径流，即 $R_{\mathrm{g}} = \frac{F_{\mathrm{R}}}{F}f_{\mathrm{c}}\Delta t$，而总径流量 $R = \frac{F_{\mathrm{R}}}{F}(P-E)$。由此可得到 $\frac{F_{\mathrm{R}}}{F} = \frac{R}{P-E}$，也就是说产流面积占流域面积的比重与径流系数相等，所以

当 $P-E \geqslant f_{\mathrm{c}}\Delta t$ 时

$$R_{\mathrm{g}} = \frac{R}{P-E}f_{\mathrm{c}}\Delta t \quad (7-14)$$

当 $P-E < f_{\mathrm{c}}\Delta t$ 时

$$R_{\mathrm{g}} = R \quad (7-15)$$

可见，一场降雨过程产生的地下径流总量为

$$\sum R_{\mathrm{g}} = \sum_{P-E \geqslant f_{\mathrm{c}}\Delta t} \frac{R}{P-E}f_{\mathrm{c}}\Delta t + \sum_{P-E < f_{\mathrm{c}}\Delta t} R \quad (7-16)$$

由以上分析可以看出，只要知道流域的稳定下渗率 f_{c}，就可以把时段产流量划分为地面径流和地下径流两部分。

稳定下渗率 f_{c} 可以利用实测的降雨径流资料，利用式（7-16）反推求得。方法是：从洪水过程线中分割出一次降雨过程 $P-t$ 所形成的地下径流总量 $\sum R_{\mathrm{g}}$，并计算出相应的产流过程 $R-t$，配合蒸散发过程，采用试算法求解。

【例 7-2】 某流域的一次降雨过程和相应的产流过程见表 7-2，并从洪水过程线中分割出的地下径流量为 42.3mm。试推求流域的稳定下渗率 f_{c}。

表 7-2　　　　　　　　稳定下渗率 f_c 计算表

时段序号	降雨历时 /h	$P-E$ /mm	R /mm	$\alpha = \dfrac{R}{P-E}$	$f_c=2.0$		$f_c=1.7$	
					$f_c \Delta t$	R_g	$f_c \Delta t$	R_g
1	6	20.3	11.2	0.552	12.0	6.6	10.2	5.6
2	3	9.8	8.7	0.888	6.0	5.3	5.1	4.5
3	6	40.2	40.2	1.000	12.0	12.0	10.2	10.2
4	6	48.3	48.3	1.000	12.0	12.0	10.2	10.2
5	6	10.8	10.8	1.000	12.0	10.8	10.2	10.2
6	1	1.5	1.5	1.000	1.5	1.5	1.5	1.5
合计			120.7			48.2		42.3

解：设 $f_c=2.0\text{mm/h}$，根据表 7-2 中数据，按式（7-16）

$$\sum R_g = \sum_{P-E \geqslant f_c \Delta t} \frac{R}{P-E} f_c \Delta t + \sum_{P-E < f_c \Delta t} R$$
$$= (0.552+1.000+1.000) \times 2.0 \times 6 + 0.888 \times 2.0 \times 3 + (10.8+1.5)$$
$$= 48.2(\text{mm})$$

可见，$f_c=2.0\text{mm/h}$ 时推算出本次降雨产生的地下径流量为 48.2mm，大于实际地下径流量 42.3mm。再假设 $f_c=1.7\text{mm/h}$ 重新计算：

$$\sum R_g = \sum_{P-E \geqslant f_c \Delta t} \frac{R}{P-E} f_c \Delta t + \sum_{P-E < f_c \Delta t} R$$
$$= (0.552+1.000+1.000+1.000) \times 1.7 \times 6 + 0.888 \times 1.7 \times 3 + 1.5$$
$$= 42.3(\text{mm})$$

此时的地下径流量与实际值刚好相符，因此，该流域的稳定下渗率 $f_c=1.7\text{mm/h}$。

三、超渗产流的产流量计算

在干旱和半干旱地区，流域的包气带很厚，降雨过程中的下渗水量不易满足流域缺水量，故不产生地下径流，只有当降雨强度大于下渗强度时才产生地面径流，这种产流模式称为超渗产流。

超渗产流的产流量计算方法有几种，本节主要介绍初损后损法。

1. 基本原理

超渗产流的关键是确定流域下渗规律。如图 7-9 所示，将一次降雨的下渗损失过程分为初损和后损两个阶段。降雨开始时，由于土壤相对干燥，下渗强度 f_p 很大，如果雨强 i 小于下渗强度，则降雨全部入渗，这一阶段称为初损阶段，下渗量称为初损量 I_0，历时记为初损历时 t_0。随着降雨的进行，流域土壤含水量不断增大，下渗强度 f_p 不断减小，当下

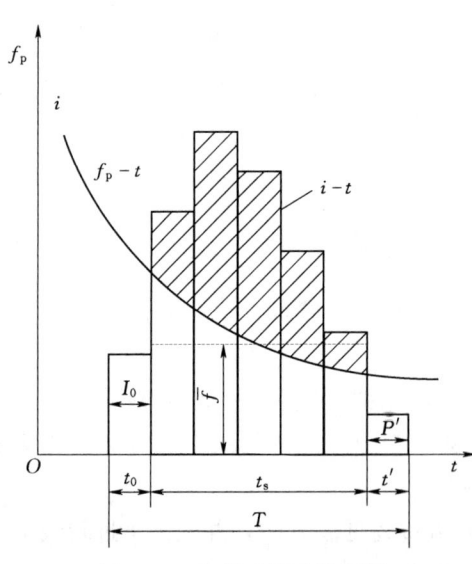

图 7-9　初损后损法示意图

渗强度 f_p 小于雨强 i 时，下渗按强度 f_p 进行，$(i-f_p)$ 形成地面径流，此后的降雨期称为后损阶段。根据入渗规律可知，后损阶段的下渗强度 f_p 越来越小，并趋于稳定。由超渗产流的概念可知，图中阴影部分的面积就为本次降雨产生的地面径流。

后损阶段的下渗损失可以用超渗历时 t_s 内的平均下渗能力 $\overline{f}$（图中水平虚线）计算；当时段内 $i>\overline{f}$ 时，按 $\overline{f}$ 下渗，净雨量为 $(i-\overline{f})\Delta t$；反之，按 i 下渗，如图中 P'。依水量平衡原理，一场降雨所形成的净雨深可按下式计算：

$$h_s = P - I_0 - \overline{f} t_s - P' \tag{7-17}$$

式中：P 为次降雨量，mm；h_s 为 P 形成的地面净雨深（等于地面径流深），mm；I_0 为初损量，mm，包括初期下渗、植物截留、填洼等；t_s 为后损阶段的超渗历时，h；$\overline{f}$ 为平均后损率，mm/h；P' 为后期不产流的雨量，mm。

由式 (7-17) 可看出，当已知一个流域 I_0 和 $\overline{f}$ 的变化规律时，就可依预报及设计的具体情况，确定相应的 I_0 和 $\overline{f}$，进一步由降雨过程推算净雨过程。

2. 初损 I_0 的确定

(1) 由实测资料分析各场洪水的初损 I_0。对于小流域，降雨各处基本一致，汇流时间短，出口断面洪水过程线 $Q-t$ 的起涨点大体反映了产流开始的时刻。因此，起涨点以前雨量的累积值就可以作为初损 I_0 的近似值，如图 7-10 所示。对于较大的流域，可分成若干个子流域，按上述方法求得各出口站流量过程线起涨点前的累积雨量，并以其平均值或其中的最大值作为全流域的初损 I_0。

(2) 综合分析 I_0 的变化规律及应用。初损量 I_0 主要受前期影响雨量 P_a（或前期流域蓄水量 W_0）、降雨强度和季节变化的影响。

前期影响雨量 P_a 大，流域湿润，I_0 就小；反之，流域干燥，I_0 就大。因此，可根据各次实测雨洪资料分析得来的 P_a、I_0 值，点绘两者的相关图。如关系不密切，可加降雨强度作参数，雨强大，易超渗产流，I_0 就小；反之则大。也可用月份为参数，这是考虑到 I_0 受植被和土地利用的季节变化影响。图 7-11 是以月份 (M) 为参数的 P_a-I_0 相关图，利用此相关图，即可由计算的 P_a 值求出对应的 I_0 值。

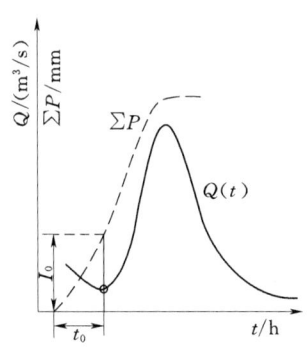

图 7-10　确定初损示意图

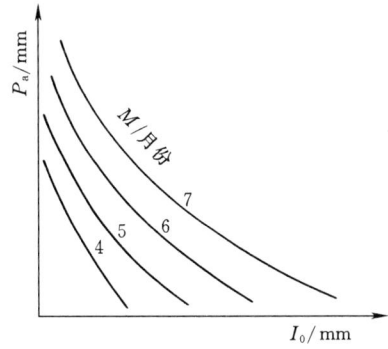

图 7-11　P_a-M-I_0 关系示意图

3. 平均后损率 $\overline{f}$ 的确定

在初损量 I_0 确定后，由式 (7-17) 可导出平均后损率 $\overline{f}$ 的计算式为

$$\overline{f} = \frac{P - h_s - I_0 - P'}{T - t_0 - t'} \tag{7-18}$$

式中：T、t_0、t'分别为总降雨历时、初损历时和后期不产流的降雨历时；其他符号意义同前。

对多次实测雨洪资料进行分析，便可确定流域平均后损率 $\overline{f}$ 的平均值。

4. 地面净雨的计算

有了初损和后损的有关数值之后，便可对已知的降雨过程采用初损后损法求地面净雨过程。举例说明如下。

【例 7-3】 已知降雨过程（表 7-3）。降雨开始时的 $P_a=15.4\text{mm}$，查 $P_a - I_0$ 相关图得 $I_0=31.0\text{mm}$，又知该流域的平均后渗率为 1.5mm/h。试推求该次降雨的净雨过程。

表 7-3　　　　　　　　　初损后损法求净雨深计算表

时间	P/mm	I_0/mm	$\overline{f}t$	$h(t)$/mm
3—6	1.2	1.2		
6—9	17.8	17.8		
9—12	36.0	12.0	3.0	21.0
12—15	8.8		4.5	4.3
15—18	5.4		4.5	0.9
18—21	7.7		4.5	3.2
21—24	1.9		1.9	0
合计	78.8	31.0		29.4

解：9—12 时段：初损值为 $31.0-1.2-17.8=12.0\text{mm}$，则该时段初损量占降雨量的百分比为：$\frac{12}{36}=\frac{1}{3}$。而该时段总历时为 3h，所以该时段初损历时 $t_0=1\text{h}$，后损历时 $t_c = t - t_0 = 3 - 1 = 2(\text{h})$，后损量为 $\overline{f}t_c = 1.5 \times 2 = 3(\text{mm})$。

21—24 时段：降雨强度 $i = \frac{1.9}{3} < \overline{f}$（1.5mm/h），故按实际雨强下渗，后损量等于降雨量，最后求得本次降雨的净雨深（即径流深）为 29.4mm，净雨过程 $h(t)$ 见表 7-3。

第四节　流域汇流分析计算

流域降水在各点产生的净雨，经过坡地和河网汇集到流域出口断面，形成流域出口的径流过程，这个过程包括坡地和河网汇流的全过程，称流域汇流。按净雨流至出口断面的途径和特性不同，汇流计算时，一般将它分为地面汇流和地下汇流。由地面净雨进行地面汇流计算，求得流域出口断面的地面径流过程；由地下净雨进行地下汇流计算，求得出口断面的地下径流过程。二者叠加，即得整个径流过程。

地面径流是洪水的主要成分，是汇流计算的重点，地下径流是洪水的次要成分，本节仅作扼要介绍。

第四节 流域汇流分析计算

一、地面径流的汇流计算

（一）等流时线法

净雨从流域上某点流至出口断面所经历的时间，称为汇流时间，用 τ 来表示。从流域最远点流至出口断面所经历的时间，称为流域最大汇流时间，或称流域汇流时间，用 τ_m 表示。单位时间内径流通过的距离称为汇流速度 v_τ。流域上汇流时间相等的点的连线称为等流时线，如图 7-12 虚线所示。图中 1—1 线上的净雨流达出口断面的汇流时间为 Δt，2—2 线上的净雨流达出口断面的汇流时间为 $2\Delta t$，最远处净雨流达出口断面的汇流时间为 $3\Delta t$。这些等流时线间的部分面积（f_1、f_2、f_3）称为等流时面积，全流域面积 $F = f_1 + f_2 + f_3$。现在来分析在该流域上由不同历时的净雨所形成的地面径流过程。假定净雨历时 $t = 2\Delta t$，流域汇流时间 $\tau_m = 3\Delta t$，即 $t < \tau_m$。两个时段的净雨深分别为 h_1、h_2，所产生的地面径流过程计算公式见表 7-4。

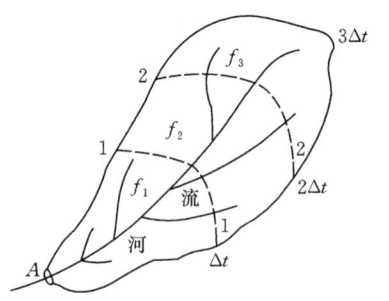

图 7-12 等流时线示意图

表 7-4　　两个时段净雨深产生地面径流过程计算表

时间 t	净雨深 h_1 在出口断面形成的地面径流	净雨深 h_2 在出口断面形成的地面径流	出口断面的总地面径流过程
0	0	0	0
Δt	$\dfrac{h_1 f_1}{\Delta t}$	0	$\dfrac{h_1 f_1}{\Delta t}$
$2\Delta t$	$\dfrac{h_1 f_2}{\Delta t}$	$\dfrac{h_2 f_1}{\Delta t}$	$\dfrac{h_1 f_2 + h_2 f_1}{\Delta t}$
$3\Delta t$	$\dfrac{h_1 f_3}{\Delta t}$	$\dfrac{h_2 f_2}{\Delta t}$	$\dfrac{h_1 f_3 + h_2 f_2}{\Delta t}$
$4\Delta t$	0	$\dfrac{h_2 f_3}{\Delta t}$	$\dfrac{h_2 f_3}{\Delta t}$
$5\Delta t$	0	0	0

经分析可知，任一时刻的地面流量 $Q_{面_t}$ 是由许多项组成的，即第一块面积 f_1 上的 t 时段净雨 $h_t/\Delta t$，第二块面积 f_2 上的 $t-1$ 时段的净雨 $h_{t-1}/\Delta t$，…，同时到达出口断面组合成 t 时刻的地面流量 $Q_{面_t}$。计算公式如下：

$$Q_{面_t} = \frac{h_1 f_1 + h_{t-1} f_2 + h_{t-2} f_3 + \cdots}{\Delta t} \times \frac{1000}{3600}$$

$$= 0.278 \frac{1}{\Delta t} \sum_{i=1}^{n} h_{t-i+1} f_i \qquad (7-19)$$

径流过程线的底宽，即洪水总历时为：$T = t + \tau_m$。由此可见，径流过程不仅与流域汇流时间有关，而且随净雨历时而变化。

用等流时线的汇流原理，可由设计净雨推求设计洪水过程线。但在实际情况下，汇流速度随时随地变化，等流时线的位置也是不断发生变化的，且河槽还有调蓄作用，所以推求出的洪水过程与实际情况有较大出入。目前，除个别小流域外，已不再应用。

（二）时段单位线法

单位线法在具有一定实测流量资料的流域，无论做水文预报还是求设计洪水，都得到了广泛的应用。该法简明易用，效果也比较好。单位线法有许多种，本节主要介绍 L. K. 谢尔曼提出的单位线法。

1. 时段单位线的基本概念

流域上单位时段内均匀分布的单位地面净雨深，汇流到流域出口断面处所形成的地面径流过程线，称为时段单位线，纵坐标用 $q(t)$ 或 $q(\Delta t)$ 表示，如图 7-13 所示。单位线所包围的面积 W（径流总量，m³）换算成径流深 R，应等于 10mm，可据此校核单位线，如下式：

$$R = \frac{W}{1000F} = \frac{\sum q \Delta t \times 3600}{1000F} = \frac{3.6 \Delta t \sum q}{F} = 10\text{mm}$$

单位线反映了流域的汇流特性，可作为流域汇流计算的数学模型，所以也称为流域汇流曲线。

单位净雨深一般取 10mm，单位时段 Δt 可根据资料取 1h、3h、6h 等，视流域汇流特性和精度要求来拟定。一般地，流域大，洪水涨落缓慢，Δt 取长些；反之，Δt 取短一些。Δt 一般取出口站径流过程涨洪历时的 1/2～1/4 为宜，以保证涨洪段有 3～4 个点控制过程线的形状。所取的时段不同，单位线也就不同。

由于实际净雨量不一定正好是一个净雨深（10mm），净雨历时也不一定正好是所选取的单位时段，因此无论是由实测资料推求单位线，还是用单位线推求洪水过程，都必须寻求暴雨洪水与单位线间的关系及相互转换的原理与方法。根据大量的资料分析，时段单位线有如下基本假定：

（1）倍比假定。如果单位时段内的净雨深不是一个单位，而是 n 个，则它所形成的流量过程线，总历时与时段单位线底长相同，各时刻的流量则为时段单位线的 n 倍，如图 7-14（a）所示。

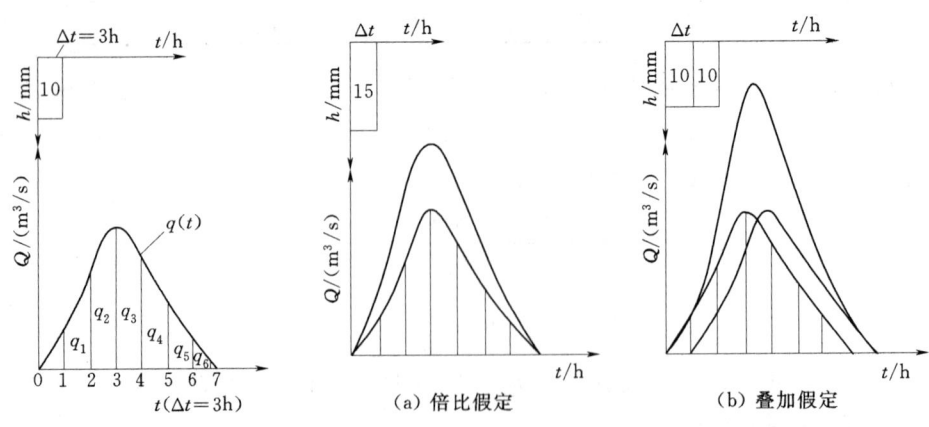

图 7-13　某流域的时段单位线　　图 7-14　时段单位线基本假定示意图

（2）叠加假定。如果净雨历时不是一个时段，而是 m 个，则各时段净雨深所形成的部分出流过程线之间互不干扰，出口断面的流量过程线等于 m 个部分流量过程错开时段叠加之和,如图 7-14 (b) 所示。

以上两个假设是流域汇流的线性假定。

2. 用时段单位线推求地面径流过程线

由以上假定,可得出净雨深 h、单位线纵标 q 以及出流量 Q 之间的关系如下:

$$Q_t = \sum h_i q_{t-i+1} \tag{7-20}$$

式中：$i=1,2,\cdots,m$ 为净雨时段数。

Q、q 以 m^3 计,h_i 以单位净雨深的 n 倍计。

可见,只要已知单位线,就可按式 (7-20) 由净雨过程推求出口断面处的径流过程。但应注意,所采用的单位线其时段 Δt 长必须与净雨的时段长相同。一般列表进行推流计算。

【例 7-4】 某流域面积 $F=341\text{km}^2$,6h 单位线见表中第 (1)、(2) 栏,某次暴雨产生的设计净雨过程见表中第 (3) 栏。试计算地面径流过程。

表 7-5　用时段单位线推求地面径流过程线计算表

时间			单位线 $q(t)$ /(m³/s)	净雨深 h /mm	部分径流 $Q'(t)=\dfrac{h}{10}q(t)$/(m³/s)			流量/(m³/s) $Q(t)=\sum Q'(t)$
月	日	时			$h_1=24.0$	$h_2=23.0$	$h_3=3.2$	
(1)			(2)	(3)	(4)	(5)	(6)	(7)
8	31	2	0	24.0	0			0
		8	2.0	23.0	4.8	0		4.8
		14	15.0	3.2	36.0	4.6	0	40.6
		20	35.0		84.0	34.5	0.6	119
9	1	2	41.0		98.5	80.5	4.8	184
		8	25.0		60.0	94.2	11.2	165
		14	15.0		36.0	57.5	13.0	106
		20	9.0		21.6	34.5	8.0	64.1
	2	2	6.0		14.4	20.6	4.8	39.8
		8	4.0		9.6	13.8	2.9	26.3
		14	3.0		7.2	9.2	1.9	18.3
		20	2.0		4.8	6.9	1.3	13.0
	3	2	1.0		2.4	4.6	1.0	8.0
		8	0		0	2.3	0.6	2.9
		14				0	0.3	0.3
		20					0	0
合计			158 (折合 10.0mm)					792.1 (折合 50.2mm)

本例单位时段 Δt 取 6h,利用倍比假定可求得三个时段净雨深所形成的各部分径流过程,分别错开 1 个时段列入第 (4)、(5)、(6) 栏;利用叠加假定将同时刻部分径流量相加,

求得总的地面径流过程 $Q(t)$，列入第（7）栏。该流域面积 $F=341\text{km}^2$，可由最后一行合计数据校核计算有无错误。时段单位线的径流深为 $R=3.6\sum q\Delta t/F=3.6\times158\times6/341=10\text{mm}$，无误；总的地面径流深 $R=3.6\sum q\Delta t/F=3.6\times792.1\times6/341=50.2\text{mm}$，等于地面净雨深，故计算正确。

3. 推求时段单位线的方法

推求单位线是根据实测的流域降雨径流过程，依据单位线的两条基本假定来反求的。一般宜选择一次时空分布较均匀的短时段降雨所形成的孤立的较大洪水来分析，传统的分析方法有分析法、试错法、图解法、最小二乘法等，常采用分析法或试错法。

每次洪水都可分析出一条单位线，流域单位线是多次洪水分别求出的单位线的综合平均值。

（1）分析法。当净雨过程的时段数不超过3个时，用分析法推求单位线。分析法推求时段单位线就是用时段单位线推流的逆运算，具体步骤如下：

1）选择资料：在实测资料中选取孤立的大洪水及其相应的降雨过程作为分析对象。

2）确定单位时段 Δt：一般取径流过程涨洪历时的 $1/2\sim1/4$ 为 Δt。

3）求地面径流过程。

4）求地面净雨过程。

注意，由产流计算求得的净雨量 h，以及经划分后所得到的 $h_面$ 和 $h_下$，应分别等于由流量过程线分析所得到的 R、$R_面$、$R_下$。如不相等，应将净雨作合理修正，修正时，以不改变原来的雨型为原则。

5）由已知的地面净雨过程 $h_面(t)$ 和地面径流过程 $Q_面(t)$，推求单位线。

若1个时段地面净雨所形成的地面径流过程线为已知，可利用倍比假定，将已知的地面径流过程线除以地面净雨的单位数即可；若2个时段地面净雨所形成的地面径流过程线为已知，可列表分析计算，详见表7-6。

表7-6　　　　　　　　分析法求时段单位线的计算公式

时段 $\Delta t/\text{h}$	地面径流 $Q_面$ /(m³/s)	地面净雨 $h_面$/mm	部分径流/(m³/s) h_1形成	部分径流/(m³/s) h_2形成	单位线 q/(m³/s)
(1)	(2)	(3)	(4)	(5)	(6)
0	0		0		0
1	Q_1	h_1	$\frac{h_1}{10}q_1$	0	$q_1=\frac{10}{h_1}Q_1$
2	Q_2	h_2	$\frac{h_1}{10}q_2$	$\frac{h_2}{10}q_1$	$q_2=\frac{10}{h_1}\left(Q_2-\frac{h_2}{10}q_1\right)$
3	Q_3		$\frac{h_1}{10}q_3$	$\frac{h_2}{10}q_2$	$q_3=\frac{10}{h_1}\left(Q_3-\frac{h_2}{10}q_2\right)$
4	Q_4		$\frac{h_1}{10}q_4$	$\frac{h_2}{10}q_3$	$q_4=\frac{10}{h_1}\left(Q_4-\frac{h_2}{10}q_3\right)$
…	…		…	…	$q_t=\frac{10}{h_1}\left(Q_t-\frac{h_2}{10}q_{t-1}\right)$
合计					折合10mm

第四节 流域汇流分析计算

已知地面径流过程的纵坐标为 Q_1、Q_2、Q_3、…填入第（2）栏，时段地面净雨为 h_1、h_2，填入第（3）栏，则可根据单位线的基本假定，由已知地面径流过程 $Q_{面}(t)$ 和地面净雨过程 $h_{面}(t)$，按通式 $q_t = \frac{10}{h_1}\left(Q_t - \frac{h_2}{10}q_{t-1}\right)$，逐时段计算单位线纵坐标值 $q(t)$ 及第1时段净雨形成的部分径流纵坐标值 $\frac{h_1}{10}q_t$，分别填入第（6）、（4）栏的同一行，第2时段净雨形成的部分径流纵坐标值 $\frac{h_2}{10}q_t$。错后1个时段填入第（5）栏。如果计算正确，分析得单位线的径流深应为 10mm。表中仅给出各栏的计算公式。

以上分析法是逐时段推算的，由于误差积累有时会使分析的单位线在退水段的纵坐标值出现跳动，单位线呈锯齿状的不合理现象，这时需要将单位线修匀，其原则是修匀后的单位线折合为净雨深为 10mm。

【例 7-5】 已知某流域一次降雨量，由此在流域出口断面测得一次洪水过程，流域面积为 441km²，流域平均后渗率为 0.5mm/h，时段长为 6h。根据这次雨洪资料分析单位线。

表 7-7 　　　　　　　　某河某站单位线计算表

时段 ($\Delta t=6h$)	实测流量 /(m³/s)	基流 /(m³/s)	地面径流 /(m³/s)	降雨量 /mm	地面净雨深 /mm	37.0mm 净雨形成的地面径流 /(m³/s)	10.3mm 净雨形成的地面径流 /(m³/s)	单位线流量 /(m³/s)
(1)	(2)	(3)	(4)	(5)	(6)	(7)	(8)	(9)
1	9	9	0	43.6	37	0		
2	30	9	21	13.3	10.3	21	0	0
3	106	9	97	2.8	0	91.2	5.8	5.6
4	324	9	315			289.6	25.4	24.7
…	…	…	…			…	…	…
合计			折合 47.3mm	59.7	47.3			

地面径流总量及地面净雨深。

$$W = 965 \times 6 \times 3600 = 2.0844 \times 10^7 \text{(m}^3\text{)}$$

$$h = \frac{W}{1000F} = \frac{2.084 \times 10^7}{1000 \times 441} = 47.3 \text{(mm)}$$

本次降雨损失量：59.7－47.3＝12.4mm。

第三个时段降雨强度为 2.8/6＜0.5mm/h，故该部分降雨全部下渗，形成的地面净雨深为 0。第二个时段降雨强度为 13.3/6＞0.5mm/h，故下渗量为 0.5×6＝3mm，形成的地面净雨深为 13.3－3＝10.3mm。第一个时段即包括初损又包括后损，形成的地面净雨深为 47.3－10.3＝37mm。计算结果列入表中第（6）栏。

按照表 7-6 所述方法分别计算两个时段净雨 37mm、10.3mm 分别形成的部分地面径流，列入表中第（7）、（8）栏。

由第（8）栏第二个时段净雨 10.3mm 形成的地面径流或第（7）栏第一个时段净雨

37mm 形成的地面径流按照 $q_t = \dfrac{10}{h} Q_t$，即可推求单位线流量，列入表中第（9）栏。

当净雨时段数为 3 个或 3 个以上时，由于误差积累问题，不宜采用分析法，而宜采用试错法。

（2）试错法。先假定一条时段单位线，按用单位线推流的计算方法，求得地面径流过程，将其与实测的地面径流过程进行比较，如相符，则假定即为所求；如有差别，应修改原假定的单位线，直至计算的地面径流过程与实测的地面径流过程基本相符合为止（着重考虑洪峰段），则此时的单位线即为所求的单位线。

4. 不同时段单位线的时段转换

实际降雨的历时经常和流域已有单位线的时段长不相符合，如果直接应用单位线就会引起误差。例如，实际降雨历时短，而使用单位线的时段长，则推求洪水的峰值偏低，反之就偏高。此时，就需要将单位线的时段进行转换，使二者相符。

时段单位线的时段转换常借用 S 曲线。假定流域上降雨持续不断，每个单位时段都有一个单位地面净雨深（10mm），用时段单位线连续推流计算即可求得出口断面的流量过程线，该过程线称为 S 曲线，即时段单位线的累积曲线（表 7-8），可由时段单位线纵坐标值逐时段累加求得。有了 S 曲线，就可以利用它来转换时段单位线的时段长。

用 S 曲线转换任何时段 Δt 单位线可由以下数学式表示：

$$q(\Delta t, t) = \dfrac{\Delta t_0}{\Delta t}[S(t) - S(t - \Delta t)] \tag{7-21}$$

式中：$q(\Delta t, t)$ 为所求的时段单位线；Δt_0 为原来单位线时段长，h；Δt 为所求单位线时段长，h；$S(t)$ 为时段为 Δt_0 的 S 曲线；$S(t-\Delta t)$ 为移后 Δt 的 S 曲线。

表 7-8　　　　　　　　　　S 曲 线 计 算 表

时段 (Δt=6h)	单位线 q /(m³/s)	净雨深 h /mm	部分径流/(m³/s)					S 曲线 /(m³/s)
			$h_1=10$	$h_2=10$	$h_3=10$	$h_4=10$	…	
(1)	(2)	(3)	(4)					(5)
0	0	10	0					0
1	430	10	430	0				430
2	630	10	630	430	0			1060
3	400	10	400	630	430	0		1460
4	270	…	270	400	630	430	0	1730
5	180	…	180	270	400	630	…	1910
6	118	…	118	180	270	400	…	2028
7	70		70	118	180	270	…	2098
8	40		40	70	118	180	…	2138
9	16		16	40	70	118	…	2154
10	0		0	16	40	70	…	2154
11				0	16	40	…	…
12					0	16	…	
…						0		
…								

【例 7-6】 已知时段长为 6h 的单位线，见表 7-9 中第（2）栏，要求将其转换成时段长为 3h 的单位线。

由 6h 单位线转换成 3h 单位线，相当于将 S 曲线向后平移半个时段（即 3h），如图 7-15 所示。图 7-15 表明，两条 S 曲线之间各时段流量差值相当于 3h（5mm）净雨所形成的地面径流过程线 $q'(t)$。将 $q'(t)$ 乘以 6/3 即为 3h 的单位线。同理，如把 6h 单位线转换成 9h 单位线，可将 S 曲线错后 9h 相减，则各时段流量差值即为 9h（15mm）净雨所产生的地面径流过程线，将纵坐标值乘以 6/9 即为 9h 的单位线，见表 7-9 中第（8）栏。

5. 时段单位线存在的问题及处理方法

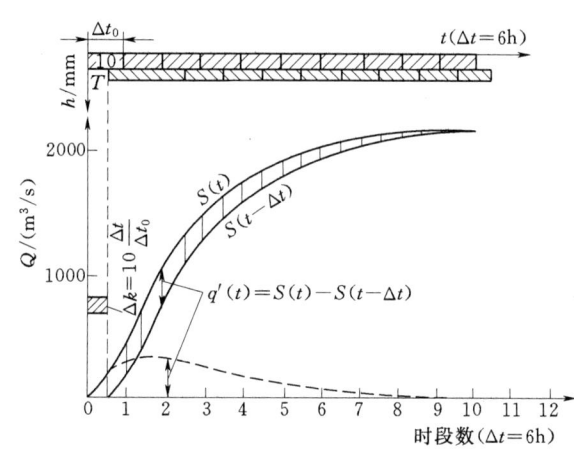

图 7-15 时段单位线时段转换示意图

(1) 降雨强度对单位线的影响及处理方法。理论和实践都表明，其他条件相同时，净雨强度越大，流域汇流速度越快，

表 7-9 不同时段单位线转换计算表

时段 ($\Delta t=6h$)	$S(t)$	$S(t-3)$	$S(t)-S(t-3)$	3h 单位线	$S(t-9)$	$S(t)-S(t-9)$	9h 单位线
(1)	(2)	(3)	(4)	(5)	(6)	(7)	(8)
0	0	0	0	0		0	0
	185	0	185	370		185	123
1	430	185	245	490		430	286
	765	430	335	670	0	765	510
2	1060	765	295	590	185	875	584
	1280	1060	220	440	430	850	566
3	1460	1280	180	360	765	695	464
	1600	1460	140	280	1060	540	360
4	1730	1600	130	260	1280	450	300
	1830	1730	100	200	1460	370	246
5	1910	1830	80	160	1600	310	206
	1980	1910	70	140	1730	250	167
6	2028	1980	48	96	1830	198	132
	2070	2028	42	84	1910	160	107
7	2098	2070	28	56	1980	118	79
	2120	2098	22	44	2028	92	61

续表

时段 ($\Delta t=6h$)	$S(t)$	$S(t-3)$	$S(t)-S(t-3)$	3h单位线	$S(t-9)$	$S(t)-S(t-9)$	9h单位线
8	2138	2120	18	36	2070	68	45
	2147	2138	9	18	2098	49	33
9	2154	2147	7	14	2120	34	23
	2154	2154	0	0	2138	16	11
10	2154	2154			2147	7	5
	2154	2154			2154	0	0

用净雨强度大的洪水求出的单位线的洪峰比较高,峰现时间也提前;反之,由净雨强度小的中小洪水分析的单位线,洪峰低,峰现时间也滞后,如图7-16所示。但必须指出:净雨强度对时段单位线的影响是有限度的,当净雨强度超过一定界限后,汇流速度趋于稳定,时段单位线的洪峰不再随净雨强度增加而增加。

针对这一问题,目前的处理方法是分析出不同净雨强度的单位线,并研究单位线与净雨强度的关系,进行预报或推求设计洪水时,可根据净雨强度分组选用相应的单位线。

(2) 净雨地区分布不均匀的影响及处理方法。影响净雨量的因素很复杂,降雨分布均匀时,还会受下垫面不同的影响,产生不均匀的净雨量。这种净雨量在空间上分布不均匀,对单位线的影响也很大。例如,同一流域,净雨在流域上的平均强度相同,当暴雨中心靠近下游时,汇流途径短,河网对洪水的调蓄作用减少,从而使单位线的洪峰偏高,峰现时间提前;相反,暴雨中心在上游时,汇流路径比较长,河网对洪水的调蓄作用就大,用这样的洪水分析出的单位线,洪峰较低,峰现时间推迟,如图7-17所示。

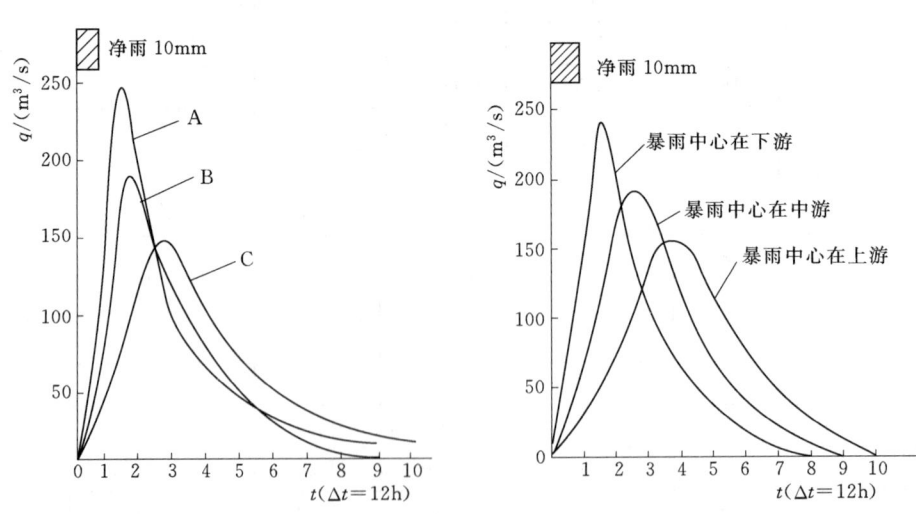

图7-16 净雨强度对单位线的影响 $\gamma_A>\gamma_B>\gamma_C$　图7-17 暴雨中心位置对单位线的影响

针对这种情况,应当分析出不同暴雨中心位置的单位线,以便用于洪水预报和推求设计洪水,根据暴雨中心的位置选用相应的单位线。

第四节　流域汇流分析计算

当一个流域的净雨强度和暴雨中心位置对单位线都有明显影响时，则要对每一个暴雨中心位置分析出不同净雨强度的单位线，以便将来使用时能同时考虑这两方面的影响。

以上是单位线法的两个主要问题及处理方法。除此之外，也可能还会遇到其他问题，例如暴雨移动路线的影响等，则应分析其影响程度和原因，采取相应的对策。

（三）瞬时单位线

瞬时单位线是指无穷小时段内流域上均匀分布的单位净雨所形成的流域出口断面的地面径流过程线，集中反映了流域的汇流特性，便于流域暴雨洪水关系的理论研究和地区综合，在流域汇流计算中具有重要意义。

二、地下径流的汇流计算

下渗的雨水有一部分渗透到地下潜水面，然后沿水力坡度最大的方向流入河网，最后汇至流域出口断面，形成地下径流过程。在湿润地区的洪水过程中，地下径流的比重一般可达总径流量的20%～30%，甚至更多。但地下径流的汇流速度远较地面径流慢，因此地下径流过程较为平缓。

地下径流过程的推求可以采用地下线性水库演算法和概化三角形法。

1. 地下线性水库演算法

该法把地下径流过程看成是渗入地下的那部分净雨 $h_下$，经地下水库调蓄后形成的（这里未考虑包气带对下渗量的滞蓄作用）。可以认为地下水库的蓄水量 $W_下$ 与其出流量 $Q_下$ 的关系为线性函数，再与水量平衡方程联解，即可求得地下径流过程。方程组如下：

$$\bar{q}\Delta t - \frac{1}{2}(Q_{下1}+Q_{下2})\Delta t = W_{下2} - W_{下1} \tag{7-22}$$

$$W_下 = K_下 Q_下 \tag{7-23}$$

式中：$\bar{q}$ 为时段 Δt 内进入地下水库的平均入流，m³/s；$Q_{下1}$、$Q_{下2}$ 为时段始、末地下水库出流量，m³/s；$W_{下1}$、$W_{下2}$ 为时段始、末地下水库蓄水量，m³/s；$K_下$ 为反映地下水汇流时间的常数，可根据地下水退水曲线制成 $W_下$-$Q_下$ 线，其斜率即为 $K_下$。

$$\bar{q} = \frac{0.278 f_c t_c}{\Delta t} F \tag{7-24}$$

式中：f_c 为稳定下渗强度，mm/h；t_c 为净雨历时，h；Δt 为计算时段长，h；F 为流域面积，km²。

将式（7-23）代入式（7-22）解得

$$Q_{下2} = \frac{\Delta t}{K_下 + \frac{1}{2}\Delta t}\bar{q} + \frac{K_下 - \frac{1}{2}\Delta t}{K_下 + \frac{1}{2}\Delta t}Q_{下1} \tag{7-25}$$

根据式（7-25）就可计算地下水汇流过程。

2. 概化三角形法

上种演算方法较繁琐，而对设计洪水计算来讲，重点在洪峰部分，因此，采用简化法计算地下净雨形成的地下径流过程对设计洪水过程的精度无多大影响。一般方法是将地下径流过程概化为三角形，即将地下径流总量按三角形分配。

地下径流过程的推求主要是确定其洪峰流量和峰现时刻,以及地下径流总历时。洪峰流量可按三角形面积公式计算。

地下径流总量为

$$W_下 = 0.1 \sum h_下 F \tag{7-26}$$

根据三角形面积计算公式,$W_下$ 又可按下式计算:

$$W_下 = \frac{1}{2} Q_{m下} T_下 \tag{7-27}$$

故

$$Q_{m下} = \frac{2W_下}{T_下} = \frac{0.2 \sum h_下 F}{T_下} \tag{7-28}$$

式中:$W_下$ 为地下径流总量,10^4m^3;$\sum h_下$ 为地下净雨总量,mm;$Q_{m下}$ 为地下径流洪峰流量,m^3/s;$T_下$ 为地下径流过程总历时,s;F 为流域面积,km^2。

地下径流的洪峰流量 $Q_{m下}$ 位于地面径流的终止点。

一般设地下径流过程总历时等于地面径流过程底长的 2~3 倍,即 $T_下 = (2\sim3) T_面$。

复 习 思 考 题

1. 在进行流域产汇流分析计算时,为什么还要将总净雨过程分为地面、地下净雨过程?简述蓄满产流模型法如何划分地面、地下净雨?
2. 何为蓄满产流?何为超渗产流?
3. 流域地面径流的汇流计算有几种常用方法?各有什么优、缺点?
4. 时段单位线的定义及基本假定是什么?如何用时段单位线进行汇流计算?
5. 流域的时段单位线如何推求?如何改变已知时段单位线的时段长?
6. 时段单位线在应用中存在什么问题?如何解决?
7. 流域地下径流的汇流计算有几种方法?
8. 某流域 1986 年 6 月 30 日以前久旱无雨,于 7 月 13 日发生了一场大暴雨,已知该流域的土壤含水量折减系数 $K=0.9$,土壤最大含水量 $I_m=80\text{mm}$ 以及 6 月 28 日—7 月 13 日的降雨过程(表 7-10)。试求 7 月 13 日的 P_a 值。

表 7-10　　某流域 1986 年 6 月 28 日—7 月 13 日降雨量资料

日期	6 月			7 月												
	28	29	30	1	2	3	4	5	6	7	8	9	10	11	12	13
降雨量/mm	0	0	1.5	63	76	2	0	0	30	21	3	0	7	26	18	78

9. 某流域的一次降雨过程由两个时段降雨组成,地面净雨强度依次为 4.5mm/h 和 6.5mm/h,净雨时段 $\Delta t = 1\text{h}$,已知该流域 2h 单位线见表 7-11。试求该次降雨所形成的地面径流过程。

表 7-11　　某流域 2h 单位线

时段($\Delta t = 2\text{h}$)	0	1	2	3	4	5	6	7	8	9
$q/(\text{m}^3/\text{s})$	0	60	200	300	200	120	60	30	10	0

10. 某流域的一次降雨过程见表 7-12，已知初损 $I_0=45$ mm，后期平均下渗能力 $\bar{f}=2.0$ mm/h，试以初损后损法计算地面净雨过程。

表 7-12　　　　　　　　　某流域一次降雨量资料

时段（$\Delta t=1$h）	1	2	3	4	合计
降雨量/mm	20	65	75	25	185

第八章 由暴雨资料推求设计洪水

第一节 概 述

设计洪水一般是采用实测流量资料推求，但当设计流域实测流量资料不足或流量资料系列受到人类活动（如修建大量水利工程、水土保持措施）的干扰，资料的一致性遭到破坏时，就难以由流量资料推求设计洪水。我国绝大部分地区的洪水主要是由暴雨形成的，一般雨量站不仅密度大，而且设站时间早，雨量资料的观测年限一般比流量资料长得多，观测站点也多，而且受人类活动影响较小，统计参数的地区综合比较容易，因此可以利用暴雨资料，通过暴雨分析求得设计暴雨，再以径流形成原理为基础，推求设计洪水。用雨量资料推求设计洪水的方法应用得相当广泛，它是推求中小流域水利工程设计洪水的主要途径。

有时为了进一步论证由流量资料推求的设计洪水成果，即使具有长期实测洪水资料的流域，也需要同时用暴雨资料来推求设计洪水，作为一种设计洪水成果的验证方法，互相印证，最终合理选定。在大中流域和小流域上的具体做法是不同的，对小流域一般只需给出设计洪峰流量，因而计算方法可做一定概化。利用流域上暴雨资料通过产流、汇流计算可得洪水过程线，这已在第七章叙述过。本章则主要叙述利用流域内历年暴雨资料，推求设计暴雨过程，然后处理设计暴雨条件下的扣损及汇流的计算来得到设计洪水过程线。其中设计雨量过程的确定是主要环节，它对设计洪水结果的影响至关重要。

由降雨形成河川径流的过程可概化为产流和汇流两个过程，因此，由暴雨资料推求设计洪水包含设计暴雨计算、产流计算和汇流计算3个主要环节，计算程序如下：

（1）推求设计暴雨。用频率分析法求不同历时指定频率的设计暴雨量及暴雨过程，或使用可能最大暴雨图集求可能最大暴雨（PMP）。

（2）推求设计净雨。采用降雨径流相关图法、初损后损法或其他方法推求设计净雨。

（3）推求设计洪水过程线。应用时段单位线法或瞬时单位线法进行汇流计算，即得流域出口断面的设计洪水过程。

其中（2）、（3）是产流和汇流计算的问题，这些内容已在第七章中阐述，本章重点介绍设计暴雨的推求问题。关于设计暴雨，一些研究成果表明，对于比较大的洪水，大体上可以认为某一频率的暴雨将形成某一频率的洪水，即假定暴雨与洪水同频率。因此，推求设计暴雨就是推求与设计洪水同频率的暴雨。这对较大流域而言常与实际情况不符，因受暴雨时空分布和移动路线的影响，暴雨和洪水两者频率对应关系较差。若设计洪水为可能最大洪水，则设计暴雨相应地即为可能最大暴雨。设计暴雨的计算包括推求设计暴雨量及其在时间上的分配过程。设计暴雨量是指设计条件下的流域平均暴雨量。依照这样的概念,流域上某指定频率的设计暴雨,可用与由流量资料推求设计洪水相类似的方法推求。即根据实测降雨资料,先用频率分析法求得设计频率的设计雨量,然后按典型暴雨进行缩放,即得设计暴雨过程。在计算方法上,依流域上雨量资料情况,分为雨量资料充分和不足两类。

本章主要介绍由暴雨资料推求设计洪水的方法、不同资料情况下设计暴雨的计算方法和在设计条件下将设计暴雨转化为设计净雨及设计洪水的方法,以解决短缺流量资料时水库、堤防、桥涵等工程设计洪水的计算问题,以及小流域设计洪水计算的一些特殊方法。

第二节 直接法推求设计面暴雨量

设计暴雨的计算包括推求设计暴雨量及其在时间上的分配过程。推求设计洪水所需要的设计暴雨量是指设计断面以上流域的设计面暴雨量。根据资料条件,设计面暴雨量的分析计算方法分为直接计算和间接计算两种。本节主要介绍直接计算法。

当设计流域及附近雨量站较多、分布比较均匀,各站又有较长的同期观测资料,能求出比较可靠的年最大流域平均雨量(面雨量)时,就可将面雨量作为研究对象,直接选取每年中各种时段的年最大面雨量,组成不同时段的样本系列,分别进行频率计算,从而求得不同时段的设计面暴雨量。

一、暴雨资料的收集、审查、选样与统计

1. 暴雨资料的收集

暴雨资料的主要来源是国家水文、气象部门所刊印的雨量站网观测资料,但也要注意收集有关部门专用雨量站和群众雨量站的观测资料。强度特大的暴雨中心点雨量往往不易被雨量站测到,因此必须结合调查收集暴雨中心范围和历史上特大暴雨资料,了解当时雨情,尽可能估计出调查地点的暴雨量。

2. 暴雨资料的审查

暴雨资料应进行可靠性审查,重点审查特大或特小雨量观测记录是否真实,有无错记或漏记情况,必要时可结合实际调查,予以纠正。检查自记雨量资料有无仪器故障的影响,并与相应定时段雨量观测记录比较,尽可能审查其准确性。

雨量资料按观测方法的不同,有定时观测和自记资料两种。目前长历时雨量一般由以 8 时为分界的定时观测的日雨量记录进行统计选样。短历时雨量应尽可能由自记雨量记录摘取,以保证选样的精度。由于定时观测资料人为地把一次降雨过程分开记载,因此一般根据它获得时段最大值,往往比自记雨量偏小,故应该进行修正。在我国年最大 24h 雨量约为年最大日雨量的 1.10~1.30 倍,平均为 1.12 倍左右,即

$$x_{24}=1.12x_日 \tag{8-1}$$

式中:x_{24} 为不受日分界(8时)限制,按分钟滑动统计的年最大 24h 雨量;$x_日$ 为按日分界统计的年最大 1d 雨量。

暴雨资料的代表性分析,可通过与邻近地区长系列雨量或其他水文资料,以及本流域或邻近流域实际大洪水资料进行对比分析,注意所选用暴雨资料系列是否有偏丰或偏枯等情况。

暴雨一致性审查，对于按年最大值选用的情况，理应加以考虑，但实际上有困难。对于推求分期设计暴雨，要注意暴雨资料的一致性，不同类型的暴雨是不一样的，如我国南方地区的梅雨与台风雨，宜分别考虑。

3. 定时段最大暴雨的选样及统计

暴雨量的选样方法采用固定时段年最大值独立选样法。具体步骤如下：

(1) 计算每年各次大暴雨逐日面雨量。即在收集流域内和附近雨量站的资料并进行分析审查的基础上，先根据当地雨量站的情况，选定推求流域平均（面）雨量的计算方法（如算术平均法、泰森多边形法或等雨量线图法等），计算每年各次大暴雨的逐日面雨量。

(2) 确定本流域形成洪水的暴雨时段。对于暴雨统计时段，应根据降雨径流形成规律、流域面积大小和工程重要性等确定。我国一般小型工程可取小于 24h，即 24h、12h、6h、3h、1h 等；大中型工程取 1d、3d、7d、15d、30d 等。水文计算中习惯以 1d 作为长短历时暴雨的分界。即将 1d、3d、7d 等雨量称为长历时暴雨；24h、12h、6h、3h、1h 等雨量称为短历时暴雨。

考虑到推求雨量时程分配和推求设计洪水过程线的需要，在确定最长统计历时后，还需选用若干个控制时段，譬如设计历时为 7d，选用 1d、3d 为控制时段。其中 1d、3d、7d 暴雨是一次暴雨的核心部分，是直接形成所求的设计洪水部分；而统计更长时段的雨量则是为了分析暴雨核心部分起始时刻流域的蓄水状况。

例如：某流域有 3 个雨量站，分布均匀，可按算术平均法计算面雨量。选择结果为：最大 1d 面雨量 $P_{1d}=129.9mm$（7月4日），最大 3d 面雨量 $P_{3d}=166.5mm$（8月22—24日），最大 7d 面雨量 $P_{7d}=234.0mm$（7月1—7日），1d、3d、7d 的最大面雨量选自两场暴雨，详见表 8-1。

(3) 选择各年不同时段最大值组成样本。选样原则：年最大、独立、连续。

二、面雨量资料的插补展延

在统计各年的面雨量资料时，经常会遇到这样的情况：设计流域内早期（如中华人民共和国成立前或中华人民共和国成立初期）雨量站点稀少，而近期雨量站点多，密度大。一般来说，以多站雨量资料求得的流域平均雨量，其精度较少站雨量求得的为高。但多站雨量资料的系列往往较短。为展延系列，可利用资料较长的少站流域平均雨量与多站流域平均雨量建立相关关系。如果同期观测资料较短，可用一年多次法选样，即在一年中取多次暴雨资料，然后在各次暴雨中选取指定时段的最大值，以增加一些点据，便于确定相关线。

多站平均雨量与少站平均雨量的相关关系一般较好，这是因为两者具有相似的影响因素。如两者关系线接近 45°线，且点据密集在 45°线两旁，则早期的少站平均雨量可以作为流域的面雨量；如两者关系线偏于 45°线的一侧，则需利用相关线展延多站平均雨量，作为流域面雨量。

三、特大暴雨的处理

实践证明，暴雨资料系列的代表性与系列中是否包含特大暴雨有直接关系。一般的暴雨变幅不是很大，若不出现特大暴雨，统计参数 $\bar{x}$、C_v 往往偏小。在短期资料系列中，一旦出现一次罕见的特大暴雨，就可以使原频率曲线计算成果完全改观。判断大暴雨资料

第二节 直接法推求设计面暴雨量

表 8-1 最大 1d、3d、7d 面雨量统计（1986 年） 单位：mm

日期	点雨量 A站	点雨量 B站	点雨量 C站	面平均雨量	最大 1d、3d、7d 面雨量及起讫日期
6月30日	5.3		0.2	1.8	
7月1日	50.4	26.9	25.3	34.2	
7月2日					
7月3日	11.5	10.8	14.7	12.3	
7月4日	134.8	125.9	124.0	129.9	
7月5日	32.5	21.4	10.0	21.3	
7月6日	5.6	10.5	4.7	6.9	
7月7日	35.5	25.2	27.6	29.4	
7月8日	3.7	7.1	1.4	4.1	7月4日为年最大 1d，P_{1d}=129.9mm
7月9日	11.1	5.8	9.7	8.9	8月22—24日为年最大 3d，P_{3d}=166.5mm
⋮	⋮	⋮	⋮	⋮	7月1—7日为年最大 7d，P_{7d}=234.0mm
8月18日	6.6	0.2	6.9	4.6	
8月19日	22.7	2.4	5.4	10.2	
8月20日					
8月21日					
8月22日	42.6	51.7	54.8	49.7	
8月23日	60.1	68.6	53.5	60.7	
8月24日	81.8	54.1	32.3	56.1	
8月25日	2.3	1.0	0.1	1.1	

是否属特大值，一般可与本站系列及本地区各站实测历史最大记录相比较，还可以从经验点据偏离频率曲线的程度、模比系数的大小、暴雨量级在地区上是否很突出以及暴雨的重现期长短等进行分析判断。

如本流域无特大暴雨资料，而邻近地区已出现特大暴雨，通过对气象的成因及下垫面地形条件的相似性分析，如有可能出现在本流域，也可移用该暴雨资料。移用时，若两地气候、地形条件略有差异，可按两地暴雨特征参数如均值 $\bar{x}$、C_v 或 σ 值的差别修正，修正方法如下：

（1）假定 A、B 两地区的 C_v 值相等，根据均值比修正，即

$$P_{M,B} = P_{M,A}(\overline{P}_B / \overline{P}_A) \qquad (8-2)$$

（2）假定两地区的 C_s 值相等，可按下式修正：

$$P_{M,B} = \overline{P}_B + \frac{\sigma_B}{\sigma_A}(P_{M,A} - \overline{P}_A) \qquad (8-3)$$

式中：$P_{M,A}$、$P_{M,B}$ 为 A、B 两地的特大暴雨量；$\overline{P}_A$、$\overline{P}_B$、σ_A、σ_B 为两地暴雨量系列的均值和均方差。

特大值处理的关键是确定其重现期。特大暴雨的重现期可以从它所形成的洪水的重现期间接作出估计。当流域面积较小时，一般可近似假定流域内各雨量站雨量平均值的重现期与相应洪水的重现期相等。暴雨中心雨量的重现期则应比相应洪水的重现期更长。此外，还须在地区上与其他各测站的大暴雨记录相比较和对照。

必须指出，对特大暴雨的重现期必须做深入细致的分析论证，若没有充分的依据，就不宜作为特大值处理。若误将一般大暴雨作为特大值处理，会使频率计算成果偏小，影响水工建筑物的设计安全。

四、面雨量频率计算

SL 44—2006《水利水电工程设计洪水计算规范》规定，暴雨频率计算的经验频率公式可采用期望值公式 $P = \dfrac{m}{n+1} \times 100\%$，频率曲线线型采用皮尔逊Ⅲ型，频率曲线及其统计参数的确定仍采用适线法。

根据我国暴雨特性及实践经验，我国暴雨的 C_s 与 C_v 比值，一般地区为3.5左右；在 $C_v > 0.6$ 的地区，大约为3.0；在 $C_v < 0.45$ 的地区，大约为4.0。该比值可供适线时参考。

在频率计算时，最好将不同历时的暴雨量频率曲线点绘在同一张频率格纸上，并注明相应的统计参数，加以比较。各种频率的面雨量应随统计时段增大而加大，如发现不同历时频率曲线有交叉等不合理现象时，应作适当修正。

五、设计面雨量计算成果的合理性检查

现有的暴雨资料系列大都较短，据此进行频率计算，特别是外延到稀遇的设计情况，抽样误差很大。因此对频率计算的成果，必须根据水文现象的特性和成因进行合理性分析，以提高成果的可靠性。分析检查可以从以下几个方面进行：

(1) 对本流域，要求各时段雨量频率曲线在实用范围内不相交，如出现交叉现象，应对其中突出的曲线和参数进行复核和调整。

暴雨均值是随着历时的增加而增加的，而变差系数 C_v，经大量的分析表明，它随历时的变化，可概化为单峰铃形曲线，即当历时较短时，C_v 较小，随历时的增加 C_v 亦增大，当历时增加到一定程度时，C_v 出现最大值。然后，随着历时的继续增加，C_v 又逐渐减小。

(2) 在全流域范围内，应结合气候、地形条件将本流域的分析成果与邻近地区的统计参数进行比较，分析成果应与地区上的协调。

(3) 各种历时的设计暴雨量与邻近地区的特大暴雨实测记录相比较，检查设计值的合理性。对于稀遇频率的设计暴雨，还应与全省、全国和世界实测大暴雨记录相比，以检查其合理性。图8-1为各种历时点暴雨量 P_t 的世界实测大暴雨记录及其外包线，可供对比分析时查用。

外包线方程式：$P_t = 389 t^{0.4869}$（t 以 h 计）

根据工程重要性，在合理性检查的基础上，确定设计值是否需要加安全保证值 Δx_p，其数值可选设计值的 0.1~0.2 倍。

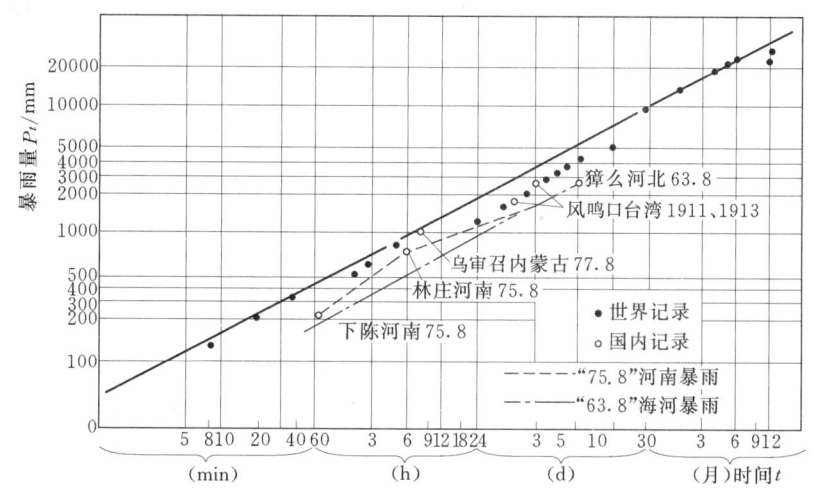

图 8-1 国内外暴雨最高记录图

第三节 间接法推求设计面暴雨量

一、设计点暴雨量的计算

1. 有较充分点雨量资料时设计点暴雨量的计算

推求设计点暴雨量,此点最好选在流域的形心处,如果流域形心处或附近有一个观测资料系列较长的雨量站,则可利用该站的资料进行频率计算,推求设计暴雨量。实际上,往往长系列的站不在流域中心或其附近,这时,可先推求出流域内各测站的设计点暴雨量,然后绘制设计暴雨量等值线图,用地理插值法推求流域中心的设计暴雨量。

2. 缺乏点雨量资料时设计点暴雨量的计算

当流域内缺乏具有较长雨量资料的代表站时,设计点暴雨量的推求可利用暴雨等值线图或参数的分区综合成果。

使用等值线图推求设计点暴雨量,需先在某指定时段的暴雨均值和 C_v 等值线图上分别勾绘出设计流域的分水线,并定出流域中心位置,然后读出流域中心点的均值和 C_v 值。暴雨的 C_s 通常采用 $3.5C_v$,也可根据暴雨洪水图集提供的数据选定。有了3个统计参数,即可求得指定设计频率的时段设计点暴雨量。同理,可按需要求出其他各种时段的设计点暴雨量。

二、设计面暴雨量的计算

将设计点暴雨量转换成设计面暴雨量,要利用暴雨的点面关系。暴雨的点面关系通常有定点定面关系和动点动面关系两种。

1. 定点-定面关系

若流域内具有短期面雨量资料系列,可采用一年多次法选样来绘制流域中心雨量 P_0 与流域面雨量 $P_面$ 的相关图,作为相互换算的基础。若点据分布散乱,定线困难时,也可做同频率的相关关系,即 P_0、$P_面$ 分别按递减次序排列,由同序号雨量建立相关图,如图

8-2所示。这样通过相关图求得点、面雨量换算系数,就可由设计点雨量推得相应的设计面雨量。

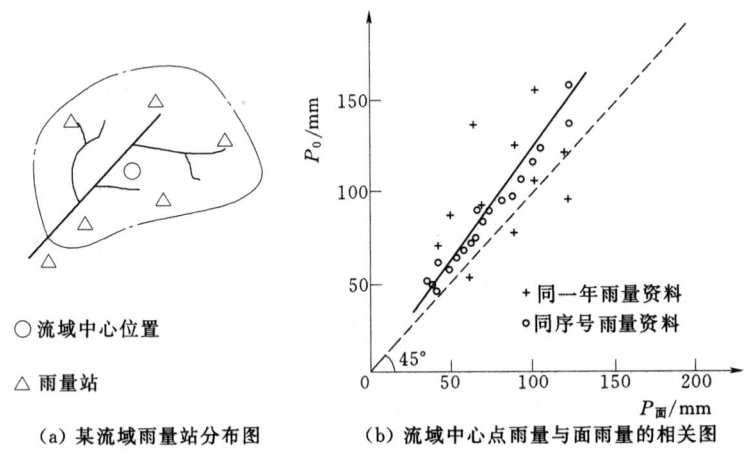

(a) 某流域雨量站分布图　　(b) 流域中心点雨量与面雨量的相关图

图 8-2　定点-定面雨量相关图

定点定面关系的地区分布比较一致,能在较大的范围内进行地区综合,成果移用限制较少,有利于无资料地区的应用。但由于定点定面关系的分析综合要求有较充分的资料,且工作量大,因此,目前在很多地区尚有困难,未能建立综合的成果。

2. 动点-动面关系

绘制动点-动面关系的具体做法是选择若干场大暴雨和特大暴雨资料,绘制各种时段的暴雨量等值线图,如图 8-3 所示。计算各雨量等值线所包围的面积 f_i 及相应的面平均

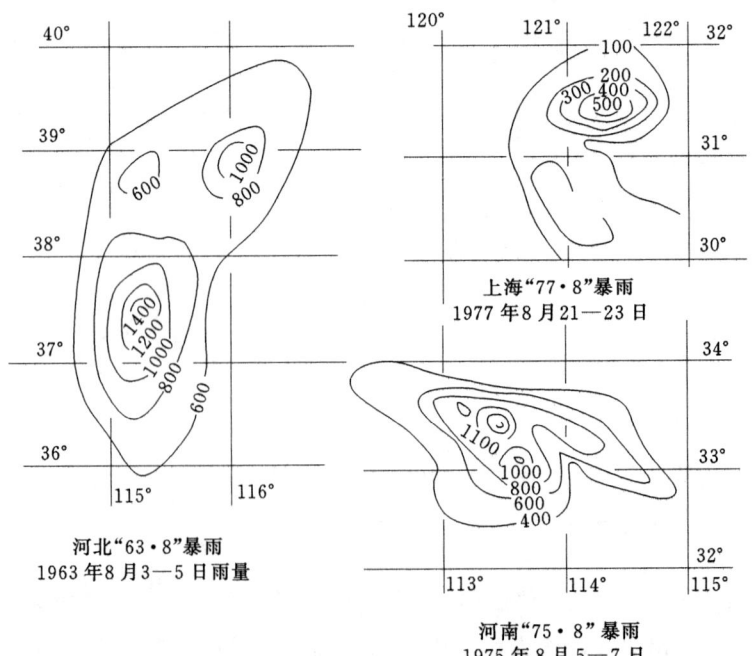

图 8-3　3次特大暴雨雨量分布

雨量 $P_{面}$，分别以 $P_{面}/P_0$（P_0 为暴雨中心雨量）与面积 f 点绘相关图，如图 8-4 所示。由于各场暴雨的中心和等雨量线的位置是变动的，所以把图 8-4 的相关线称为动点-动面雨量关系。同一地区各场暴雨的上述关系曲线各不相同，一般取几场暴雨 $P_{面}/P_0 - f$ 关系平均线或为了安全起见，取上包线作为由设计点暴雨量转化为设计面暴雨量的依据。

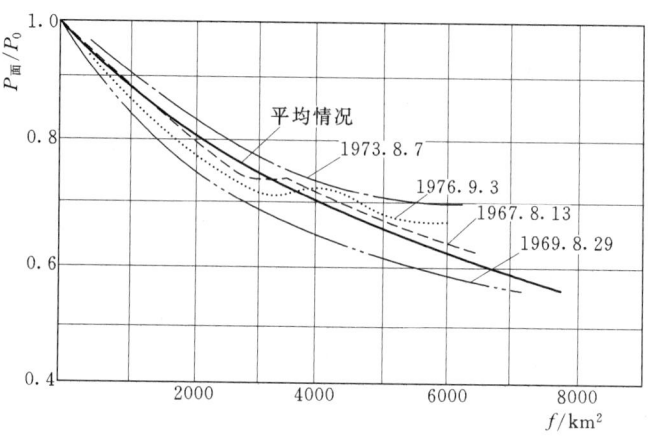

图 8-4 暴雨中心点面关系曲线

动点-动面关系概念明确，制作简单，综合方便，能反映暴雨面分布的自然规律，是传统的点面关系，被广泛采用。但动点-动面关系应用于由设计点暴雨推求设计面暴雨时，实质是以下列 3 个假定为前提的，即设计暴雨中心与流域中心重合；流域的边界与某条等雨量线重合；设计暴雨的地区分布符合平均（或外包）线的点面关系。

但这 3 项假定缺乏实际资料的验证，在理论上是缺乏依据的，未必符合实际，应用该成果应慎重。

第四节　设计暴雨时空分配的计算

一、设计暴雨时程分配的计算

设计暴雨的时程分配就是设计暴雨的降雨强度过程线，也称设计雨型。暴雨在时程上变化多端，总量相等的暴雨，可以具有各种不同的过程，使形成的洪水过程也各不相同。因此，推求设计雨型是推求设计暴雨不可缺少的一个部分。

设计暴雨的时程分配计算方法与设计年径流的年内分配计算和设计洪水过程线的计算方法相同，一般采用典型暴雨同频率控制缩放的方法。

（一）典型暴雨过程的选择和概化

1. 有实测资料情况下设计暴雨时程分配的推求

设计暴雨时程分配的计算关键在于选择典型的暴雨过程。为此，对设计流域大量观测的暴雨雨型应进行分析，在此基础上选择能反映本地区大暴雨一般特性的，且总量大、强度大，接近设计条件，对工程的安全又较为不利的暴雨过程作为典型暴雨。所谓对工程的安全不利，主要是指两个方面：一是指雨量比较集中，例如 7 天暴雨特别集中在 3 天，3 天暴雨特别集中在 1 天等；二是指主雨峰比较靠后，这样的降雨分配所形成的洪水其洪峰较大而出现较迟，这样的洪水对水库安全一般是不利的。

2. 无实测资料情况下设计雨量时程分配的推求

在无实测资料时，可借用邻近暴雨特性相似流域的典型暴雨过程，或引用各省区暴雨洪水图集中按地区综合概化成的典型概化雨型（一般以百分比表示）来推求设计暴雨的时程分配。

（二）设计暴雨时程分配计算

选定了典型暴雨过程之后可用同频率分段控制法，对典型暴雨分段进行缩放。控制时段划分不宜过细，一般是以 1d、3d、7d 控制。具体方法如下例。

【例 8-1】 某流域已求得 $P=1\%$ 的最大 1d、3d 设计面雨量 $P_{1,P}=250\text{mm}$，$P_{3,P}=460\text{mm}$。流域所在地区的概化雨型见表 8-2 中的分配百分比，试求设计暴雨的时程分配。

解：先按日程分配百分比求暴雨日程分配。由表 8-2 可见最大 1d 暴雨量出现在第二天；3 天中其余两天雨量为 $P_{3,P}-P_{1,P}=460-250=210\text{mm}$，按百分比分配在第一、第三天。求得设计暴雨日程分配后，然后按各时段占日雨量的百分比，即可求得设计暴雨逐时段的分配过程，见表 8-2 后最后一栏。

表 8-2　　　　　　　　$P=1\%$ 设计暴雨时程分配计算表

日程/日	1				2				3				合计
$P_{1,P}$ 占百分比/%						100							100
$P_{3,P}-P_{1,P}$ 占百分比/%		45								55			100
各日时段数（$\Delta t=6\text{h}$）	1	2	3	4	1	2	3	4	1	2	3	4	12
各时段占雨量百分比/%	15	20	44	21	9.3	17.5	54	19.2	15	20	44	21	300
设计暴雨日程分配/mm		94.5				250.0				115.5			460
设计暴雨时程分配/mm	14.2	18.9	41.6	19.8	23.2	43.8	135.0	48	17.3	23.1	50.8	24.3	460

对暴雨核心部分 24h 暴雨的时程分配，时段划分应视流域大小及汇流计算所用时段长短而定，一般以 2h、4h、6h、12h、24h 为控制。

二、设计暴雨的地区分布

梯级水库或水库承担下游防洪任务时，需要拟定流域上各部分的洪水过程，因此需给出设计暴雨在面上的分布。其计算方法与设计洪水的地区组成计算方法相似。

如图 8-5 所示，推求防洪断面 B 以上流域的设计暴雨量，必须分成两部分：一部分来自防洪水库 A 以上流域的暴雨，另一部分来自水库 A 以下至防洪断面 B 这一区间面积上的暴雨。在实际工作中，一般先对已有实测大暴雨资料的地区组成进行分析，了解暴雨中心经常出现的位置，并统计 A 库以上和区间暴雨所占的比重等，作为选定设计暴雨面分布的依据，再从工程规划设计的安全与经济考虑，选定一种可能出现而且偏于不利的暴雨面分布形式进行设计暴雨的模拟放大。常采用的有以下两种方法。

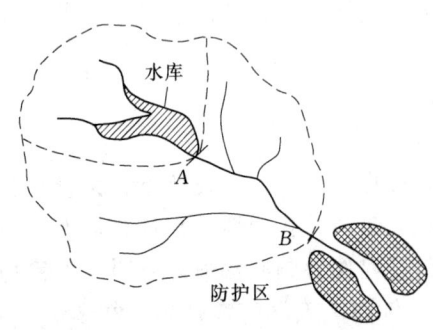

图 8-5　防洪水库与防护区位置图

1. 典型暴雨图法

从实际资料中选择暴雨量最大的一个暴雨图形（等雨量线图）移置于流域上。为安全计，常把暴雨中心放在 AB 区间，而不是放置在流域中心。这样做使区间暴雨所占比例最大，对防洪断面 B 更为不利。然后量取防洪断面 B 以上流域范围内的典型暴雨等雨量线图的雨量和部分面积，分别求出水库 A 以上流域的典型面雨量（P_A）和区间 AB 的典型面雨量（P_{AB}），乘以各自的面积，得水库 A 以上流域的总水量（$W_A = P_A F_A$）和区间 AB 的总水量（$W_{AB} = P_{AB} F_{AB}$），并求得它们所占的相对比例。设计暴雨总量（$W_{BP} = P_{BP} F_B$）按它们各自所占的比例分配，即得设计暴雨量在水库 A 以上和区间 AB 以上的面分布。最后通过设计暴雨时程分配计算，得出两部分设计暴雨过程。

2. 同频率控制法

对防洪断面 B 以上流域的面雨量和区间 AB 面积上的面雨量分别进行频率计算，求得各自的设计面雨量 P_{BP}、P_{ABP}。按同频率原则，当防洪断面 B 以上流域发生指定频率的设计面暴雨量时，区间 AB 面积上也发生同频率暴雨，水库以上流域则为相应雨量（其频率不定），即

$$P_A = \frac{P_{BP} F_B - P_{ABP} F_{AB}}{F_A} \tag{8-4}$$

第五节 设计洪水的推求

由设计暴雨推求设计洪水过程线，需要应用流域的产、汇流计算方案。流域的产、汇流计算方案或因建立多年，或依据中小暴雨洪水资料制作，缺乏大暴雨洪水资料检验，此时，需对原有的产、汇流计算方案做一些补充计算和处理。

一、设计 P_a 的计算

设计暴雨发生时流域上的土壤湿润情况是未知的，可能很干旱（$P_a = 0$），也可能很湿润（$P_a = I_m$），设计暴雨可与任何 P_a 值（$0 \leqslant P_a \leqslant I_m$）相遭遇，这是属于随机变量的遭遇组合问题。目前生产上常用下述3种方法推求设计条件下的土壤含水量，即设计 P_a。

1. 经验方法

在湿润地区，由于汛期雨水充沛，土壤比较湿润，当发生设计暴雨时，多数土壤更为湿润，为了安全和简化，可以取 $P_{a,P} = I_m$。在干旱地区，当发生设计暴雨时，多数土壤仍比较干燥，P_a 达到 I_m 的机会甚小，为简化及安全，可以取 $P_{a,P} = (1/3 \sim 1/2) I_m$，重现期大的暴雨取小值，重现期小的暴雨取大值。

2. 扩展暴雨过程法

在拟定设计暴雨过程时，加长暴雨历时，增加暴雨的统计时段，把核心暴雨前面一段也包括在内。例如，原设计暴雨采用 1d、3d、7d 3 个统计时段，现增长到 30d，即增加 15d、30d 两个统计时段。分别作上述各时段雨量频率曲线，选暴雨核心偏在后面的 30d 降雨过程作为典型，而后用频率分段控制缩放得 7d 以外 30d 以内的设计暴雨过程（图 8 - 6）。后面 7d 原先缩放好的设计暴雨核心部分是推求设计洪水用的。前面 23d 的设计暴雨过程用来计算 7d 设计暴雨发生时的 P_a 值，即设计 P_a。

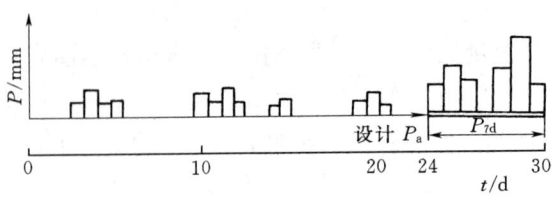

图 8-6 30d 设计暴雨过程

当然，30d 设计暴雨过程开始时的 P_a 值（即初始值）如何确定仍然是一个问题，不过初始 P_a 值假定不同，对后面的设计 P_a 值影响不大。初始 P_a 值一般可取 $P_a=\frac{1}{2}I_m$ 或 $P_a=I_m$。

3. 同频率法

假如设计暴雨历时为 t 日，分别对 t 日暴雨量 P_t 系列和每次暴雨开始时的 P_a 与暴雨量 P_t 之和即 P_t+P_a 系列进行频率计算，从而求得 $P_{t,P}$ 和 $(P_t+P_a)_P$，则与设计暴雨相应的设计 P_a 值可由两者之差求得，即

$$P_{a,P}=(P_t+P_a)_P-P_{t,P} \tag{8-5}$$

当得出 $P_{a,P}>I_m$ 时，则取 $P_{a,P}=I_m$。

上述 3 种方法中，扩展暴雨过程法用得比较多；经验方法取 $P_a=I_m$ 仅适用于湿润地区，干旱地区不宜使用；同频率法在理论上合理的，但在实用上也存在一些问题，它需要由两条频率曲线的外延部分求差，其误差往往很大，常会出现一些不合理现象，例如设计 $P_a>I_m$ 或设计 $P_a<0$。

二、产流方案及汇流方案的应用

1. 外延问题

设计暴雨属稀遇的大暴雨，往往超过实测值，在推求设计洪水时，必须外延有关的产、汇流方案。

湿润地区的产流方案常采用 $(P+P_a)-R$ 形式的相关图。相关线上部的坡度 $\frac{dR}{dP}=1.0$，即相关线为 45°线，外延起来比较困难；干旱地区多采用初损后损法，就需要对 P_a-i-I_0 相关图，考虑设计暴雨的雨强适当外延（图 8-7）。

至于设计条件下的汇流方案，如采用时段单位线法，应尽量选用由特大洪水资料分析得出的单位线。若用一般洪水资料分析得出的单位线，将使求得的设计洪水偏小。当地如果缺乏特大洪水资料时，可参照单位线非线性处理方法来修正。

2. 移用问题（缺乏资料地区）

如果设计流域缺乏实测降雨径流资料，无法直接分析产、汇流方案，可移用相似流域的分析成果。产流方案一般采用分区综合的方法，我国各省、市水文手册上都有降

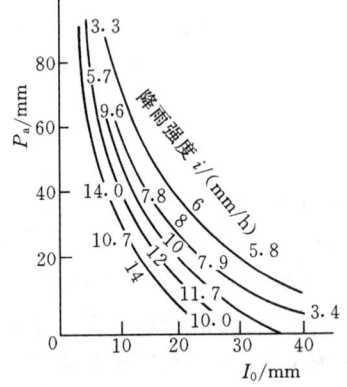

图 8-7 P_a-i-I_0 相关图

第五节 设计洪水的推求

雨径流相关线,供各个分区查用。汇流方案一般采用时段单位线的地区综合成果。

三、算例

【例 8-2】 某中型水库,集水面积为 341km^2,为了防洪复核,根据实测雨洪资料,拟采用暴雨资料来推求 $P=2\%$ 的设计洪水。步骤如下:

(1) 设计暴雨计算。根据本流域洪水涨落较快和水库调洪能力不强的特点,设计暴雨的最长统计时段采用 1d。通过点暴雨频率计算及参数的地区协调,得 $\overline{P}=110\text{mm}$、$C_v=0.58$、$C_s=3.5C_v$,求得 $P=2\%$ 的最大 1d 的点设计暴雨量为 296mm。再通过动点-动面的暴雨点面关系图,由流域面积 341km^2 查图得暴雨点面折减系数为 0.92,则 $P=2\%$ 的最大 1d 面设计暴雨量 $P_{面(1),P}=296\times0.92=272\text{mm}$。

按该地区的暴雨时程分配,求得设计暴雨过程见表 8-3。

表 8-3 $P=2\%$ 设计暴雨时程分配表

时段数（$\Delta t=6\text{h}$）	1	2	3	4	合计
占最大 1d 的百分数/%	11	63	17	9	100
设计暴雨/mm	29.9	171.3	46.2	24.6	272
设计净雨/mm	7.9	171.3	46.2	24.6	250
地下净雨/mm	2.4	9.0	9.0	9.0	29.4
地面净雨/mm	5.5	162.3	37.2	15.6	220.6

(2) 设计净雨过程的推求。用同频率法求得设计 $P_{a,P}$ 值为 78mm,本流域 $I_m=100\text{mm}$,降雨损失 22mm,求得设计净雨过程见表 8-3。

根据实测洪水资料分割得来的地下径流过程和净雨过程的分析,求得本流域的稳定下渗率为 1.5mm/h。由设计净雨过程中扣除地下净雨（=稳渗率×净雨历时）得地面净雨过程,见表 8-3。其中第 1 时段的净雨历时 $t_c=\dfrac{7.9}{29.9}\times6\approx1.6\text{h}$,地下净雨 $h_下=f_ct_c=1.5\times1.6=2.4\text{mm}$,故第 1 时段地面净雨为 5.5mm。其余类推。

(3) 设计洪水过程的推求。根据实测雨洪资料,分析得大洪水的单位线,见表 8-4 中第 (3) 栏。由设计地面净雨过程通过单位线推流,得设计地面径流过程,成果见表 8-4 中第 (5) 栏。

采用概化三角形法推算地下径流过程,三角形过程线面积（总量）等于设计地下净雨量,地下径流的峰值出现在设计地面径流停止的时刻（第 13 时段）,地下径流过程的底长为地面径流底长的 2 倍,即 $T_下=2\times T_面=2\times13\times6=156\text{h}$。

$$W_下=0.1\times\sum h_下 F=0.1\times29.4\times341=1000(万 \text{m}^3)$$

$$Q_{m,下}=\frac{2W_下}{T_下}=\frac{2\times1000\times10^4}{156\times3600}=35.6(\text{m}^3/\text{s})$$

地下径流过程见表 8-4 中第 (6) 栏。

地面径流过程加上地下径流过程即得 $P=2\%$ 的设计洪水过程,见表 8-4 中第 (7) 栏。

表 8 - 4　　　　　　某中型水库 $P=2\%$ 的设计洪水过程推算表

| 时段数
($\Delta t=6h$) | 地面净雨
/mm | 单位线
/(m³/s) | 部分径流/(m³/s) | | | | 地面径流
/(m³/s) | 地下径流
/(m³/s) | 设计洪水
/(m³/s) |
			$h_1=5.5$	$h_2=162.3$	$h_3=37.2$	$h_4=15.6$			
(1)	(2)	(3)	(4)				(5)	(6)	(7)
0		0	0				0	0	0
1		8.4	4.6	0			4.6	2.7	7.3
2	5.5	49.6	47.3	136	0		163	5.5	168.5
3	162.3	33.8	18.6	805	31.2	0	855	8.2	863.2
4	37.2	24.6	13.5	548	184	13.1	759	11.0	770
5	15.6	17.4	9.6	400	126	77.4	613	13.7	626.7
6		10.8	5.9	282	91.5	52.7	432	16.4	448.4
7		7.0	3.8	175	64.8	38.4	282	19.2	301.2
8		4.4	2.4	114	40.2	27.2	184	21.9	205.9
9		1.8	1.0	71.4	26.0	16.8	115	24.7	139.7
10		0	0	29.2	16.3	10.9	567.4	27.4	594.8
11				0	6.7	6.9	13.6	30.4	44.0
12					0	2.8	2.8	32.9	35.7
13						0	0	35.6	35.6
14								32.9	32.9
15								30.4	30.4
16								27.4	27.4
17								…	…
18								…	…
合计	220.6	157.8 (折合 10.0mm)	3481.4 (折合 220.6mm)						

第六节　小流域设计洪水计算

一、概述

小流域的集雨面积没有统一的划分标准。一般认为以点雨量所能代表的面积范围作为小流域划分的界限比较恰当。而某一雨量站所能代表的面积范围，显然与地理条件有关，也难以统一划分。因此，各省区所指小流域的面积是不统一的。干旱地区集雨面积300～500km²以下、湿润地区集雨面积100～200km²以下的称为小流域。

在实际水土保持、生态环境治理和农田水利基本建设工作中，经常会遇到需要在小流域上对多个工程进行规划设计的情况。比如，可能需要在小流域上修建一批农田水利工程，包括小型水库、塘堰、水闸等；再如铁路、公路建设中，可能需要在小流域上修建许多桥梁、涵洞等。在规划设计这些水利工程时，就必须进行设计洪水计算。理论上，可以用由流量资料推求设计洪水或由暴雨资料推求设计洪水的方法推求这类小流域的设计洪水，但实际由于小流域一般缺乏当地水文资料或气象资料，往往既无实测流量资料，又无实测暴雨资料，对于这种缺乏实测资料的小流域，难以应用上述两种方法，因此，水文学上常常把小流域设计洪水问题作为一个专门的问题进行研究。小流域设计洪水计算方法与大、中流域有所不同，主要有以下几个特点。

（1）在小流域上修建的工程数量很多，往往缺乏暴雨和流量资料，特别是流量资料。

（2）小型工程一般对洪水的调节能力较小，工程规模主要受洪峰流量控制，因而对设计洪峰流量的要求，高于对设计洪水过程的要求。

（3）小型工程的数量较多，分布面广，计算方法应力求简便，使广大基层水利工作者易于掌握和使用。

小流域设计洪水计算工作已有100多年的历史，计算方法在逐步充实和发展，由简单到复杂，由计算洪峰流量到计算洪水过程，归纳起来，包括推理公式法、经验公式法、综合单位线法以及水文模型等方法。本节主要介绍推理公式法和经验公式法。

二、小流域设计暴雨计算

小流域设计洪水计算，大多数采用由暴雨资料推求洪水的方法。因此，首先需要推求设计暴雨。设计暴雨是具有某一规定频率的一定时段的暴雨量或平均暴雨强度。用暴雨资料推求设计洪水时，一般是假定暴雨与其所形成的洪峰流量或洪量具有相同的频率。当小流域缺少实测暴雨系列时，多采用以下步骤推求设计暴雨。

（1）按省（区、市）水文手册及《暴雨径流查算图表》上的资料计算特定历时的暴雨量。

（2）将特定历时的设计暴雨量通过暴雨公式转化为任一历时的设计雨量。

1. 年最大24h设计暴雨量计算

最大24h暴雨是一次暴雨过程中连续24h的最大雨量。目前，气象和水利部门所刊印的资料都只给出固定日分界（8h或20h）的日雨量。日雨量一般小于，至多等于24h雨量。因此，年最大日雨量必须换算成年最大24h雨量才能符合计算要求。换算办法一般是将日雨量乘以大于1.0的系数，即

$$P_{24}=kP_\text{日} \tag{8-6}$$

式中：P_{24}、$P_\text{日}$为最大24h雨量、最大日雨量，mm；k为系数，一般为1.1~1.2，常采用1.1。

由于雨量站比流量站多得多，所以不少小流域内都可能有日雨量资料。将年最大日雨量系列换算成年最大24h雨量系列，然后进行频率计算，即可获得所需要的设计年最大24h雨量$P_{24,P}$。

如果设计流域没有雨量站，可用水文手册查出流域中心点的年最大24h平均雨量$\overline{P}_{24}$、C_v及C_s（常采用$C_s=3.5C_v$），查附表2，即可算得流域中心点年最大24h设计雨量。因为流域面积较小，忽略暴雨在地区分布上的不均匀性，可以把流域中心的点雨量作为流域面雨量，无需考虑点面雨量的折算。

2. 设计暴雨公式

在一次降雨过程中，雨强与历时成反比的关系，即时段平均雨强i随所取时段t的增

大而递减,这是暴雨的重要特性。对于小流域,暴雨最长的设计历时,一般只需24h即可。因而,这里仅研究24h内的雨强与历时之间的关系。

为了适应汇流历时不同的各个流域计算设计洪峰的需要,设计暴雨的综合表达式给出不同历时的符合设计频率 P 的平均暴雨强度 $\bar{i}_{t,P}$。目前水文上采用如下公式:

$$\left. \begin{array}{l} \bar{i}_{t,P} = \dfrac{S_P}{t^n} \\ P_{t,P} = S_P t^{1-n} \end{array} \right\} \tag{8-7}$$

式中:S_P 为单位历时的暴雨平均强度,或称频率为 P 的雨力,随地区和重现期而变,mm/h;n 为暴雨递减指数,随地区及历时长短而变;$P_{t,P}$ 为历时为 t,频率为 P 的暴雨量,mm。

根据雨量站的自记雨量记录,独立选取不同时段(如 $t=1\text{min}$、10min、30min、60min、180min、360min、720min、1440min)的年最大暴雨量的系列,分别进行频率计算,绘出各种历时暴雨量频率曲线,如图8-8所示。然后从图中查出不同重现期 T(或频率 P),各种历时 t 的暴雨量 $P_{t,P}$,见表8-5。

由表8-5中的数据,可以点绘雨量-历时-频率之间的关系,如图8-9(a)所示。如将图上的纵坐标转换为平均暴雨强度(即表8-5中各列数值除以同列的历时),即得到图8-9(b)中的 $\bar{i}$-t-P 曲线。由于它反映了当地的暴雨特性,所以称为暴雨特性曲线。双对数纸上的 $\bar{i}$-t-P 关系如图8-10所示。

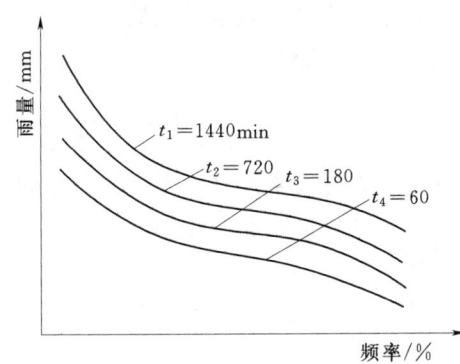

图8-8 不同时段的雨量频率曲线综合图

表8-5 不同频率各时段雨量摘录 单位:mm

P/%	t/min						
	10	30	60	180	360	720	1440
0.1	46.3	86.0	108	155	244	317	418
1	33.6	62.5	78.5	112	163	210	279
5	…	…	…	…	…	…	…
…	…	…	…	…	…	…	…

从大量实测雨量资料的分析表明,图8-10中的直线常会出现转折点。为了计算上方便,将转折点统一取在 $t=1\text{h}$ 处。当 $t<1\text{h}$ 时,取 $n=n_1$;当 $t>1\text{h}$ 时,取 $n=n_2$。在 $t=1\text{h}$ 处,各条线转折点的纵坐标值为 S,如图8-10中的 $S_{0.1\%}$、$S_{1\%}$,因而,S 具有频率的概念,在设计中用 S_P 表示。$\bar{i}$-t-P 的数学表达式为

$$\left. \begin{array}{l} \lg \bar{i} = \lg S_P - n \lg t \\ \text{或}\ \bar{i} = S_P/t^n \end{array} \right\} \tag{8-8}$$

由此可见,只要某水文站有长期雨量系列资料,上述公式中的参数 S_P 及 n 值不难确定。

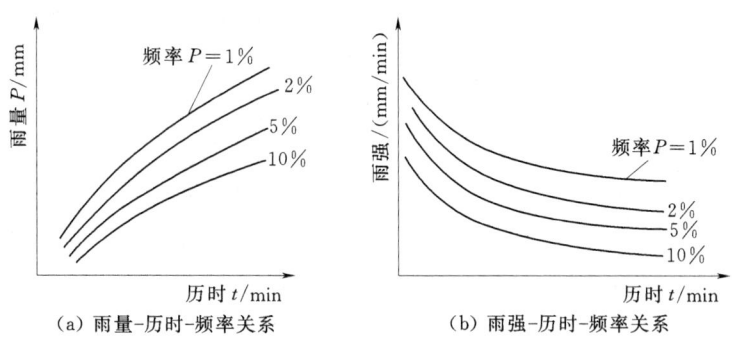

图 8-9 暴雨特性曲线示意图

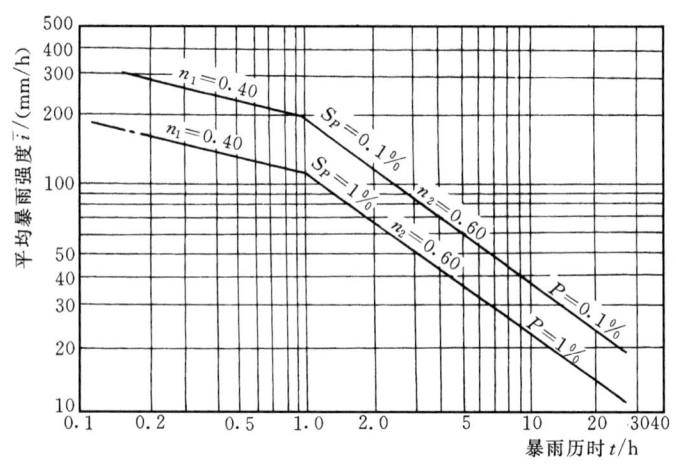

图 8-10 降雨强度-历时-频率关系曲线图

暴雨特性曲线综合反映了当地气候条件，而气候条件是有一定的地区规律的。因此，可按不同气候区对暴雨特性曲线加以综合，即用式（8-8）表示，并绘制出公式中参数 S_P 及 n 值的地理分布图。这样就可以解决无雨量资料地点的设计暴雨的推求问题。

【例 8-3】 试求湖北省某小型水库处历时 $t=10\text{h}$、50 年一遇的设计暴雨强度。

解： 根据水库所在地点，查湖北省水文手册，求得 50 年一遇的最大 24h 暴雨量为

$$P_{24,P=2\%}=250\text{mm}, n=n_2=0.7$$

再根据式（8-7），得

$$S_{P=2\%}=\frac{P_{24,P=2\%}}{24^{0.3}}=\frac{250}{2.59}=96.5(\text{mm/h})$$

于是

$$\bar{i}_{P=2\%}=\frac{S_P}{t^n}=\frac{96.5}{10^{0.7}}=\frac{96.5}{5.01}=19.26(\text{mm/h})$$

三、设计净雨计算

为了与小流域设计洪水计算方法相适应，下面着重介绍利用损失系数 μ 值的地区综合规律计算小流域设计净雨的方法。

损失系数 μ 是指产流历时 t_c 内的平均损失强度。图 8-11 表示 μ 与降雨过程的关系。从图 8-11 可以看出，$i \leqslant \mu$ 时，降雨全部耗于损失，不产生净雨；$i > \mu$ 时，损失按 μ 值

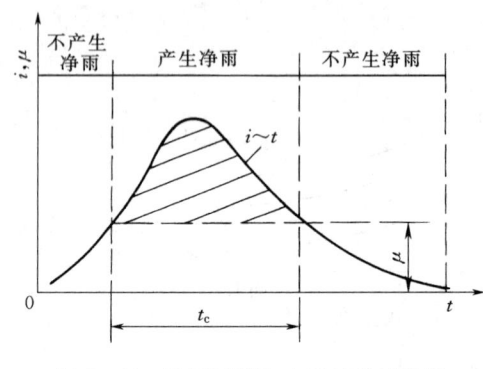

图 8-11 降雨过程与入渗过程示意图

进行，超渗部分（图中阴影部分）即为净雨量。由此可见，当设计暴雨和 μ 值确定后，便可求出任一历时的净雨量及平均净雨强度。

为了便于小流域设计洪水计算，各省（区）水文水利部门在分析大量暴雨洪水资料之后，提出了决定 μ 值的简便方法。有的建立单站 μ 与前期影响雨量 P_a 的关系，有的选用降雨强度 $\bar{i}$ 与一次降雨平均损失率 $\bar{f}$ 建立关系，以及 μ 与 $\bar{f}$ 建立关系，从而运用这些 μ 值做地区综合，可以得出各地区在设计时应取的 μ 值。具体数值参阅各省（区）的水文手册。

四、由推理公式推求设计洪水的基本原理

1. 推理公式的形式

推理公式法是由暴雨资料推求设计洪峰流量的一种简化计算方法。推理公式是在假定流域上降雨与损失均匀，即净雨强度不随时间和空间变化等条件下，根据流域线性汇流原理推导出来的流域出口断面处设计洪峰流量的计算公式，又称合理化公式。

假定流域产流强度 γ 在时间上、空间上都均匀，经过线性汇流（如等流时线法）推导，可得出所形成洪峰流量的计算公式为

$$Q_{m,P} = 0.278\gamma F = 0.278(\bar{i}-\mu)F \tag{8-9}$$

式中：$Q_{m,P}$ 为洪峰流量，m^3/s；γ 为流域产流强度，mm/h；$\bar{i}$ 为平均降雨强度，mm/h；μ 为损失强度，mm/h；F 为流域面积，km^2；0.278 为单位换算系数。

在产流强度时空均匀情况下，流域汇流过程可如图 8-12 所示。由图 8-12 可知，当产流历时 $t_c > \tau$（流域汇流时间）时，会形成稳定洪峰段，其洪峰流量 $Q_{m,P}$ 由式 (8-9) 给出。$Q_{m,P}$ 仅与流域面积和产流强度有关。这些结论与人们的直觉似乎有抵触，因为实际上洪水过程线中，几乎没有出现过这种稳定的洪峰段，而且洪峰流量与流域其他地理特征（如坡降、河长等）有关，常引起人们对式 (8-9) 的合理性产生怀疑。造成上述矛盾的根本原因是实际产流强度不太可能达到以上假定。

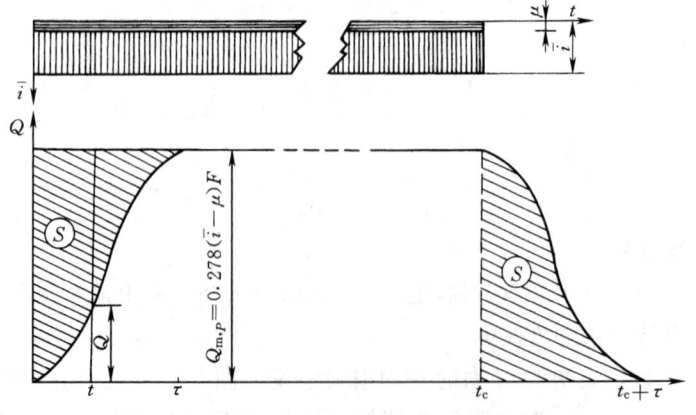

图 8-12 均匀产流条件下流域汇流过程示意图

当 $t_c \geqslant \tau$ 时,称为全面汇流情况,此时,可以直接使用式(8-9)推求洪峰流量;当 $t_c < \tau$ 时,称为部分汇流情况,即其洪峰流量只是由部分流域面积的净雨形成,此时,不能正常使用推理公式,否则所求洪峰流量将偏大。

2. 推理公式的实际应用

实际上产流强度随时间、空间是变化的,从严格意义上讲,是不能用推理公式作汇流计算的。但对于小流域设计洪水计算,推理公式计算简单,具有一定精度,故它是目前最常用的一种小流域汇流计算方法。

对于实际暴雨过程,$Q_{m,P}$ 的计算方法如下:

假定所求设计暴雨过程如图 8-13 所示,产流计算采用损失参数 μ 法。

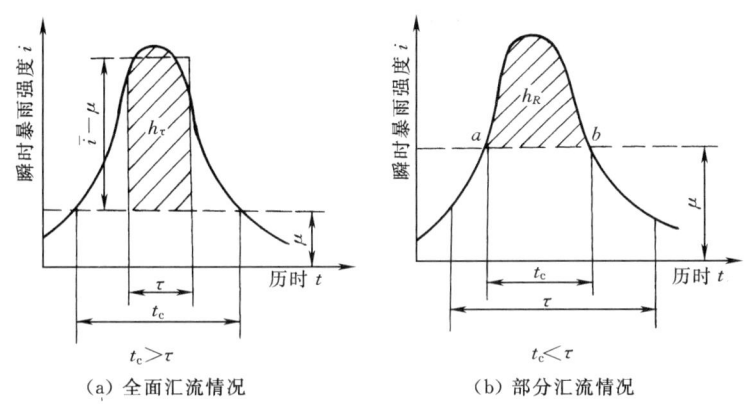

图 8-13 $t_c > \tau$、$t_c < \tau$ 时参与形成洪峰流量的径流深图

对于全面汇流情况:

$$Q_{m,P} = 0.278(\bar{i} - \mu)F = 0.278\left(\frac{h_\tau}{\tau}\right)F \tag{8-10}$$

对于部分汇流情况,因为不能正常使用推理公式,所以陈家琦等在作一定假定后,得

$$Q_{m,P} = 0.278\left(\frac{h_R}{\tau}\right)F \tag{8-11}$$

式中:h_τ 为连续 τ 时段内最大产流量;h_R 为产流历时内的产流量。

五、北京水科院推理公式法

1. 推理公式基本形式

1958 年,北京水利水电科学研究院陈家琦等提出了洪峰流量计算的公式,以后又做了若干改进。本法是 SL 44—2006《水利水电工程设计洪水计算规范》中规定使用的小流域设计洪水计算方法。具体公式为

$$Q_{m,P} = K\psi\bar{i}_\tau F = 0.278\psi\left(\frac{S_P}{\tau^n}\right)F \tag{8-12}$$

式中:K 为单位换算系数,流域面积 F 以 km^2 计,雨强以 mm/h 计,$K = 0.278$,若雨强以 mm/min 计,$K = 16.67$;ψ 为洪峰径流系数;τ 为流域汇流历时,h;S_P、n 为暴雨参数。

式(8-12)中,流域面积 F 可从地形图量得,S_P 及 n 可由各省(区)《水文手册》

等值线图查得。因而该式中只有两个未知数,即 τ 及 ψ 值。

2. 流域汇流历时 τ 的计算

从水力学可知:

$$\tau = 0.278 \frac{L}{\nu_\tau} \tag{8-13}$$

$$\nu_\tau = m J^{1/3} Q_{m,P}^{1/4} \tag{8-14}$$

式中:L 为自分水岭至出口断面的河道长度,km;ν_τ 为平均汇流速度,m/s;m 为汇流参数;J 为自分水岭至出口断面的河道平均比降,以小数计;$Q_{m,P}$ 为待求的洪峰流量,m³/s。

将式(8-12)和式(8-14)代入式(8-13)中,得

$$\tau = \frac{0.278^{\frac{3}{4-n}}}{\left(\frac{mJ^{1/3}}{L}\right)^{\frac{4}{4-n}} (S_P F)^{\frac{1}{4-n}} \psi^{\frac{1}{4-n}}} \tag{8-15}$$

令

$$\tau_0 = \frac{0.278^{\frac{3}{4-n}}}{\left(\frac{mJ^{1/3}}{L}\right)^{\frac{4}{4-n}} (S_P F)^{\frac{1}{4-n}}} \tag{8-16}$$

则

$$\tau = \tau_0 \psi^{-\frac{1}{4-n}} \tag{8-17}$$

由式(8-17)可知,当 $\psi=1$ 时,$\tau=\tau_0$。欲求 τ 必须先求 τ_0 及 ψ 值。τ_0 值可由式(8-16)计算。

3. 洪峰径流系数 ψ 的计算

洪峰径流系数 ψ 值是反映流域内降雨形峰过程的一种损失参数。把暴雨强度式(8-7)看作为一次连续的设计降雨过程;在损失计算上,用净雨历时内的平均损失率作为 μ 值,即

$$\mu = \frac{P_{t_c} - h_R}{t_c} \tag{8-18}$$

式中:μ 为净雨历时内的平均损失率,mm/h;P_{t_c} 为净雨历时内的降雨量,mm;h_R 为全部净雨量,mm。

净雨量 h_τ 及 h_R 的推求可用图 8-13 来说明。图 8-13 中 $i(t)$ 是瞬时雨强过程线,在 $t_c \geqslant \tau$ 时,净雨深 h_τ 为

$$h_\tau = P_\tau - \mu\tau = \bar{i}_\tau \tau - \mu\tau = (\bar{i}_\tau - \mu)\tau \tag{8-19}$$

在 $t_c < \tau$ 时,净雨深 h_R 为

$$h_R = P_{t_c} - \mu t_c \tag{8-20}$$

在图 8-13 中由于 a、b 两点的瞬时雨强等于 μ 值,而瞬时雨强可由 $\frac{dP}{dt}$ 求出。因 $P = S_P t^{1-n}$,则

$$\frac{dP}{dt} = (1-n)\frac{S_P}{t_c^n} = \mu \tag{8-21}$$

故有
$$t_c = \left[(1-n)\frac{S_P}{\mu}\right]^{\frac{1}{n}} \tag{8-22}$$

于是
$$h_R = P_{t_c} - \mu t_c = P_{t_c} - (1-n)\frac{S_P}{t_c^n}t_c = nP_{t_c} = nS_P t_c^{1-n} \tag{8-23}$$

有了 h_τ 及 h_R 的计算公式后，代入式 (8-9) 及式 (8-11) 得

$t_c \geqslant \tau$：
$$Q_{m,P} = 0.278(\bar{i}_\tau - \mu)F = 0.278\psi \bar{i}_\tau F \tag{8-24}$$

其中
$$\psi = \frac{\bar{i}_\tau - \mu}{\bar{i}_\tau} = 1 - \frac{\mu}{\bar{i}_\tau} = 1 - \frac{\mu}{S_P}\tau^n \tag{8-25}$$

$t_c < \tau$：
$$Q_{m,P} = 0.278\frac{nP_{t_c}}{\tau}F = 0.278\psi \bar{i}_\tau F \tag{8-26}$$

其中
$$\psi = \frac{nP_{t_c}}{P_\tau} = n\left(\frac{t_c}{\tau}\right)^{1-n} \tag{8-27}$$

由上述可知，两种情况下的洪峰流量计算式是相同的，即
$$Q_{m,P} = 0.278\psi \bar{i}_\tau F$$

不同的只是 ψ 的计算式不同。

归纳上述，τ 与 ψ 可用下列两组方程联解：

$t_c \geqslant \tau$：
$$\left.\begin{aligned}\tau &= \tau_0 \psi^{-\frac{1}{4-n}} \\ \psi &= 1 - \frac{\mu}{S_P}\tau^n\end{aligned}\right\} \tag{8-28}$$

$t_c < \tau$：
$$\left.\begin{aligned}\tau &= \tau_0 \psi^{-\frac{1}{4-n}} \\ \psi &= n\left(\frac{t_c}{\tau}\right)^{1-n}\end{aligned}\right\} \tag{8-29}$$

也可利用图 8-14 求解（查用时无须再考虑 t_c 是否大于等于或小于 τ 的问题）。

4. 其他参数的确定

在计算 τ 及 ψ 时，需确定流域特征参数 L、J，损失参数 μ 及汇流参数 m。

(1) 流域长度 L 指从流域出口断面起，沿干流至流域分水岭的长度。可在适当比例尺的地形图上量取。

(2) 平均纵比降 J 可根据本教材第二章介绍的公式计算。

(3) 损失参数 μ，在有雨洪资料时，推求设计 μ 值可把式 (8-22) 代入式 (8-23) 得

$$h_R = nS_P\left[(1-n)\frac{S_P}{\mu}\right]^{\frac{1-n}{n}} \tag{8-30}$$

移项简化后可得

$$\mu = (1-n)n^{\frac{n}{1-n}}\left(\frac{S_P}{h_R^n}\right)^{\frac{1}{1-n}} \tag{8-31}$$

式中：h_R 为主雨峰产生的径流深。

这样，在设计条件下，如果 S_P、n 为已知，h_R 可以根据设计暴雨量查本地区暴雨径流关系来确定，设计条件下的 μ 值就可按式 (8-31) 计算得到。例如《湖南省小型水库

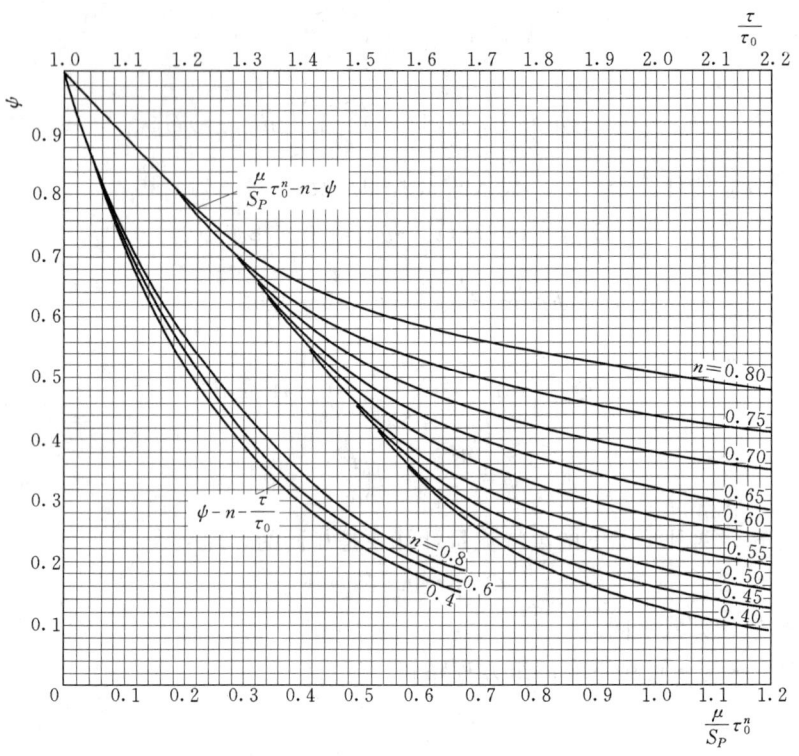

图 8-14 ψ、τ 诺漠图

水文手册》在利用式（8-31）确定 μ 值时，h_R 就是利用 24h 设计暴雨量从 24h 综合暴雨径流相关图中查得的。

无实测雨洪资料时，h_R 按式（8-32）计算：

$$h_R = \alpha P_{24} \tag{8-32}$$

式中：α 为 24h 降雨的雨洪径流系数。

我国水文研究所根据我国的暴雨情况，以 24h 暴雨量 P_{24} 近似地代表一次单峰降雨过程进行了分析，利用广东、山西、湖南、浙江等地的分析结果，综合给出了山区和丘陵区不同土壤类别的 24h 径流系数 α 值表（表 8-6），因分类所能表达的条件较少，使用时必须针对不同对象予以修正。

表 8-6　降雨历时等于 24h 的径流系数 α 值

地区	$\overline{P}_{24}$/mm	土壤			地区	$\overline{P}_{24}$/mm	土壤		
		黏土类	壤土类	沙壤土类			黏土类	壤土类	沙壤土类
山区	100～200	0.65～0.80	0.55～0.70	0.40～0.60	丘陵区	100～200	0.60～0.65	0.30～0.55	0.15～0.35
	200～300	0.80～0.85	0.70～0.75	0.60～0.70		200～300	0.75～0.80	0.55～0.65	0.35～0.50
	300～400	0.85～0.90	0.75～0.80	0.70～0.75		300～400	0.80～0.85	0.65～0.70	0.50～0.60
	400～500	0.90～0.95	0.80～0.85	0.75～0.80		400～500	0.85～0.90	0.70～0.75	0.60～0.70
	500 以上	0.95 以上	0.85 以上	0.80 以上		500 以上	0.90 以上	0.75 以上	0.70 以上

注　壤土相当于工程地质勘察规范中的亚黏土；沙壤土相当于亚砂土。

(4) 汇流参数 m 根据式（8-13）及式（8-14）可得

$$m=\frac{0.278L}{J^{1/3}Q_{m,P}^{1/4}\tau} \quad (8-33)$$

m 值是用实际雨洪资料通过上式求出的。因此，公式中各项假设条件所带来的误差均会反映在 m 中，使 m 值的物理概念不是很清晰，也给地区综合带来一定的困难。我国各省（区）几乎都按上式对 m 值做过一定的分析。目前，多数是根据 $m-\theta$ 关系来确定 m 值。其中 θ 称为流域特征因素。

四川省东部地区建立 $m-\theta$（$=\dfrac{L}{J^{1/3}F^{1/4}}$）关系为

当 $\theta=1\sim30$ 时： $\qquad m=0.45\theta^{0.169}$

当 $\theta=30\sim300$ 时： $\qquad m=0.114\theta^{0.574}$

湖南省则建立了 $m-\theta$（$=\dfrac{L}{J^{1/3}}$）综合关系：

在北纬 28°以北： $\qquad m=0.28\theta^{0.32}$

在北纬 28°以南： $\qquad m=0.16\theta^{0.40}$

许多省（区）水文手册都给出了本地区 m 值的经验公式，供设计时使用。

当缺乏资料时，可参照 SL 44《水利水电工程设计洪水计算规范》推荐并经陈家琦、张恭肃补充、修正的表 8-7 选定 m 值。

表 8-7 推理公式法汇流参数 m 值表

类别	洪水特性、河道特性、土壤植被条件的简单描述	推理公式洪水汇流参数 m 值			
		$\theta=1\sim10$	$\theta=10\sim30$	$\theta=30\sim90$	$\theta=90\sim400$
I	北方半干旱地区，植被条件较差，以荒草坡、梯田或少量的稀疏林为主的土石山丘区，旱作物较多，河道呈宽浅型、间歇性水流，洪水陡涨陡落	1.00～1.30	1.30～1.60	1.60～1.80	1.80～2.20
II	南、北方地理景观过渡区，植被条件一般，以稀疏林、针叶林、幼林为主的土石山丘区或流域内耕地较多	0.60～0.70	0.70～0.80	0.80～0.90	0.90～1.30
III	南方、东北湿润山丘区，植被条件良好，以灌木林、竹林为主的石山区，或森林覆盖度达 40%～50%或流域内以水稻田或优良的草皮为主，河床多砾石、卵石，两岸滩地杂草丛生，大洪水多为尖瘦型，中小洪水多为矮胖型	0.30～0.40	0.40～0.50	0.50～0.60	0.60～0.90
IV	雨量丰沛的湿润山区，植被条件优良，森林覆盖度可高达 70%以上，多为深山原始森林区，枯枝落叶层厚，壤中流较丰沛，河床呈山区型大卵石、大砾石河槽，有跌水，洪水多呈缓落型	0.20～0.30	0.30～0.35	0.35～0.40	0.40～0.80

(5) 设计洪峰流量计算实例。

【例 8-4】 四川省东部某小水库，坝址控制面积为 $F=194\text{km}^2$，流域长度 $L=32.1\text{km}$，$J=9.32‰$，百年一遇最大 24h 设计雨量 $P_{24,P}=214.0\text{mm}$，$n=0.75$，$\mu=3.0\text{mm/h}$，$m=0.96$，求百年一遇设计洪峰流量。

解：(1) 根据流域水系地形图，量算或校核流域特征参数：F、L、J。

(2) 根据已建立的 $m-\theta$ 经验关系式，计算汇流参数 m 值：

$$\theta = \frac{L}{J^{1/3}F^{1/4}} = \frac{32.1}{(0.00932)^{1/3}(194)^{1/4}} = \frac{32.1}{0.21 \times 3.73} = 40.9$$

$$m = 0.114\theta^{0.574} = 0.114 \times (40.9)^{0.574} = 0.96$$

(3) 计算雨力 S_P：

$$S_P = (24)^{n-1} P_{24,P} = 96.8 (\text{mm/h})$$

(4) 计算 τ_0：

$$\tau_0 = \frac{0.278^{\frac{3}{4-n}}}{\left(\frac{mJ^{1/3}}{L}\right)^{\frac{4}{4-n}}(S_P F)^{\frac{1}{4-n}}} = \frac{0.278^{0.923}}{(0.00628)^{1.231}(18780)^{0.308}} = 7.6(\text{h})$$

(5) 求 ψ：

查图 8-14 中 $\frac{\mu}{S_P}\tau_0^n - n - \psi$ 曲线，得 $\psi = 0.85$。

(6) 求 τ：

利用图 8-14 中 $\psi - n - \frac{\tau}{\tau_0}$ 曲线进行查算，或用下式计算：

$$\tau = \tau_0 \psi^{\frac{-1}{4-n}} = 7.6 \times (0.85)^{-0.308} = 8.0(\text{h})$$

(7) 计算 $Q_{m,P}$：

$$Q_{m,P} = 0.278\psi \frac{S_P}{\tau^n} F = 0.278 \times 0.85 \times \frac{96.8}{(8)^{0.75}} \times 194 = 930(\text{m}^3/\text{s})$$

为了计算方便和减少错误，以上各项计算可列表进行，见表 8-8。

表 8-8　　　　　用北京水科院推理公式法计算洪峰流量表

河名地区	F/km²	L/km	J/‰	$J^{1/3}$	n	$P_{24,P}$/mm	S_P/(mm/h)	m	μ/(mm/h)	$S_P F$
××××	194	32.1	9.32	0.21	0.75	214	96.8	0.96	3.0	18780

河名地区	$(S_P F)^{\frac{1}{4-n}}$	$\frac{mJ^{1/3}}{L}$	$0.278^{\frac{3}{4-n}}$	τ_0/h	τ_0^n	$\frac{\mu}{S_P}\tau_0^n$	ψ	τ/τ_0	τ/h	τ^n	$Q_{m,P}$/(m³/s)
××××	20.96	0.00628	0.307	7.6	4.58	0.142	0.85	1.053	8.0	4.757	930

六、地区经验公式法推求设计洪峰流量

计算小流域设计洪峰流量，除推理公式法外，还经常采用地区经验公式法。

洪峰流量的经验公式是根据本地区的实测或调查洪水资料进行分析，直接建立洪峰流量与有关因素之间的相关关系，然后根据相关曲线的线型配以适当的数学方程式来建立的。这种公式都是根据某一地区实测的经验数据制定，没有从形成洪峰流量的物理概念上推导，纯属经验关系，地区性很强，因此称为地区经验公式。

影响洪峰流量的因素很多，例如，河道的比降、长度、断面形状；流域的面积、形状、植被、土壤地质条件；暴雨量的大小、时空分布等。建立经验公式的关键在于选定主

要因素，若主要因素选得太少，就不能较全面地反映主要影响；若主要因素选得较多，则参数的定量困难，反而影响精度，而且计算麻烦。目前我国广泛应用的一些洪峰流量经验公式，有单因素的公式，也有多因素的公式，下面分别作简单介绍。

1. 单因素公式法

最简单的经验公式，是以流域面积作为影响洪峰流量的主要因素，把其他因素用一个综合系数表示，其形式为

$$Q_{m,P}=C_P F^n \tag{8-34}$$

式中：$Q_{m,P}$ 为设计洪峰流量，m^3/s；F 为流域面积，km^2；n 为反映流域面积对洪峰流量影响程度的指数；C_P 为随地区和频率而变化的综合系数。

指数 n 随流域面积大小而变，一般中等流域约为 0.5，小流域约为 2/3，特小流域更大些。C_P 是与频率有关的综合系数，主要受暴雨影响，通常将 C_P 绘成等值线图供查用。

单因素公式法过于简单，较难反映流域的各种特性，只有在实测资料较多的地区，分区范围不太大，分区内暴雨特性和流域特征比较一致时，才能得出较合理的成果。

2. 多因素公式法

目前我国采用的多因素公式，一般考虑 2~3 个指标，常见的形式有

$$Q_{m,P}=CP_{24,P} F^n \tag{8-35}$$

$$Q_{m,P}=CP_{24,P} J^{\beta} F^n \tag{8-36}$$

$$Q_{m,P}=Ch_{24,P}^{\alpha} J^{\beta} f^{\gamma} F^n \tag{8-37}$$

式中：$P_{24,P}$ 为设计频率为 P 的年最大 24h 暴雨量，mm；$h_{24,P}$ 为设计频率为 P 的年最大 24h 净雨量，mm；J 为河道干流平均坡度，‰；f 为流域形状系数，$f=F/L^2$；α、β、γ、n 为指数；C 为综合系数。

例如，安徽省山丘区中小河流洪峰流量经验公式为

$$Q_{m,P}=Ch_{24,P}^{1.21} F^{0.73}$$

式中：综合系数 C 按深山区、浅山区、高丘区、低丘区四类分别为 0.0514，0.0285，0.0239，0.0194。

3. 洪峰流量均值的经验公式

式（8-34）~式（8-37）都是直接求设计洪峰流量的。但有的地区是建立洪峰流量均值的经验公式，同时再绘出洪峰流量的变差系数 C_v 等值线图和给出偏态系数 C_s 的分区值 (C_s/C_v)。在确定统计参数后，就可计算设计洪峰流量。

洪峰流量均值的经验公式其形式与上述两类公式相似，例如：

$$\overline{Q}_m=CF^n \tag{8-38}$$

$$\overline{Q}_m=C\overline{P}_{24} J^{\beta} f^{\gamma} F^n \tag{8-39}$$

式中：$\overline{Q}_m$ 为年最大洪峰流量的多年平均值，m^3/s；$\overline{P}_{24}$ 为年最大 24h 雨量的多年平均值，mm；其他参数意义同前。

七、小流域设计洪水过程线的推求

某些中小型水库，需要考虑调洪作用。为满足调洪演算的需要，除推求设计洪峰流量外，还应推求设计洪量及洪水过程线。

小流域的设计洪水过程线一般是根据概化过程线，按设计洪峰流量、设计洪量进行放大求得。概化过程线是根据小流域洪水资料综合出来并予以简化而得，国内常见的有曲线型、三角形及五点概化过程等，如图8-15所示。

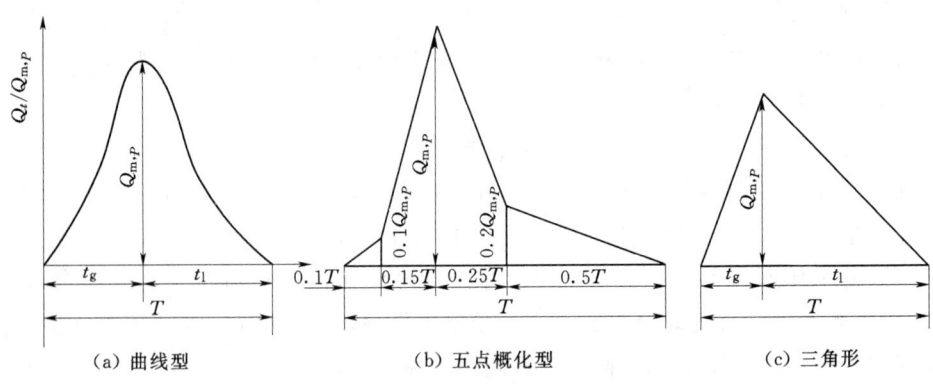

图8-15 概化洪水过程图

一次设计洪量可按下式计算：

$$W_P = 1000 h_R F \tag{8-40}$$

式中：W_P 为一次洪水总量，m^3；h_R 为一次净雨量，或采用式（8-30）或式（8-32）进行计算，mm；F 为流域面积，km^2。

一次洪水总历时 T 或涨水历时 $t_g(h)$ 可用下列公式计算，即

$$T(\text{或 } t_g) = f(Q_{m,P}, W_P) \tag{8-41}$$

计算 T（或 t_g）公式的具体形式随概化过程线形状不同而异。对于三角形过程线，计算 T 的公式为

$$T = \frac{2W_P}{Q_{m,P}} \tag{8-42}$$

对于三角形过程线，主要的问题是确定涨水历时 t_g 与退水历时 t_1 的比例，即

$$t_1 = \beta t_g \tag{8-43}$$

一般情况下，$t_1 > t_g$。根据有些地区的分析，β 值为 1.5～3.0。一般山区河流洪水的 β 值较大，丘陵区河流洪水的 β 值较小。

第七节 可能最大降水及可能最大洪水

一、可能最大降水量（PMP）与可能最大洪水（PMF）

我国 SL 252—2017《水利水电工程等级划分及洪水标准》规定：失事后对下游将造成较大灾害的大型水库、重要的中型水库以及特别重要的小型水库的大坝，当采用土石坝时，应以可能最大洪水（probable maximum flood，PMF）作为非常运用洪水设计标准。相应可能最大洪水的降水量称为最大降水或最大暴雨（probable maximum precipitation，PMP）。推求可能最大降水和可能最大洪水是水文计算中的一个重要课题。

在一定地点和一定时间内大气所产生的降水强度和降水总量必然具有上限。由于降水机制及其造雨效率和既有技术还不足以精确推算极大降水的极限值，因此，这个数字只是

一种估计。求得的数值被认为是可能达到的上限雨量，因而称它为"可能最大降水"。1975年，英国称这种数值为估算最大降水，在我国一般称为可能最大暴雨。由可能最大暴雨形成的洪水称为可能最大洪水（PMF）。这是一种提供最大保护的政策性规定，以防最恶劣的洪水发生，从而希望能保证工程永久不被洪水破坏。

利用气象学方法来决定极限降水量，是20世纪30年代中叶开始的。1962年，美国规定不允许失事的极重要工程，其溢洪道设计洪水应为可能最大洪水。我国是在"75·8"大暴雨之后，开始在全国范围内推行水文气象法计算可能最大暴雨的。

在特定的地理位置，一定时段内的最大暴雨量应有一个物理上限，如果求出这个上限，并计算出相应的洪水作为设计洪水，则可保证水利工程的安全。但是，由于在现代条件下能掌握的气象和水文资料有限，计算方法也不完善，所以估算得到的可能最大暴雨并不是真正的上限，仅仅是一个近似值。

二、可降水量和降水量公式

所谓大气中的可降水量（W）是指单位面积上，自地面至高空水汽顶层空气柱中的总水汽量全部凝结后降落到地面上所形成的水深，单位为mm。通常一个地区的可降水量决定于该地区的汽柱高度、纬度、地面高程、距海远近、气象条件等，目前PMP的估算就是建立在可降水量这一基本概念的基础之上的。

降水量的计算方法：根据大气水量平衡原理及空气质量连续原理，一定历时 t 内的降水量 P 的计算式为

$$P = \beta V_入 W_入 t \tag{8-44}$$

式中：W 为可降水量，即水汽输入量；$V_入$ 为水汽入流端的平均风速；β 为表示空气上升运动强度的辐合因子。

如令 $\beta V_入 = \eta$，称降水效率，则上式改写为

$$P = \eta W_入 t \tag{8-45}$$

其中，η 值可用实测降雨资料反推求得，即

$$\eta = \frac{P/t}{W_入} = \frac{i}{W_入} \tag{8-46}$$

故 η 亦称为雨湿比。

三、PMP 的估算——典型暴雨极大化

目前，我国估算可能最大暴雨的方法很多，大体可归纳为两类，一类是由暴雨公式求可能最大暴雨；另一类是由实测典型暴雨求可能最大暴雨，即典型暴雨极大化法，此类方法目前应用较多。

典型暴雨极大化法主要做两方面的工作。第一，选定典型暴雨；第二，将降水量公式中的气象因子进行极大化。

所谓典型暴雨，是指反映设计流域特大暴雨特征、所造成的洪水对水利工程防洪威胁最大的暴雨。所谓极大化，就是将影响暴雨的主要物理量（如水汽、动力等因素）加以放大，即得可能最大暴雨量。

（一）水汽极大化法

水汽极大化的概念是根据"在个别特殊暴雨中测得的水汽含量小于大气中容许产生的

水汽含量"这样一个预想形成的。它是利用典型暴雨中实测水汽与典型暴雨位置的可能最大水汽之比来放大实测降水量的。

当选定的典型暴雨属于实测资料中最大的暴雨，即 $\eta = \eta_m$ 时，则可用水汽极大法（或称水汽极大化法）推求可能最大暴雨。计算公式为

$$P_m = \frac{W_m}{W_典} P_典 \tag{8-47}$$

式中：$P_典$、P_m 为典型暴雨及可能最大暴雨的雨量值，mm；$W_典$、W_m 为典型暴雨及可能最大暴雨的可降水值，mm。

用式（8-47）计算可能最大暴雨时，关键是如何确定 $W_典$ 和 W_m 值。可降水的计算一般采用代表性露点法（露点 T_d：在气压一定时，水汽含量不变，使空气冷却至饱和状态的温度，它的单位与温度相同）。因此，$W_典$ 和 W_m 的确定便转化为相应的地面代表性露点 T_d 和 T_{dm} 的确定。

1. 典型暴雨代表性露点 $T_{d典}$ 的确定

一场暴雨的代表性地面露点，是指在适当地点适当时间选定的地面露点值，该露点称为暴雨的代表性地面露点。确定方法如下：

（1）代表性露点的地点选择。在暖湿空气的入流方向大雨区边缘选取几个测站，先分别选取各测站降雨期间的代表性地面露点值，然后取其平均值，作为典型暴雨的代表性地面露点。

（2）代表性露点的时间选择。每个测站代表性露点的选取，是在包括最大 24h 暴雨期及其前 24h 共 48h 内选取持续 12h 最高露点值。测站代表性地面露点的分析选择见表 8-9。

表 8-9　　　　　　　　　A 站代表性地面露点分析选择表

时间	日期	8月2日				8月3日			
	时	0	6	12	18	0	6	12	18
露点/℃		20	22	24	23	25	23	21	19

从表 8-9 中可以看出，在所有持续 12h 露点中，8月2日12时和8月3日6时的 23℃ 是最高值。因此，A 站的代表性地面露点为 23℃。

2. 可能最大代表性地面露点 T_{dm} 的选定

可能最大代表性地面露点 T_{dm} 有 3 种常用的选择方法：

（1）按历史最大代表性地面露点确定：当计算地区测站的地面露点资料超过 30 年时，可分月（汛期各月）选用历年中最大的持续 12h 地面露点，作为各月的可能最大代表性地面露点。

（2）按频率计算确定：对测站历年汛期各月最大持续 12h 地面露点进行频率计算，取频率 $P = 2\%$ 的地面露点值作为该月的可能最大代表性地面露点，各月中取最大者，即为全年的可能最大代表性露点值。

（3）按地理分布确定：我国各省区都已绘制了可能最大露点等值线图，在图中可查出设计地点的可能最大露点值。在这里要指出，我国各地水汽主要来源于西太平洋和孟加拉

湾,所以必须用该两地海面实测最高水温作为暴雨代表性露点的控制值。

(二) 水汽效率联合放大法

若选定的典型暴雨,其水汽量及效率均未达到可能最大时,则可将水汽、效率同时放大。可能最大暴雨可按式(8-48)推求:

$$P_m = \frac{\eta_m W_m}{\eta_{典} W_{典}} P_{典} \tag{8-48}$$

每次暴雨的效率值可由式(8-49)计算:

$$\eta = \frac{P}{WT} = \frac{i}{W} \tag{8-49}$$

可能最大效率 η_m 值的确定:在设计流域暴雨资料系列较长的情况下,可选若干场稀遇典型大暴雨,按式(8-49)计算不同历时 T 的效率 η_i 值,绘制 η-T 关系线,取其外包值作为可能最大效率 η_m。

若设计流域缺乏时空分布严重的特大典型暴雨,则可经以气象分析为主的综合论证,移植邻近流域的特大暴雨,此种方法称移植暴雨法。此法的关键是需对移植可能性进行论证,并根据设计流域和移植暴雨发生区之间的地理位置、地形等方面的差异作移植改正,具体方法可参考吴明远等合编的《工程水文学》(水利电力出版社)。

四、可能最大洪水的推求

由可能最大暴雨推求相应的可能最大洪水时,所用产流、汇流的计算方法与一般暴雨洪水基本相同。但在选用某些参数时,必须考虑到可能最大暴雨的特点,通过分析合理选定。对产流、汇流方案的外延也应慎重处理。

由可能最大暴雨推求可能最大洪水的方法,与用一般暴雨资料推求设计洪水基本相同,即包括产流计算和汇流计算两大步骤。另外,还必须考虑 PMP 条件下的某些特点。

1. 净雨过程的计算

由于 PMP 的强度大,故在降雨开始以后很快就会产流。因此,PMP 比典型暴雨一般要提前产流,净雨历时一般较长,净雨总量显著增大,而降雨的损失量则相对较小,即径流系数大。

PMP 的净雨计算,同样可以采用径流系数法、暴雨径流相关图法、初损后损法。

2. 洪水过程线的计算

由 PMP 的净雨过程推求 PMF 的洪水过程,一般仍是采用各种单位线法。常用的各种单位线法,都假定蓄泄方程为线性,故属于线性汇流计算。而 PMF 的计算,则必须考虑非线性改正。

如果流域内有大洪水资料,可直接应用由这些资料分析出来的单位线,无需再作非线性改正。如果本流域没有大洪水资料,可通过综合分析,用邻近地区的大洪水资料。否则,必须考虑非线性改正。

这里必须指出,虽然 PMF 是由 PMP 造成的,但是由于 PMP 和 PMF 时间具有极大的不确定性,因此无法确定 PMP 和 PMF 的概率分布,更无法确定 PMP 和 PMF 的概率分布关系。

3. 成果的合理性分析

可能最大洪水的成果,也应通过合理性分析,确定最终采用值。采用的成果应同时具

第八章 由暴雨资料推求设计洪水

有可能性和极大性。可能最大洪水成果的合理性，常根据以下几方面综合考虑评定：

（1）从计算过程的各个环节上进行检查，如方法及相应的参数定量合适与否。

（2）与本流域历史洪水资料对照，可能最大洪水值不应小于历史上发生过的大洪水。

（3）与邻近流域或相似流域的可能最大洪水成果进行比较，看是否符合地区性分布规律。

（4）与其他途径方法的计算成果进行比较。

（5）与国外面积接近的相似流域的最大流量记录进行比较。例如，面积在200～300km² 的流域，国内外最大流量部分记录见表8-10。

表 8-10 最大流量部分记录

国名	河名	站名	流域面积 /km²	最大流量 /(m³/s)	发生时间	备注
中国	淮河支流洪河	石漫滩	230	6000	1975年8月	实测
	淮河支流澧河	孤石滩	290	6950	1896年	调查
美国	德克萨斯州某河	某站	282	4900	1932年	

复 习 思 考 题

1. 简述由暴雨资料推求设计洪水的适用条件。
2. 由暴雨资料推求设计洪水的基本假定是什么？主要包括哪些计算环节？
3. 怎样对设计面暴雨量计算成果进行合理性分析检查？
4. 选择典型暴雨的原则是什么？
5. 怎样计算设计暴雨的时程分配？
6. 小流域设计洪水计算有哪些特点？试述推理公式法计算洪峰流量的基本原理和步骤。
7. 经对某流域降雨资料进行频率计算，求得该流域频率 $p=1\%$ 的中心点设计暴雨，并由流域面积 $F=44\text{km}^2$，查水文手册得相应的点面折算系数 α_F，一并列入表8-11，选择某站1967年6月23日开始的3d暴雨作为设计暴雨的过程分配典型，见表8-12。试用同频率放大法推求 $p=1\%$ 的3d设计面暴雨过程。

表 8-11 某流域设计暴雨量及其点面折算系数

时 段	6h	1d	3d
设计雨量/mm	192.3	306.0	435.0
折算系数 α_F	0.912	0.938	0.963

表 8-12 某流域典型暴雨过程线

时段 ($\Delta t=6\text{h}$)	1	2	3	4	5	6	7	8	9	10	11	12	合计
雨量/mm	4.8	4.2	120.5	75.3	4.4	2.6	2.4	2.3	2.2	2.1	1.0	1.0	222.8

8. 已求得某流域百年一遇的1d、3d、7d设计面暴雨量分别为336mm、560mm和

690mm,并选定典型暴雨过程,见表8-13,试用同频率控制放大法推求该流域百年一遇的设计暴雨过程。

表8-13 某流域典型暴雨资料

时段($\Delta t=12h$)	1	2	3	4	5	6	7	8	9	10	11	12	13	14
雨量/mm	15	13	20	10	0	50	80	60	100	0	30	0	12	5

第九章 水 文 预 报

第一节 概 述

水文预报是根据水文现象的客观规律，利用实测的水文气象资料，对水文要素未来变化进行预报的一门水文学科，它是水文学的一个重要组成部分。在防范水旱灾害和充分利用水资源的实践中，水文预报的理论有了很大提高和充实，应用也更为广泛。

一、水文预报的重要作用

可靠的洪水预报对防止洪水灾害具有特别重要的作用。例如在河流防洪抢险中，需要及时预报出防洪地点，即将出现的洪峰水位、流量，以便在洪峰到来之前，迅速加高加固堤防、转移可能受淹的群众和物资以及动用必要的防洪设施等，把洪水灾害减小到最低限度。

在水库管理中，可以利用洪水预报，使上游洪水与区间洪水的高峰段彼此错开（称错峰）。即当下游洪水很大时，水库把上游洪水暂时蓄存起来，待下游洪峰过后，再加大水库泄量，把上游洪水释放出来，从而大大减低下游的洪峰和洪水灾害。例如，1998年8月长江中下游发生近百年一遇的特大洪水，由于及时准确的洪水预报，对葛洲坝水库、隔河岩水库和漳河水库科学调度，使三峡以上来的洪水和清江、沮漳河洪水的洪峰互相错开，大大降低了荆江河段的洪峰水位，避免了荆江分洪损失，为战胜该年发生的特大洪水做出了巨大贡献。

另外，洪水预报还可较好地解决水库防洪与兴利的矛盾，在预报的洪水未进库之前，先打开泄洪闸门腾空一部分库容，以便洪水来临时能蓄存更多的水量；当洪水即将结束时，若预知近期没有很大的洪水入库，则可超蓄洪水尾部的一些水量，用于多发电、多灌溉，使现有工程发挥更多的效益。

二、水文预报的分类

水文预报按其预报的项目可分径流预报、冰情预报、沙情预报与水质预报。径流预报又可分洪水预报和枯水预报两种，预报的要素主要是水位和流量。水位预报指的是水位高程及其出现时间；流量预报则是流量的大小、涨落时间及其过程。冰情预报是利用影响河流冰情的前期气象因子，预报流凌开始、封冻与开冻日期，冰厚、冰坝及凌汛最高水位等。沙情预报则是根据河流的水沙相关关系，结合流域下垫面因素，预报年、月和一次洪水的含沙量及其过程。

水文预报按其预见期的长短，可分为短期水文预报与中长期水文预报。预报的预见期是指预报发布时刻与预报要素出现时刻之间的间距。预见期随水文预报方法不同而异。以流域降雨径流法预报为例，从降雨到达地面转化为出口断面的流量所经历的流域汇流时间,就是该方法所能提供的预见期。习惯上把主要由水文要素作出的预报称为短期预报;把包括气象预报性质在内的水文预报称为中长期预报。

三、水文预报工作的基本程序

水文预报工作大体上分为两大步骤:

(1) 制订预报方案,根据预报项目的任务,收集水文、气象等有关资料,探索、分析预报要素的形成规律,建立由过去的观测资料推算水文预报要素大小和出现时间的一整套计算方法,即水文预报方案,并对制订的方案按 2000 年开始实施的《水文情报预报规范》(SL 250—2000) 要求的允许误差进行评定和检验。只有质量优良和合格的方案才能付诸应用,否则,应分析原因,加以改进。

(2) 进行作业预报。将现时发生的水文气象信息,通过报汛设备迅速传送到预报中心,随即经过预报方案算出即将发生的水文预报要素大小和出现时间,及时将信息发布出去,供有关的部门应用。这个过程称为作业预报。若现时水文气象信息是通过自动化采集、自动传送到预报中心的计算机内,由计算机直接按存储的水文预报模型程序计算出预报结果,这样的作业预报称为联机作业实时水文预报。

第二节 短期洪水预报

短期洪水预报包括河段洪水预报和降雨径流预报。河段洪水预报方法是以河槽洪水波运动理论为基础,由河段上游断面的水位和流量过程预报下游断面的水位和流量过程。降雨径流预报方法则是按降雨径流形成过程的原理,利用流域内的降雨资料预报出流域出口断面的洪水过程。

一、河段中的洪水波运动

流域上大量降水后,产生的净雨迅速汇集,注入河槽,由于降雨量时空分布不均匀、河网干支流和分布形状的不同,以及水流汇集速度的快慢,河道接纳的水量沿程不同,引起流量的剧增,使河道沿程水面发生高低起伏的一种波动,称为洪水波。

天然河道里洪水波主要受重力和惯性力作用,属于重力波,它是一种徐变的不稳定流。假定图 9-1 所示河段为棱柱形河槽,则稳定流水面比降 i_0 与河道坡降相同,而洪水波的水面比降 i 与 i_0 是不相同的。波前部分 $i>i_0$,波后部分 $i<i_0$。洪水波水面比降 i 与同水位的稳定流比降 i_0 之差,称为附加比降 i_Δ,即 $i_\Delta=i-i_0$。附加比降是洪水波的主要特征之一,当水流稳定时,$i_\Delta=0$;涨洪时,$i_\Delta>0$;落洪时,$i_\Delta<0$。

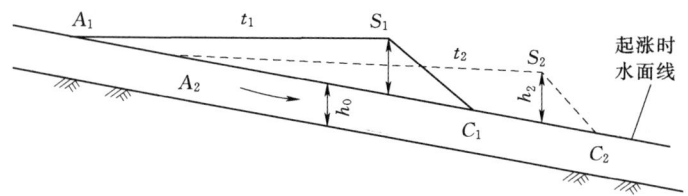

图 9-1 河道中洪水波变形示意图

洪水波沿河道向下游传播过程中不断发生变形,图 9-1 所示的洪水波变形有两种形态,即洪水波的展开和扭曲。在图中从 t_1-t_2 时刻,洪水波的位置自 $A_1S_1C_1$ 传播到 $A_2S_2C_2$,由于洪水波波前(SC 部分)的附加比降大于波后(AS 部分)的附加比降,波前面的水流运动速度也就大于波后的,使洪水波在传播过程中,波长不断加大,波高却不断减小,即 $A_2C_2 > A_1C_1$,$h_2 < h_1$,这种现象称为洪水波的展开。

同时,洪水波上各处的水深不同,也使洪水波发生变形。波峰 S_1 处水深最大,其运动速度亦大;波的开始点 C_1 处水深最小,其运动速度亦小。因此,随着洪水波向下游传播,波峰向它的起点逼近,波前长度不断减小,即 $S_2C_2 < S_1C_1$;附加比降不断加大,而波后的长度不断增加,即 $A_2S_2 > A_1S_1$,附加比降不断减小。因而波前水量不断向波后转移,这种现象称为洪水波的扭曲。这两种现象是并存与同时发生的,其出现的原因正是因为附加比降的影响。

河道断面边界条件的差异对洪水波变形也有显著影响。若河段下断面面积比上断面积大得多,则洪水波的展开就更为显著。又如洪水漫滩时,洪水波的展开量将大大增加,致使洪峰降低,洪水历时增长。

此外,河段有区间入流时,由于有旁侧入流的加入,改变了洪水波的流量和速度,从而使洪水波的变形更为复杂。

二、相应水位(流量)法

根据河段洪水波运动和变形规律,利用河段上断面的实测水位(流量),预报河段下断面未来水位(流量)的方法,称为相应水位(流量)法。用相应水位(流量)法制作预报方案时,一般不直接去研究洪水波的变形问题,而是用断面实测水位(流量)过程资料,建立上下游站同次洪水水位(流量)间的相关关系,综合反映该河段洪水波变形的各项因素。

1. 基本原理

相应水位(流量)是指在河段同次洪水过程线上,处于同一位相点上、下站的水位(流量)。

如图 9-2 所示某次洪水过程线上的各个特征点,例如上游站 2 点洪峰水位经过河段传播时间 τ,在下游站 2' 点的洪峰水位,就是同位相的水位;处于同一位相点上、下游站的流量称为相应流量。

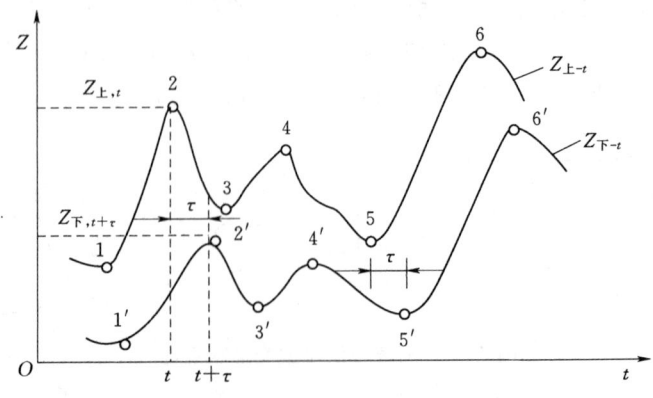

图 9-2 上、下游站相应水位过程线图

河段相应水位与流量有直接关系,要研究河道中水位的变化规律,就应当研究形成该水位的流量变化规律。

设河段上下游两站的距离为 L,t 时刻的上游站流量为 $Q_{上,t}$,经过时间 τ 的传播,下游站的相应流量为 $Q_{下,t+\tau}$,若无区间入流,两者的关系为

$$Q_{下,t+\tau}=Q_{上,t}-\Delta Q_L \tag{9-1}$$

式中:ΔQ_L 为上下游站相应流量的差值,称为洪水波展开量,与附加比降有关。

若在时间 τ 内,河段有区间入流 q,则下游站 $t+\tau$ 时刻形成的流量为

$$Q_{下,t+\tau}=Q_{上,t}-\Delta Q_L+q \tag{9-2}$$

式(9-2)是相应水位(流量)法的基本方程。

2. 无支流河段的相应水位预报

在制订相应水位法的预报方案时,一般采取水位过程线上的特征点,如洪峰、波谷等,做出该特征点的相应水位关系曲线与传播时间曲线,代表该河段的相应水位关系。

(1) 简单的相应水位法。在无支流汇入的河段上,若河段冲淤变化不大,无回水顶托,且区间入流较小时,影响洪水波传播的因素比较单纯。此时,可根据上游站和下游站的实测水位过程线,摘录相应的特征点即洪峰水位值及其出现时间(表9-1),并绘制相应洪峰水位相关曲线及其传播时间曲线(图9-3),即

$$Z_{下,t+\tau}=f(Z_{上,t}) \tag{9-3}$$
$$\tau=f(Z_{上,t}) \tag{9-4}$$

表 9-1　　某河上游站～下游站相应洪峰水位及传播时间(1974年)

上游站洪峰				下游站洪峰				传播时间
月	日	时	水位/m	月	日	时	水位/m	T/h
6	13	2	112.40	6	14	8	54.80	30
6	22	14	116.74	6	23	17	57.20	27
7	31	10	123.78	8	1	17	62.76	31
8	12	15	137.21	8	13	8	71.43	17

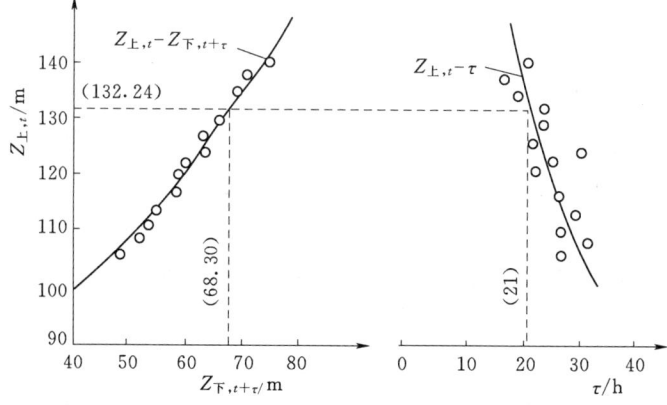

图 9-3　某河相应洪峰水位及传播时间关系曲线

作为预报方案,在作业预报时,按 t 时上游出现的洪峰水位 $Z_{上,t}$,在 $Z_{上,t}$-$Z_{下,t+\tau}$ 曲线上查得 $Z_{下,t+\tau}$,在 $Z_{上,t}$-τ 曲线上查得 τ,从而预报出 $t+\tau$ 时下游将要出现的洪峰水位 $Z_{下,t+\tau}$。例如已知某日 5 时上游站洪峰水位为 132.24m,查图 9-3 得到下游站洪峰水位为 68.30m,洪水传播时间为 21h,即预报下游站次日 2 时将出现洪峰水位 68.30m。

这种简单的相应洪峰水位预报方法通常只对无支流汇入的山区性河段效果才比较好。在中、下游地区,由于附加比降相对影响较大,一般预报精度不高。改进的方法是采用以下游站同时水位 $Z_{下,t}$ 为参数的预报方法,能在一定程度上考虑这种影响。

(2) 以下游站同时水位为参数的相应水位法。下游站同时水位 $Z_{下,t}$ 就是上游站水位 $Z_{上,t}$ 出现时刻的下游水位,它与 $Z_{上,t}$ 一起反应 t 时刻的水面比降变化,同时也间接地反应区间入流和断面冲淤以及回水顶托等因素的影响。此时,相应水位的关系式为

$$Z_{下,t+\tau} = f(Z_{上,t}, Z_{下,t}) \quad (9-5)$$
$$\tau = f(Z_{上,t}, Z_{下,t}) \quad (9-6)$$

依上式制作预报方案时,以下游站同时水位 $Z_{下,t}$ 为参数作等值线,分别绘制 $Z_{上,t}$-$Z_{下,t}$-$Z_{下,t+\tau}$ 和 $Z_{上,t}$-$Z_{下,t}$-τ 相关曲线,如图 9-4 所示,预报时,t 时刻的 $Z_{上,t}$ 及 $Z_{下,t}$ 为已知,即可按图 9-4 上的箭头方向查得 $Z_{下,t+\tau}$ 和 τ。

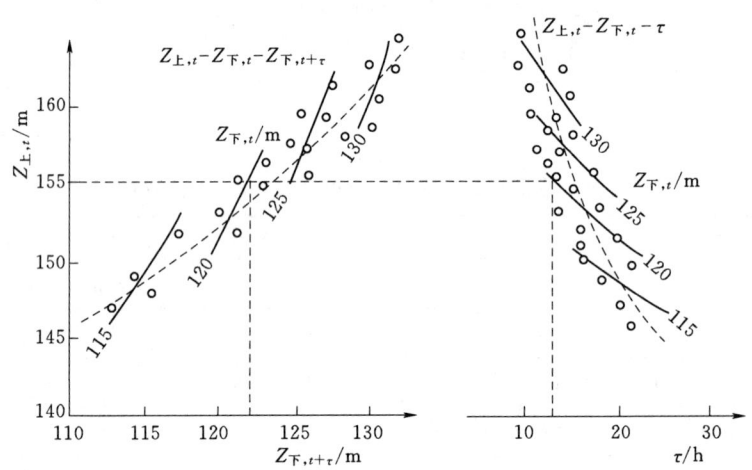

图 9-4 以下游站同时水位为参数的相应水位及传播时间关系曲线图

3. 以上游站涨差为参数的水位相关法

上述各种洪峰水位预报方案,可近似地用来预报下游站的洪水过程,但由于它们没有反映洪水过程中附加比降的变化等因素,使预报的洪水过程常常有比较大的系统误差,为克服这种缺点,可以用上游站水位涨差为参数的水位相关法。

洪水波通过某一断面时,波前的附加比降为正,水面比降大,使涨水过程的涨率 $dZ_{下}/dt(dQ_{上}/dt)$ 为正;波后的附加比降为负,水面比降小,使落水过程的涨率为负。因此,水位(流量)过程线的涨(落)率在很大程度上反映了附加比降和水面比降的大小。

水位(流量)涨率在实用上可取有限差形式,即 $\Delta Z_{上}/\Delta t$,且取 Δt 为平均河段洪水传播时间 $\bar{\tau}$,则涨差 $\Delta Z_{上}$(或 $\Delta Q_{上}$)就反映了涨率的变化,于是可以得到以上游站洪水

涨差为参数的水位预报方程：

$$Z_{下,t+\bar{\tau}} = f(Z_t, \Delta Z_上) \tag{9-7}$$

$$\Delta Z_上 = Z_{上,t} - Z_{上,t-\bar{\tau}} \tag{9-8}$$

或

$$Z_{下,t+\bar{\tau}} = f(Z_t, \Delta Q_上) \tag{9-9}$$

$$\Delta Q_上 = Q_{上,t} - Q_{上,t-\bar{\tau}} \tag{9-10}$$

式中：Z_t 可以取 $Z_{上,t}$，也可以取 $Z_{下,t}$，都在一定程度上反映了涨水中的底水影响。

图 9-5 是长江万县水文站——宜昌水文站河段以 $\Delta Q_上$ 为参数的水位预报方案。预报时，t 时刻的 $Z_{上,t}$（或 $Z_{下,t}$）、$\Delta Z_上$（或 $\Delta Q_上$）为已知，故可在图上查出预报的下游水位 $Z_{下,t+\bar{\tau}}$ 和预见期 $\bar{\tau}$。

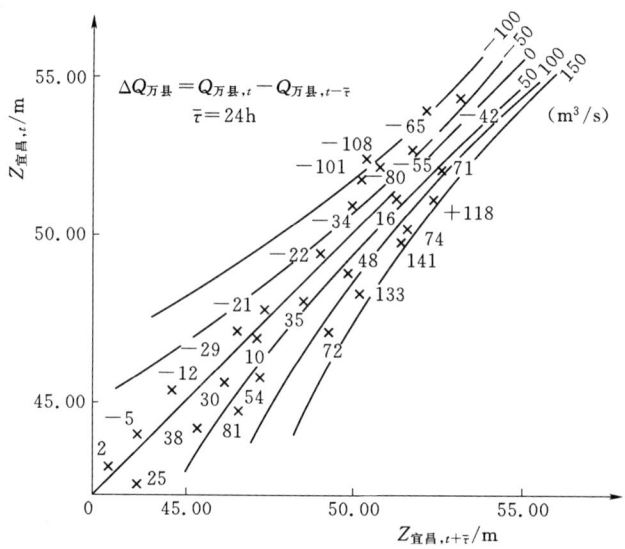

图 9-5　长江万县水文站——宜昌水文站以上游站涨差为参数的水位预报方案

三、合成流量法

在有支流汇入的河段，下游站的洪水是上游站、支流站洪水合成的结果，可采用合成流量法制订预报方案。该法预报下游站流量的关系式为

$$Q_{下,t} = f\left(\sum_{i=1}^{n} Q_{上,i,t-\tau_i}\right) \tag{9-11}$$

式中：$Q_{上,i,t-\tau_i}$ 为上游干、支流各站相应流量，m^3/s；τ_i 为上游干、支流各站到下游站的洪水传播时间，h；n 为上游干、支流的测站数目。

根据式（9-11）的关系，按照上游干、支流各站的传播时间，把各站同时刻到达下游站的流量叠加起来得合成流量，然后建立合成流量与下游站相应流量的关系曲线（图 9-6）进行预报的方法称为合成流量法。该法的预见期取决于上游各站中传播时间最短的一个。一般情况下，上游各站中以干流站的流量为最大，从预报精度的要求出发，常常用它的传播时间 τ 作为预报方案的预见期。预报时，以上游的干流站当时实测流量，加上其余各支流站错开传播时间后的流量得合成流量，即可预报下游站的流量。如果支流站的传

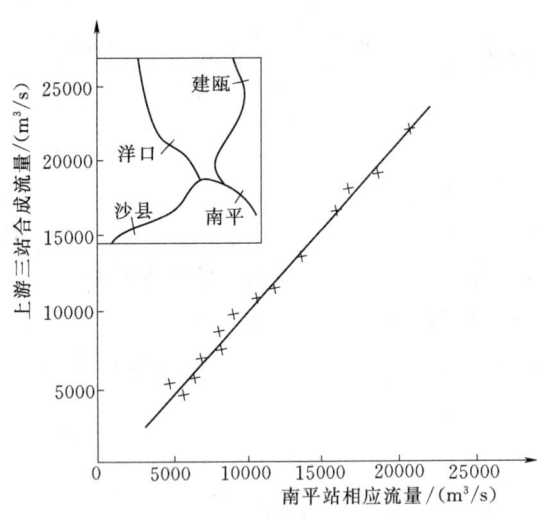

图 9-6 合成流量法预报示意图

播时间小于干流站的传播时间，求合成流量时，还需对该支流站的相应流量做出预报。

如果附加比降和底水影响较大，则在相关图中加入下游站同时水位为参数。

四、流量演算法

天然河道里的洪水波运动属于不稳定流，洪水波的演进与变形可用圣维南 (Saint—Venant) 方程组描述。但是求解这些方程组比较烦琐，而且需要详细的河道地形和糙率资料。因此，水文上采用的流量演算法是把连续方程简化为河段水量平衡方程，把动力方程简化为槽蓄方程，然后联立求解，将河段的入流过程演算为出流过程的方法。

1. 基本原理

在无区间入流的情况下，河段流量演算可由以下两个基本公式组成，即

$$\frac{\Delta t}{2}(Q_{上,1}+Q_{上,2})-\frac{\Delta t}{2}(Q_{下,1}+Q_{下,2})=S_2-S_1 \tag{9-12}$$

$$S=f(Q) \tag{9-13}$$

式中：$Q_{上,1}$、$Q_{上,2}$ 为时段始、末上断面的入流量，m^3/s；$Q_{下,1}$、$Q_{下,2}$ 为时段始、末上断面的出流量，m^3/s；Δt 为计算时段，h；S_1、S_2 为时段始、末河段蓄水量，$h·m^3/s$。

式 (9-12) 是河段水量平衡方程式，其相互关系如图 9-7 所示。图中阴影部分为 $\Delta S=S_2-S_1$。式 (9-13) 表示河段蓄水量与流量间的关系，称为槽蓄方程，按此式制作的关系曲线称为槽蓄曲线。

水量平衡方程式 (9-12) 中，当河段有区间入流量时，在式的左边应增加 Δt 内的区间入量 $(q_1+q_2)\Delta t/2$ 一项。其中 q_1、q_2 为时段始、末的区间入流量。

求解上述两式的关键，在于能否建立反映客观实际的槽蓄曲线。若河段的槽蓄方程

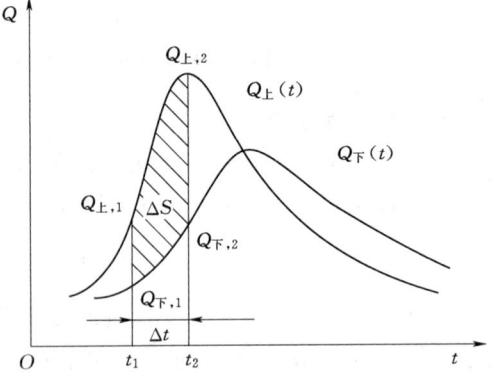

图 9-7 河段时段水量平衡示意图

已经建立，入流过程和初始条件已知时，联解算式 (9-12) 和式 (9-13)，可求得出流过程。

2. 马斯京根法及其槽蓄曲线方程

G. T. 麦卡锡于 1938 年提出流量演算法，此法最早在美国马斯京根河流域上使用，因而称为马斯京根法。该法主要是建立马斯京根槽蓄曲线方程，并与水量平衡方程联立求

解，进行河段洪水演算。

在洪水波经过河段时，由于存在附加比降，洪水涨落时的河槽蓄水量情况如图9-8所示。在马斯京根槽蓄曲线方程中，河段槽蓄量由两部分组成：柱蓄，即同一下断面水位$Z_下$稳定流水面线以下的蓄量；楔蓄，即稳定流水面线与实际水面线之间的蓄量，如图9-8中的阴影部分。河段中的槽蓄量等于柱蓄与楔蓄的总和。

令x为流量比重因素，$S_{Q上}$、$S_{Q下}$分别为上、下断面在稳定流情况下的蓄量，S为河段内的总蓄量。在图9-8（a）中，S包括柱蓄和楔蓄两部分，于是可以建立蓄量关系：

$$S = S_{Q下} + x(S_{Q上} - S_{Q下})$$

同理，在图9-8（b）中，建立蓄量关系：

$$S = S_{Q下} - x(S_{Q下} - S_{Q上})$$

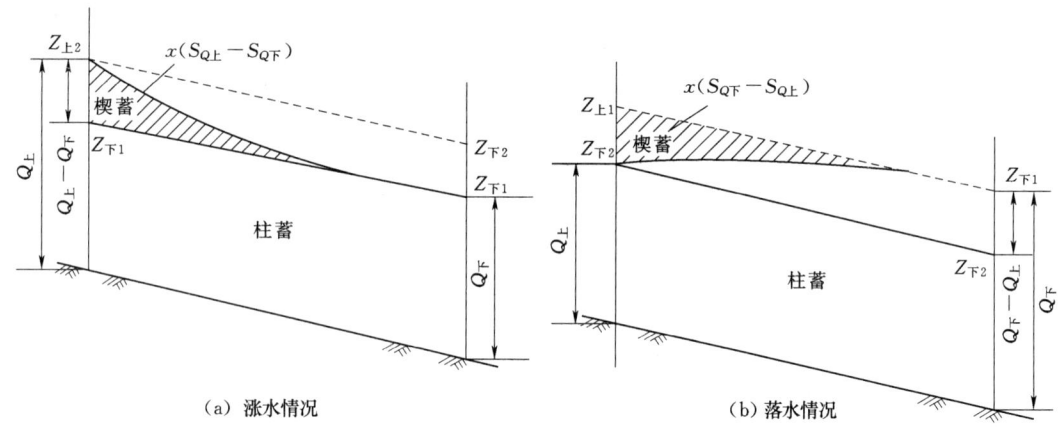

(a) 涨水情况   (b) 落水情况

图9-8 河段槽蓄量示意图

上述两式相同，均为

$$S = xS_{Q上} + (1-x)S_{Q下} \tag{9-14}$$

一般情况下，天然河道中的断面流量与相应的槽蓄量近似地按稳定流对待，即具有单值关系：

$$S_{Q上} = KQ_上 ; \quad S_{Q下} = KQ_下$$

式中：K为稳定流情况下的河段传播时间。

将上面两式代入式（9-14），可得

$$S = K[xQ_上 + (1-x)Q_下] \tag{9-15}$$

令

$$Q' = xQ_上 + (1-x)Q_下 \tag{9-16}$$

Q'称为示储流量，得

$$S = KQ' \tag{9-17}$$

式（9-15）或式（9-17）为马斯京根槽蓄曲线方程。

五、降雨径流预报

降雨径流预报是利用流域降雨量经过产流计算和汇流计算，预报出流域出口断面的径流过程。因此，降雨径流预报主要包括两方面：第一是由降雨量推求净雨量；第二是由净雨过程推求流域出口断面的径流过程。有关这两个问题的计算原理和计算方法已在本书中作了详细介绍,这里只结合预报问题,作进一步说明。

(1) 编制降雨径流方案。根据流域自然地理特征和实测资料条件,运用第七章讲述的产、汇流原理和方法,建立流域产、汇流计算方案,如降雨径流相关图、单位线等。并对方案的预报精度进行评定和检验。

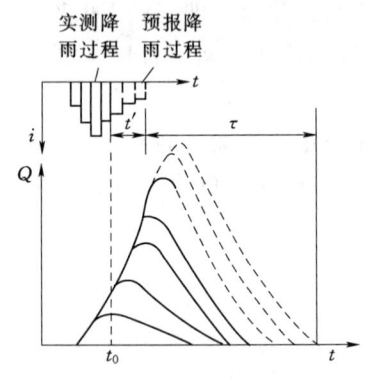

图 9-9 降雨径流法预报洪水过程示意图

(2) 作业预报。在作业预报中,当 t_0 时刻发布预报时,所依据的降雨量常包括两部分,一部分是 t_0 以前的实测降雨量;另一部分是 t_0 以后 t' 时段内的预报降雨量。然后应用产、汇流方案,计算出 t_0 至 $t_0+t'+\tau$ 时段内预报的洪水过程(图 9-9),τ 为流域汇流历时。但由于 t_0 时刻以后的雨量是预报值,有一定的误差,再加上预报方案的误差,两者都影响预报的精度。因此,在作业预报时,应根据实测时段降雨量或实测流量对预报的径流进行逐时段修正。

第三节 中长期水文预报

一、中长期水文预报的概念

根据前期水文气象资料,用成因分析和数理统计方法对未来较长时期的水文情势进行科学的预测,称为中长期水文预报(mid-long term hydrological forecasting)。通常泛指预见期超过流域最大汇流时间,且在 3d 以上、1a 以内的水文预报,预见期 1a 以上的为超长期水文预报。中长期水文预报包括径流、江河湖海的水位、旱涝趋势、冰情及泥沙等预报项目。

水文情势长期变化的影响因素主要如下:

(1) 大气环流。它决定着一个流域(或地区)的降水和蒸发的变化,影响水文循环的各个环节。异常的旱涝现象总与大气环流的异常联系在一起。

(2) 太阳活动。太阳辐射是大气运动和水文循环的能量来源,太阳活动的增强和减弱会引起大气运动状态的改变从而影响水文过程,使其发生相应的变化。如不少地区的旱涝灾害与太阳黑子相对数的变化存在一定的对应关系。

(3) 下垫面情况。海洋表层水温异常会引起大气运动的异常、陆地表面状况的异常,也会影响大气环流的形势,从而影响水文过程的长期变化。

(4) 其他天文地球物理因素。地球自转速度的变化、火山爆发、行星相对位置等对大气环流和水文情势变化也有一定影响。

(5) 人类活动。人类活动不仅直接影响当地水文情况的变化,而且对水文过程产生间接影响。

二、中长期预报的方法与途径

由于预见期的增长,中长期水文预报在方法上显然无法利用实测降水资料通过产汇流计算或应用上下游关系来获得预报结果,必须考虑影响水文过程的各种因素或分析水文要素自身演变规律来进行预报。中长期水文预报方法可分为传统方法和新方法两大类。前者主要有成因分析和水文统计方法，后者主要包括模糊分析、人工神经网络、灰色系统分析等方法。

1. 长期预报方法

(1) 天气学方法。径流的变化主要取决于降水，而降水又是由一定的环流形式与天气过程决定的。因此，径流的长期变化应与大型天气过程的演变有密切关系。天气学方法就是根据前期大气环流特征以及表示这些特征的各种高空气象要素，直接与后期的水文要素建立起定量的关系进行预报的一种方法。大气环流有全球性的特点，因此主要采用北半球 500hPa 月平均形势图或能反映主要环流特征的各种环流指数和环流特征量作为依据。根据水文要素和环流的历史资料，概括出旱涝年前期环流特征的模式，由前期环流特征作出后期水文情况的定性预测；或在月平均形势图上找出与预报对象关系显著的地区和时段，从中挑选物理意义明确、统计贡献显著的因子，用逐步回归或其他多元分析方法与预报对象建立方程，据此作出定量预估。

(2) 天文地理物理因素方法。近代研究结果表明：地球自转速度的变化、海温状况、火山爆发、臭氧的多少以及行星运动位置、太阳活动等大气运动与水文过程都有一定的影响。分析这些因素与水文过程的对应关系后，就可以对后期水文要素可能发生的变化情况作出预测。

(3) 统计学方法。从大量历史资料中应用数理统计方法去寻找、分析水文要素与预报因子之间的统计规律和关系，然后应用这些规律来进行预报。按照预报时考虑因子的方法特点，统计学方法可分为两大类：一类是多元分析，即把江河水量等预报对象作为随机变量，把分析得出的各个影响因素作为预报因子，然后应用回归分析或判别分析的方法对预报因子进行筛选，建立预报方程进行预测。此外，为了客观分析、浓缩信息、简化计算等，还经常应用聚类分析、主分量分析、典型相关等方法作为数据处理的手段。另一类方法是时间序列分析，其原理是把预报对象作为一个离散化的平稳随机过程，应用自回归等模型进行预测。考虑到水文序列的非平稳性，20 世纪 60 年代前后主要采用的方法是，把水文序列分解成趋势项、周期项、平稳项，然后分项预测，叠加后得到预报结果。

2. 中期预报方法

中期水文预报与水利水电工程的施工、水库调度及防洪工作有着直接的关系，是当前生产上急需解决的一个课题。由于问题的复杂性，至今在这方面进行的工作还不多，目前主要的方法如下：

(1) 高空气象因素法。即当影响预报流域的暴雨天气形势出现时，在 700hPa 形势图上分析水汽输送和垂直上升运动等条件，选择能够反映这些条件的高空气象因素与后期发生的洪水建立合轴相关图或预报方程，据此作出中期洪水预报。

(2) 统计方法。如何根据上一旬的平均环流、前期水量和下垫面情况等因素与下一旬的水量建立回归方程，作出下一旬的水量预报。

(3) 水文气象结合法。目前很多专业气象部门都能作出某流域未来 1~7d（甚至更长）的日降水量预报。建立流域降雨径流日模型，应用流域的汇流时间及未来降雨预报，采用短期水文预报的方法实现流域中期水情趋势预报。

第四节 水文预报精度评定

一、预报误差原因分析

水文预报误差是指水文要素预报值与实测值之间存在一定误差。预报误差是客观存在的，其产生的原因主要有以下3个方面。

1. 测量误差

实测的降水、蒸散发、水位、流量、冰情、气温、辐射、风速、湿度、日照和云量等水文气象信息及地形、地貌、土壤、植被以及河流、湖泊、沼泽特性等下垫面信息是研制预报模型或编制洪水预报方案或进行作业预报的主要依据，在现有站网、仪器设备、观测技术条件下，各种信息的时空变化是难以准确反映的，加上受自然因素等客观条件的影响，势必会造成各种信息的量测误差。

2. 预报方法误差

由于流域水文系统的复杂性，使普遍适用的预报模型或预报方法（简称预报方案）几乎难于寻觅到，现有的预报方案仅能模拟客观现象的主要规律。因此，某次要因素往往在建立预报方案时根据人们对水文规律的认识与了解，或多或少地加以近似、概化，甚至被忽略。用近似或概化后的结构和相应的数学表达式去描述某层次的水文过程，必然产生预报误差。比如，可能将非线性现象概化为线性现象，将某些随机因子近似作为确定因子描述等所带来的误差。另外，在进行水文气象要素计算过程中，采用的计算方法不够严密等原因也会产生误差，如进行水文资料整编中，水位-流量关系系曲线的误差使流量的计算值产生误差。

3. 资料代表性误差

虽然在编制预报方案时，人们一般都会选择既具有代表性，又有足够样本容量的实测水文资料系列，但强烈的、日新月异的人类活动，随时随地在改变着水文的自然规律，使观测到的水文气象资料代表性不够，有些资料还可能受到"污染"，由有限资料或受到"污染"的资料分析得出的水文规律，确定的模型参数及相位的预报方案，难以充分反映总体的和未来的水文规律，会产生误差。

由上述可知，造成水文要素预报值与实测值之间误差的因素很多，若针对一个单一的因素，它们一般是难以描述和预见的，故水文上通常将预报误差作为综合性偶然误差。随着高新技术在水文水资源和水利工程学科领域的推广应用以及水文科学基本理论的不断发展，预报精度将会不断提高，预报误差会逐渐减小，但要完全消除误差几乎是不可能的。

二、预报精度评定和检验目的与方法

预报方案的可靠性、预报精度及预报误差是否超过允许范围，是衡量其服务质量的前提，为了使预报方案更好地为水资源的综合利用和管理服务，需要对水文预报精度的可靠性和有效性进行评定和检验。

1. 评定和检验目的

水文预报精度评定和检验目的的主要有以下3个方面：

（1）通过对预报方案的评定与检验，了解其效果以及所采用的结构、相应技术、方法

是否合理和适用，预报精度是否满足生产实际的要求。

（2）了解和掌握预报方案的适用范围、误差大小及其分布情况，使技术人员能合理使用，有关单位能根据预报精度正确应用。

（3）通过不同预报方案之间实际效果的对比分析，发现存在的主要问题，找出解决或减小误差的方法。

2. 评定和检验方法

预报方案效果评定和有效性检验，一般是将具有良好代表性的资料系列分为率定期和检验期。评定是采用率定期所有可利用的资料编制方案、估计参数、确定预报方案，再用预报方案进行模拟，通过模拟结果与实测水文要素间的比较，分析预报方案在率定期的效果与有效性；检验则是采用检验期预报环境可利用的资料，用预报方案进行模拟，通过模拟结果与实测水文要素间的比较，检验预报方案的效果与有效性。SL 250—2000《水文情报预报规范》规定：评定和检验方法采用统一许可误差和有效性标准对预报方案进行评定和检验。

由于预报误差的出现是随机的，率定期和检验期的评定精度指标显然不会完全一致。因此，对两种精度的成果应仔细地分析，看它们的差别是否存在规律性、必然性的因素，从中发现外延误差的问题，并在率定中加以改进。

一般来说，方案的精度指标和等级应以率定期的结果为准，检验期的精度等级也应与率定期基本相同（等级不同只出现在跨级边界的上、下限的小幅度之内），当出现检验期精度大大低于率定期精度时，则应增加新资料再进行检验，否则只能将方案降级使用。

三、洪水预报结果评定

洪水预报的对象一般是江河、湖泊及水利工程控制断面的洪水要素，包括洪峰流量（水位）、洪峰出现时间、洪量（径流量）和洪水过程等。短期洪水预报有三种基本类型，即河段洪水预报、流域降雨径流预报和河段洪水预报与流域降雨径流预报两者结合。

1. 编制方案的资料要求

洪水预报方案的可靠性取决于编制方案使用的水文资料的质量和代表性。洪水预报方案要求使用样本数量不少于10年的水文气象资料，其中应包括大、中、小水各种代表性年份，并保证有足够代表性的场次洪水资料，湿润地区不少于50次，干旱地区不少于25次，当资料不足时，应使用所有年份洪水资料。对于代表性年份中大于样本洪峰中值的洪水资料应全部采用，不得随意舍弃。

洪水预报方案编制完成后，应对方案进行精度评定和检验，衡量方案的可靠程度，确定方案的精度等级。方案的精度等级按合格率划分。精度评定必须用参与洪水预报方案编制的全部资料。精度检验应引用未参与洪水预报方案编制的资料（参照国际通行的下限要求为2年，当资料充分时，应该使用更多一些资料）。

2. 精度评定

洪水预报精度评定包括预报方案精度评定、作业预报的精度等级评定和预报时效等级评定等。评定的项目主要有洪峰流量（水位）、洪峰出现时间、洪量（径流量）和洪水过程等。

洪量（径流量）预报有不同的实现形式，在降雨径流预报中，直接预报次洪水的径流量；在预报水库入库流量过程时，也就预报了入库洪量；在预报河道洪水流量过程时，也就预报了洪水的洪量。洪水过程预报是指以固定的时段长 Δt 采样，将洪水的变化过程预报出来，洪水过程预报的特点是一次发布多种预见期（Δt，$2\Delta t$，$3\Delta t$，…）的洪水要素预报。由于一次洪水过程预报包含多个不同预见期的水文要素预报，而预见期越长，预报误差一般也越大。因此，评定洪水过程预报的精度时，需与对应的预见期联系起来，一般预报精度评定只对预见期内的预报结果有效，对超过洪水预见期的预报结果不作精度评定。

（1）误差指标。洪水预报的误差指标采用以下3种：

1）绝对误差。水文要素的预报值减去实测值为预报误差，其绝对值为绝对误差。多个绝对误差值的平均值表示多次预报的平均误差水平。

2）相对误差。预报误差除以实测值为相对误差，以百分数表示。多个相对误差绝对值的平均值表示多次预报的平均相对误差水平。

3）确定性系数。洪水预报过程与实测过程之间的吻合程度可用确定性系数作为指标，按式（9-18）计算

$$DC = 1 - \frac{\sum_{i=1}^{n}(y_{ci} - y_{0i})^2}{\sum_{i=1}^{n}(y_{0i} - \overline{y_0})^2} \qquad (9-18)$$

式中：DC 为确定性系数，取两位小数；y_c 为预报值，m^3/s；y_0 为实测值，m^3/s；$\overline{y_0}$ 为实测值的均值，m^3/s；n 为资料系列长度。

（2）许可误差。许可误差是依据预报精度的使用要求和实际预报技术水平等综合确定的误差允许范围。由于洪水预报方法和预报要素的不同，对许可误差规定也不同。

洪峰预报许可误差。降雨径流预报以实测洪峰流量的20%作为许可误差；河道流量（水位）预报以预见期内实测变幅的20%作为许可误差。当流量许可误差小于实测值的5%时，水位许可误差小于以相应流量的5%对应的水位幅度值或小于0.10m时，则以该值作为许可误差。

峰现时间预报许可误差。峰现时间以预报根据时间至实测洪峰出现时间之间时距的30%作为许可误差，当许可误差小于3h或一个计算时段长时，则以3h或一个计算时段长作为许可误差。

径流深预报许可误差。径流深预报以实测值的20%作为许可误差，当该值大于20mm时，取20mm作为许可误差；当该值小于3mm时，取3mm作为许可误差。

过程预报许可误差。过程预报许可误差规定如下：

1）取预见期内实测变幅的20%作为许可误差，当该流量小于实测值的5%时，水位许可误差小于以相应流量的5%对应的水位幅度值或小于0.10m时，则以该值作为许可误差。

2）预见期内最大变幅的许可误差采用变幅均方差 σ，变幅为零的许可误差采用 0.3σ，其余变幅的许可误差按上述两值用直线内插法求出。

当计算的水位许可误差 $\sigma > 1.00$m 时，取 1.00m 作为许可误差；当计算的水位许可误

差 $0.3\sigma<0.10$m 时，取 0.10m 作为许可误差。计算出的流量许可误差 0.3σ 小于实测流量的 5% 时，即以 0.3σ 作为许可误差。变幅的均方差计算公式为

$$\sigma=\sqrt{\frac{\sum_{i=1}^{n}[\Delta_i-\overline{\Delta}]^2}{n-1}} \quad (9-19)$$

式中：Δ_i 为预报要素在预见期内的变幅，m；$\overline{\Delta}$ 为变幅的均值，m；n 为样本个数；σ 为变幅均方差。

(3) 预报项目精度评定。预报项目的精度评定规定有以下两个方面：

1) 合格预报。一次预报的误差小于许可误差时，为合格预报。合格预报次数与预报总次数之比的百分数为合格率，表示多次预报总体的精度水平。合格率按下式计算：

$$QR=\frac{n}{m}\times 100\% \quad (9-20)$$

式中：QR 为合格率，取 1 位小数；n 为合格预报次数；m 为预报总次数。

2) 预报项目精度等级。洪水预报项目的精度按合格率或确定性系数的大小分为 3 个等级，见表 9-2。

表 9-2 洪水预报项目的精度等级

精度等级	甲	乙	丙
合格率/%	QR≥85.0	85.0>QR≥70.0	70.0>QR≥60.0
确定性系数	DC>0.9	0.9≥DC≥0.7	0.7>DC≥0.5

(4) 预报方案精度评定。

1) 预报方案包含多个预报项目。当一个预报方案包含多个预报项目时，预报方案的合格率为各预报项目合格率算术平均值，其精度等级仍按表 9-2 的规定确定。

2) 主要项目合格率低于各预报项目合格率的算术平均值。当主要项目的合格率低于各预报项目合格率的算术平均值时，以主要项目的合格率等级作为预报方案的精度等级。

(5) 作业预报精度评定。

1) 作业预报精度评定方法。洪水作业预报精度评定方法与预报方案精度评定方法相同。用预报误差与许可误差之比的百分数作为作业预报精度分级指标，划分精度等级见表 9-3。

表 9-3 洪水作业预报的精度等级

精度等级	优秀	良好	合格	不合格
分级指标/%	分级指标≤25.0	25.0<分级指标≤50.0	50.0<分级指标≤100.0	分级指标>100.0

2) 洪峰预报时效性评定。洪峰预报时效用时效性系数描述，按式 (9-21) 计算：

$$CET=\frac{EPF}{TPF} \quad (9-21)$$

式中：CET 为时效性系数，取 2 位小数；EPF 为有效预见期，指发布预报时间至本站洪峰出现的时距，取 1 位小数，h；TPF 为理论预见期，指主要降雨停止或预报依据要素出

现至本站洪峰出现的时距，取 1 位小数，h。

当 $CET>1.00$ 时，洪峰预报为超前预报，它是在洪峰预报依据要素尚未出现时发布的洪峰预报。

经精度评定后，洪水预报方案精度达到甲、乙两个等级者，可用于正式发布预报；方案精度达到丙级者，可用于参考性预报；丙级以下者，只能用于参考性预报。

洪峰预报时效等级见表 9-4。

表 9-4　　　　　　　　　　　洪峰预报时效等级

时效等级	甲（迅速）	乙（及时）	丙（合格）
时效性系数	$CET\geqslant 0.95$	$0.95>CET\geqslant 0.85$	$0.85>CET\geqslant 0.75$

第十章 河流水质及河流泥沙

第一节 概　　述

水是人类赖以生存的主要物质，生产生活对水的需求包括足够的水量和适宜使用的水质。水文学是水资源可持续利用的科学基础和技术手段，其研究内容不仅包含水文循环、水量变化及其分布规律，还包括水质的时空变化、水质的评价方法与标准以及水污染的防治等问题。影响水利工程的水质、水沙问题已引起社会的广泛关注，在工程水文与水利计算中围绕水质、水沙问题进行的科学研究、工程技术活动日渐深入。

水文学中对于河流水质的广义研究包含水体中天然水质的本底值、水体中污染物质成分和含量以及河流挟带的泥沙等悬浮物质的时空变化特征。

（一）天然水质的本底值

天然水质的本底值是指天然状态下，不包括人为的干扰因素在内，水在水文循环过程中所形成的物理化学特性及其动态特征。河水的物理性质主要指水温、颜色、透明度、嗅和味。化学性质由溶解和分散于河流水中的气体、离子、分子，胶体物质及悬浮固体、微生物及这些物质的含量决定。天然水物理化学特性的成因，取决于天然水形成过程中的各种物理化学条件，特别是所接触的各种介质。河水水质主要取决于径流所流经区域的岩石、土壤类型和植被。

（二）水体污染物

当进入水体的污染物质超过了水体的环境容量或水体的自净能力，使水质变坏，从而破坏了水体的原有价值和作用的现象称为水体污染。水体污染的原因有两类：一是自然的，二是人为的。由于人为因素造成的水体污染占大多数，因此通常所说的水体污染主要是人为因素造成的污染情况。

水体污染源根据不同的分类方法，可以有以下常见的分类形式：①按污染物的发生源地，可分为工业污染源、生活污染源、农业污染源和天然污染源；②按排放污染的种类，可分为有机污染源、无机污染源、热污染源、噪声污染源、放射性污染源和同时排放多种污染物的混合污染源等；③按排放污染物空间分布方式，可以分为点污染源（点源）和非点污染源（面源），这也是一种常见的水体污染源分类方式。

（三）河流泥沙

河流中泥沙的冲淤变化，对河道整治、防洪、航运以及修建水工建筑物都有较大的影响，同时也影响着水质的天然特征。河流泥沙的来源是暴雨对地表的冲刷侵蚀，以及河岸受水流冲蚀崩塌使泥沙进入河中水流。河流泥沙是河床造床运动的基本要素。泥沙受河道中水流的流量和流势变化的影响，在河道中冲刷淤积，造成河床的不断变动，并在河流下游形成冲积平原。泥沙对水资源开发利用的影响较大，在水资源开发过程中，水库和渠道的淤积，水库下游河道的冲刷及河势的变化，水工建筑及金属构件的磨损、水轮机叶片的磨蚀，都是一系列需要研究解决的问题。因此，多沙河流与非多沙河流的开发利用有着本质的区别，必须十分谨慎，区别对待。泥沙又是污染物的载体，对污染物的输移和转化也有很大影响。因此，在水资源研究过程中，必须关注河流泥沙的情况。

可见，河流的水质特征及污染问题及河流泥沙问题是影响水资源利用、水利工程开发中至关重要的问题。本章着重介绍河流水质及河流泥沙的基本概念、水质评价的方法和标准、河流泥沙计算的基本理论。

（四）河流水质及泥沙问题治理思路

大自然是人类赖以生存发展的基本条件。尊重自然、顺应自然、保护自然，是全面建设社会主义现代化国家的内在要求，必须牢固树立和践行绿水青山就是金山银山的理念，站在人与自然和谐共生的高度谋划发展。

环境保护和治理要以解决损害群众健康突出的环境问题为重点，坚持预防为主，综合治理，强化水、大气、土壤等污染防治，着力推进重点流域和区域水污染防治，集中力量优先解决好水、土壤、重金属等损害群众健康的突出环境问题。现阶段人类社会面临的环境问题治理是一个系统工程，要从山水林田湖草沙一体化保护和治理的角度开展环境保护与污染治理工作。

对河流泥沙治理工作要坚持保护优先、自然恢复为为主。因此要开展大规模国土绿化行动，推进天然林保护、防护林体系建设、沙源治理、退耕还林还草、湿地保护恢复等生态工程，加强城市绿化，加快水土流失和荒漠化综合治理。对于河流水质治理，应深入推进环境污染防治工作，坚持精准治污、科学治污、依法治污，持续深入打好蓝天、碧水、净土保卫战。加强污染物协同防治，统筹水资源、水环境、水生态治理，推动重要江河湖库水生态保护治理，建立健全环境治理体系，严密防控环境风险。

第二节 河 流 水 质

一、河流水质的监测

1. 采样断面设置

在布置采样点前要做好调查研究和收集资料工作，主要收集水文、气候、地质、水体沿岸城市工业分布、污染源排放情况、水资源用途及沿岸资源等资料。再根据监测目的、监测项目和样品类型，结合收集和调查的资料综合分析确定采样断面。

采样断面布设原则：以最小的断面取得科学合理的水质状况的信息。关键是取得有代表性的水样。一般选择布设在有大量污水、废水排入河流的主要居民区，工业区的上、下游；湖泊、水库及河口的主要出入口；河流主流、河口、湖泊、水库的代表性位置，包括主要用水区、取水口位置等；主要支流汇入主流、河流或沿海水域的汇合口。

一般在河段内应设置对照断面和消减断面各一个，并根据具体情况设置若干监测断面。

2. 采样垂线和采样点布置

在污染物完全混合的河段中，断面上的任一位置都可作为理想的采样点。如果各水质参数在采样断面上、各点之间有较好的相关关系，可选取一适当的采样点，并根据此采样点的水质参数推算断面上其他各点的水质参数值。由此可以获得水质参数在断面上的分布

第二节 河流水质

资料及断面的平均值。常规情况下按表10-1规定布设断面。

表10-1　　　　　　　　　　　江河采样垂线布设

水面宽度/m	垂线布设	岸边有污染带	相对范围
<50	1条，中泓处	如一边有污染带，增设一条垂线	
50~100	左、中、右3条	3条	左右设在距湿岸5~10m处
100~1000	左、中、右3条	5条，增加岸边2条	岸边垂线距岸5~10m处
>1000	3~5条	7条	

3. 采样时间和频率

河流采样频率和时间的确定应符合以下要求：长江、黄河干流和全国重点基本站，采样频次每年不得少于12次，每月中旬采样；一般中小河流基本站采样频次每年不得少于6次，丰水期、平水期、枯水期各两次；流经城市或工业区较为严重的河段，采样频次每年不得少于12次，每月采样1次；供水水源地等重要水域采样频次每年不得少于12次，采样时间根据具体供水要求确定；潮汐河段和河口采样频次每年不得少于3次，按丰水期、平水期和枯水期进行；河流水系的背景断面每年采样3次，丰水期、平水期、枯水期各一次，交通不便可酌情减少，但不得少于每年一次。同一河流应力求水质、水量及时间同步采样；在河流最枯水位和封冻期，应适当增加采样频次。

4. 采样方法

天然水体采样应考虑其水深和流量，表层水样可直接将采样器放入水面下0.3~0.5m处采样，采样后应立即加盖密封，避免接触空气。深层水可用抽吸泵采样，采集底层水样时应注意防止扰动沉积层，采样后同样快速密封、送检。

对于工业废水和生活污水样品的采集，常用有瞬时个别水样法、平均水样法、比例组合水样法等。采集的水样，有条件在现场测定的尽量现场进场测定，如水温、电导率、pH值、溶解氧等；不能现场处理测定的，水样在采集后的运输和保管过程中，应保证水样的完整性、代表性，使之尽量不受外界环境影响以水样自身微生物及化学作用影响产生组分的变化，应根据水样测试指标及实验室要求对水样进行处理并严格遵守实验室质量管理措施。

二、水质指标与水质标准

（一）水质指标

水体中所含有的物质种类繁多，水质性状各异，水质的优劣一般通过以下几类主要指标进行判别，包括物理指标、化学指标和生物学指标，对这些指标的分析是了解水质状况和污染类型的基本途径，也是水质评价和保护的基础。

1. 物理指标

（1）温度。水的温度是一项重要的物理指标，可用温度计进行测定。在一定限度内，适当提高水温会提高水生生物活性，有利于水产养殖业发展。但水温过高时，可能导致水中溶解氧含量降低、某些有毒物质含量及毒性增加。

（2）嗅味。嗅味是判断水质优劣的主要指标之一。洁净的水没有气味，水中溶解不同物质，会产生不同味道，当水体受到污染后会产生各种臭味。常用人的嗅觉来判定水体的嗅味强度，将臭味强度分为无、极微弱、弱、明显、强烈和极强6个等级。

(3) 色度。水色是水的光学性质指标。纯水是一种无色透明的液体,自然界中水体所表现出的颜色是由于其中含有悬浮物质、浮游生物以及溶解性污染物所决定的。

(4) 透明度。透明度是指物质透过光线的能力,是水的光化学指标之一,用来描述水的透光性。河流等地表水体的透明度一般用透明度板(赛克板)来目测确定。透明度板是直径为30cm的白色圆盘,观测时将其系在有刻度的绳子上,沉入水中后以下沉过程中刚好不能见到赛克板和上提过程中刚好能见到赛克板的平均深度作为水的透明度值。

(5) 浊度。由于水中含有悬浮及胶体状态的微粒,使原来无色透明的水产生浑浊现象,其浑浊程度即用浊度来表示。用标准溶液作为衡量尺度,来表示水中悬浮物质的种类及数量。浊度的单位为JTU,1JTU=1mg/L的白陶土悬浮体,用度来表示。浊度1度相当于1L水中含有1mg的SiO_2时所产生的浑浊程度。

(6) 电导率。是水样导电能力的一种度量,水中所含有的各种离子使水具有导电性。天然水导电率一般为500$\mu\Omega$/cm,工业废水可为10000$\mu\Omega$/cm。

2. 化学指标

(1) pH值。pH值是水中氢离子的负对数,是反映水酸碱性的一个指标,pH值为7的溶液为中性,pH值越大溶液碱性越强,pH值越小酸性越强。理论上,pH值=7为中性,pH值<7为酸性,pH值>7为碱性,习惯用表10-2表示酸碱度与pH值的关系。

表 10-2　　　　　　　　　酸碱性程度与 pH 值的关系

酸碱性程度	强酸性	弱酸性	中性	弱碱性	强碱性
pH 值	<5.0	5.0~6.5	6.5~8.0	8.0~10.0	>10.0

世界卫生组织规定的饮用水标准中pH值的合适范围为7.0~8.5,极限范围是6.5~9.2。我国地表水环境质量标准规定饮用水的pH值应为6.5~8.5,极限范围为6.0~9.0,农田灌溉用水水质标准为5.5~8.5。

(2) 硬度。水的硬度是指水中钙、镁离子的含量。一般常用单位水体中含有的钙、镁离子的总量代表水的总硬度。硬度的表示方法很多,有总硬度、暂时硬度和永久硬度,通常以"德国度"表示,1德国度相当于1L水中含有相当于10mg氧化钙或7.2mg氧化镁时的钙镁离子量。根据水的硬度,将水分为5级(表10-3),高硬度水对工业锅炉极为不利,会影响洗涤效果,也有研究表明水的硬度与心血管疾病有着直接关系。因此,这一指标越来越引起人们的重视。

(3) 矿化度。矿化度亦称全盐量,是指水中含有的各种离子、分子的总称。通常采用烘干法测定,一般在105~110℃温度下,水分全部蒸发后所得到干涸残余物的重量与原有水样重量之比即为水的矿化度。按矿化度的大小,可以将水分为5级:矿化度小于1g/L,为淡水;1~3g/L,为微咸水;3~10g/L,为咸水;10~15g/L,为盐水;矿化度大于50g/L,为卤水。水的矿化度是水的化学成分的重要标志,对水质有重要影响。

(4) 溶解氧(DO)。溶解于水中的分子态氧称为溶解氧,通常记作DO,用每升水里氧气的毫克数表示。水中溶解氧含量的大小是反映自然水体是否受到有机物污染的重要指标,是保护水体感官质量及鱼类和其他水生生物的重要项目,也是衡量水体自净能力的一个指标。一般在清洁的河流中DO在7.5mg/L以上,在5mg/L以上时有利于浮游生物生长，4mg/L 的浓度是保证一个多种鱼群生存的最低保障。

表 10-3　　　　　　　　　　　　水 的 硬 度 分 级

种类	硬 度		
	德国度	钙镁毫克当量数	钙镁含量/(mg/L)
极软水	<4.2	<1.5	<75
软水	4.2~8.4	1.5~3.0	75~150
微硬水	8.4~16.8	3.0~6.0	150~300
硬水	16.8~25.2	6.0~9.0	300~450
极硬水	>25.2	>9.0	>450

(5) 生化需氧量 (BOD)。是指在有氧的条件下，温度为 20℃时，由于微生物的作用，水中能分解的有机物质在完全氧化分解时所消耗氧的量。BOD 是反映水中有机物含量和污染程度的一个指标。BOD 越高表示水中有机物含量越高，水中溶解氧含量就越少，水质状况越差。一般在测定 BOD 时以 20℃作为标准温度，水体中有机物完成分解的时间约为 20d，而实际工作过程中通常采用相同温度条件下，经过 5d 后减少的溶氧量来表示生化需氧量，称为 5 日生化需氧量 (BOD_5)。BOD_5 可以间接反映水中有机物含量，用以判断水质优劣（表 10-4）。

表 10-4　　　　　　　　　　　用生化需氧量判断水质

生化需氧量/(mg/L)	水质性状	生化需氧量/(mg/L)	水质性状
1.0 以下	非常清净	7.5	不良
2.0	清净	10.0	恶化
3.0	良好	20 以上	严重恶化
5.0	有污染		

(6) 化学需氧量 (COD)。COD 是表示水中的有机物被氧化分解时，消耗氧化剂 $KMnO_4$ (COD_{Mn}) 或 $K_2Cr_2O_7$ (COD_{Cr}) 氧化有机污染物时所需的氧的当量，这个氧的当量与有机物的量是有一定比例关系的。在我国一般多采用 COD_{Mn} 评价地面水环境和自来水质评价，COD 越大，说明水体中有机物的含量越高，污染也就越严重。由于各种有机物进行化学反应的难易程度不同，COD 只是表示在规定条件下可被氧化物质消耗溶氧量的总和，只能相对反映出水中有机物的含量。

COD 及 BOD 两个指标，都不能完全反映水中有机物的含量，只相当于有机物氧化率的 60%~70%，在水质污染防治中一般采用化学需氧量和生化需氧量两个总和性指标来间接衡量水中有机污染物的量。

3. 生物学指标

(1) 细菌总数。水中细菌总数反映水体受细菌污染的程度。细菌总数不能说明污染物的来源，必须结合大肠杆菌数来判断水体污染的来源和安全程度。

(2) 大肠菌群。大肠菌群是大肠杆菌及其他相似菌群的总称。其数量一般以每升水中大肠菌群数来表示。大肠菌群一般生活在温血动物肠道内，在粪便中大量存在，但对人体无害。如果水体中发现了大肠菌群，说明水体受到粪便污染，可能伴有病源微生物存在。

如果水中没有大肠菌群，一般病源菌就不可能存在。水是传播肠道疾病的一种重要媒介，大肠杆菌被视为最基本的粪便传染指示菌群。大肠菌群的值可表明水样被粪便污染的程度，间接表明有肠道病菌存在的可能性。

（二）水质标准

评价水体质量的状况，通常按天然水的物理性质、化学性质、气体及生物等方面的检测分析结果来确定。由于水的成分复杂，为适用于各种供水目的，比选制定出各种成分含量的界限，这种数量界限称为水质标准。水质标准分为水环境质量标准、污水排放标准和用水水质标准等，国家和地方规定的各种用水标准，都是按照各种用水部门的实际需要制订的，是水质评价的基础。本节主要介绍代表天然水质的环境质量标准。

为保障人体健康，维护生态平衡，保护水源及控制污染，改善水质，促进经济发展，我国制订了适用于江、河、湖泊及水库的 GB 3838《地表水环境质量标准》，此标准中依据地表水域环境功能和保护目标，按功能将地表水环境质量高低次序划分为五类：

Ⅰ类 主要适用于源头水、国家自然保护区。

Ⅱ类 主要适用于集中式生活饮用水地表水源地一级保护区、珍稀水生生物栖息地、鱼虾类产卵场、仔稚幼鱼的索饵场等。

Ⅲ类 主要适用于集中式生活饮用水地表水源地二级保护区、鱼虾类越冬场、洄游通道、水产养殖区等渔业水域及游泳区。

Ⅳ类 主要适用于一般工业用水区及人体非直接接触的娱乐用水区。

Ⅴ类 主要适用于农业用水区及一般景观要求水域。

对应地表水上述五类水域功能，将地表水环境质量标准基本项目标准分为五类，不同功能类别分别执行相应类别的标准值。水域功能类别高的标准值严于水域功能类别低的标准值。同一水域兼有多类使用功能的，执行最高功能类别对应的标准值。实现水域功能与达标功能类别标准为同一含义。各类水质标准值见表 10-5～表 10-7。

表 10-5　　　　　　　　地表水环境质量标准基本项目标准限值　　　单位：除标注外均为 mg/L

序号	标准值分类项目	Ⅰ类	Ⅱ类	Ⅲ类	Ⅳ类	Ⅴ类
1	水温/℃	人为造成的环境水温变化应限制在：周平均最大温升≤1　周平均最大温降≤2				
2	pH 值（无量纲）	6～9				
3	溶解氧 ≥	饱和率90%（或 7.5）	6	5	3	2
4	高锰酸盐指数 ≤	2	4	6	10	15
5	化学需氧量（COD）≤	15	15	20	30	40
6	五日生化需氧量（BOD_5）≤	3	3	4	6	10
7	氨氮（NH_3-N）≤	0.15	0.5	1.0	1.5	2.0
8	总磷（以 P 计）≤	0.02（湖、库 0.01）	0.1（湖、库 0.025）	0.2（湖、库 0.05）	0.3（湖、库 0.1）	0.4（湖、库 0.2）
9	总氮（湖、库，以 N 计）≤	0.2	0.5	1.0	1.5	2.0
10	铜 ≤	0.01	1.0	1.0	1.0	1.0

续表

序号	标准值分类项目	I类	II类	III类	IV类	V类
11	锌 ≤	0.05	1.0	1.0	2.0	2.0
12	氟化物（以 F⁻ 计）≤	1.0	1.0	1.0	1.5	1.5
13	硒 ≤	0.01	0.01	0.01	0.02	0.02
14	砷 ≤	0.05	0.05	0.05	0.1	0.1
15	汞 ≤	0.00005	0.00005	0.0001	0.001	0.001
16	镉 ≤	0.001	0.005	0.005	0.005	0.01
17	铬（六价）≤	0.01	0.05	0.05	0.05	0.1
18	铅 ≤	0.01	0.01	0.05	0.05	0.1
19	氰化物 ≤	0.005	0.05	0.2	0.2	0.2
20	挥发酚 ≤	0.002	0.002	0.005	0.01	0.1
21	石油类 ≤	0.05	0.05	0.05	0.5	1.0
22	阴离子表面活性剂 ≤	0.2	0.2	0.2	0.3	0.3
23	硫化物 ≤	0.05	0.1	0.2	0.5	1.0
24	粪大肠菌群 ≤/(个/L)	200	2000	10000	20000	40000

表 10-6　　集中式生活饮用水地表水源地补充项目标准限值　　单位：mg/L

序号	项　　目	标　准　值
1	硫酸盐（以 SO_4^{2-} 计）	250
2	氯化物（以 Cl⁻ 计）	250
3	硝酸盐（以 N 计）	10
4	铁	0.3
5	锰	0.1

表 10-7　　集中式生活饮用水地表水源地特定项目标准限值　　单位：mg/L

序号	项　目	标准值	序号	项　目	标准值
1	三氯甲烷	0.06	19	苯	0.01
2	四氯化碳	0.002	20	甲苯	0.7
3	三溴甲烷	0.1	21	乙苯	0.3
4	二氯甲烷	0.02	22	二甲苯①	0.5
5	1,2-二氯乙烷	0.03	23	异丙苯	0.25
6	环氧氯丙烷	0.02	24	氯苯	0.3
7	氯乙烯	0.005	25	1,2-二氯苯	1.0
8	1,1-二氯乙烯	0.03	26	1,4-二氯苯	0.3
9	1,2-二氯乙烯	0.05	27	三氯苯②	0.02
10	三氯乙烯	0.07	28	四氯苯③	0.02
11	四氯乙烯	0.04	29	六氯苯	0.05
12	氯丁二烯	0.002	30	硝基苯	0.017
13	六氯丁二烯	0.0006	31	二硝基苯④	0.5
14	苯乙烯	0.02	32	2,4-二硝基甲苯	0.0003
15	甲醛	0.9	33	2,4,6-三硝基甲苯	0.5
16	乙醛	0.05	34	硝基氯苯⑤	0.05
17	丙烯醛	0.1	35	2,4-二硝基氯苯	0.5
18	三氯乙醛	0.01	36	2,4-二氯苯酚	0.093

续表

序号	项　　目	标准值	序号	项　　目	标准值
37	2,4,6-三氯苯酚	0.2	59	敌敌畏	0.05
38	五氯酚	0.009	60	敌百虫	0.05
39	苯胺	0.1	61	内吸磷	0.03
40	联苯胺	0.0002	62	百菌清	0.01
41	丙烯酰胺	0.0005	63	甲萘威	0.05
42	丙烯腈	0.1	64	溴氰菊酯	0.02
43	邻苯二甲酸二丁酯	0.003	65	阿特拉津	0.003
44	邻苯二甲酸二（2-乙基己基）酯	0.008	66	苯并（a）芘	2.8×10^{-6}
45	水合肼	0.01	67	甲基汞	1.0×10^{-6}
46	四乙基铅	0.0001	68	多氯联苯⑥	2.0×10^{-5}
47	吡啶	0.2	69	微囊藻毒素-LR	0.001
48	松节油	0.2	70	黄磷	0.003
49	苦味酸	0.5	71	钼	0.07
50	丁基黄原酸	0.005	72	钴	1.0
51	活性氯	0.01	73	铍	0.002
52	滴滴涕	0.001	74	硼	0.5
53	林丹	0.002	75	锑	0.005
54	环氧七氯	0.0002	76	镍	0.02
55	对硫磷	0.003	77	钡	0.7
56	甲基对硫磷	0.002	78	钒	0.05
57	马拉硫磷	0.05	79	钛	0.1
58	乐果	0.08	80	铊	0.0001

① 二甲苯：指对-二甲苯、间-二甲苯、邻-二甲苯。
② 三氯苯：指1,2,3-三氯苯、1,2,4-三氯苯、1,3,5-三氯苯。
③ 四氯苯：指1,2,3,4-四氯苯、1,2,3,5-四氯苯、1,2,4,5-四氯苯。
④ 二硝基苯：指对-二硝基苯、间-二硝基苯、邻-二硝基苯。
⑤ 硝基氯苯：指对-硝基氯苯、间-硝基氯苯、邻-硝基氯苯。
⑥ 多氯联苯：指PCB-1016、PCB-1221、PCB-1232、PCB-1242、PCB-1248、PCB-1254、PCB-1260。

同时，在GB 3838《地表水环境质量标准》中规定了标准中关注的基本项目及特定项目的分析方法，实际应用中可查阅标准确定。

三、水质评价

（一）水质评价的概念与类型

水质评价是水环境质量评价的简称，是指根据不同的用途和一定的评定标准，采用一定的方法，对水质进行的定性的或定量的描述。水质评价是水质保护的基础性工作，可以简明、定量地反映水体污染的状况，指出水体污染的程度、主要污染物的来源、污染的时空分布规律和发展趋势，为水环境保护规划与管理、水质控制与保护提供科学依据。

由于评价对象、目的和范围的不同，水质评价主要分为以下不同的类型：

（1）按照评价的时期，可将水质评价分为水质回顾评价、水质现状评价和水质影响评价3种类型。

(2) 按照评价的目的与用途，可将水质评价分为饮用水水质评价、渔业用水水质评价、灌溉用水水质评价、工业用水水质评价、工业排放废水水质评价等。

(3) 按照评价的水体类型，可将水质评价分为河流水质评价、湖泊水质评价、水库水质评价、海洋水质评价、地下水水质评价、湿地水质评价等。

(4) 按照参评要素的多少，可将水质评价分为单要素水质评价和水质综合评价。

水质评价的类型和目的不同，选择的参数和标准亦不尽相同。实际工作中，应根据评价对象的实际情况，综合考虑存在的主要水环境问题、经济社会发展的具体要求和所具备的条件，选择适当的评价要素和方法。

(二) 水质评价的一般程序

水质评价工作程序一般包括以下4个主要阶段：

(1) 准备阶段。该阶段的工作包括了解工程设计、现场勘察、了解水环境法规和标准，确定评价级别和评价范围、编制水环境影响评价工作大纲等。在此阶段，还要做部分水质现状调查和工程分析等方面的工作。

(2) 水质现状调查、监测与评价阶段。该阶段是水质评价中工作量最大的环节，工作内容包括详细开展水质现状调查与监测，仔细进行工程分析，在此基础上完成水质现状评价。

(3) 水质影响预测、评价和对策研究阶段。根据水环境排放源特征，选择或建立水质模型并验证模型可靠性，预测拟建设工程等对水体的污染影响，对影响的情况及其重大性做出评价，并研究相应的污染防治对策。

(4) 撰写评价报告阶段。提出污染防治和水体保护对策，总结工作成果，撰写专题研究报告和水质评价报告，并为项目监测和事后评价做准备。

(三) 水质评价方法

1. 水质现状评价的方法

水质现状评价的方法有多种，大致可以分为直观描述法和模型评价法两类。

(1) 直观描述法是根据各种水质要素监测因子的实测值与评价标准的比较结果，用检出率、超标率、平均超标倍数和最大超标倍数等指标，直接描述水质污染程度，以说明水质的现状。此方法常用于地表河水水质评价，包括断面水质评价和河流、流域（水系）水质评价。

河流断面水质类别评价采用单因子评价法，即根据评价时段内该断面参评的指标中类别最高的一项来确定。描述断面的水质类别时，使用"符合"或"劣于"等词语。断面水质类别与水质定性评价分级的对应关系见表10-8。

表10-8　　　　　　　　　　　断面水质定性评价标准

水质类别	水质状况	表征颜色	水质功能类别
Ⅰ～Ⅱ类水质	优	蓝色	引用水源地一级保护区、珍稀水生生物栖息地、鱼虾类产卵场地、仔稚幼鱼的索饵场地等
Ⅲ类水质	良好	绿色	饮用水源第二级保护区、鱼虾类越冬场、洄游通道、水产养殖、游泳区
Ⅳ类水质	轻度污染	黄色	一般工业用水和人体非直接接触的娱乐用水
Ⅴ类水质	中度污染	橙色	农业用水及一般景观用水
劣Ⅴ类水质	重度污染	红色	除调节局部气候外，使用功能较差

河流、流域（水系）水质评价，当河流、流域（水系）的断面总数少于5个时，计算河流、流域（水系）所有断面各评价指标浓度算术平均值，然后按照断面水质评价方法进行评价，并按表10-8指出每个断面的水质类别和水质状况。

当河流、流域（水系）的断面总数在5个及5个以上时，采用断面水质类别比例法，即根据评价河流、流域（水系）中各水质类别的断面数占河流、流域（水系）所有评价断面总数的百分比来评价其水质状况。河流、流域（水系）的断面总数在5个及5个以上时不作平均水质类别的评价。河流、流域（水系）水质类别比例与水质定性评价分级的对应关系见表10-9。

表10-9　　　　　　　河流、流域（水系）水质定性评价分级标准

表征颜色	水质状况	水 质 类 别 比 例
蓝色	优	Ⅰ～Ⅲ类水质比例≥90%
绿色	良好	75%≤Ⅰ～Ⅲ类水质比例<90%
黄色	轻度污染	Ⅰ～Ⅲ类水质比例<75%，且劣Ⅴ类比例<20%
橙色	中度污染	Ⅰ～Ⅲ类水质比例<75%，且20%≤劣Ⅴ类比例<40%
红色	重度污染	Ⅰ～Ⅲ类水质比例<60%，且劣Ⅴ类比例≥40%

(2) 模型评价法。目前应用于水质现状评价的数学模型很多，如污染指数、模糊综合评判模型、熵、神经网络系统等，其中计算简便和应用较为广泛的方法是污染指数法。

将污染质监测值换算为各种形式的污染指数，并将其与评价标准值对应的指数值进行比较，这种评价方法称为污染指数法。污染指数有单因子污染指数和综合污染指数两类，其中前者又称为某污染物的分指数，用于进行单项污染物的评价，后者用于水质综合评价。

单因子污染指数的计算通式为

$$P_i = \frac{C_i}{S_i} \tag{10-1}$$

式中：P_i 为 i 污染物的分指数；C_i 为 i 污染物的实测浓度值；S_i 为 i 污染物的评价标准。

计算得各种污染物的指数后，即可进行综合污染指数的计算，计算方法常用的有均权总和法、加权总和法、兼顾极值法等。

2. 水质影响评价的方法

水质影响评价的方法有多种，常用的主要有模式计算法、类比调查法、模拟实验法3种。

(1) 模式计算法主要用于污染物浓度的预测，该方法通过选用或建立合适的数学模型，模拟污染物在水体中的迁移规律，对污染物可能形成的浓度分布情况及其对水质的影响进行预测。此类方法是我国水质影响评价中应用最多的一种方法。

如常用简单的河流一维模型：

$$C_x = C_0 \exp\left(-K\frac{x}{u}\right) \tag{10-2}$$

式中：C_x 为流经 x 距离后的污染物浓度，mg/L；x 为沿河段的纵向距离，m；u 为设计

流量下河道断面的平均流速，m/s；K 为污染物综合衰减系数，1/s。

（2）类比调查法是选择与被评价项目类似的已建成投产并积累有较为完整资料的工程项目作为类比对象，通过对类比对象所造成的水环境影响及多年来积累的水环境影响因素资料的调查分析，来类推被评价项目投产后可能产生的水环境影响，推断所采取的环境工程措施的可行性及可能出现的环境问题，对被评价项目的水环境影响进行评价。

（3）模拟实验法是在实验室或室外大规模场地上进行类似条件下的模拟实验，以验证某些工艺或工程设计、设备的实际效果；在水质影响评价中，常采用扩散实验、水体自净能力实验、污染物在水体中的降解实验等模拟实验方法。

第三节 河 流 泥 沙

一、河流泥沙特性

河流泥沙是指由于水流的挟带作用所造成的泥沙运动。根据泥沙在河流中的运动状态的不同，可分为推移质、悬移质和河床质三类。组成河床和随水流动的泥沙，由于其来源、矿物成分、粒径组成以及物理化学特性的不同，直接影响河流泥沙的冲刷、输移和沉积过程，以下主要介绍泥沙的几种特性。

1. 河流泥沙来源

河流中运动的泥沙，就其来源而言可以分为两大类。一类是从流域地表冲蚀而来的；另一类是从河床上冲起的。在运动过程中，二者存在着置换作用。流域地表的侵蚀，与气候、土壤、地形地貌等因素有关，人类活动也起着重要的影响作用。

2. 泥沙的矿物组成

泥沙来源于岩石风化物，岩石经风化作用所形成的漂石、卵石、砾石等往往保留了岩石原有的矿物成分，如石英、长石、云母等。化学风化及生物风化作用使岩石的原生矿物成分发生变化，形成粉粒以下细小颗粒的次生矿物，不可溶次生矿物是粉粒的主要组成成分，如次生的二氧化硅、蒙脱石、高岭土等。

3. 泥沙的分类

（1）按粒径大小分类。按粒径大小可分为块石、卵石、砾石、砂、粉砂和黏土等级别。一般规定砂粒径为 0.2～2.0mm，粉砂为 0.02～0.002mm，小于 0.002mm 的为黏土。

（2）按泥沙运动状态分类。按泥沙运动状态一般可以分为悬移质泥沙和推移质泥沙两大类。

（3）按河床冲淤情况分类。按河床冲淤情况可分为冲泻质（非造床泥沙）和床沙质（造床泥沙）两大类。

4. 泥沙的粒径与级配

天然泥沙很少是均匀的，它们是有大小不一、形状各异的颗粒组成的群体。研究泥沙的群体平均特性，对于生产实践来说比研究单个泥沙颗粒的特性更为重要。一般通过颗粒分析，得出沙样中各粒径级的重量和小于不同粒径的总重量，通过绘制沙样颗粒级配曲线来分析总体粒径特征，此曲线横坐标为泥沙颗粒的直径，纵坐标为小于此种粒径的泥沙在全部泥沙中所占的百分比（图 10-1）。

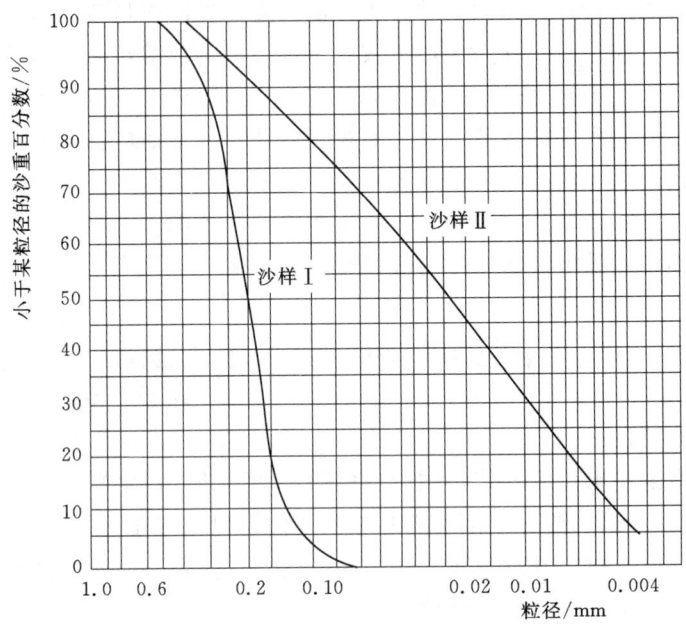

图 10-1　泥沙颗粒级配曲线

5. 泥沙的沉降

单个泥沙颗粒在天然水体中的下沉运动规律受泥沙颗粒球体大小、砂粒在静水中沉降速度和水的黏滞系数等多种因素共同影响，可以用砂粒的雷诺数综合表征。当雷诺数小于 0.5 时，砂粒基本沿铅垂线下沉，周围水体不发生紊乱现象，绕流属于层流状态，砂粒下沉受黏滞阻力影响；当雷诺数大小 1000 时，砂粒下沉轨迹呈螺旋形，绕流属于紊流状态，砂粒下沉受形状阻力影响；当雷诺数介于 0.5~1000 时，砂粒下沉属于过渡状态，黏滞阻力和形状阻力都起作用。

二、河流泥沙计算

在水利工程规划设计中，一般要求分析计算推移质、悬移质的数量级变化规律。

1. 泥沙推移质和悬移质运动基本特征

（1）推移质。在近河床处沿河床床面滚动、滑动活跳跃前进的泥沙称为推移质。其中以滚动、滑动方式前进的泥沙常与河床接触，因此又称为触移质，而以跳跃方式前进的泥沙则称为跃移质，二者通常统称为推移质。推移质通常可划分为沙质推移质和卵石推移质，前者多出现在冲积平原由中细沙及少量粗砂组成的河床上，后者多出现在山区由卵石及少量砾石及粗砂组成的河床上。

推移质运动的强弱与水流强度关系极大，当流速增大时，推移质中较细部分可能达到较高的悬浮高度而转化成悬移质；当流速较小时，推移质中部分颗粒可能沉到河底而转化为床沙，即河床质。泥沙的启动条件是影响推移质泥沙运动的一个重要因素，需要考虑泥沙的起动流速、止动流速和扬动流速等，与断面流速、河水深度、水力半径以及泥沙的粒度情况等有关。

推移质泥沙在一定流速条件下通常呈"沙波"运动，沙波按其平面形态可分为带状沙波、蛇曲状沙波及新月形沙波三类，构成了河床地形的基本单位。沙波长度范围从二三十厘米至上千米，波高范围从几厘米至数米，沙坡纵剖面示意图如图 10-2 所示。

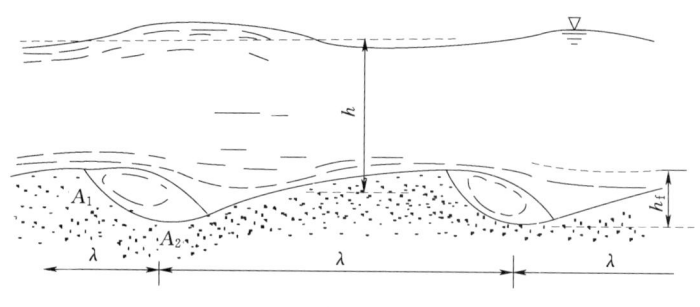

图 10-2　沙波纵剖面示意图

（2）悬移质。被水流悬浮挟运的泥沙称为悬移质。泥沙悬浮于水中，是水流紊动作用的结果，其在水中的运动状态不是滚动、滑动或跃动，而是在水流的诸流层中悬浮前进，其运动轨迹是只具有统计学机遇性质、而无力学必然规律的迹线。对于一颗沙粒而言，受水流脉动强度变化的影响，可以转化其运动状态。当水流脉动分速度减小时，悬移质沙粒可能转化为推移运动，甚至停留在河床上；而当水流脉动速度增大时，沙粒又可由推移质转化为悬浮运动状态。因此，悬移质和推移质之间并无绝对的界限。

关于泥沙推移质和悬移质运动的理论原理，可参考河流泥沙动力学等相关书籍。

2. 推移质输沙量计算

山区河流坡度较陡，加之山石破碎，水土流失较为严重，推移质来沙量往往很大，是造成河道淤积的主要成分，因此对推移质输沙量的计算必须重视。目前，推移质采样和测验工作尚存一定问题，实测资料相对较少，为获得较为合理准确的输沙量数据，应采用多种方法对比分析，下面介绍几种方法供参考使用。

（1）利用采样器测定资料推求。用采样器测定资料计算推移质输沙量分为图解法和分析法两类。这两种方法都需要首先计算出各取样垂线的单位宽度推移质输沙率，即推移质基本输沙率，然后再用不同方法计算断面推移质输沙率。

1）推移质基本输沙率计算公式。

$$q_b = \frac{1000 W_b}{t b_k} \tag{10-3}$$

式中：q_b 为推移质基本输沙率，g/(s·m)；W_b 为干沙重，g；t 为取样历时，s；b_k 为取样器口宽度，cm。

2）断面输沙率的计算。

a. 图解法。以各垂线基本输沙率为纵坐标，以垂线起点距为横坐标，绘制推移质基本输沙率沿断面的分布曲线。用求积仪或数方格的方法量出基本输沙率分布曲线与水面线所包围的面积，并按纵横比例尺换算，即得修正前断面推移质输沙率，如图 10-3 所示。

实际断面推移质输沙率按下式计算：

$$Q_b = k Q_b' \tag{10-4}$$

式中：Q_b 为断面推移质输沙率；Q'_b 为修正前的推移质输沙率，kg/s；k 为修正系数，采样器采样效率的倒数，通过率定采样器系数求得。

b. 分析法。先按下式修正前的断面推移质输沙率：

$$Q'_b = 0.001 \left(\frac{q_{b1}}{2} b_0 + \frac{q_{b1}+q_{b1}}{2} b_1 + \cdots + \frac{q_{bn-1}+q_{bn}}{2} b_{n-1} + \frac{q_{bn}}{2} bn \right) \quad (10-5)$$

式中：q_{b1}，q_{b2}，…，q_{bn} 为各垂线基本输沙率，g/(s·m)；b_1、b_2，…，b_{n-1} 为各取样垂线间距，m；b_0、b_n 为两端取样垂线与推移质移动地带边界的距离，m。

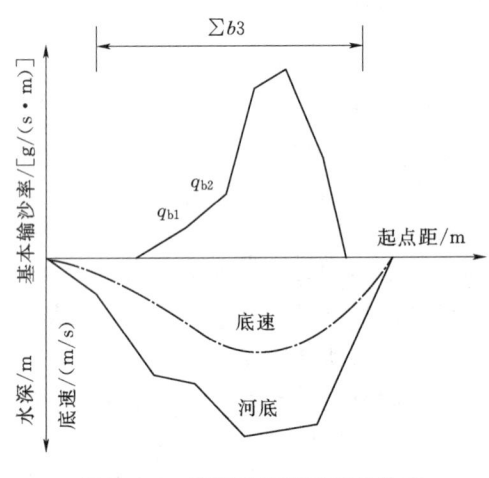

图 10-3 图解法计算河流输沙率

(2) 利用已有资料推求。当缺乏实测推移质资料时，目前所采用的方法均不太成熟。常用系数法以及河道、水库等淤积资料进行估算。

应用系数法计算时，一般认为推移质输沙量和悬移质输沙量之间存在一定的比例关系，且此关系在一定的地区和河道水文地理条件下式相对稳定的，可用系数法公式计算推移质输沙量：

$$\overline{W}_b = \beta \overline{W}_s \quad (10-6)$$

式中：$\overline{W}_b$ 为多年平均推移质输沙量，t；$\overline{W}_s$ 为多年平均悬移质输沙量，t；β 为二者比例系数。

3. 悬移质输沙量计算

(1) 具有长期资料。当某断面具有长期实测流量及悬移质输沙资料时，可直接用这些资料算出各年的悬移质输沙量，然后用下式计算多年平均悬移质输沙量：

$$\overline{W}_s = \frac{1}{n} \sum_{i=1}^{n} W_{si} \quad (10-7)$$

式中：$\overline{W}_s$ 为多年平均悬移质输沙量，kg；W_{si} 为各年悬移质输沙量，kg；n 为年数。

(2) 资料不足情况。当某断面的悬移质输沙量资料不足时，可根据资料的具体情况采用不同的处理方法。当某断面具有长期年径流量资料和短期悬移质年输沙量资料系列，且足以建立相关关系时，可利用这种相关关系，由长期年径流量资料插补延长悬移质年输沙量系列，然后求其多年平均年输沙量。若当地汛期降雨侵蚀作用强烈或平行观测年数较短，上述年相关关系并不密切，则可建立汛期径流量与悬移质年输沙量的相关关系，插补延长悬移质年输沙量系列。

当年径流量与年输沙量的相关关系不密切，而某断面的上游或下游测站有长系列输沙量资料时，也可绘制该断面与上游（或下游）测站悬移质年输沙量相关图，如相关关系较好，即可用以插补展延系列。但须注意两测站间应无支流汇入，河槽情况无显著变化，自然地理条件大致相同。

当悬移质输沙量实测资料系列只有两三年，不足以绘制相关线时，可粗略地假定悬移质年输沙量与年径流量比值的平均值为常数，于是多年平均悬移质年输沙量 $\overline{W}_s$ 可由多年

平均年径流量 $\overline{W}$ 推算，即

$$\overline{W}_s = \alpha_s \overline{W} \tag{10-8}$$

式中：$\overline{W}$ 为多年平均径流量，m³；α_s 为实测各年的悬移质年输沙量与年径流量比值的平均。

（3）缺乏资料情况。当缺乏实测悬移质资料时，多年平均输沙量只能采用以下粗略方法估算：

1）侵蚀模数分区图。在我国各省的《水文手册》中，一般均有多年平均悬移质侵蚀模数分区图。对于设计流域的多年平均悬移质侵蚀模数可以从图上所在分区查出，将查出的侵蚀模数数值乘以设计断面以上流域面积，即可求出设计断面的多年平均悬移质年输沙量。

$$\overline{W}_s = F \times M_s \tag{10-9}$$

式中：F 为设计断面以上流域面积，km²；M_s 为多年平均悬移质侵蚀模数，t/km²。

2）沙量平衡法。设 $\overline{W}_{s,上}$ 和 $\overline{W}_{s,下}$ 分别为某河流干流上游和下游站的多年平均输沙量，$\overline{W}_{s,支}$ 和 $\overline{W}_{s,区}$ 分别为上、下游两站间较大支流断面和除去较大支流以外的区间多年平均输沙量，ΔS 表示上、下游两站间河岸的冲刷量或淤积量，则可写出沙量平衡方程：

$$\overline{W}_{s,下} = \overline{W}_{s,上} + \overline{W}_{s,支} + \overline{W}_{s,区} \pm \Delta S \tag{10-10}$$

3）经验公式法。在完全没有实测资料时，以上方法均不能应用，可由经验公式进行粗略估算，公式如下：

$$\rho = 10^4 \alpha \sqrt{J} \tag{10-11}$$

式中：ρ 为多年平均含沙量，g/m³；J 为河流平均比降；α 为侵蚀系数，与河流冲刷程度有关：冲刷剧烈的区域取 6~8，冲刷中等区域取 4~6，冲刷轻微区域取 1~2，冲刷极轻的区域取 0.5~1。

复 习 思 考 题

1. 广义的河流水质研究包括哪些内容？
2. 简述河流水质的监测、评价方案及过程。
3. 河流泥沙的统计指标主要有哪些？
4. 简述河流泥沙的来源、组成和分类，分析河流泥沙的运移特征。

第十一章 水 文 模 型

第一节 概 述

水文模型指用模拟方法将复杂的水文现象和过程概化成近似的科学模型。水文模型按模拟方式不同可分为水文物理模型和水文数学模型两种基本类型。水文物理模型是具有原型主要物理性质的模型,如在实验室中将一个流域按相似原理缩小,或将原土样搬到实验室所做的实验等;水文数学模型则是遵循数学表达式相似的原理来描述水文现象物理过程的模型,如汇流过程的模拟是用一个物理本质与其不同却具有相同数学表达式的方程式表示,从而描述出实际汇流的物理过程。这两种模型之间存在着密切的联系,因为物理模型的研究是数学模型的基础,而数学模型则是物理模型的有力表达方式。

按照模型构建的基础可将水文数学模型分为水文概念性模型和水文系统理论模型。水文概念性模型是以水文现象的物理概念和一些经验公式为基础构造的水文模型,它将流域的物理基础(如下垫面等)进行概化(如线性水库、土层划分、蓄水容量曲线等),再结合水文经验公式(如下渗曲线、汇流单位线、蒸散发公式等)来近似地模拟流域水流过程。按对模拟流域的处理方法,概念性水文模型又可分为集总式模型和分散式模型。集总式概念性模型把全流域当作一个整体来建立模型,即对流域参数(变量)进行均化处理;分散式概念性模型则按流域下垫面不同特征和降水的不均匀性把流域分为若干个单元,对每一单元采用不同特征参数进行模拟计算,然后依据各单元的水力联系和水量平衡原理,通过汇流演算得到全流域的输出结果。水文系统理论模型又称系统响应模型,这类模型将研究对象视为一种动力系统,一般采用回归分析方法,利用已有降雨径流资料建立某种数学关系,然后由此用新的输入推求输出。系统理论模型只关心模拟结果的精度,而不考虑输入、输出之间的物理因果关系,因此又称为黑箱子模型。

从 20 世纪 60 年代以来,世界各地开发了数目种类繁多的流域模型,了解水文模型的分类方法有助于正确选择和使用模型,表 11-1 为流域水文模型的主要分类方法和各模型的特点。

建立一个恰当的水文模型依赖于研制者对水文规律的认识程度、模型使用目标和可以建立起模型所需要的资料条件,水文模型建立的步骤总体如下:

(1)以框图或流程图形式,表达水文过程整体和径流形成的各个环节间关系。

(2)建立模型各个部分的数学表达式和它们的逻辑计算关系。

(3)根据观测的水文资料和经验,通过拟定的识别准则或目标,率定模型中所包含的所有待定参数或函数。

(4)依据未参加建立模型的观测资料和水文现象规律的逻辑判断,进行必要的模型检验。

表 11-1　　　　　　　　　　流域水文模型的主要类型及特点

分类方法	模型类型		特　点
按主要研究领域	森林水文模型		森林占土地利用的主体；考虑到森林林冠截留、林地土壤大空隙、管流等林地特殊水文过程；Hortonian 地表径流非主要产流机理；模型多基于 Hewlett 变水源概念
	农业水文模型		农地占土地利用的主体；Hortonian 地表径流多为主要产流机理
	城市水文模型		透水性差的城市用地占土地利用主体；Hortonian 地表径流为暴雨洪水产流机理，包括城市排水系统汇流过程
	水质模型		比单纯水量模型复杂，主要模拟径流污染物浓度和排放总量，这类模型同样需要正确模拟水文过程
	生态系统模型		主要目的是模拟生态系统生产力、碳氮循环及蒸散发；流域产水量多定义为径流流出根系层的水分总量，不考虑地下水和沟道汇合过程
按模拟空间和时间尺度	空间	集总式	假定流域空间性质均一；所需模型参数少，但必须校正
		分布式	考虑流域空间异质性，将流域网格化处理
	时间	日或更短时间	用于模拟洪峰或日水量平衡；需要日或更短时段气象输入数据
		月	主要用于区域或全球长时间水量平衡计算
		年	用于长时间区域或全球水资源计算
按模拟手段	基于自然规律和水文过程机理的理论模型		结构较复杂；有物理意义；有利于揭示影响大气—土壤—水文要素之间的因果关系
	经验性，基于历时资料		较简单，需要流域参数少；预测结果较好，但不能反映变化条件下的水文规律
按模型参数	确定性		模型输入、输出结果确定；可以基于物理过程，也可以是经验性，如回归模型
	随机，非确定性		模型输入、输出结果有随机性；包含概率分布

本章扼要介绍我国比较常用的几个流域水文模型。

第二节　水文系统理论模型

一、水文系统的概念

水文系统是指研究对象中，由相互作用和相互依赖的水文要素组成的具有水文循环功能的整体。水文系统至少包含3个部分，即系统的输入、输出和系统的功能（图11-1）。对于河流而言，上断面的水位或流量为输入，下断面的水位或流量是输出；对于流域产汇流而言，降雨与蒸发为输入，流域出口的流量过程为输出。水文系统的功能是与系统所处的地理位置、流域或河系的地貌、植被与下垫面特性，以及人类活动影响等因素相联系。

水文系统的功能特征可以从不同的方面加以区分，如线性与非线性、时变与非时变、集总与分散的角度。

当系统的输入与输出之间的转化满足线性叠加原理的称为线性系统；反之，称为非线性系统。例如，

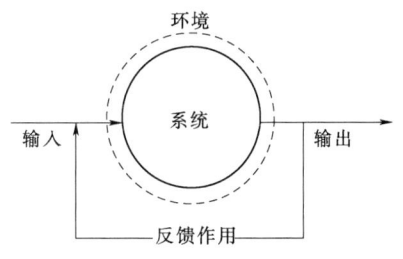

图 11-1　基本的系统模型

某流域出口断面径流量 $Q(t)$ 与流域平均降雨量 $p(t)$，服从以下方程：

$$Q(t) = ap(t) + b \qquad (11-1)$$

其中，a、b 为模型参数，可以看出式（11-1）适用于线性叠加原理，即假定有两个不同的输入 $p(t_1)$ 和 $p(t_2)$，分别激励出 $Q(t_1)$ 和 $Q(t_2)$，分别将两个响应对应的方程相加后仍然得到一个线性方程，这样的水文系统即为线性水文系统。如果 $Q(t)$ 和 $p(t)$ 之间的转化服从非线性方程，则为非线性水文系统。

当系统输入与输出转化关系中的参数随时间变化时，称为时变系统；反之，定常参数的系统称为时不变系统。式（11-1）中，如 a、b 均为常数，则方程描述的就是时不变系统；反之 a、b 中有一参数随时间变化，则为时变系统。

当系统输入、输出或参数不存在空间变化的称为集总系统；反之，称为分散系统。从系统的观点看，真实的流域系统在复杂环境因素的共同作用下，多半是非线性、时变和分散的。本章只介绍两个线性时不变模型，比较常见的为总径流线性响应模型和线性扰动模型。

二、总径流线性响应模型

流域上降雨产生径流的过程可视为一种水文系统关系，从水文学观念看，需要通过流域产流和流域汇流等几个环节进行描述。要建立多个环节之间的关系，除了降雨和径流资料以外，还需要流域的蒸发、土壤含水率、地下水位等资料，然而实际上许多流域上只有降雨和径流两个过程的观测资料。如果模拟应用的目的是设法由总降雨推求总径流过程，如水文预报等，可运用水文系统理论方法，建立总径流系统模型。

（一）总径流线性响应模型的系统方程

记流域的总降雨过程为 $p(t)$，流域出口断面观测到的总径流过程为 $y(t)$，该流域即可视为一个水文系统。总降雨过程 $p(t)$ 经过系统的作用，转化为总径流过程 $y(t)$，将系统的作用函数称为流域的响应函数，记为 $h(t)$。如果假定流域是一个线性、时不变、集总的确定性水文系统，则总径流线性响应模型的系统方程可表示如下：

$$y(t) = \int_0^t h(\tau) p(t-\tau) d\tau \qquad (11-2)$$

式中：t 为积分变量。

某一时刻 t 时的水文径流 $y(t)$ 需要用上述的卷积方程表达，因为水文流域的作用是一个有"忆滞"功能的系统，t 时刻出口断面流量不仅与 t 时刻的降雨作用有关，而且还与 $0 \sim t$ 的整个记忆时段 $[0, t]$ 内所有的降雨作用有关，与等流时线的概念相仿。系统方程反映的是一个线性的、时不变的流域系统。

上述简单的总径流线性响应模式仅有 3 个变量过程，即总雨量 $p(t)$、总径流量 $y(t)$ 和系统响应函数 $h(t)$。实际应用中，常把它们离散化，以便与实际观测的一个 Δt 时段水文资料一致。总径流线性响应模型亦称简单的线性模型，可简记为 SLM，离散化的系统方程表达式为

$$Y(k) = \sum_{i=1}^{m} H(i) P(k-i+1) \qquad (11-3)$$

式中：m 为流域的记忆长度，即任一输入 P 的作用效应只持续 m 个 Δt 时段；$P(k-i+$

第二节 水文系统理论模型

1)为离散化第 $k-i+1$ 个 Δt 时段流域平均降雨，mm；$Y(k)$ 为离散化后的第 k 个 Δt 时段末出口断面径流量，mm 或 m³/s；$H(i)$ 为第 i 个 Δt 时段的系统响应函数，其因此取决于降雨径流的关系。实际应用中，通常先把径流统一转化为降雨相同的单位（mm），则 $H(i)$ 就是无因次变量。

（二）总径流线性响应函数的推求

对于式（11-2）和式（11-3）所表达的 SLM 模型而言，仅给出了水文系统模型的表达关系，而并未解决从降雨推求径流的具体过程。水文预报的应用之一就是由降雨 $P(k)$ 推求总径流量 $Y(k)$，其前提是在已知系统的响应函数 $H(i)$ 时，而在 SLM 模型建立之前，响应函数是有待确定的。由过去观测的输入、输出信息来辨识水文系统模型中未知或待定的部分，称为水文系统识别，是水文系统方法的重要内容之一，只有把系统模型中待定的部分都确定了，才能应用到实际的水文预报或水文计算。对于总径流线性响应模型，系统识别的问题归为水文模型响应函数的推求，即由 [$P(k)$、$Y(k)$] 来推求 $H(i)$ 的过程。

为保证建立模型的可靠性，一般应依据 6~10 年连续观测的日或小时的降雨和径流序列资料来估计最优响应函数。考虑到资料误差或对系统的线性假定不完善等因素，引入系统随机误差项，则式（11-3）可表达为

$$Y(k) = \sum_{i=1}^{m} H(i) P(k-i+1) + e(k) \tag{11-4}$$

式中：$e(k)$ 为随机误差项。

随水文时间序列的变化，即当 $k=1, 2, 3, \cdots, n$ 时，式（11-4）可用矩阵方程表达如下：

$$\begin{bmatrix} Y(1) \\ Y(2) \\ \vdots \\ Y(m) \\ Y(m+1) \\ \vdots \\ Y(n) \end{bmatrix} = \begin{bmatrix} P(1) & 0 & & 0 \\ P(2) & P(2) & \cdots & 0 \\ \vdots & \vdots & \cdots & \vdots \\ P(1) & P(2) & \cdots & P(m) \\ P(2) & P(3) & \cdots & P(m+1) \\ \vdots & \vdots & \cdots & \vdots \\ P(n-m+1) & P(n-m+2) & & P(n) \end{bmatrix} \begin{bmatrix} H(1) \\ H(2) \\ \vdots \\ H(m) \end{bmatrix} + \begin{bmatrix} e(1) \\ e(2) \\ \vdots \\ e(n) \end{bmatrix}$$

可简记为

$$\boldsymbol{Y}_{n\times 1} = \boldsymbol{P}_{n\times m} \boldsymbol{H}_{m\times 1} + \boldsymbol{E}_{n\times 1} \tag{11-5}$$

式中：n 代表水文资料的总长度；m 是响应函数的记忆长度。在日径流模拟中，一般 n 取 6~10 年的日数，大于系统记忆长度 m 值。

由于 $n>m$，式（11-5）为一个超定方程组，其中响应函数向量 $\boldsymbol{H}_{m\times 1}$ 可采用最小二乘准则识别，目标函数记为

$$J(H) = \sum_{k=1}^{n} e^2(k) = \boldsymbol{E}^{\mathrm{T}} \boldsymbol{E} = (\boldsymbol{Y} - \boldsymbol{P}\boldsymbol{H})^{\mathrm{T}} (\boldsymbol{Y} - \boldsymbol{P}\boldsymbol{H}) \tag{11-6}$$

由目标函数极小化，即 $\min\{J(H)\}$，可推导出响应函数的最小二乘解向量为

$$\hat{\boldsymbol{H}} = [\boldsymbol{P}^{\mathrm{T}} \boldsymbol{P}]^{-1} [\boldsymbol{P}^{\mathrm{T}} \boldsymbol{Y}] \tag{11-7}$$

（三）总径流线性响应模型的水文概念

从水量平衡观点，总降雨量和总径流量一般是不同的，二者的差额就是降雨的损失。

总径流量 $Y(k)$ 与总降雨量 $P(k)$ 之比,称为流域的平均径流系数 $\alpha_{Y/P}$。在系统方法中,对系统响应函数 $H(i)$ 求和,即得 $G_a = \sum_{i=1}^{n} H(i)$ 为系统的增益因子。可以证明,总线性响应模型的增益因子恰好等于流域的平均径流系数,反映了流域产流特点。

对式 (11-3) 的 $Y(k)$ 求和,当时间序列足够长时:

$$\sum Y(k) = \sum H(i) \cdot \sum P(k) \tag{11-8}$$

$$G_a = \sum H(i) = \frac{\sum Y(k)}{\sum P(k)} = \alpha_{Y/P} \tag{11-9}$$

上式可作为总径流线性响应模型的径流体积约束条件之一,将径流线性响应函数标准化后记为 $Z(i)$,则有

$$Z(i) = \frac{H(i)}{G_a} \tag{11-10}$$

进而可将总径流线性响应模型式 (11-3) 表示为

$$Y(k) = \sum_{i=1}^{m} Z(i) G_a P(k-i+1) = \sum_{i=1}^{m} Z(i) R(k-i+1) \tag{11-11}$$

总径流线性响应模型说明了一种简单的水文概念,即用流域平均径流系数 G_a 乘以毛雨量 $P(k)$ 求得净雨 $R(k)$,然后进行汇流卷积计算,推求总径流过程 $Y(k)$。式 (11-3) 描述的是总降雨-总径流的转化关系,而其等价式 (11-11) 则表达了水文传统的汇流质量守恒系统,即

$$\sum_{i=1}^{m} Z(i) = 1.0 \quad \sum Y(k) = \sum R(k)$$

总径流响应模型可以通过一种概念性的解释如图 11-2 所示。

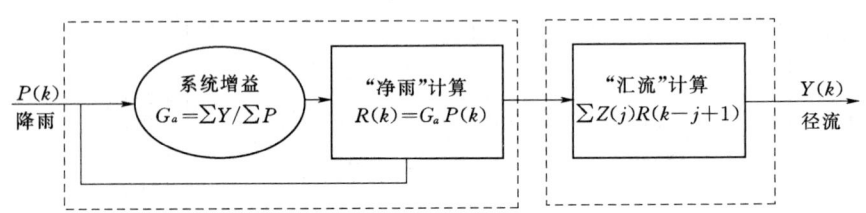

图 11-2　总径流线性响应模型的一种概念解释

三、线性扰动模型 (LPM)

降雨径流序列中包含了各种水文信息,如日径流序列季节性变化均值。由实测水文资料计算的季节均值定义为

$$Q_d = \frac{1}{n}(Q_{d,1} + Q_{d,2} + \cdots + Q_{d,i} + \cdots + Q_{d,n}) \tag{11-12}$$

式中:$Q_{d,i}$ 为第 i 年第 d 天的水文变量,如流量、雨量等;n 为资料年数;Q_d 为季节均值。

图 11-3 是清江流域日径流序列直接由样本计算 (未平滑) 的季节均值和经数学方法平滑了的季节均值。

从图 11-3 中可以看出,4—9 月为汛期,径流量值大、洪峰出现在 5—9 月居多,其

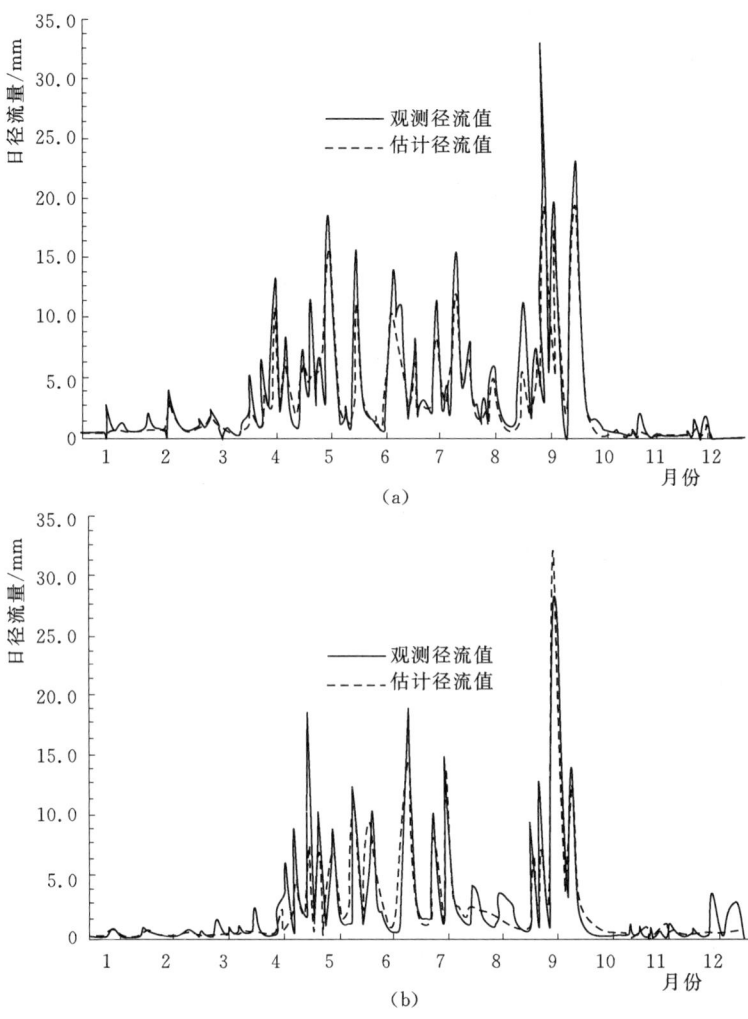

图 11-3 清江流域日径流模拟与预报检验总径流线性响应模型
(a) 率定期（1973 年）日径流模拟；(b) 预报期（1979 年）日径流检验

他月份为非汛期径流变化。如果能将这些有用的水文季节信息（Q_d）纳入到水文模型中，则可望对水文模型及预报的精度有所改进。线性扰动模型的引入可将季节性均值这类水文信息加以利用，而提高水文模型的模拟精度。

（一）线性扰动模型的结构及基本假定

该模型建立的是依据观测的降雨、径流或河道输入输出资料记为 $\{I(k), Q(k)\}$，计算季节均值及其平滑值，分别记为 I_d 和 Q_d。关于二者之间的关系不作任何假定，然后分别计算系统输入、输出变量相对它们季节均值的扰动项，即

$$P(k) = I(k) - I_d \tag{11-13}$$

$$Y(k) = Q(k) - Q_d \tag{11-14}$$

为简化模型假定，输入的扰动项和输出的扰动项之间存在线性关系，即

$$Y(k) = \sum_{j=1}^{m} H(j) P(k-j+1) + e(k) \tag{11-15}$$

式中：$H(j)$ 为线性扰动系统响应函数；$e(k)$ 为误差。

由式（11-13）~式（11-15）组合的系统模型，称为线性扰动模型（LPM），其结构关系如图 11-4 所示。

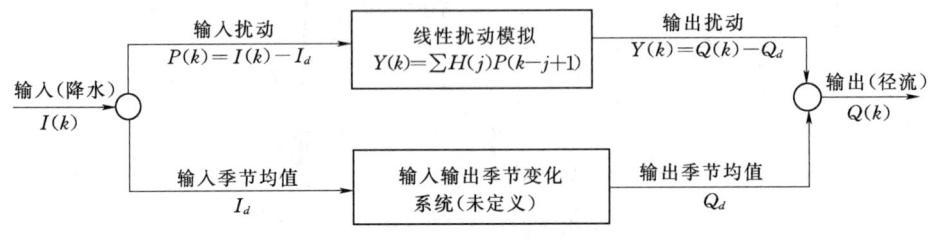

图 11-4　LPM 模型的结构

从 LPM 模型结构看出，尽管扰动项 $P(k)$ 和 $Y(k)$ 间假定为线性的，但季节均值 I_d 和 Q_d 之间关系并未作任何假定。就实际输入与输出而言，它们并不一定就是线性系统，因为通过计算得到的输出 $Y(k)$ 是季节均值 Q_d 与扰动项 $Y(k)$ 之和。因此，LPM 模型也称为考虑季节均值变化的非线性系统或准线性系统方法。

（二）建立线性扰动模型的具体步骤

LPM 模型的建立主要由计算平滑了的季节均值 $\{I_d, Q_d\}$ 和识别 LPM 模型的响应函数两部分组成，基本步骤如下：

（1）由观测的资料和式（11-12）分别计算水文系统输入与输出序列样本的季节均值 I_d 和 Q_d，$d=1,2,3,\cdots,365$。

（2）季节均值是流域的基本水文属性之一，它应当是比较平稳的水文过程。实际作业中因用于计算季节均值的资料年限较短（例如一般采用 6 年率定期序列），求得的季节均值不可避免带有随机噪音而出现震荡，如图 11-5 所示。需要采用一定的数学方法使季节均值光滑。

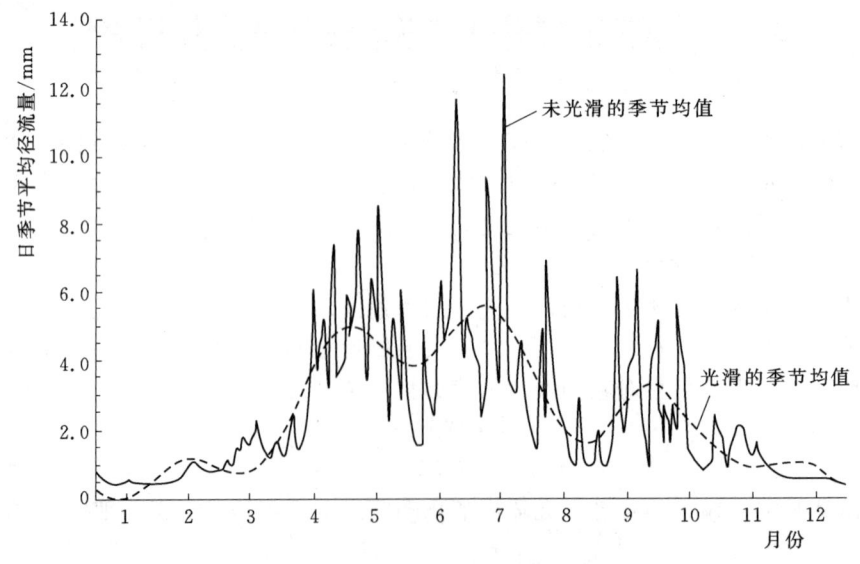

图 11-5　清江流域日径流季节均值过程

目前常用富氏级数的方法对季节性均值加以光滑计算，数学方程为

$$Q_d = \overline{Q}_d + \sum_{j=1}^{L}\left[A_j\cos\left(\frac{2\pi jd}{365}\right) + B_j\sin\left(\frac{2\pi jd}{365}\right)\right] \quad (d=1,2,3,\cdots,365) \quad (11-16)$$

$$\overline{Q}_d = \frac{1}{365}\sum_{j=1}^{365}Q_d \quad (11-17)$$

$$A_j = \frac{2}{365}\sum_{d=1}^{365}Q_d\cos\left(\frac{2\pi jd}{365}\right) \quad (11-18)$$

$$B_j = \frac{2}{365}\sum_{d=1}^{365}Q_d\sin\left(\frac{2\pi jd}{365}\right) \quad (11-19)$$

式中：$\overline{Q}_d$ 为均值；A_j 和 B_j 为富氏系数；j 为调和函数的序数。

当式（11-16）中调和函数只取几项时，就得到 Q_d 的光滑过程，实际工作中一般取 L 为 4 或 5 个调和系数即可。

（3）利用式（11-13）和式（11-14）计算输入扰动项和输出扰动项，形成式（11-15）的线性系统方程。

（4）采用与线性总径流模型相同的方法，由最小二乘法识别出 LPM 模型的响应函数 $\hat{H}(j)$。

（5）求得响应函数后，便可利用式（11-15）由降雨的扰动值 $P(k)$ 推求相应的出流扰动 $\hat{Y}(k)$。

（6）由此计算（或预报）出流系列 $Q(k) = Q_d + \hat{Y}(k)$，实际工作中，需要编制相应的程序由计算机完成计算。

第三节 水文概念性模型

根据水文循环概念，采用概化和推理的方法对流域水文现象进行数学模拟，以建立有水文逻辑关系的一系列数学方程组，用以计算流域系统的径流输出，称为水文概念模型。在生产实践中有非常多的概念模型，如新安江模型、SCS 模型、TANK 模型以及 HBV 模型等，这几种模型各有其优、缺点，具体采用哪种模型要取决于研究的目标、问题的复杂性以及所需要的精度，本书主要介绍比较常用的新安江模型和 SCS 模型。

一、新安江（三水源）模型

新安江（三水源）模型是河海大学（原华东水利学院）赵人俊等 1973 年对新安江水库做入库流量预报工作中提出的降雨径流流域模型。20 世纪 80 年代初期，模型设计者吸收了国外先进模型的基本思路的模型方法，对原模型做了进一步的发展和改进，提出了三水源新安江模型。模型的核心是认为湿润地区的主要产流方式是蓄满产流。

新安江模型是分散性模型，它把全流域按照泰森多边形分成若干单元面积，对每块单元面积分别作产汇流计算，得出各单元面积的出口流量过程，再分别将各单元出口流量过程经河道洪水演算至流域出口断面，把同时刻的流量相加即求得流域出口的流量过程。每个单元流域的计算流程如图 11-6 所示。

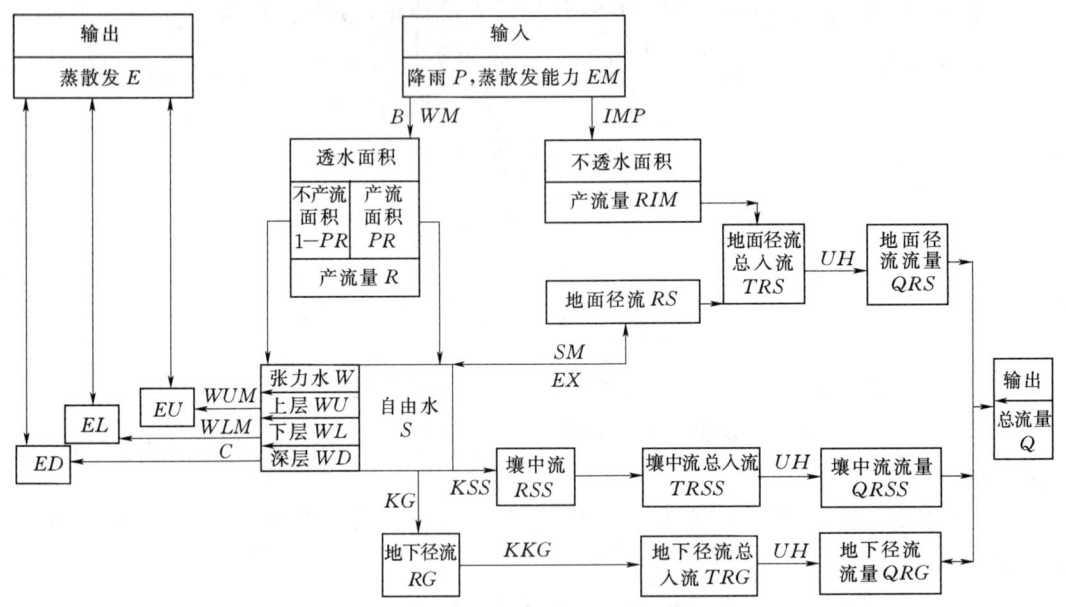

图 11-6 新安江（三水源）模型流程图

新安江模型主要由 4 部分组成：蒸散发计算、蓄满产流计算、水源划分和汇流计算。新安江模型根据输入的实测水面蒸发与当时的土壤湿度，代入蒸散发模型，可计算出流域蒸散发。再根据输入的实测降雨与计算的蒸散发，代入产流方程，可计算出径流，同时调整了土壤湿度。把径流代入分水源方程可分出地面径流、壤中流与地下径流。地面径流用单位线计算流量过程，壤中流与地下径流采用水库演算计算流量过程，合而成为流域的出流过程。再应用河道洪水演算，求得下游某断面的流量过程。

（一）产流计算

该模型产流计算采用蓄满产流假定，蓄满产流是产流机制的一种概化，其基本假设为：任一地点上，土壤含水量达到蓄满（即达田间持水量）前，降雨量全部补充土壤含水量，此阶段不产流；当土壤蓄满后，其后续降雨量扣除同期的蒸散发量后全部产生径流，流域上产流计算公式为

$$R = PE + W - WM \quad (11-20)$$

式中：PE 为降雨量与蒸发量之差；W 为流域土壤平均含水量；WM 为流域平均土壤蓄水容量。

在实际应用过程中，由于受下垫面条件、前期气候条件等空间分布的不均匀性影响，导致流域土壤缺水量空间的不均匀性，在其他条件相同的情况下，缺水量小的地方降雨后易蓄满，先产流。因此，一个流域的产流过程在空间上是不均匀的，在全流域蓄满前存在部分地区的蓄满而产流。流域上各点需水容量的不均匀性可用流域蓄水容量曲线来表征（图 11-7），该曲线是将流域内各点包气带的蓄水

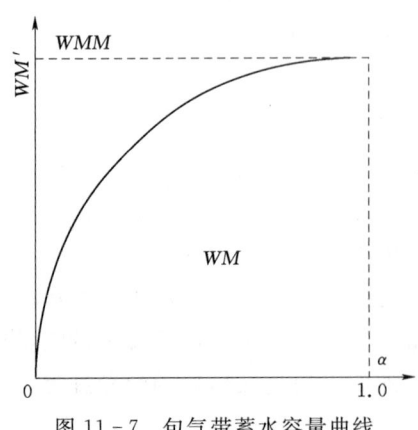

图 11-7 包气带蓄水容量曲线

容量，按从小到大顺序排列而得到的一条蓄水容量与相应面积关系的统计曲线。

用 W'_{mm} 表示流域内最大点的蓄水容量，W' 为流域内某一点的蓄水容量，f 为蓄水能力不大于 W'_m 值的流域面积，F 为全流域面积，α 为 f 与 F 之比，B 为抛物线指数，蓄水量公式为

$$\frac{f}{F}=1-\left(1-\frac{W'_m}{W'_{mm}}\right)^B \tag{11-21}$$

可推导出流域平均蓄水容量为

$$WM=\int_0^{W_{mm}}(1-\alpha)\mathrm{d}W'_m=\frac{W'_{mm}}{B+1} \tag{11-22}$$

流域初始平均蓄水量（W_0）相应的纵坐标（A）为

$$A=W'_{mm}\left[1-\left(1-\frac{W_0}{WM}\right)^{\frac{1}{B+1}}\right] \tag{11-23}$$

在流域蓄满前，由减去蒸发量的降雨 PE 的产流量可用下式求得

$$R=PE+W_0-WM+WM\left(1-\frac{PE+A}{W'_{mm}}\right)^{B+1} \quad PE+A<W'_{mm} \tag{11-24}$$

在全流域蓄满后，由 PE 的产流量可表示为

$$R=PE+W_0-WM \quad PE+A\geqslant W'_{mm} \tag{11-25}$$

（二）蒸散发计算

蒸散发计算多采用三层蒸发计算模式，模型输入的是蒸发器实测水面蒸发和流域蒸散发能力的折算系数 K，模型参数为上层、下层和深层的蓄水容量，分别记为 WUM、WLM、WDM 以及深层蒸发系数 C。蓄水容量间的关系为 $WM=WUM+WLM+WDM$。输出是上层、下层、深层各层的流域蒸散发量 EU、EL、ED，他们之间的关系 $E=EU+EL+ED$。计算中包括有三个时变参数，即各层土壤含水量 WU、WL、WD，其中 $W=WU+WL+WD$，WM、E、W 分别表示总的土壤蓄水容量、蒸散发量和土壤含水量。

各层蒸散发量的计算依据为：上层按蒸散发能力蒸发；上层含水量不够蒸发时，剩余蒸散发能力从下层蒸发；下层蒸发与剩余蒸散发能力及下层含水量成正比，与下层蓄水容量成反比。要求计算的下层蒸发量与剩余蒸发能力之比不小于深层蒸散发系数 C，否则，不足部分由下层含水量补给，当下层水量不够补给时，用深层含水量补给。

（三）水源划分

水文学中，通常把具有显著不同特征的水源成分概化为地表径流、壤中流和地下径流，三水源新安江模型采用水箱概念模型来进行描述和水源划分，水箱结构如图 11-8 所示。

水箱的容量用 SM 表示，自由水蓄量为 S。产生总径流量 R 首先进入水箱，通过设置的两个出口以及溢流方式将 R 分为地面径流（RS）、壤中流（RI）和

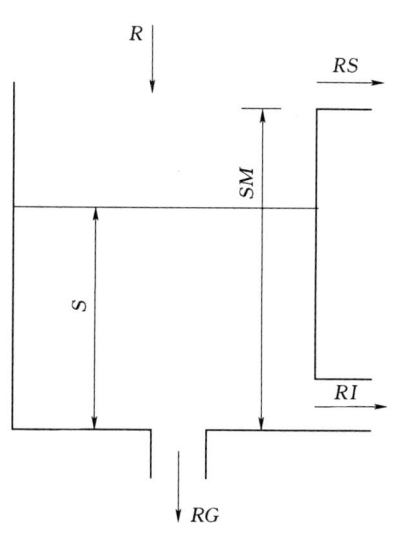

图 11-8 均匀水箱三水源划分

地下径流（RG）。

若 $R+S>SM$，则产生地表径流 RS 为 $RS=R+S-SM$，而壤中流 RI 和地下径流 RG 分别为 $RI=KI\cdot SM$，$RG=KG\cdot SM$。

若 $R+S\leqslant SM$ 时，地表径流、壤中流和地下径流分别为：$RS=0$；$RI=KI\cdot(R+S)$；$RG=KG\cdot(R+S)$。式中 KI 和 KG 分别为壤中流和地下径流的出流系数。

由于受下垫面等不均匀性因素影响，自由蓄水量也存在空间分布的不均匀性，因此应考虑产流面积和自由蓄水量空间分布不均匀性的影响。流域上各点蓄水深不同，这一水箱高在流域各点也处处变化，如取水箱左下角为坐标原点，水箱蓄水深 S 为纵坐标，α 为横坐标，自由水的空间分布及对应的不均匀水箱模型如图 11-9 和图 11-10 所示。

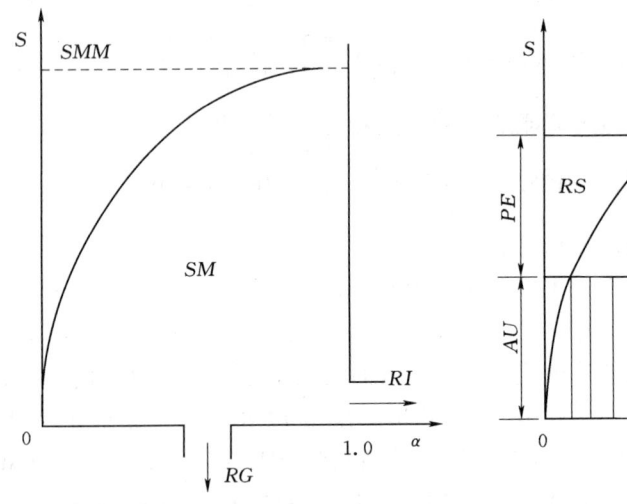
图 11-9 自由水蓄量空间分布

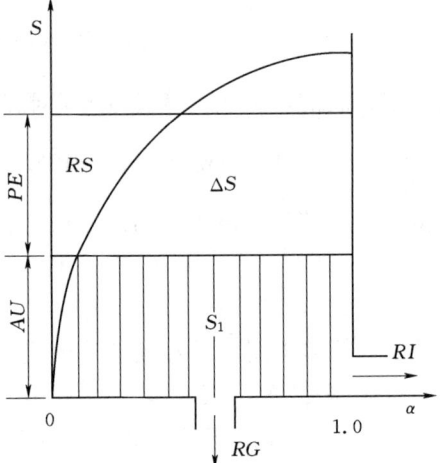
图 11-10 不均匀水箱水源划分

图中横坐标 α 为蓄水深大于 S 的面积比，用以描述流域自由水蓄水深统计分布曲线，用分布函数来近似描述：

$$\alpha=1-\left(1-\frac{S}{SMM}\right)^{EX} \tag{11-26}$$

式中：SMM 为流域最大蓄水径流深；EX 为反映蓄水深流域分布特征的参数。

当产生的总径流 R 进入水箱，在径流深加原蓄水深大于水箱高的地方产生地表径流（图 11-10 中的 RS 部分），小于水箱高的流域面积上不产生地表径流，总径流扣去地面流走的径流，为流域蓄水量增量 ΔS，作为壤中流和地下径流的补充水源。水箱划分水源的具体计算方式为

$$FR=R/PE \tag{11-27}$$

$$SM=SMM/(1+EX) \tag{11-28}$$

$$AU=SMM[1-(1-S/SM)^{\frac{1}{1+EX}}] \tag{11-29}$$

$$RS=\begin{cases} R+(S-SM)FR & PE+AU\geqslant SMM \\ R+\left\{S-SM+SM\left[1-\dfrac{(PE+AU)}{SMM}\right]^{EX+1}\right\}FR & PE+AU<SMM \end{cases} \tag{11-30}$$

$$RI = KI \cdot S \cdot FR \tag{11-31}$$
$$RG = KG \cdot S \cdot FR \tag{11-32}$$
$$S = S + (R - RS - RI - RG)/FR \tag{11-33}$$

式中：SM 为流域平均蓄水深；FR 为流域产流面积比或径流系数；AU 为流域产流面积上的平均蓄水深对应的最大蓄水量深。

（四）汇流计算

汇流计算包括坡地汇流和河网汇流两个阶段。

（1）坡地汇流计算。三水源新安江模型中把经过水源划分得到的地面径流，成为地面径流对河网的总入流（TRS）。壤中流（TRI）流入壤中流水库，经过调蓄成为地下水对河网的总入流（TRG）。其计算公式为

$$TR(t) = TRS(t) + TRI(t) + TRG(t) \tag{11-34}$$

（2）河网汇流计算。三水源新安江模型采用了无因次单位线模拟水体从进入河槽到单元出口的河网汇流。单位线的分析方法是：先在本流域或邻近流域，找一个有资料的、面积与单元流域大体相近的流域，然后分析出地面径流单位线，可作初值选用。计算公式为

$$Q(t) = \sum_{1}^{N} UH(i) TR(t-i+1) \tag{11-35}$$

式中：$Q(t)$ 为单元出口处 t 时刻的流量值；UH 为无因次时段单位线；N 为单位线的历时时段数，其他符号意义同前。

二、SCS 模型

SCS 模型是美国农业部土壤保持局（Soil Conservation Service，SCS）提出的，适用于中小流域和都市的防洪规划设计，主要包括以下两个部分。

（一）产流计算

土壤保持局通过大量资料分析，得出降雨径流基本关系为

$$\frac{F}{S} = \frac{R}{P - I_0} \tag{11-36}$$

式中：P 为降雨量，mm；R 为径流量，mm；I_0 为初损，mm；F 为后损，mm；S 为流域当时的最大可能滞留量，mm，它是后损的上限。

按水量平衡原理有

$$P = I_0 + F + R \tag{11-37}$$

把式（11-36）和式（11-37）相结合，消去 F，考虑到初损未满足时不产流，得

$$\left. \begin{array}{l} R = \dfrac{(P - I_0)^2}{P + S - I_0} \quad P \geqslant I_0 \\ R = 0 \quad P < I_0 \end{array} \right\} \tag{11-38}$$

式（11-38）就是 SCS 模型的产流计算公式。因为 I_0 不易求得，为了使计算简化，消去一个变量，引进一个经验关系：

$$I_0 = 0.2S \tag{11-39}$$

S 值的变化幅度很大,从实用出发引入一个无因次参数 C_N,C_N 称为曲线号码 (curve number),建立 C_N 与 S 的经验关系,即

$$S = \frac{25400}{C_N} - 254 \tag{11-40}$$

C_N 是反映降雨前流域特征的一个综合参数,它与流域前期土壤湿润程度(AMC)、坡度、植被、土壤类型和土地利用状况有关。SCS 模型把前期土壤湿润程度以此次降雨前 5 天降雨量为依据分为 3 级,并按不同的 AMC 等级给出 C_N 值查计算表(表 11-2~表 11-4)。

表 11-2　　　　　　　　前期土壤湿润程度等级划分

前期土壤湿润程度等级 (AMC 等级)	前 5d 总雨量/mm	
	休眠季节	生长季节
AMC Ⅰ	<12.7	<35.56
AMC Ⅱ	12.7~27.94	35.56~53.34
AMC Ⅲ	>27.94	>53.34

表 11-3　　　　　　　　C_N 值查算表(AMC Ⅱ　$I_0 = 0.2S$)

土地利用方式		处理情况	水文条件	土　壤　类　别			
				A	B	C	D
住宅区	住宅平均面积(英亩) 1 英亩 = 4047m²	≤1/8	不透水面积占总面积的百分比/%	65	77	85	90	92
		1/4		38	61	75	83	87
		1/3		30	57	72	81	86
		1/2		25	54	70	80	85
		1		20	51	68	79	84
街道与道路		铺面并有路缘石和雨水沟		98	98	98	98
		卵石和砾石路		76	85	89	91
		泥路、天然土路		72	82	87	89
露天地区、草坪、公园、高尔夫球场、水泥地等		条件良好,草的覆盖率不小于75%		36	61	74	80
		一般条件,草的覆盖率为50%~70%		49	69	79	84
铺面的停车场、屋顶、车道等				98	98	98	98
商业区,不透水面积占总面积的85%				89	92	94	95
工业区,不透水面积占总面积的72%				81	82	91	93
休耕地		直行形		77	86	91	94
草地草甸			好	30	58	71	78
林地			差	45	66	77	83
			中	36	60	73	79
			好	25	55	70	77

续表

土地利用方式	处理情况	水文条件	土壤类别 A	B	C	D
行间作物地	直行种植	差	72	81	88	91
		好	67	78	85	89
	等高耕作	差	70	79	84	88
		好	65	75	82	86
	阶状等高耕作	差	66	74	80	82
		好	62	71	78	81
小粒谷类作物地	直行种植	差	65	76	84	88
		好	63	75	83	87
	等高耕作	差	63	74	82	85
		好	61	73	81	84
	阶状等高耕作	差	61	72	79	82
		好	59	70	78	81
密种作物地（豆科作物或轮种性草地）	直行种植	差	66	77	85	89
		好	58	72	81	85
	等高耕作	差	64	75	83	85
		好	55	69	78	83
	阶状等高耕作	差	63	73	80	83
		好	51	67	71	80
草原或牧场	散播	差	68	79	86	89
		中	49	69	79	84
		好	39	61	74	80
	等高条播	差	47	67	81	88
		中	25	59	75	83
		好	6	35	70	79
农庄			59	74	82	86

表 11-4　　　　　　　　　SCS 土壤分类定义

A	厚层沙，厚层黄土，团粒化粉沙土
B	薄层黄土，沙壤土
C	黏壤土，薄层沙壤土，有机质含量低的土壤，黏质含量高的土壤
D	吸水后显著膨胀的土壤，塑性大的黏土，某些盐渍土

当每次降雨之后，已知降雨量 P，根据所在流域的土地利用方式、处理情况、水文条件以及土壤类别查得 C_N 值，代入式（11-40）算出 S 值，再用式（11-38）计算产流量（净雨量）。若要分时段计算净雨量，采用式（11-38）计算由降雨开始到 t_1 时刻为止的降雨量 P_1 的净雨量 h_1，再计算由降雨开始到 t_2 时刻为止的降雨量 P_2 的净雨量 h_2，则时段

t_1-t_2 的净雨量为 h_2-h_1。

（二）汇流计算

在汇流计算中，SCS 模型是用一条统一的无因次单位线来计算出流过程线的。无因次单位线的纵标为 q/q_p，横标为 t/t_p，如图 11-11 所示。

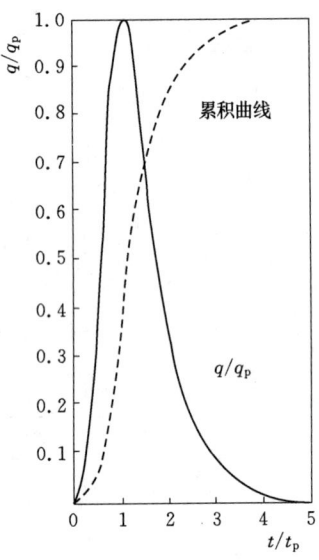

图 11-11 无因次单位线

模型用下述经验公式求单位线洪峰流量：

$$q_p = \frac{0.208Fh}{t_p} \qquad (11-41)$$

式中：q_p 为净雨为 25.4mm 的单位线洪峰流量，m^3/s；H 为净雨量（$R=25.4mm$，该式由 1 英寸单位净雨的英制公式转换而来，故仍沿用该数值）；F 为流域面积，km^2；t_p 为峰现时间，h。

t_p 与汇流时间 t_c 建立如下关系：

$$t_p = \frac{2}{3}t_c \qquad (11-42)$$

t_c 可通过滞时 L 的关系求出，L 的计算公式为

$$L = \frac{l^{0.8}(S+25.4)^{0.7}}{7069j^{0.5}} \qquad (11-43)$$

$$t_c = \frac{5}{3}L \qquad (11-44)$$

式中：L 为滞时，h；t_c 为汇流时间，h；l 为水流长度，m；j 为流域平均坡度，%；S 为流域当时的最大可能滞留量，mm。

无因次单位线时段 D 用下式计算：

$$D = 0.133t_c \qquad (11-45)$$

由上述各式求得 q_p、t_p 和 D 之后，便可将无因次单位线转化为时段单位线，再利用产流计算公式求出每一时段 D 内的径流量，与单位线相乘，按叠加假定可得出流过程。

复 习 思 考 题

1. 什么是水文模型？简述建立水文模型的一般步骤。
2. 简述水文系统的概念。
3. 什么是水文概念性模型？国内外都有哪些代表性的水文概念模型？
4. 简述新安江模型各参数的物理意义。
5. SCS 模型产流计算、汇流计算的主要过程。

第十二章 径流调节的基本概念

第一节 径流调节的分类及灌溉设计标准

一、径流调节分类

1. 径流调节的涵义

河川径流在时间上分配不均匀，往往难以满足用水部门的需要，使总水量不能充分利用。大多数用水部门（例如灌溉、发电、航运等）都有特定的过程要求。天然径流过程往往与需水过程不能吻合。例如，我国很多流域在水稻插秧期需水较多，而这时河川径流量却往往很少；冬季发电需水量较多，而一般河流都处于枯水期。为充分利用河川径流，就需要兴建水利工程，人为地将天然径流在时间上重新进行分配，以满足各水利部门对水量的需要。从防灾的角度考虑，由于河川径流年内大部分水量往往集中于汛期几个月，而河槽宣泄能力有限，常造成洪水泛滥，为了减轻洪涝灾害，也需要对河川径流进行控制和调节。除在时间上进行径流调节外，还需要通过跨流域调水工程在地区上进行径流调节，例如引江济黄、引松济辽、引滦入津和南水北调工程等。

狭义的径流调节的涵义：通过建造水利工程（闸坝和水库等），控制和重新分配河川径流，人为地增减某一时期或某一地区的水量，以适应各用水部门的需要。更简洁地说，就是通过兴建蓄水和调节工程，调节和改变径流的天然状态，解决供需矛盾，达到兴利除害的目的。

广义的径流调节的涵义：人类对整个流域面上（包括地面及地下）径流自然过程的一切有意识的干涉。例如，流域上众多的群众性水利工程的蓄水、拦水、引水措施，各种农林措施和水土保持工程等，其目的都在于拦蓄地表径流，增加流域入渗，以防止水土流失，有利于防洪和兴利。这种广义的径流调节情况多样，需要大量调查对比资料和特定的综合估算方法。一般可把它归为水文分析中人类活动对径流影响的估算问题。

2. 径流调节的分类

建造水库调节河川径流，是解决来水与需水之间矛盾的一种常用的、有效的方法。根据不同的自然条件和要求，从不同角度对径流调节进行分类，有助于了解水库设计与运行中的不同特点。

（1）按调节周期分类。调节周期是指水库一次蓄泄循环经历的时间，即水库从库空到库满再到库空所经历的时间。根据调节周期，水库可分为无调节、日调节、周调节、年（季）调节和多年调节等。

1）无调节、日调节和周调节。无调节是指调节周期为零，供水过程与来水过程一致，常见于发电与航运。日调节、周调节等短期调节，通常用于发电、供水水库。枯水期河川径流在一天或一周内的变化一般较小，而用电负荷和生产生活用水在白天和夜晚，或工作日和休息日之间，差异甚大。有了水库，就可把夜间或休息日用水少时的多余水量，蓄存起来用以增加白天或工作日的正常供水。这种调节称为日调节和周调节。

2) 季调节、年调节。我国一般河川径流季节变化很大。洪水期和枯水期水量相差悬殊，而多数用水部门如发电、航运、供水等，在一年内需水量变化不大。因此往往感到枯水期水量不足，洪水期过剩。这就要求在一年范围内进行天然径流的重新分配，将汛期多余水量调剂到枯水期使用，称为年调节或季调节，其调节周期为一年。

3) 多年调节。如果水库很大可将丰水年多余的水量蓄入库内，弥补枯水年水量的不足，就称为多年调节。这种水库的有效库容一般并非年年蓄满或放空，它的调节周期要经过若干年。

在特定的位置上，水库库容越大，其调节径流的周期（即库空—库满—库空的循环时间）就越长，调节和利用径流的程度也越高。多年调节水库一般可同时进行年、周和日的调节。年调节水库可同时进行周和日的调节。

(2) 按服务目标分类。径流调节可分为灌溉、发电、供水、航运及防洪除涝等调节。它们在调节要求和特点上各有不同。但目前水库已较少为单目标开发，一般都是以一两个目标为主进行综合利用径流调节。在多目标开发中，按调节的对象和重点可分为洪水调节和枯水调节两大类。前者重点在于削减洪峰和调蓄洪量，后者则是为了增加枯水期的供水量，以满足各用水部门的要求。

(3) 其他形式的调节。其他形式的调节包括补偿调节、反调节、库群调节等。

1) 补偿调节。当水库与下游用水部门的取水口间有区间入流时，因区间来水不能控制，故水库调度要视区间来水多少进行补偿调节。

2) 反调节。日调节的水电站下游，若有灌溉取水或航运要求时，往往需要对水电站的放水过程进行一次再调节，以适应灌溉或航运的需要，称为反调节。

3) 库群调节。河流上有多个水库时，如何研究它们的联合运行，以最有效地满足各用水部门的要求，库群调节是更复杂的径流调节，也是开发和治理河流的发展方向。

二、灌溉设计标准

1. 灌溉设计保证率

灌溉设计保证率 P 是当前灌溉工程规划设计采用的主要标准。它的含义是：在干旱期作物缺水的情况下，由灌溉设施供水抗旱的保证程度，即灌溉工程供水的保证率。

灌溉设计保证率常以正常供水的年数或供水不被破坏的年数占总年数的百分数来表示。例如 $P=80\%$，表示在平均每 100 年中，有 80 年可由灌溉设施保证正常供水。灌溉设计保证率可参照水利部颁发的规范 SDJ 217—84 选用，规范中规定灌溉保证率见表 12-1。

表 12-1　　　　　　　　　灌 溉 设 计 保 证 率

地　　区	作物种类	灌溉设计保证率 $P/\%$
干旱地区	以旱作物为主	50～75
	以水稻为主	70～80
水源丰富地区	以旱作物为主	70～80
	以水稻为主	75～95

目前对灌溉设计保证率选用的情况是：南方地区较北方为高；远景较近期为高；自流灌溉较提水灌溉为高；大型工程较中小型工程为高。

2. 抗旱天数

抗旱天数是指依靠灌溉设施供水，可以抗御连续多少天无雨保丰收的天数。规范 SDJ 217—84 中指出："采用抗旱天数作为灌溉设计标准的地区，旱作物和单季稻灌区抗旱天数可为 30~50d，双季稻灌区抗旱天数可为 50~70d。有条件的地方应予提高"。这种设计标准，在农田基本建设和一些小型灌区的规划设计中是常被采用的。但由于无雨日的确定有一些实际困难，以及这个标准还不便于与其他用水部门的保证率标准对照比较，故在大型灌区工程和综合利用工程的设计中较少采用。

第二节 水库特性曲线及特征水位

一、水库的特性曲线

1. 概念

反映水库地形特性的曲线，称为水库的特性曲线。包括水库水位-面积曲线（$Z-A$ 曲线）和水库水位-容积曲线（$Z-V$ 曲线）。

一般河流上筑坝修建了水库，对于每个具体的水库来说，大坝越高库容越大。但是对于两个不同的水库来说，大坝的高矮并不能决定水库容积的大小，这是由于库区地形条件不同而决定的。

例如平原河流水库和山区河流水库，因库盆形状及河道坡度不同，其 $Z-A$ 曲线的性质也不相同。平原河流水库面积随水位增加而很快增加，面积曲线的坡度较小；山区河流水库面积随水位增加较慢，面积曲线的坡度较大。

水库特性曲线是水库兴利计算的基本资料。

2. 水库特性曲线的绘制

（1）收集库区地形图资料。对于库区地形图（图 12-1）的比例，不同规模的水库有不同的精度要求。大型水库：1/50000~1/10000；中型水库：1/10000~1/5000；小型水库：1/5000~1/1000。

（2）量算面积。用求积仪或数值化仪量算出每条等高线与坝轴线所围成的闭合图形的面积。

（3）列表计算。

计算公式如下：

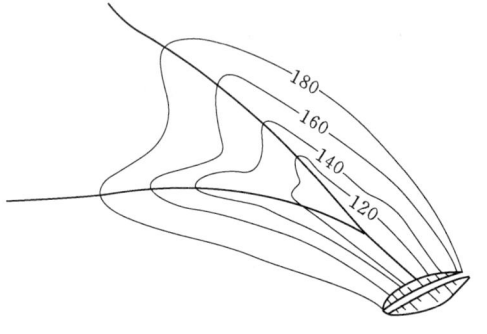

图 12-1 某水库库区地形图

$$\overline{A}=\frac{1}{3}(A_i+\sqrt{A_iA_{i+1}}+A_{i+1}) \qquad (12-1)$$

$$\Delta V=\overline{A}\times\Delta Z \qquad (12-2)$$

$$V=\sum_{Z_0}^{z}\Delta V \qquad (12-3)$$

式中：A_i、A_{i+1}、$\overline{A}$ 为相临水位的水库面积及两者的平均值，km^2；ΔZ 为相临两水位间的水层深度或等高距，m；ΔV 为与 ΔZ 相对应的库容，$10^4 m^3$；V 为水库的容积，$10^4 m^3$；Z_0 为库底高程，m。

（4）绘图。以水位为纵坐标，面积、库容为横坐标，在同一方格纸上绘出 $Z-A$、$Z-V$ 曲线（图 12-2）。

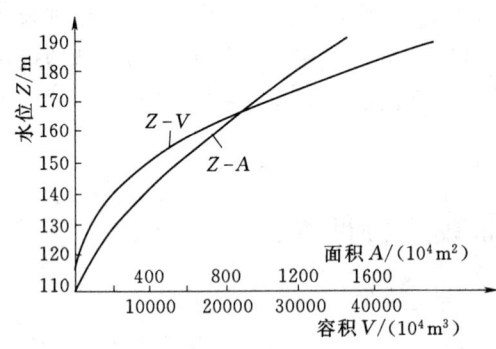

图 12-2　水库水位-容积、水位-面积曲线图

【例 12-1】 水库特性曲线的绘制。

基本资料：某水库为以灌溉为主的中型水库。1/10000 地形图（略），等高距 1m。

解题思路：水库的水位-面积、水位-积容曲线采用 1/10000 地形图量算，结果见表 12-2。由水位（z），水面面积（A），累计库容（V）分别点绘水位-面积（$Z-A$）和水位-库容（$Z-V$）曲线如图 12-3 所示。

表 12-2　　　　　某水库水位-面积、水位-容积曲线计算表

水位 Z /m	水面面积 A /km^2	平均面积 $\overline{A}$ /km^2	高差 ΔZ /m	库容 ΔV /($10^6 m^3$)	累计库容 V /($10^6 m^3$)
291.5	0			0	0
292	0.07	0.035	0.5	0.012	0.012
293	0.21	0.136	1	0.136	0.148
294	0.52	0.358	1	0.358	0.506
295	0.71	0.615	1	0.615	1.121
296	0.87	0.788	1	0.788	1.909
297	1.04	0.953	1	0.953	2.863
298	1.23	1.133	1	1.133	3.995
299	1.42	1.323	1	1.323	5.318
300	1.63	1.527	1	1.527	6.845
301	1.95	1.788	1	1.788	8.633
302	2.19	2.067	1	2.067	10.700
303	2.43	2.308	1	2.308	13.008
304	2.70	2.564	1	2.564	15.573
305	2.99	2.846	1	2.846	18.419

3. 动库容曲线的绘制

对于大型河川型水库，回水影响甚远。在洪水调节计算和淹没计算中，因入库流量大、流速大而形成的水面曲线并非水平，这时若仍按水库水面为水平计算，则误差较大，故应按动水容积来计算，即除静库容外，还有一部分楔形蓄量，如图 12-4 中的阴影部分。

第二节　水库特性曲线及特征水位

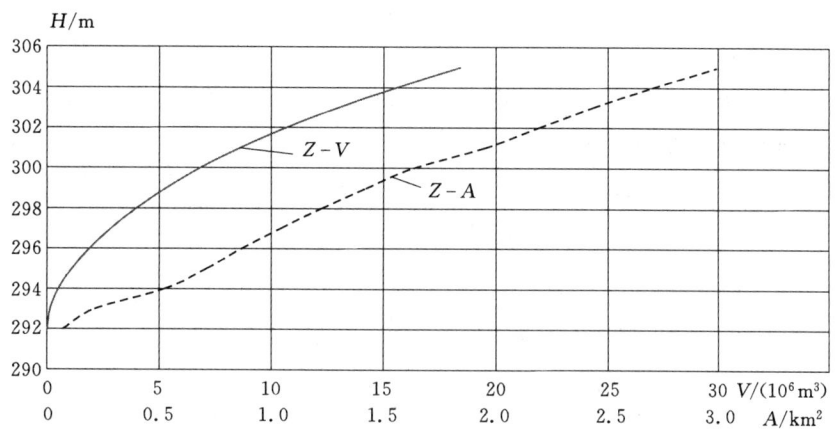

图 12-3　水库特性曲线

当入库流量为零时，水面水平的库容积为静库容。河川水库当入库流量比较大时，库面上翘的实际水面线所构成的容积叫动库容（静库容与楔形蓄量之和）。

动库容曲线的绘制方法是：在可能出现的洪水范围内拟定各种入库流量，对某个入库流量假定不同的坝前水位，根据水力学公式，推求出一组以某入库流量为参数的水面曲线，并计算相应的库容，计算至回水末端止，然后以水位为纵坐标，以入库流量为参数，以库容为横坐标，绘制动水容积曲线，即动库容曲线，如图 12-5 所示。

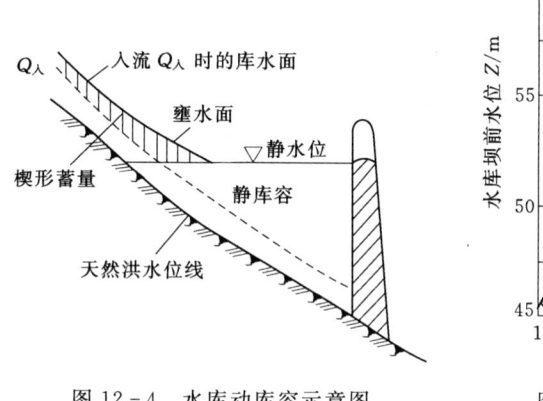

图 12-4　水库动库容示意图

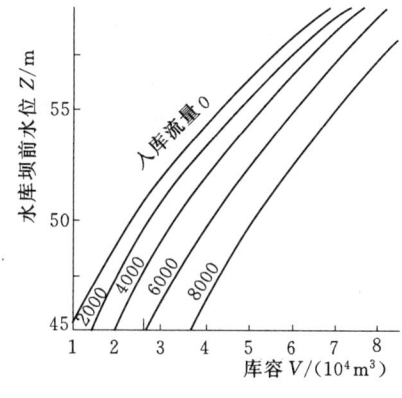

图 12-5　水库动库容曲线

二、水库的特征水位和特征库容

水库的规划设计，首先要合理地确定各种库容和相应的库水位值。具体说来，就是要根据河流的水文条件和各用水部门需水及其保证率要求，通过各种调节计算和经济方面的分析论证，来确定水库的特征水位和相应的库容值。这些特征水位和库容各有其特定的任务和作用，体现着水库正常工作的各种特定要求。它们也是规划设计阶段确定主要水工建筑物尺寸、估算工程效益的基本依据。其概念如下：水库特征水位是反映水库工作状况的水位；水库特征库容是与特征水位相应的库容。

这些特征水位和相应的库容，通常有如下几种：

（1）死水位、死库容（$Z_死$、$V_死$）。水库正常运用情况下，允许水库消落的最低水位称为死水位。死水位以下的库容称为死库容或垫底库容。

(2) 正常蓄水位、兴利库容 ($Z_正$、$V_兴$)。正常蓄水位是指水库在正常运行情况下，满足设计的兴利要求在供水期开始时应蓄到的水位。正常蓄水位与死水位之间的库容称为兴利库容，之间的深度称为消落深度。如水库采用自由式溢洪的无闸门溢洪道，溢洪道的堰顶高程就是正常蓄水位，见图12-6。如水库溢洪道上装有闸门，水库的正常蓄水位一般就是闸门关闭时的门顶理论高程，实际的门顶还要高一些，见图12-7。

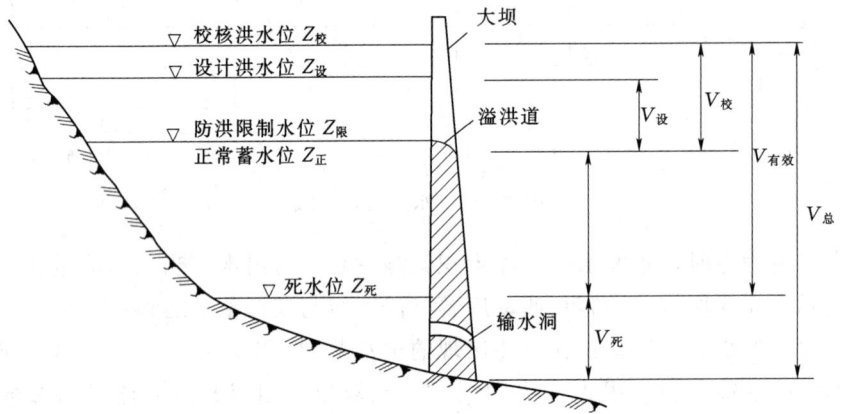

图 12-6 无闸溢洪道水库的特征水位和特征库容

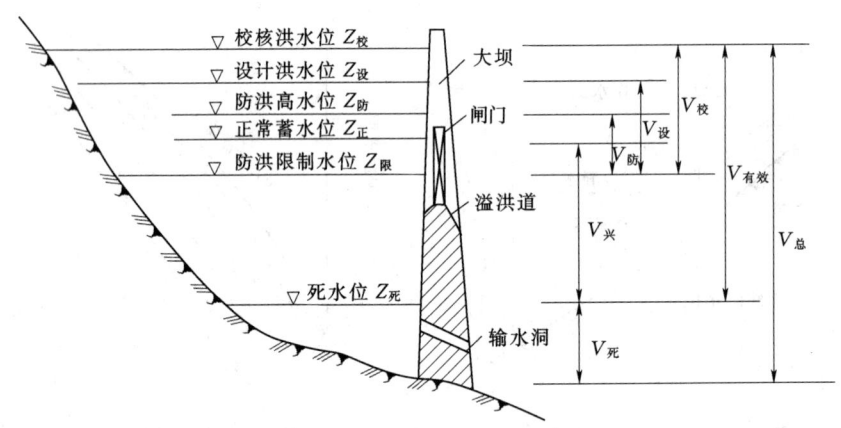

图 12-7 有闸溢洪道水库的特征水位和特征库容

(3) 防洪限制水位、结合库容 ($Z_限$、$V_结$)。有防洪任务的水库在汛期洪水未到前，水库允许蓄水的上限水位称为防洪限制水位，也称为汛前限制水位、防洪起调水位。当防洪与兴利结合时，它一般在兴利水位之下，与兴利水位之间的库容称为结合库容。

结合库容有两方面的任务：①汛期滞蓄洪水，对下游防洪有利，并能降低工程造价；②汛末拦蓄径流，满足灌溉要求。

溢洪道设闸门是设置结合库容的必要条件。另外，对于小型没有洪水预报的水库来说，为了防止汛末来水少不能蓄满兴利库容，一般情况下，即使有闸门也不设结合库容。

(4) 防洪高水位、防洪库容 ($Z_防$、$V_防$)。当水库下游有防洪要求时，下游防洪标准的洪水依据河道的安全泄量经水库调节后,所达到的最高库水位。它至防洪限制水位之间的库容称为防洪库容。

一般情况下,下游防洪标准比建筑物本身的设计洪水标准低,二者也可能相等。

(5) 设计洪水位、设计防洪库容($Z_设$、$V_设$)。当发生枢纽设计洪水时,该洪水按下游防护区要求泄洪,当超过防洪高水位后自由下泄,在库中达到的最高洪水位称为设计洪水位。设计洪水位与防洪限制水位之间的容积称为设计防洪库容。溢洪道不设闸门,$Z_正 = Z_限$,$Z_防 = Z_设$,溢洪道设闸门,且有洪水预报时,$Z_正 > Z_限$,$Z_防 < Z_设$。

(6) 校核洪水位、校核防洪库容(调洪库容)($Z_校$、$V_校$或$V_调$)。当水库遇到比设计洪水更大的校核洪水时,由于水库溢洪道尺寸的限制,水位将超过设计洪水位,水库所达到的最高洪水位称为校核洪水位,它到防洪限制水位之间的库容称为校核库容,它到设计洪水位之间的库容称为超高库容。

(7) 总库容和有效库容($V_总$、$V_{有效}$)。校核洪水位以下的库容称为总库容,是判断水库规模的条件。死水位以上的库容称为有效库容。

第三节　库区淹没、浸没和水库淤积

一、库区淹没和浸没

修建水库,特别是高坝大库,可调节径流获得较大的防洪、兴利综合利用效益,但往往也会引起淹没和浸没问题。水库蓄水后,将会淹没土地、森林、村镇、交通、电力和通信设施及文物古迹,甚至城市建筑物等。由于库周地下水位抬高,水库附近受到浸没影响,使树木死亡,旱田作物受涝;耕地盐碱化;形成局部沼泽地,恶化卫生条件,滋生疟蚊;增加矿井积水,使原有工程建筑物的基础产生塌陷等。还会引起库周塌岸,毁坏农田和居民点,减小水库容积。

水库淹没区是指正常蓄水位以下的经常淹没区和正常蓄水位以上受水库回水和风浪、船行波、冰塞壅水等影响的临时淹没区。经常淹没区影响所及均需改线、搬迁。临时淹没区或迁移或防护,要根据具体情况确定。对于特别稀遇洪水时才出现的淹没区,要考虑其土地合理利用问题。在多沙河流上确定回水淹没范围,要考虑一定年限的泥沙淤积对抬高回水水位,特别是回水末端水位的影响。在水面开阔、顺程较长的淹没区和容易发生冰塞壅水的水域,要在正常蓄水位以上适当考虑风浪爬高和冰塞壅水对回水的影响。

淹没区、浸没影响区和库周影响区(水库蓄水后失去生产、生活条件,需采取措施的库边及孤岛上的居民点)里所有迁移对象都应按规定标准给予补偿,此补偿加上各种资源损失,统称淹没损失,计入水库总投资内。

处理水库淹没中的移民问题,往往十分棘手。在移民安置工作中,要正确处理国家、集体和个人的关系。充分利用当地自然资源,因地制宜地开拓多种途径。安置方式和出路如下:

(1) 在库区附近调整行政单元,调剂土地和生产手段,就近安置。

(2) 远迁安置。

(3) 不论就近或远迁,均有集中安置和按户分散安置的方式。

(4) 不论采用何种安置方式,都要广开生产门路。农村移民以农为主,农工商牧副渔各业并举;城镇居民原则上随城镇迁建安置。城镇迁建规划可照顾其近期发展。城乡移民安置后的生产和生活条件要不低于或略高于迁建以前。在少数民族地区,要尊重其风俗习惯。

移民安置补偿费用于移民的迁移安置,也用于安置区的经济补助,使安置区原有居民利益不受损害。

二、水库淤积

河水中挟带的泥沙在库内沉积,称水库淤积。挟沙水流进入库内后,随着过水断面逐渐扩大,流速和挟沙能力沿程递减,泥沙由粗到细地沿程沉积于库底。水库淤积的分布和形态取决于入库水量、水中含沙量、泥沙组成、库区形态、水库调度和泄流建筑物性能等因素的影响。

在多沙河流上修建水库,必须考虑泥沙对库容的影响,修建拦沙、排沙工程。对于泥沙淤积不太严重的河流,可用死库容作为淤沙库容,容积大小可根据水库使用年限确定。

$$V_{沙总} = TV_{沙年} \tag{12-4}$$

$$V_{沙年} = \rho_0 W_0 m / (1-p) \gamma \tag{12-5}$$

式中:T 为水库使用年限,小型水库 20~30 年,中型水库 50 年,大型水库 50~100 年;$V_{沙年}$ 为多年平均年淤沙库容,m^3/年;ρ_0 为多年平均含沙率,kg/m^3;W_0 为多年平均年径流量,m^3;m 为库中泥沙沉积率,%;p 为淤积体的孔隙率,0.3~0.4;γ 为沙子干容重,kg/m^3。

考虑推移质时,年淤积容积要扩大,平原水库扩大系数为 1.01~1.1,山区水库系数 1.15~1.3。

为防止、减轻水库淤积,要做好流域面上的水土保持工作,也可在来沙较多的支流上修建拦沙坝库。此外,采用"蓄清排浑"的运行方式,常能获得良好效果。水库在汛期降低水位运用,使大部分来沙淤在死库容内,或排出库外,或定期泄空冲刷,恢复淤积前库容;汛后则拦蓄清水,以发挥水库综合利用效益。这时,需设置较大的泄洪排沙底孔或隧洞,使水库在汛期能保持低水位运行。

第四节 水库水量损失

水库建成后,改变了天然河流的情况,形成人工湖泊,库区较原来增大了蒸发损失、渗漏损失和结冰损失(临时损失),把增加的损失称为水库的水量损失。

由于建库前的河川径流,已经扣除了流域蒸发和渗漏损失,其中也包括库区所属的原河道和陆地的损失。用原来河道的径流资料来代替建库后入库流量系列,存在一定的误差,其中包括水库水量损失一项。这是因为建库后水面积增大,原来以陆面蒸发得到的径流量应该减掉水面比陆面蒸发增大的水量,才是真正的入库流量,但考虑到计算的方便,不在径流资料中扣除,而把该项损失单独计算,作为水库的蒸发损失。另外,建库后,水位比原来河道的高,对库区底和库岸的水压力增大,渗漏量也相应增大,即为水库的渗漏损失。在寒冷地区,冬季表层的水层冻结成冰盖,存在临时的结冰损失。

1. 水库的年蒸发损失

水面蒸发计算方法有经验公式法、水量平衡法、热量平衡法、紊动混合和交换理论法等多种。我国一般采用第一类方法，即以库区及其附近地区蒸发皿观测的蒸发深度（面积加权平均值）乘以某一经验性折算系数（与蒸发皿面积、材料、安装方式及地区等有关）求得。因蒸发量与饱和水汽压差、风速、辐射及温度、气压、水质等有关，按月计算蒸发量较合理。当水库水面面积变化不大，或蒸发损失占年水量比重很小时，可计算年蒸发损失并按相应的比例分配给各月份。

修建水库后，由陆面面积变成水面面积所增加的额外蒸发量计算公式为

$$W_{蒸}=(E_{水}-E_{陆})A_{库}\times 1000 \quad (12-6)$$

$$E_{水}=KE_{皿} \quad (12-7)$$

对于陆面蒸发量尚无成熟的计算方法，目前常采用闭合流域多年平均降雨和多年平均径流深之差作为陆面蒸发的估算值，或从各地水文手册中的陆面蒸发量等值线图上直接查得。

$$E_{陆}=E_0=P_0-R_0 \quad (12-8)$$

式中：$W_{蒸}$为年内的水库蒸发损失量，m^3；$E_{水}$为年内水面蒸发深度，mm；$E_{陆}$为年内陆面蒸发深度，mm；$A_{库}$为水库计算面积，实际水面与建库前之差，一般以建库后水面积代替，略去了原河道面积，km^2；$E_{皿}$为蒸发皿的蒸发量，长系列法取该年的蒸发量，设计代表年法取最大或较大的蒸发量，mm；K为折减系数，$D>3m$时，不用修正；E_0为闭合流域多年平均陆面蒸发深度，mm；P_0为多年平均降雨量，mm；R_0为多年平均径流深，mm。

式（12-8）是计算一年的蒸发损失量，在水库规划设计时，一般要求出年蒸发损失系列，计算到月、旬蒸发损失。求出年蒸发损失后，长系列要按当年蒸发皿的分配比例分到各时段。设计代表年法按多年平均分配比例分到各时段。

长系列的年调节水库和多年调节的水库，$E_{皿}$也可简化为多年平均的蒸发量，$W_{蒸}$可按多年平均的年内分配分到各时段。

水库的额外蒸发损失视地区而不同，在雨量充足的湿润地区植物茂密处，建库前某些时段的陆面蒸发可能大于水面蒸发，时段径流量较建库前要大。也就是说，水库某时段蒸发损失出现了负值。但用上述的年蒸发损失量并按分配比例分到各时段的方法求时段蒸发量体现不出这一特点。

2. 水库的渗漏损失

水库蓄水后，水位抬高，水压增大，渗水面积加大，地下水情况也将发生变化，从而产生渗漏损失。渗漏损失可分为以下三类：

（1）通过坝身及水工建筑物止水不严实处（包括闸门、水轮机、通航建筑物）的渗漏损失。

（2）通过坝基及绕坝两翼的渗漏损失。

（3）由坝底、库边流向较低渗水层的渗漏损失。

近代修建的挡水建筑物，均采取了较可靠的防渗措施，在水利计算中通常只考虑第（3）类损失，根据水文地质条件，参照相似地区已建水库的实测资料推算，或按每年水库

平均蓄水面积的渗漏损失的水层深度计或按水库平均蓄水量（年或月）的百分率计，其经验估算式如下：

$$W_{渗} = k_1 \overline{A} \qquad (12-9)$$

$$或 W_{渗} = k_2 W_{蓄} \qquad (12-10)$$

式中：$W_{渗}$ 为计算时段内（年或月）水库渗漏损失，m^3；$\overline{A}$ 为水库年平均蓄水面积，m^2；$W_{蓄}$ 为计算时段内（年或月）水库蓄水总量，m^3；k_1、k_2 为经验取值。

若以水库年平均水位相应的水面面积的水层深 k_1 来表示渗漏损失量时，则 k_1 可采用如下数值：

(1) 水文地质条件优良（指库床为不透水层，地下水面与库面接近），0～0.5m/年。
(2) 水文地质条件中等，0.5～1.0m/年。
(3) 水文地质条件较差，1.0～2.0m/年。

若以一年或一个月的渗漏损失相当于水库蓄水容积的一定百分数 k_2 来估算时，则 k_2 初步可采用如下数值：

(1) 水文地质条件优良，取每年0%～10%或每月0%～1%。
(2) 水文地质条件中等，取每年10%～20%或每月1%～1.5%。
(3) 水文地质条件较差，取每年20%～40%或每月1.5%～3%。

实际上，水库运行若干年后，由于库床淤积、岩层裂隙逐渐被填塞等原因，渗漏损失会有所减小。对喀斯特溶洞发育的石灰岩地区的渗漏问题，应作专门研究，例如可在上游采用人工放淤的办法减少水库渗漏损失。

3. 结冰损失

严寒地区的水库，冬季水面形成冰盖，其中部分冰层将因水库供水期间库水位的消落而滞留岸边，引起水库蓄水量的临时损失。这项损失一般不大，通常多按结冰期库水位变动范围内库面平均面积乘以0.9倍平均结冰厚度估算。

对于灌溉水库，由于在非灌溉季节完成冰的冻结和消融过程，对灌溉用水没有影响，所以兴利计算时不计入该项损失。对于发电和城镇供水水库，通常情况下在冻冰季节扣除结冰损失（例如11月），并在化冻季节加入这部分入库水量（例如4月、5月）。

复 习 思 考 题

1. 灌溉设计标准有几种？其含义如何？
2. 何为水库特性曲线？
3. 水库的特征水位及相应的库容有哪些？
4. 水库水量损失包括哪几部分？如何计算？

第十三章 水库的兴利调节计算

第一节 水库兴利调节计算原理及水库运用分析

一、调节年度及水库运用

年调节计算一般不采用通常的 1 月 1 日至 12 月 31 日的日历年度,而是采用调节年度(又称水利年度),即以水库蓄泄循环过程作为一年的起讫点,从蓄水期初库空开始,经蓄水期(来水大于用水),将余水蓄在水库中直到库满,并经供水期(来水小于用水),将水库放空为终点。调节年度不一定是固定的 12 个月,有长、有短。

水库的蓄泄过程称为水库运用,水库蓄泄一次,有一个余水期,一个缺水期,称为一次运用;水库蓄泄两次,有两个余水期,两个缺水期,称为两次运用;蓄泄三次及以上称为多次运用。所以根据水库来水、用水的配合情况,水库可分为一次运用、两次运用、多次运用等情况。

二、水库兴利调节计算原理

1. 水量平衡方程

调节计算原理是把整个调节周期划分为若干个计算时段,按时段进行逐时段水量平衡计算,求得水库的蓄泄过程及兴利库容。水库的时段水量平衡方程:在任何一时段内,进入水库的水量和流出水库的水量之差等于水库在这一时段内蓄水量的变化。对于某一时段的水库水量平衡方程可用式(13-1)表示:

$$\Delta V = (Q - q)\Delta t \tag{13-1}$$

式中:Q 为计算时段 Δt 内的入库平均流量;q 为计算时段 Δt 内的自水库取用或消耗的平均流量(包括各兴利部门的用水量、蒸发损失、渗漏损失以及水库蓄满后产生的无益弃水流量等);ΔV 为计算时段 Δt 内蓄水量的变化值,蓄水量增加时为正,蓄水量减少时为负。

计算时段 Δt 的长短,根据调节周期的长短及径流和用水变化的剧烈程度而定。年调节水库一般可取一个月为计算时段,在来水量或用水量变化较大时,也可取一旬作为计算时段。

2. 兴利库容的确定

当水库为一次运用时,只有一个余水期和一个缺水期,在总的余水大于总的缺水的条件下,兴利库容等于连续几个月的缺水期的总缺水量,计算比较简单。

当水库为两次运用时,如图 13-1 所示,则有两个余水期和两个缺水期。在总的余水大于总的缺水的条件下,兴利库容的判断有以下两种情况:

(1)若中间的余水小于其前面的缺水和后面的缺水,则兴利库容为两缺水之和减去中间的余水。如图 13-1(a)所示,$V_3 < V_2$、$V_3 < V_4$,则 $V_兴 = V_2 + V_4 - V_3$。

第十三章 水库的兴利调节计算

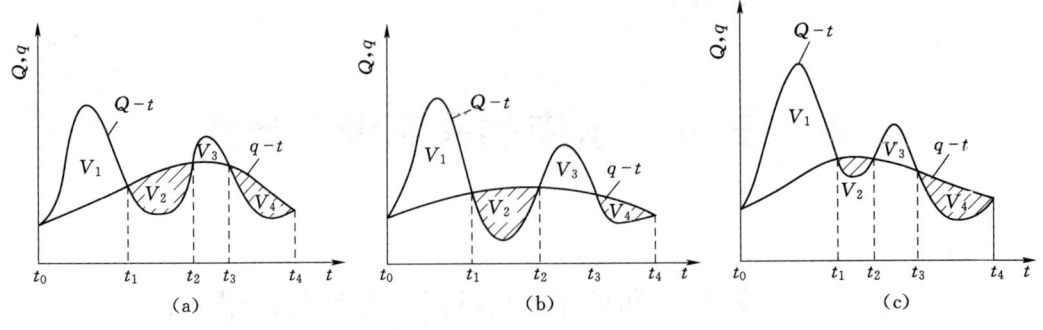

图 13-1 水库两次运用

(2) 其他情况，则取较大的缺水作为兴利库容。如图 13-1 (b) 所示，$V_1 > V_2$、$V_3 > V_4$，且 $V_2 > V_4$，则 $V_兴 = V_2$；又如图 13-1 (c) 所示，$V_3 > V_2$、$V_3 < V_4$，且 $V_4 > V_2$，则 $V_兴 = V_4$。

当水库为多次运用时（包括两次运用），可用逆时序推算法确定所需兴利库容：假定年末水库放空，即认为年末所需蓄水为零，逆时序往前计算，遇缺水相加，遇余水相减，减后若小于零即取为零，这样便可求得各特征时刻所需要的蓄水量，取其大者，即为该年所需兴利库容。

【**例 13-1**】 年调节水库兴利库容的计算。

表 13-1 为某水库 1978 年 7 月至 1979 年 6 月调节年度的资料。第 (1) 栏为计算时段，本算例中，以月为一个计算时段；第 (2)、(3) 栏分别为计算时段的来水量及用水量，第 (2)、(3) 两栏的差值为正时，即余水量，填入第 (4) 栏，差值为负时，即缺水量，填入第 (5) 栏。这年水库为二次运用，属于图 13-1 (c) 的情况，得当年所需要的兴利库容 31335 万 m^3。由于这一年余水量 35658 万 m^3 大于缺水量 31945 万 m^3，尚有弃水 3713 万 m^3，即在最后一行中 (4) 栏－(5) 栏＝(7) 栏＝(9) 栏。显然年用水量加弃水量之和应等于该年来水量，它可作为列表计算是否正确的一个校核。第 (6)、(8) 栏分别为水库在早蓄方案和迟蓄方案时的蓄水量变化过程，绘出过程线如图 13-2 所示。

表 13-1　　　　　　　某水库年调节计算表　　　　　　　单位：万 m^3

年.月	来水量	灌溉用水量	来水量－用水量		早蓄方案		迟蓄方案	
			余水(＋)	缺水(－)	水库月末蓄水量	弃水量	水库月末蓄水量	弃水量
(1)	(2)	(3)	(4)	(5)	(6)	(7)	(8)	(9)
1978.7	21140	8356	12784		12784		9071	3713
1978.8	8560	2941	5619		18403		14690	
1978.9	6390	930	5460		23863		20150	
1978.10	7360	640	6720		30583		26870	
1978.11	4500	2205	2295		31335	1543	29165	
1978.12	1860	0	1860		31335	1860	31025	
1979.1	1320	1930		610	30725		30415	

续表

年.月	来水量	灌溉用水量	来水量-用水量		早蓄方案		迟蓄方案	
			余水(+)	缺水(-)	水库月末蓄水量	弃水量	水库月末蓄水量	弃水量
(1)	(2)	(3)	(4)	(5)	(6)	(7)	(8)	(9)
1979.2	1255	335	920		31335	310	31335	
1979.3	1487	5204		3717	27618		27618	
1979.4	2524	11169		8645	18973		18973	
1979.5	3362	14416		11054	7919		7919	
1979.6	4624	12545		7919	0		0	
合计	64384	60671	35658	31945		3713		3713
校核	64384-60671=3713		35658-31945=3713					

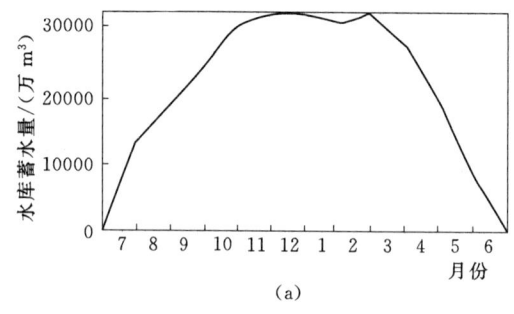 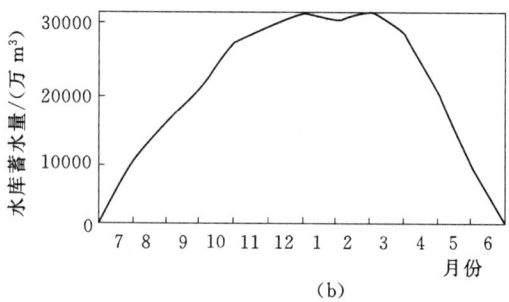

图 13-2 某水库年调节蓄水过程线
(a) 早蓄方案；(b) 迟蓄方案

即使在来水和用水一定的条件下，由于水库操作调度的要求不同，水库蓄水过程也可以不同，其差别主要反映在蓄水时期。在此时期内水库的蓄水和弃水可以有许多种方式，但最终都能使蓄水期末水库蓄满。早蓄方案和迟蓄方案便是其中两种极端运用情况。早蓄方案是从年初库空开始顺时序计算，有余水先行蓄库，库满后，多余水量作为弃水，当来水小于用水，即 $(Q-q)$ 为负时，水库蓄水减少，库水位开始降落，直至水库重新放空。迟蓄方案是从年末库空开始逆时序按水量平衡公式 (13-1) 逐时段推算，先求供水段，后求蓄水段。虽然按迟蓄方案调节计算也可得出水库当年所需要的兴利库容，如表 13-1 第 (8) 栏 2 月末的蓄水量 31335 万 m^3 即为当年的 $V_兴$ 值，但在水库的规划设计中则主要是采用早蓄方案的顺时序计算法，而迟蓄方案的逆时序计算法则多用于水库兴利调度图的编制工作。

第二节 水库死水位的选择

一、保证灌溉引水需要

自流灌溉对引水渠首的水面高程有一定要求，如图 13-3 中的 A 点，这个高程可根据灌区控制高程及引水渠的纵坡和渠道长度推算而得，也就是水库放水建筑物的下游水位。根据放水建筑物的型式（有压涵管或无压隧洞）进行水力学计算，推求维持放水建筑物泄放渠道设计流量的最小水头 $H_{\min}$，加上 A 点高程，就得水库死水位。

事实上，在特枯年份的抗旱季节，往往不能按正常流量放水，只要水库有水就得尽量泄放，故死水位以下到放水建筑物进口底槛（B 点）高程之间的水库容积也是可以利用的。真正的死库容是放水建筑物进口底槛高程以下的那部分无法自流放出的库容。

二、考虑水库泥沙淤积的需要

在河道上筑坝形成水库后，水深增大，水面坡度变缓，水流速度减小，水流挟沙能力降低，导致来水中的部分悬移质和推移质泥沙在库区内沉淀，使水库库区不断淤积。在含沙量很大（或较大）的河流上修建水库调节径流，必须考虑水库泥沙淤积对水库效益的影响。例如，有些水库在兴建若干年后，不仅死库容完全被淤满，而且很快就侵占了调节库容，严重影响到水库的综合效益，降低了水库的防洪标准，直接威胁到水库及下游的安全。在水土流失严重的地区兴建中小型（特别是小型）水库，如果事先没有对泥沙来量进行较准确的估算，规划设计中未能妥善安排拦沙、排沙措施，则在一两次特大洪水以后，水库就有可能被泥沙淤满报废，因此在多沙河流上修建水库，要考虑泥沙对水利工程的影响，如图 13-4 所示。

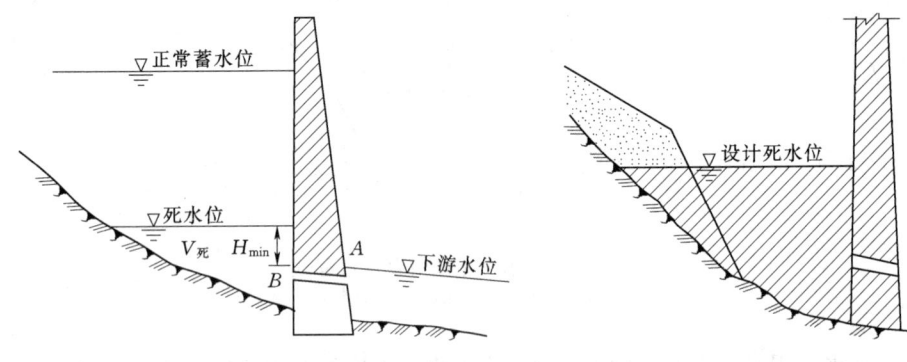

图 13-3　水库自流引水要求的死库容　　图 13-4　水库设计死水位

对一般泥沙不太严重的河流，可用死库容作为淤沙库容，其容积大小可根据水库预期使用的年限计算确定。淤沙库容可能大于自流引水所要求的死库容，这时应选用两者中的较大者作为设计水库的死库容，其相应的水位就是死水位。

淤沙库容的计算最好根据水库泥沙运行规律、淤积过程等条件进行，但泥沙淤积过程的影响因素复杂，难以精确计算，并且中小水库一般泥沙资料不足，要详细计算水库中泥沙淤积量及淤积部位也有困难，所以常用最简单的方法来估算：假定河流中携带的泥沙有一部分沉积在水库中，而且水库泥沙淤积呈水平状，计算水库使用 T 年后的淤沙总容积 $V_{沙,总}$：

$$V_{沙,总}=TV_{沙,年} \tag{13-2}$$

年淤积量：

$$V_{沙,年}=\frac{\rho_0 W_0 m}{(1-p)\gamma} \tag{13-3}$$

式中：T 为水库正常使用年限，年，按规定小水库 $T=20\sim30$ 年，中型水库 $T=50$ 年，

大型水库 $T=50\sim100$ 年；$V_{沙,年}$ 为多年平均年淤沙容积，m^3/年；ρ_0 为多年平均含沙量，kg/m^3；W_0 为多年平均年径流量，m^3；m 为库中泥沙沉积率，%；p 为淤积体的孔隙率，$p=0.3\sim0.4$；γ 为泥沙颗粒的干容重，kg/m^3。

式（13-3）仅对悬移质而言，若推移质所占比重较大，应做专门研究，粗略计算可将悬移质淤积量加大一些而得总的泥沙淤积量。一般平原河流，推移质所占比重较小，约为 1%～10%；山溪河流则较大，可达 15%～30%。预计库区有塌岸时，还应计入塌岸量，即

$$V_{沙,年}=(1+\alpha)\frac{\rho_0 W_0 m}{(1-p)\gamma}+\overline{V}_{塌} \tag{13-4}$$

式中：α 为推移质淤积量与悬移质淤积量之比；$\overline{V}_{塌}$ 为库岸平均年坍塌量，m^3/年；其余参数意义同前。

三、保证水电站最低水头要求

当水库承担发电任务时，死水位决定着水电站的最低水头。死水位越高，电站出力越大。但应注意，如果正常蓄水位受到限制时，死水位过高，会减少水库的兴利库容，降低水库的调节能力。

四、其他要求

水库有水产任务时，要考虑养鱼对水深和水面的要求。在气候寒冷的地区，还应考虑结冰厚度。其他如水库的环境卫生要求也应考虑。

总之，最后选择的死水位，应是上述几项计算中的最大值。

【例 13-2】 某中型水库，多年平均年径流量 $\overline{Q}=7.96 m^3/s$，对悬移质泥沙而言，多年平均含沙量 $\rho_0=0.220 kg/m^3$，泥沙颗粒的干容重 $\gamma=1620 kg/m^3$，泥沙沉积率 $m=90\%$，淤积体的孔隙率 $p=0.3$，推移质与悬移质淤积量之比 $\alpha=15\%$，不计库岸坍塌。考虑灌溉、航运、养殖及旅游等要求，水库死水位不得低于 58.00m；考虑水轮机最小水头的限制，水库死水位不得低于 64.36m。设计运行年限为 50 年，求该水库设计死水位。

（1）考虑防淤要求。

计算多年平均年径流总量：

$$W_0=\overline{Q}T=7.96\times365\times24\times3600=251.03\times10^6 (m^3)$$

悬移质泥沙年淤积体积：

$$V_1=\frac{\rho_0 W_0 m}{(1-p)\gamma}=\frac{0.220\times251.03\times10^6\times90\%}{(1-0.3)\times1620}=0.0438\times10^6 (m^3)$$

推移质和悬移质泥沙 50 年总的淤积体积：

$$V_{沙,总}=V_{沙,年}T=(1+\alpha)V_1\times50=(1+0.15)\times0.0455\times10^6\times50=2.5202\times10^6 (m^3)$$

查水库水位-容积曲线，则水库满足防淤要求的最低死水位 $Z_1=55.20m$。

（2）考虑灌溉、航运、养殖及旅游等要求，最低死水位 $Z_2=58.00m$。

（3）考虑水轮机最小水头的限制，最低死水位 $Z_3=64.36m$。

则死水位 $Z_{死}=\max(Z_1,Z_2,Z_3)=64.36m$。

第三节　年调节水库兴利调节计算

年调节就是借助人工措施，把河道中一年之内的天然径流量，按一定的用水要求进行重新分配。一般将对水库蓄水量变化过程的计算称为径流调节计算。凡是只进行年调节就可以满足设计保证率供水要求的水库称为年调节水库；反之，必须对某些年份进行多年调节才能满足设计保证率供水要求的水库称为多年调节水库。

本节将主要介绍年调节水库在来水、用水及灌溉设计保证率已定的情况下，计算所需要的兴利库容和正常蓄水位。

一、长系列法

年调节水库兴利调节计算的长系列法是将水库坝址断面河流多年来水过程系列和灌区供水过程系列，逐年按时历列表法进行逐时段（月或旬）的水量平衡计算，其具体计算方法有不计损失和计入损失两种。前者常用于方案比较阶段，或作为计入损失法的初步调算方案，水库兴利库容的最后确定必须考虑水库的水量损失。

1. 不计损失的年调节列表计算法

举例说明如下。

【例 13-3】　已知某水库坝址断面的 19 年各月来水量及灌溉用水量的差值，见表 13-2，已定灌溉设计保证率 $p=80\%$，求年调节水库的兴利库容。

将 19 年的所有年份都进行表 13-1 的调节计算，得各年所需的库容，列于表 13-2 中。其中属一次运用的有 11 年，属两次运用的有 4 年，不需要库容的有 2 年，还有 1966—1967 年、1967—1968 年两年因年来水量小于年用水量，在年调节范围内水库供水遭到破坏，已不属于年调节范围，可以不计库容，但库容排列时应留有它们的位置。若要计算，这两年应属多年调节，须联系前一年或前几年的余缺水量情况来确定多年调节库容。

将所得的 19 年的库容值，按由小到大排列，用经验频率公式 $p=[m/(n+1)]\times 100\%$ 计算每一库容的经验频率见表 13-3，点绘库容频率曲线，如图 13-5 所示。由已定的灌溉设计保证率 $p=80\%$，查曲线即可求得相应的年调节兴利库容 $V_兴=3.98(m^3/s)\cdot$月。表 13-2 中水量的单位不是常用的万 m^3 或亿 m^3，而是采用 $(m^3/s)\cdot$月为单位。如 $1(m^3/s)\cdot$月 $=1m^3/s\times 30.4$ 天 $\times 86400s/d=2626560m^3=262.656$ 万 m^3，其中 30.4 天为一个月的平均天数，因全年中各月天数不等，在规划设计阶段，一个月的天数取常数 30.4，可使计算大为简化。

长系列法求出的年调节水库兴利库容的保证率概念比较明确，成果精度较高，在水库工程的技术设计阶段常用这种方法。但此法要求较长的资料系列，计算工作量大，在初步规划阶段，不大便于进行多方案比较。

2. 计入损失的年调节列表计算法

在水库对来水进行调节以满足用水要求时，会同时产生各种水量损失，因此水库的实际库容较前计算的应适当增大，以抵偿这部分耗水，保证正常供水。由于修建水库后，库水位及地下水位抬高，水库水面比天然河道增大很多，因而蒸发、渗漏等作用都相应发生改变。水库水量损失主要包括水库的蒸发损失和渗漏损失。

第三节 年调节水库兴利调节计算

表13-2 某水库长系列来、用水量调节计算表

单位：(m³/s)·月

年\月	11	12	1	2	3	4	5	6	7	8	9	10	库答	年来水量	年用水量	备注
1950—1951	0.59	1.0	0.36	1.40	1.92	2.08	1.33	1.60	4.69	−1.13	0.98	0.56	1.13	17.00	3.21	11月、12月缺资料
1951—1952	0.53	0.46	0.89	2.52	3.28	1.30	3.17	−0.33	1.21	0.82	2.25	0.99	0.33	30.39	2.68	
1952—1953	1.39	0.57	0.33	1.20	1.53	0.63	−0.16	2.78	0	−1.62	−0.16	0.46	1.78	10.40	4.51	水库两次运用
1953—1954	0.02	0.44	2.87	2.28	1.31	1.70	8.68	9.26	8.87	1.94	−0.31	0.11	0.31	39.20	0.53	
1954—1955	−0.13	0.10	0.72	1.01	2.88	3.41	1.97	5.95	2.03	−0.24	−2.07	−1.06	3.50	18.93	3.38	
1955—1956	0.22	0.11	0.02	0.19	3.67	2.44	6.21	5.30	0.36	2.98	3.96	0.68	0	26.75	0.97	
1956—1957	0.43	0.89	0.58	1.60	1.23	1.91	4.18	0.43	4.57	3.05	−0.03	0.61	0.03	20.02	1.57	
1957—1958	0.43	0.25	0.12	0.34	1.74	2.35	3.84	−0.71	−2.18	−0.29	2.81	1.52	3.18	15.32	4.46	
1958—1959	0.30	0.38	0.51	2.76	0.77	3.72	4.35	0.39	−0.41	−1.85	−0.75	−0.62	3.63	14.82	5.27	水库两次运用
1959—1960	0.60	0.33	0.54	0.22	2.24	2.46	8.09	3.11	−1.56	1.67	0.36	0.13	1.56	20.42	2.48	
1960—1961	0.67	0.29	0.38	0.97	2.29	1.13	1.30	2.94	−2.08	0.23	1.88	2.80	2.08	15.64	2.87	水库两次运用
1961—1962	0.61	0.68	0.26	0.32	0.30	1.81	2.48	2.12	0.31	2.32	4.54	0.53	0	16.78	0.71	
1962—1963	0.67	0.26	0.72	0.18	0.23	2.66	6.20	0.24	−0.78	2.27	−0.86	−0.06	0.92	14.85	3.22	
1963—1964	0.33	0.22	0.06	1.72	1.42	2.37	2.80	4.18	1.94	0.62	−0.36	0.83	0.36	19.85	2.68	
1964—1965	0.32	0.43	0.38	0.82	0.81	1.28	0.43	−2.01	−1.97	2.87	−0.31	0.72	3.98	8.56	5.31	多年调节
1965—1966	−0.11	0.18	0.11	0.42	1.45	2.36	0.41	−0.62	2.06	−2.19	−1.34	−0.96	4.60	9.74	7.02	多年调节
1966—1967	0.78	0.07	0.08	0.21	1.20	1.72	2.41	−1.37	−1.12	−2.16	−2.26	−1.17	(8.08)	7.10	9.46	
1967—1968	−0.15	0.25	1.29	0.16	0.22	−0.17	2.10	−1.89	−0.58	−1.55	−1.81	0.02	(10.80)	4.59	7.16	
1968—1969	0.13	0.21		2.41	1.35	0.96	1.20	0.36	13.03	1.60	0.41	−0.16	0.16	26.02	3.47	缺资料
1969—1970																

221

表 13-3　　　　　　　　　　　库容-经验频率表

序号	年份	库容/[(m³/s)·月]	$P=\dfrac{m}{n+1}\times100(\%)$	序号	年份	库容/[(m³/s)·月]	$P=\dfrac{m}{n+1}\times100(\%)$
1	1955—1956	0	5.0	11	1952—1953	1.76	55.0
2	1961—1962	0	10.0	12	1960—1961	2.08	60.0
3	1956—1957	0.03	15.0	13	1957—1958	3.18	65.0
4	1968—1969	0.16	20.0	14	1954—1955	3.50	70.0
5	1953—1954	0.31	25.0	15	1958—1959	3.63	75.0
6	1951—1952	0.33	30.0	16	1964—1965	3.98	80.0
7	1963—1964	0.36	35.0	17	1965—1966	4.60	85.0
8	1962—1963	0.92	40.0	18	1966—1967	—	90.0
9	1950—1951	1.13	45.0	19	1967—1968	—	95.0
10	1959—1960	1.56	50.0				

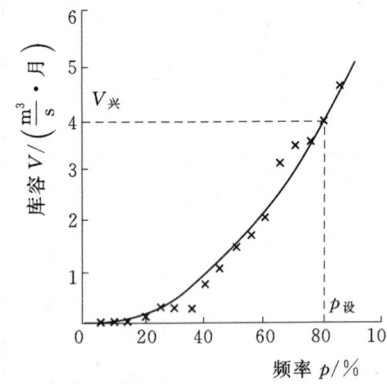

图 13-5　库容频率曲线

（1）水库的蒸发损失和渗漏损失。修建水库前，除原河道有水面蒸发外，整个库区都是陆面蒸发，而这部分陆面蒸发量已反映在坝址断面处的实测径流资料中。建成水库后，库区由原陆面面积变为水库水面的这部分面积，由原来的陆面蒸发变成为水面蒸发，因水面蒸发比陆面蒸发大，故蒸发损失就是指由陆面面积变为水面面积所增加的额外蒸发量，以 $W_{蒸}$ 表示：

$$W_{蒸}=(Z_{水}-Z_{陆})F_V\times1000 \quad (13-5)$$

式中：$W_{蒸}$ 为一年内水库的蒸发损失量，m³；$Z_{水}$ 为一年内水面蒸发深度，mm；$Z_{陆}$ 为一年内陆面蒸发深度，mm；F_V 为水库计算面积，即水库实际面积与建库前水面面积之差，km²。

其中水面蒸发 $Z_{水}=kZ_{皿}$，$Z_{皿}$ 为水文站或气象站用蒸发皿所观测的资料，因蒸发皿面积小，观测值一般偏大，计算水库水面蒸发时应乘以小于 1.0 的折算系数，这个折算系数因蒸发皿型号及各地气候条件而不同，应选用地区蒸发试验数据。

陆面蒸发 $Z_{陆}$ 不易推求，一般用闭合流域水量平衡方程估算，即

$$Z_{陆}=Z_0=x_0-y_0 \quad (13-6)$$

式中：x_0 为闭合流域多年平均年降水深度，mm；y_0 为闭合流域多年平均年径流深度，mm；Z_0 为闭合流域多年平均年陆面蒸发深度，mm。

有些省份的《水文手册》上刊有多年平均年陆面蒸发等值线图，可以查用。

在蒸发资料比较充分的情况下，要作出与来水、用水对应的水库年蒸发损失系列，其年内分配即采用当年 $Z_{皿}$ 的年内分配。如果资料不充分，在长系列年调节计算时，或多年调节计算时，可采用多年平均的年蒸发量和多年平均的年内分配。

建库后，由于水位抬高，水压力增大，水库中的蓄水量经过能透水的坝身、坝底及库岸四周漏水，其渗漏量的大小决定于库区、坝址的地质及水文地质条件与施工质量。其值

可根据库区、坝址的地质及水文地质情况，参考已成水库的实际渗漏资料，选用经验指标进行估算，常用的经验指标见表13-4。

表13-4　　　　　　　　　　渗漏损失经验系数值

水文地质条件	月渗漏量与水库蓄水量之比/%	年渗漏量与水库蓄水量之比/%
优良	0~1.0	0~10
中等	1.0~1.5	10~20
恶劣	1.5~3.0	20~40

（2）计入损失的列表调节计算。考虑水库水量损失计算兴利库容时，某一时段的水库水量平衡方程可写为

$$\Delta V = (Q - q - q_{损} - q_{弃})\Delta t \\ = W_{来} - W_{用} - W_{损} - W_{弃} \tag{13-7}$$

由于水库的水量损失是在蓄水和供水过程中陆续产生的，而且与水库当时的蓄水量及水面面积有直接关系。只有知道了某时段初、末的水库蓄水量，才能确定该时段的水库损失量。实际上，时段末的水库蓄水量为未知值，所以要先假定某时段末的水库蓄水量，由此计算出水库损失量，再进行水量平衡计算求出时段末的水库蓄水量，如此值与开始假定的值不符，则重新假定，直至二者一致为止。因为这样做工作量大，所以常采用如下更为方便的方法：首先不考虑水量损失进行计算，近似求得各时段的蓄水情况，用各时段的水库平均蓄水量（包括死库容）算出各时段的损失量，然后用考虑损失的水量平衡方程式（13-7）逐时段进行计算。

【例13-4】　仍用前面[例13-3]的资料，本例为考虑水库水量损失时计算当年兴利库容的列表法，见表13-5。

1）首先不考虑损失，计算各时段的蓄水量。表中第（1）~（5）栏即表13-1中的（1）~（5）栏，第（6）栏为表13-1中的第（6）栏加死库容（4000万 m³）。

2）考虑水量损失，用列表法进行调节计算。各栏计算说明如下：

第（7）栏 $\overline{V} = \frac{1}{2}(V_1 + V_2)$，即各时段初、末蓄水量的平均值。

第（8）栏 $\overline{A} = \frac{1}{2}(A_1 + A_2)$，即各时段初、末蓄水面积的平均值，可由 $\overline{V}$ 查水库的 Z-V 曲线和 Z-A 曲线得出。

第（9）栏蒸发损失标准由当年的实测蒸发资料计算而得。

年蒸发损失深度 $= kZ_{皿} - Z_{陆}$，并按当年各月蒸发皿蒸发量的分配比例分配到各月去。其中 $k=0.80$，$Z_{皿}=1515$mm，$Z_{陆}=x_0-y_0=1312.4-787.8=524.6$mm，故年蒸发损失深度为 $0.8×1515-524.6=687.4$mm。分配到各月后得当年的蒸发损失标准如表中的第（9）栏。

第（10）栏蒸发损失水量 = （8）×（9）÷1000。

第（11）栏渗漏损失标准，据库区地质及水文地质条件为中等，按水库当月蓄水量的1%计。

表 13-5 计入损失的年调节计算表

年.月	来水量 $W_{来}$ /(万 m³)	灌溉用水量 $W_{用}$ /(万 m³)	来水-用水 + /(万 m³)	来水-用水 - /(万 m³)	水库蓄水量 V /(万 m³)	月平均蓄水量 $\bar{V}$ /(万 m³)	月平均水面面积 F /(万 m³)	蒸发 标准/mm	蒸发 $W_{蒸}$ /(万 m³)	渗漏 标准/%	渗漏 $W_{渗}$ /(万 m³)	总损失 $W_{损}$ $=W_{蒸}+W_{渗}$ /(万 m³)	考虑损失后的用水量 $M=W_{用}+W_{损}$ /(万 m³)	$W_{来}-M$ + /(万 m³)	$W_{来}-M$ - /(万 m³)	水库蓄水量 V' /(万 m³)	弃水量 $W_{弃}$ /(万 m³)
(1)	(2)	(3)	(4)	(5)	(6)	(7)	(8)	(9)	(10)	(11)	(12)	(13)	(14)	(15)	(16)	(17)	(18)
1978.7	21140	8356	12784		16784	10392	490	89.4	44		104	148	8504	12636		16636	
1978.8	8560	2941	5619		22403	19594	752	87.4	66		196	262	3203	5357		21953	
1978.9	6390	930	5460		27863	25133	910	61.5	56		251	307	1237	5153		27146	
1978.10	7360	640	6720		34583	31223	1087	38.9	42	以当月蓄水量的1%计	312	354	994	6366		33512	
1978.11	4500	2205	2295		35335	34959	1198	27.1	33		350	383	2588	1912		35424	
1978.12	1860	0	1860		35335	35335	1205	28.7	35		353	383	388	1472		36884	12
1979.1	1320	1930		610	34725	35030	1200	35.0	42		350	392	2322		1002	35882	
1979.2	1255	335	920		35335	35030	1200	35.4	42		350	392	727	528		36410	
1979.3	1487	5204		3717	31618	33477	1152	48.7	56		335	391	5595		4108	32302	
1979.4	2524	11169		8645	22973	27296	975	58.0	57		273	330	11499		8975	23327	
1979.5	3362	14416		11054	11919	17446	690	97.0	67		174	241	14657		11295	12032	
1979.6	4626	12545		7919	4000	7960	410	80.3	33		80	113	12658		8032	4000	
合计	64384	60671	35658	31945				687.4	573		3128	3701	64372	33424	33412		12

第（12）栏渗漏损失水量＝(7)×(11)。

第（13）栏损失水量总和＝(10)+(12)。

第（14）栏考虑水库水量损失后的用水量 M＝(3)+(12)。

第（15）栏多余水量：(2)－(14)为正时，填入此栏。

第（16）栏不足水量：(2)－(14)为负时，填入此栏。

3）求水库的年调节库容。从第（15）、（16）栏可以看出，水库为两次运用的情况，求得兴利库容 $V_兴$＝32884 万 m^3。总库容＝32884+4000＝36884 万 m^3。

4）求各时段水库蓄水及弃水情况，其计算方法与不计损失的计算方法相同。

第（17）栏为加上死库容后的各时段水库蓄水量，反映水库的蓄、泄水过程。

第（18）栏为水库的弃水量。

5）校核：由于计算表内数字较多，多次运算容易出错，应检查结果是否正确。水库经过充蓄和泄放，到 6 月末水库兴利库容应放空，即放到死库容 4000 万 m^3，如果此时水量不是 4000 万 m^3，说明第（17）栏计算有错误。另外，还需要利用水量平衡方程进行校核，本算例计算结果 64384－60671－3701－12＝0，说明计算结果无误。

$$\sum W_来 - \sum W_用 - \sum W_损 - \sum W_弃 = 0$$

由表 13－5 计算得当年的兴利库容 $V_兴$＝32884 万 m^3，比不计损失的 $V_兴$＝31335 万 m^3 增大了 1549 万 m^3。这样计算得出的库容已接近实际一些了。若要求更精确的成果，可将第（17）栏的水库蓄水量移作第（6）栏，用同法再作一次计算，就可得到更满意的结果。但这种重复计算往往被证实是没有必要的。实际工作中，只需如上重复一次，就可得到比较满意的结果了。

二、代表年法

年调节水库兴利调节计算的长系列法需要较长的来水和用水资料，当资料缺乏或资料不足时，这种方法就不能应用。即使有较长的实测资料，因计算工作量大，在中小型水库的规划设计中，不大便于多方案比较，而常采用实际代表年法或设计代表年法来进行调节计算，通过一年的调节计算，确定出符合灌溉设计保证率的年调节兴利库容。

1. 实际代表年法

（1）单一选年法。以年来水频率曲线为依据，选择符合或接近灌溉设计保证率、年内分配偏于不利的实际年来水过程与同年的年用水过程，作调节计算，推求水库的兴利库容及该年的蓄水、泄水过程；或以年用水频率曲线为依据，选择符合或接近灌溉设计保证率、年内分配偏于不利的实际年用水过程与同一年的年来水过程作调节计算，推求水库的兴利库容及该年的蓄水、泄水过程。现利用表 13－2 中 19 年的来水、用水资料，分别以来水为主、相应用水及以用水为主、相应来水作四种频率的调节计算，成果列于表 13－6 中，并与长系列法成果比较。由表 13－6 所列的对比库容可知：无论哪一种单一选年法计算的成果与长系列法计算的成果相比较，都有偏大或偏小的现象。因为单一选年法只考虑了来水（或用水）一个方面的因素，而忽略了另外一个方面的因素——用水（或来水），所以成果不稳定，而且库容的保证率概念不明确。

表 13-6　　　　　　　　　　单一选年法计算成果表

选　年　方　法	来水为主、相应用水				用水为主、相应来水			
频率/%	70	75	80	85	70	75	80	85
相应年份	1958—1959年	1952—1953年	1965—1966年	1964—1965年	1952—1953年	1958—1959年	1964—1965年	1965—1966年
兴利库容/[(m³/s)·月]	3.63	1.78	4.60	3.98	1.78	3.63	3.98	4.60
长系列法兴利库容/[(m³/s)·月]	3.50	3.63	3.98	4.60	3.50	3.63	3.98	4.60

（2）库容排频法。在来水频率曲线或用水频率曲线上各选出 3～5 个接近灌溉设计保证率的实际年来、用水过程，并对其分别进行调节计算，求出它们的兴利库容。然后在选用的频率范围内，各把 3～5 个库容按大小次序重新排位，求出对应于设计保证率的库容。为了便于比较，用表 13-2 的资料为例说明计算方法。

【例 13-5】　统计 19 年来水量及年用水量，作年来水量频率曲线及年用水量频率曲线，要求用库容排频法推求 $p=80\%$ 的兴利库容。

考虑在 $p=80\%$ 左右各取一点如 75%、85%，即在年来水量频率曲线上取用与 75%、80%、85% 三点对应的三年的实际来水过程及与三年来水同年的实际用水过程，分别进行调节计算，求得三个兴利库容，见表 13-7 中第（4）行前三个数，将三个库容按大小次序重新排位，见表 13-7 中第（5）行前三个数。同理在年用水频率曲线上取用三年作类似的计算，也可求得三年的库容及重排库容，见表 13-7。在两种情况的重排库容中查出与 $p=80\%$ 对应的库容 V_p 为 3.98（m³/s）·月。

表 13-7　　　　　　　库容排频法计算成果表　　　　　　　单位：(m³/s)·月

	频率曲线	(1)	来水频率曲线			用水频率曲线		
库容排频法	选点频率/%	(2)	75	80	85	75	80	85
	对应年份	(3)	1952—1953年	1965—1966年	1964—1965年	1958—1959年	1964—1965年	1965—1966年
	兴利库容	(4)	1.78	4.60	3.98	3.63	3.98	4.60
	重排兴利库容	(5)	1.78	3.98	4.60	3.63	3.98	4.60
长系列法的兴利库容		(6)	3.63	3.98	4.60	3.63	3.98	4.60

库容排频法计算成果与长系列法计算成果比较，如表中第（5）、（6）行，可以看出在灌区中旱以上如干旱年、特旱年等，二法成果一致，中旱年及中旱年以下库容排频法成果有误差。此法是长系列法的一种简化，它在一定程度上避免了以来水为主或以用水为主选取一个代表年的任意性，考虑了来水、用水在某种干旱年份频率范围内的不同组合，具有比较明确的保证率概念，用于灌区干旱年、特旱年以上的年型，计算成果比较满意。

在来水、用水资料不充分时，可以用流域内年雨量系列代替年来水系列，以灌区作物生育期蒸发与降雨之差代替年用水量系列选年，然后针对所选年份的来水与用水调节计算其库容，将所算得的库容重新排位，也可求得符合灌溉设计保证率的兴利库容及其蓄、泄水过程。这种做法对北方干旱地区和半干旱地区尚缺少实际应用的经验，对南方某些灌区作物生育期蒸发与降雨之差可以出现负值的，也不便采用。

（3）实际干旱年法。根据对灌区旱情调查及实测年、月径流量系列分析，选择某一实际发生的干旱年作为代表年,直接用该代表年的月径流与对应的月用水过程相配合进行调节计算,推求为保证该代表年的供水所需的兴利库容,该代表年的库容即为设计库容。即认为设计这样的兴利库容,能使如此干旱的年份用水得到保证,灌溉能达到一定程度的保证,可以达到修建该灌溉水库的目的。用这种方法求兴利库容,比较直观,计算相对简单,不需要对代表年的径流进行缩放,不需要计算每个年份的兴利库容,只计算代表年的兴利库容即可。缺点是灌溉设计保证率不好确定。实际干旱年法在小型灌溉工程的设计中应用较广。

2. 设计代表年法

设计代表年法就是按照设计保证率设计一个年份当代表,它不是实际发生的年份,需要设计它的年来水量及其年内分配过程(即来水过程),年用水量与年内用水过程,两者配合进行调节计算得兴利库容,该库容即为设计库容。

计算设计代表年的年来水与年用水过程,需要先在设计站或参证站或灌区选择一个实际年份作为典型,其年来水过程与年用水过程已知,分别缩放典型年的来水过程和用水过程,得设计来水、用水过程。下面介绍典型年的选择与缩放倍比的计算。

首先,要计算设计年来水量、年用水量。由实测年来水系列进行频率计算,绘制年来水频率曲线,求相应于设计保证率的设计年来水量 $W_{来,P}$。同理可绘制年用水频率曲线,求得设计年用水量 $W_{用,P}$。

其次,选择典型年。从实测资料中选择年来水量接近设计年来水、年用水量接近设计年用水,同时年内分配对工程比较不利的年份作为典型年。对工程不利,指通过调节计算得出的兴利库容较大。如对发电工程,选枯水期长且枯水期水量小,而汛期水量相对较多的年份作为典型;对灌溉工程,选作物需水期来水量较少的年份作为典型年。

最后,对典型年的来水、用水过程进行缩放。$W_{来,p}$ 与典型年的年来水量之比缩放典型年的年内来水过程,按 $W_{用,p}$ 与典型年的年用水量之比缩放典型年的年内用水过程,得设计来水、用水过程。然后调节计算得设计代表年的兴利库容,即为设计库容。

【**例 13-6**】 以表 13-2 中实测资料为例,用设计代表年法求保证率为 50% 的设计兴利库容。

由 20 年的实测年径流资料进行频率计算,得最佳参数为 $\overline{Q}=17.7(\text{m}^3/\text{s})\cdot$月,$C_v=0.53$,$C_s=0.94$。按照 $P=50\%$ 和 C_s 查 ϕ_p 表得 ϕ_p 值,计算得设计年径流量为 $16.25(\text{m}^3/\text{s})\cdot$月。同理,对 20 年的年用水系列进行频率计算,得最佳参数为 $\overline{Q}=3.73(\text{m}^3/\text{s})\cdot$月,$C_v=0.71$,$C_s=1.07$。可得 $P=50\%$ 的设计年用水量为 $3.27(\text{m}^3/\text{s})\cdot$月。

选择典型年。根据表 13-2 中资料,1950—1951 年的年来水、年用水分别接近设计来水量、设计用水量,故选 1950—1951 年作为典型年。

来水放大倍数 $K_1=0.956$,用水放大倍数 $K_2=1.019$。对 1950—1951 年的来水过程与用水过程分别同倍比缩放,得设计来水过程与用水过程,经调节计算可得设计兴利库容。

需要指出的是,典型年的选择并不唯一,1960—1961 年也可以作为典型年,来水放大倍数 $K_1=1.039$,用水放大倍数 $K_2=1.139$。对其年内来水、用水过程分别缩放,进行调节计算可得不同的设计库容。

中小型灌溉水库的设计,选出符合上述要求的典型年可能比较容易。如果水库以上流域与灌区不在同一气候区,来水与用水关系不很密切时,选典型年可能有困难。在这种情况下,可选几个典型年,并对相应的来水、用水过程进行调节计算后,分析确定一个较大的库容作为设计的兴利库容。

必须指出,设计代表年法采用来、用水同频率只在来、用水有较好相关关系时才是正确的,否则由此求得的兴利库容不见得就符合设计保证率。

年调节计算的代表年法和长系列法,在调节计算的原理和方法上是基本相同的,只是在设计代表年法中计算蒸发损失标准时略有一些差别。在长系列法和实际代表年法中,$Z_{皿}$是水文站或气象站当年所观测到的蒸发皿的蒸发量,而在设计代表年法中,$Z_{皿}$则应采用符合设计条件的年蒸发量,一般是采用实测系列中最大的或较大的年蒸发量,其年内分配则常采用多年平均的年内分配。

三、正常蓄水位的确定

采用上述方法确定了水库的兴利库容后,加上死库容就得二者之和的库容,用此库容在水库水位-容积曲线上可查得相应的正常蓄水位,如图 13-6 所示。

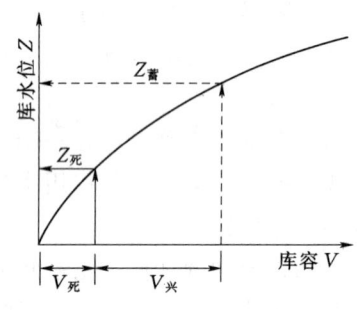

图 13-6 从水位-容积曲线上求 $Z_{蓄}$

第四节 多年调节水库兴利调节计算的长系列法

一、多年调节水库兴利调节计算长系列法基本概念

当设计保证率的年用水量小于年来水量时,水库只需蓄当年汛期一部分多余水量就能够补充枯水期的水量不足,这就是年调节水库。当设计年的来水量小于设计年的用水量时(包括损失),如用水量增大,或设计保证率提高,致使设计保证率的年来水量小于年用水量,这时单纯依靠调节该年的来水量,不可能满足正常供水。为了要满足正常供水,必须跨年度进行水量调节,把丰水年多余水量蓄存起来,以补充少水年的水量不足,这种将丰、枯年份的年径流量及径流年内变化都加以重新分配的调节,称为多年调节。多年调节水库不仅能调节年内各月径流的分配不均匀性,而且还能调节年与年间的径流分配不均匀性,所以,多年调节水库是调节性能最高,径流利用程度最充分的一种水库。例如河南省某水库,如果灌溉面积由 65 万亩扩大到 120 万亩,则设计年灌溉用水量应为 54300 万 m^3,而设计年径流量却只有 38440 万 m^3,兴建年调节水库显然不能满足用水要求,必须修建多年调节水库。

多年调节计算长系列法的基本原理和步骤与年调节计算相似,即先通过逐年调节计算求得每年所需兴利库容,把每年的兴利库容从小到大进行排序,注意不是从大到小,计算经验频率,绘制库容频率曲线,最后根据设计保证率求设计兴利库容。多年调节水库可能要经过若干个连续丰水年才能蓄满,经过若干个连续枯水年才能放空,完成一次蓄泄循环往往需要很多年。在这种情况下,确定某些年份所需的兴利库容时,不能只以本年度缺水期的不足水量来定库容,而必须联系到前一年或前几年的不足水量的情况分析才能定出。

第四节 多年调节水库兴利调节计算的长系列法

判断一个多年调节的调节周期为几年,主要根据连续多少年的总来水量大于其总用水量。

图 13-7 绘出了多年的来水过程线和相应的用水过程线。从图中可以看出,第 1、2、3 调节年度是丰水年,来水大于用水,若第 1 年余水期余水量、缺水期缺水量分别用 V_1、V_2 表示,第 2 年余水量、缺水量分别用 V_3、V_4 表示,则第 1、2、3 年所需兴利库容分别为 V_2、V_4、V_6。而第 4~7 年为连续枯水年。确定第 4 年的兴利库容时,应与前面第 3 年的余水、缺水情况一起分析考虑,第 3 年余水、缺水量分别用 V_5、V_6 表示,第 4 年余水量、缺水量分别用 V_7、V_8

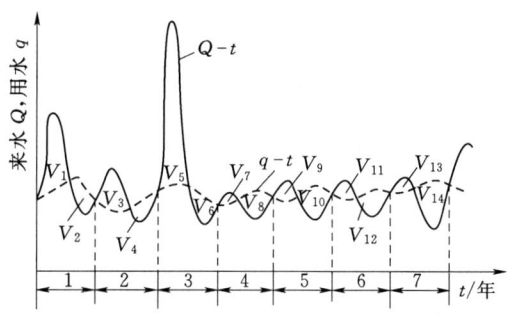

图 13-7 多年的来、用水过程线

表示,第 3、第 4 两年组成一个调节周期,相当于两次运用情况的分析:$V_6 > V_7$,$V_7 < V_8$,所以第 4 年的兴利库容 $V_兴 = V_6 + (V_8 - V_7)$。确定第 5 年的兴利库容时,要和前面第 3、第 4 年的余水、缺水情况一起考虑,相当于三次运用的情况,其中:$V_8 > V_9$,$V_9 < V_{10}$,所以第 5 年的 $V_兴 = V_6 + (V_8 - V_7) + (V_{10} - V_9)$。同理,第 6 年的 $V_兴 = V_6 + (V_8 - V_7) + (V_{10} - V_9) + (V_{12} - V_{11})$,第 7 年的 $V_兴 = V_6 + (V_8 - V_7) + (V_{10} - V_9) + (V_{12} - V_{11}) + (V_{14} - V_{13})$。

二、计算逐年兴利库容的列表法

【例 13-7】 已知某水库坝址断面的 19 年各月来水量及灌溉用水量的差值,见表 13-2,已定灌溉设计保证率 $p = 90\%$,求多年调节水库的兴利库容。

其中 1966—1967 年、1967—1968 年为多年调节。用列表法求这两年的兴利库容见表 13-8,此表是一张简化了的计算表,仅作为分析库容用,各年各时段的详细计算仍应列成与表 13-2 一样形式的表来进行。

表 13-8 多年调节兴利库容计算表 单位:$(m^3/s) \cdot 月$

年份	1965—1966		1966—1967		1967—1968			
月份	1965.8—1966.7	1966.8—1966.11	1966.12—1967.5	1967.6—1967.10	1967.11—1968.3	1968.4	1968.5	1968.6—1968.11
余水	10.49		5.83		1.31		2.10	
缺水		4.60		8.08		0.17		5.96
各年 $V_兴$	4.60		8.08		10.80			
调节性能	年调节		多年调节		多年调节			

应该注意,调节年度的划分不能硬性规定,须视每年的余水、缺水情况分析定出。如 1965—1966 年调节年度为从 1965 年 10 月—1966 年 11 月,该水利年有 14 个月,其中 1966.8—1966.11 为缺水段。又如 1967—1968 年调节年度原为 13 个月,从 1967 年 11 月—1968 年 11 月,但因该年余水 $1.31 - 0.17 + 2.10 = 3.24 (m^3/s) \cdot 月$ 小于年缺水 $5.96 (m^3/s) \cdot$ 月,故应将 1966—1967 年一起考虑,但是 1966—1967 年也是一个枯水年,当年余水 $5.83 (m^3/s) \cdot$ 月,不能满足当年缺水 $8.08 (m^3/s) \cdot$ 月的需要,故仍需往前考虑 1965—

1966年。1965—1966年有剩余水量 $10.49-4.60=5.89(m^3/s)$·月，足够补充以后二年的缺水，故1966—1967年为连续两年的多年调节，1967—1968年为连续三年的多年调节。

把由多年调节计算所得1966—1967年的兴利库容 $8.08(m^3/s)$·月和1967—1968年兴利库容 $10.8(m^3/s)$·月填入表13-2的最后二行，则按此表绘制的库容频率曲线就是考虑多年调节后的成果，查该曲线便可求出较高设计保证率（例如 $P_{设}=95\%$）的兴利库容。

三、多年调节水库水量损失的计算

多年调节水库的水量损失计算，一般采用近似计算法，首先以不计水量损失时初定的兴利库容，计算水库多年平均蓄水容积及多年平均水面面积，并计算出多年平均的逐月蒸发损失和渗漏损失（计算方法与年调节水库基本相同）；再从水库来水系列中，逐年、逐月扣除这一水量损失，即得历年净来水系列（或在水库用水系列中，逐年、逐月加入这一水量损失，即得历年毛用水系列）；最后以此净来水系列与用水系列（或以来水系列与毛用水系列）相配合，逐年计算出水库的兴利库容，再作库容频率曲线，按设计保证率求得计入水量损失的兴利库容。关于多年调节水库水量损失的计算举例如下。

【**例 13-8**】 湖北省某水库具有24年来、用水资料，灌溉设计保证率为75%，死库容为708万 m^3，不计水量损失算得的多年调节兴利库容为12600万 m^3，试求该水库多年平均的逐月水量损失。

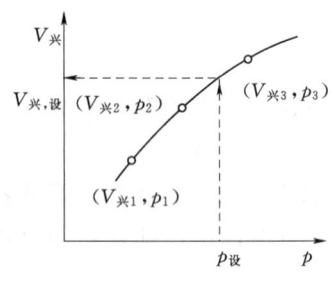

图13-8 $V_{兴}$-P 曲线

水库每月的水量损失为月蒸发损失和渗漏损失之和，为了计算简便，计算损失时均以平均蓄水容积和平均水面面积来计算。平均蓄水容积：

$$\overline{V}=V_{死}+\frac{1}{2}V_{兴}=708+\frac{1}{2}\times 12600=7008 \text{ 万 } m^3$$

而相应的水面面积由水库水位-容积曲线和水位-面积曲线查得 $\overline{F}=9.35 km^2$。月渗漏损失标准取多年平均蓄水容积的0.5%，即月渗漏损失 $=7008\times 0.005=35.0$ 万 m^3；月蒸发损失标准等于多年平均的每月蒸发损失深度，以此深度乘多年平均水面面积即得多年平均的各月蒸发损失量，见表13-9。

表13-9　　　　某水库多年平均水量损失计算表

月份	蒸发损失标准/mm	蒸发损失/(万 m^3)	渗漏损失/(万 m^3)	水库总水量损失/(万 m^3)	月份	蒸发损失标准/mm	蒸发损失/(万 m^3)	渗漏损失/(万 m^3)	水库总水量损失/(万 m^3)
1	14.5	13.5	35.0	48.5	8	48.6	45.5	35.0	80.5
2	15.8	14.7	35.0	49.7	9	36.98	34.5	35.0	69.5
3	12.0	11.2	35.0	46.2	10	33.2	31.0	35.0	66.0
4	5.7	5.3	35.0	40.3	11	16.0	14.9	35.0	49.9
5	11.9	11.1	35.0	46.1	12	14.3	13.4	35.0	48.4
6	36.0	33.7	35.0	68.7	全年	283.5	264.9	420.0	684.9
7	38.6	36.1	35.0	71.1					

多年调节水库水量损失的计算也可用详算法，即各年各月采用不同的蒸发损失标准，

并采用不同的水库蓄水容积和水面面积，表 13-5 就是这种计算的一个比较简单的例子。

四、对多年调节长系列时历法的评价

时历法进行多年调节计算的优点是：概念清楚，推理简明，能直接求出多年调节的兴利库容及水库的蓄、泄水过程，适用于不同的用水情况。当具有较长系列（资料年数 $n >$ 30 年）的来、用水资料时，计算成果精度较高。大、中型灌溉水库的规划、设计及管理阶段常用这种方法。但当资料系列较短或代表性较差时，会产生较大的误差，在这种情况下，可以利用确定性流域水文模型由降雨资料展延各年各月的径流量系列，同时也利用这些降雨资料，考虑作物生长期的耗水量，推求各年各月的灌溉用水量系列。

复 习 思 考 题

1. 水库兴利调节计算的原理是什么？
2. 水库死水位的选择要考虑哪些因素？
3. 简述用长系列法求年调节水库设计兴利库容的步骤。
4. 按表 13-10 数据判断水利年度，若不计损失，求该调节年度所需要的兴利库容。

表 13-10　　　　　　　　　　某水库年来、用水情况

月份	1	2	3	4	5	6	7	8	9	10	11	12	1	2	3	4	5	6
天然来水/(亿 m^3)	4	3	3	2	8	10	12	9	7	6	5	4	4	3	2	1	5	9
用水/(亿 m^3)	5	5	4	4	6	7	8	8	9	8	3	3	6	5	4	3	6	7

第十四章 小型水电站水能计算

第一节 水能利用基本知识

一、水力发电的基本原理

水力发电是利用天然水能（水能资源）生产电能的水利部门。河川径流相对于海平面而言（或相对于某基准面）具有一定的势能。因径流有一定流速，就具有一定的动能。这种势能和动能组合成一定的水能——水体所含的机械能。

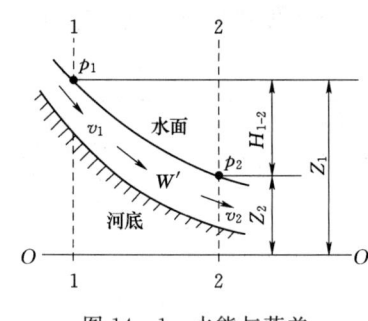

图 14-1 水能与落差

在地球引力（重力）作用下，河水不断向下游流动。在流动过程中，河水因克服流动阻力、冲蚀河床、挟带泥沙等，使所含水能分散地消耗掉了。水力发电的任务，就是要利用这些被无益消耗掉的水能来生产电能。如图 14-1 所示，表示一任意河段，其首尾断面分别为断面 1—1 和断面 2—2。若取 $O—O$ 为基准面，则按伯努利方程，流经首尾两断面的单位重量水体所消耗掉的水能应为

$$H=(Z_1-Z_2)+\frac{p_1-p_2}{\gamma}+\frac{\alpha_1 v_1^2-\alpha_2 v_2^2}{2g} \tag{14-1}$$

由于大气压强 p_1 与 p_2 近似地相等，流速水头 $\frac{\alpha_1 v_1^2}{2g}$ 与 $\frac{\alpha_2 v_2^2}{2g}$ 的差值也相对地微小而可忽略不计。于是，这一单位重量水体的水能就可近似地用落差 H_{1-2} 来表示，$H_{1-2}=Z_1-Z_2$，即首尾两断面间的水位差。

若以 Q 表示 t 秒内流经此河段的平均流量（m³/s），γ 表示水的单位重量（通常取 $\gamma=9807\text{N/m}^3$），则在 t 秒内流经此河段的水体重量应是 $\gamma W=\gamma Qt$。于是，在 t 秒内此河段上消耗掉的水能为

$$E_{1-2}=\gamma Q t H_{1-2}=9807 Q t H_{1-2}(\text{J})$$

但是，在电力工业中，习惯于用"kW·h"（或称"度"）为能量的单位，$1\text{kW}\cdot\text{h}=3.6\times10^6\text{J}$；于是，在 T 小时内此河段上消耗掉的水能

$$E_{1-2}=\frac{1}{367.1}H_{1-2}Qt(\text{kW}\cdot\text{h})=9.81H_{1-2}QT(\text{kW}\cdot\text{h}) \tag{14-2}$$

此即代表该河段所蕴藏的水能资源，它分散在河段的各微小长度上。要开发利用这许多微小长度上的水能资源，首先需将它们集中起来，并尽量减少其无益消耗；然后，引取集中了水能的水流去转动水轮发电机组，在机组转动的过程中，将水能转变为电能。这

里，发生变化的只是水能，而水流本身并没有消耗，仍能为下游用水部门利用。上述这种河川水能，因降水而陆续得到补给，使水能资源成为不会枯竭的再生性能源。

二、水电站的出力

水电站的出力是指电站全部发电机组出线端送出的功率之和，可用式（14-3）和式（14-4）计算。

$$N = 9.81\eta QH = AQH \text{（kW）} \tag{14-3}$$

$$H = Z_上 - Z_下 - \Delta h \tag{14-4}$$

式中：N 为水电站的出力，kW；Q 为通过水电站水轮机的流量，m^3/s；H 为水电站的净水头，为水电站上下游水位之差减去各种水头损失，m；$Z_上$ 和 $Z_下$ 分别为水电站上游水位和尾水管出口断面水位，m；Δh 为水电站发电引用水流通过拦污栅、进水口、引水管道流至水轮机，并经尾水管排至下游河道的过程中产生的各种水头损失，与引水设施的条件、形状和水流的流速等因素有关，可由水力学公式计算出来，m；η 为水电站效率，小于1，与水电站机组机型及其工况等因素有关，等于水轮机效率 $\eta_机$、发电机效率 $\eta_电$ 及机组传动效率 $\eta_传$ 的乘积，即 $\eta = \eta_机 \eta_电 \eta_传$；$A$ 为水电站的出力系数，$A = 9.81\eta$，在规划设计阶段水能计算时，可根据水电站的规模大小采用下列近似值：

大型水电站（装机容量 $N_装 > 25$ 万 kW），$A = 8.5$；中型水电站（2.5 万 $\leqslant N_装 \leqslant 25$ 万 kW），$A = 8.0 \sim 8.5$；小型水电站（$N_装 < 2.5$ 万 kW），$A = 6.0 \sim 8.0$，同轴相连 $A = 7.0$，皮带传动 $A = 6.5$。待机组选型时，再根据机组的技术特性进行修正。

水电站的出力公式并不复杂，但考虑到水电站的引用流量、工作水头和机组效率受许多因素的影响，彼此之间有密切的联系，所以水电站的出力计算并不简单。同时由于河流的径流多变，电力系统的用电要求也是变化的，水电站的出力将随时间而变化，必需进行大量水能计算，才能获得水电站的出力变化过程 $N = f(t)$，以便随时掌握与了解水电站的工作情况。

三、水电站的发电量

水电站的发电量为水电站的出力与相应时间的乘积。水电站在不同时刻的出力常因电力系统的负荷的变化、国民经济各部门用水量的变化或天然来水流量的变化而不断变动着，水电站在时刻 $t_1 \sim t_2$ 时间内的发电量见式（14-5）；实际计算中，常将 $t_1 \sim t_2$ 划分为若干计算时段 $\Delta t_i (i = 1, 2, \cdots, n)$ 用有限差求和公式计算水电站的发电量，即式（14-6）。

$$E = \int_{t_1}^{t_2} N \, dt \tag{14-5}$$

$$\begin{cases} E = \sum_{i=1}^{n} \overline{N}_i \Delta t_i \\ \overline{N}_i = k \overline{Q_i H_i} \end{cases} \tag{14-6}$$

式中：E 为水电站在时刻 $t_1 \sim t_2$ 时间内的发电量，以 kW·h 为单位，习惯上称为"度"，1kW·h $= 3.6 \times 10^6$ J；$\overline{N}_i$ 为水电站在时段 Δt_i 内的平均出力，kW；$\overline{Q}_i$ 为时段 Δt_i 内的平均发电流量，m^3/s；$\overline{H}_i$ 为时段 Δt_i 内的平均发电水头，m；Δt_i 为计算时段，其长短主要根据水电站出力变化情况及计算精度要求而定，对于无调节或日调节水电站，$\Delta t_i = 24h$，对于季调节或年调节水库，$\Delta t_i = $ 一旬或一月，即 243h 或 730h，对于多年调节水库，Δt

可以取为一个月甚至更长，即 $\Delta t_i \geqslant 730h$。

四、水电站的设计保证率

水电站的出力取决于引用流量和发电水头，而河川径流的多变性决定了水电站出力处于经常变化之中，各个时段水电站的发电量也不相同。水电站在工作期间，不仅在枯水期会由于水量不足而遭受破坏，即使洪水期间低水头水电站也可能由于水头过小而水电站的正常工作遭到破坏。水电站的设计保证率是指水电站在多年工作期间正常工作得到保证的程度，通常用以下两种方法表示水电站的设计保证率大小。

(1) 按水电站多年工作期间能够正常供电的年数表示，称为年保证率 $p_{年}$，见式 (14-7)：

$$p_{年} = \frac{正常供电年数}{总供电年数+1} \times 100\% \tag{14-7}$$

(2) 按水电站多年工作期间能够正常供电的历时表示，称为历时保证率 $p_{历时}$，供电历时可以根据供电时段的不同采用月、旬或日数表示，见式 (14-8)：

$$p_{历时} = \frac{正常供电历时}{总供电历时} \times 100\% \tag{14-8}$$

水电站设计保证率的两种表示方法基本形式一样，但含义不同。年保证率 $p_{年}$ 表示水电站多年工作期间供电遭到破坏的年数，所谓供电破坏年份，则不论该年供电破坏的历时长短，是一个月或两三个月，都认为该年供电遭到了破坏；历时保证率 $p_{历时}$ 则表示供电遭到破坏的历时。一个水电站的历时保证率常大于其年保证率，例如某水电站在 20 年中有一个月供电不足，则 $p_{年} = 19/(20+1) = 90.5\%$，而 $p_{历时} = 239/240 = 99.6\%$。在水电站的规划设计中，蓄水式水电站一般采用年保证率，径流式水电站和灌溉引水式水电站则一般采用历时保证率。

五、水电站保证出力和多年平均年发电量

水电站的出力和发电量多变，需要从中选出某些特征值作为衡量其效益的主要动力指标。水电站的主要动能效益指标有两个，即保证出力和多年平均年发电量。

水电站的保证出力 N_p 是水电站在长期工作中符合设计保证率 p 要求的一定计算期的平均出力，也就是说，水电站多年期间提供出力 $N \geqslant N_p$ 的概率恰好等于设计保证率 p，是反映水电站在设计枯水条件下的动能效益指标。水电站的保证出力是规划设计阶段确定水电站装机容量的重要依据，也是水电站在运行阶段的一项重要效益指标，决定着水电站能够有保证地承担电力系统负荷的工作容量。对于年调节水电站，满足设计保证率要求的计算期关键是设计枯水年的供水期；对于多年调节水电站，满足设计保证率要求的计算期关键是设计枯水年系列的供水期；无调节和日调节水电站的保证出力，应为符合设计保证率（用历时保证率来表示）的日平均出力。

水电站的多年平均年发电量是指水电站在多年工作期间内，平均每年所能产生的电能，反映水电站的多年平均动能效益，也是水电站的一个主要动能效益指标。多年平均发电量是水电站直接的产品收益，在足够长的时间内是个稳定值。水电站多年平均发电量的大小，一般取决于水电站装机容量和水电站的平均发电水头两个因素，其中装机容量的大小与保证出力和水电站在电力系统中的位置有关，如果装机容量已定，则只与平均发电水头有关。

六、水能计算所需的基本资料

实际工作中,水能计算的目的和内容对新设计水电站和已运行水电站的着重点有所不同。在水电站的规划设计阶段,水能计算的目的是选择水电站及水库的主要工程特性参数,需假定若干个水库正常蓄水位方案,通过水能计算求得各方案的水电站动能指标,最后通过方案的综合经济比较最终确定水电站的工程特性参数,水能计算的复杂程度与水电站的调节性能、综合利用要求、水电站的工作方式以及水电站群之间的联系条件有关。由于规划设计阶段工程特性参数未知,因此水能计算时常对水电站的工作方式进行简化处理,如按等流量或等出力进行调节等,待这些参数选定后,再做进一步的修正计算。在水电站运行阶段,水电站及水库的主要工程特性参数已定,水能计算的目的是,结合天然入库径流、水电站和水库的实际运行情况,考虑国民经济各用水部门的要求、电力系统的负荷等情况,求得水电站在各个时段的出力和发电量,分析确定水电站及其他电站在电力系统中的合理运行方式。

在具体进行水能计算工作之前,必须首先收集分析所需的基本资料,具体如下:

(1) 水库基本资料:水库库容曲线 $Z-V$,水库的特征水位和特征库容,如正常蓄水位 $Z_正$、死水位 $Z_死$、兴利库容 $V_兴$ 和死库容 $V_死$,水库的水量损失相关资料 $W_损-t$。

(2) 水电站水库水文资料:坝址历年降水、蒸发、入库径流 ($Q-t$) 和洪水资料,坝址附近水文站的降雨、径流、蒸发和泥沙资料。

(3) 下游水位流量关系资料 $Z-Q$,坝址上下游防洪任务和防洪要求、防洪工程的布置情况。

(4) 水库供水范围内的灌溉用水、航运用水及其他用水资料等,下游综合利用流量需求资料 $Q_综-t$。

(5) 水电站的效率 η 或出力系数 A 相关资料。

(6) 电力系统负荷及其变化特性资料,电力系统其他电站的基本特性资料。

第二节 无调节、日调节水电站水能计算

如果水电站上游没有水库或库容很小,不能对天然来水过程进行调节,则该水电站称为无调节水电站。无日调节池的引水道式水电站、无调节库容的河川径流式水电站以及某些多沙河流上水库被淤积不能再进行调节的水电站均属于无调节水电站。无调节水电站由于没有水库调节因而工作方式最为简单,在任何时刻的出力均取决于河道中当时的天然流量和电站水头,而且各时段的出力彼此无关。

如果水电站能够利用水库(或日调节池)的调节库容使天然来水在一昼夜 24h 内重新分配,即把低谷负荷时多余的水量蓄积起来,供高峰负荷时用,这样的水电站称为日调节水电站,如小型坝式水电站、混合式水电站和具有日调节池的引水式水电站等。日调节水电站能充分利用一天的来水量,又能适应负荷变化的需要,其每天的发电量或日平均出力只取决于当日的来水。

一、无调节和日调节水电站保证出力的计算

计算水电站出力的基本公式包括流量和水头两个因素。无调节和日调节水电站主要靠

天然流量发电,若上游有其他需水部门取水,则应将这部分流量从天然流量中扣除。当天然流量大于水电站所有机组的最大过水能力时,才受到机组的限制,此时按最大工作能力工作并有弃水产生。还可能出现出力暂时超过系统负荷的需要而被迫弃水的情况。

无调节水电站的发电水头确定比较简单。上游水位为已知的正常蓄水位,基本上保持不变,只有在遇到泄洪时才会出现相应的水位超高,故一般采用水库或压力前池的正常水位作为上游水位。下游水位则与下泄流量有关,可从下游水位流量关系曲线中查得。水头损失可根据无调节水电站的总体布置和建筑物的规划设计根据水力学中的公式估算。

日调节水电站的发电水头确定方法较无调节水电站复杂一些。日调节水电站在进行日调节时其上游水位则在正常蓄水位与死水位之间有小幅度的变化,一昼夜内完成一个调节循环,在计算时通常用死库容加上日调节库容的一半查库容曲线得出的水位作为上游平均水位。日调节水库的死水位,可根据水轮机允许的最小工作水头和水库淤积要求等条件来确定,水轮机适用的工作水头范围,已有制造厂予以规定,如果事先已考虑这种要求初步选定机型,则可根据该水轮机的最小工作水头,再结合考虑泥沙淤积高度来确定水库的死水位。日调节水电站的下游水位也因日调节而在日内有较大的变化,计算时可取水电站下泄流量的平均值,查得下游水位流量关系确定。水头损失根据日调节水电站的总体布置和建筑物的规划设计应用水力学公式进行估算。

无调节和日调节水电站的出力随天然流量的变化而变化,故这种电站又称为径流式水电站,水能计算时无调节和日调节水电站的计算时段取"日"或"月",水电站的保证出力是指相应于设计保证率的那一日的水流平均出力,是水电站的主要动能指标之一。无调节和日调节水电站的设计保证率常用按相对历时计算的历时保证率 $P_{历时}$ 表示。根据径流资料情况和对计算精度的要求,无调节和日调节水电站保证出力的计算方法采用长系列法或代表年法。

1. 长系列法

当水电站取水断面处的径流系列较长,且具有较好的代表性时,可采用长系列法进行水能计算,计算步骤如下:首先根据已有的水文系列,取日为计算时段,根据实测日平均流量及相应水头,逐日计算水电站的日平均出力;然后将日平均出力按从大到小的顺序排序,绘制日平均出力的频率曲线;最后根据已选定的水电站设计保证率在日平均出力曲线上查得保证出力 $N_{保}$。

按照以上步骤进行计算,工作量很大,为了简化计算,可将日平均流量由大到小分组,并统计每组流量出现的日数和累计出现的日数,再按分组流量的平均值根据式(14-9)来计算分组出力,最后根据设计保证率确定保证出力。

$$N = AQ_{电} H_{净} (\text{kW}) \tag{14-9}$$

式中:$Q_{电}$发电日平均流量,m^3/s,等于分组日平均流量减去其他综合利用部门自水库引走的流量和水库(或渠道)的损失流量;$H_{净}$为发电净水头,m,等于上下游水位差扣除水头损失,即 $H_{净} = Z_{上} - Z_{下} - \Delta H$;计算时,可按表 14-1 的格式进行。

根据表 14-1 的计算结果,可绘出水电站日平均发电流量频率曲线(图 14-2)和日平均出力频率曲线(图 14-3),若将图 14-2 和图 14-3 的横坐标均改用时间 t 的总时间,即用一年的 365d 或 8760h 来表示,则可绘出日平均流量历时曲线和日平均出力历时曲线。

第二节　无调节、日调节水电站水能计算

根据选定的无调节水电站的设计保证率，在日平均出力频率曲线上，可查得水电站的日平均保证出力 N_P，如图 14-3 的虚线和箭头所示。由于一般无调节和日调节水电站的水头变化不大，也可根据选定的设计保证率在日平均流量频率曲线上查得日平均保证流量 Q_P 后，再用公式 $N_P = A Q_P H_P$ 计算水电站的日平均保证出力，其中 $H_P = Z_上 - Z_下 - \Delta H$。

表 14-1　　　　　某径流式水电站的出力计算表

日平均流量分组 /(m³/s)	分组日流量平均值 /(m³/s)	出现日数 /d	累计出现日数 /d	频率（保证率）p /%	保证时间 $t=8760p$ /h	引用及损失流量 /(m³/s)	发电流量 $Q_电$ /(m³/s)	上游水位 $Z_上$ /m	下游水位 $Z_下$ /m	水头损失 ΔH /m	净水头 $H_净$ /m	出力 N /kW
180 以上	180 以上	595	595	9.58	839	2	178 以上	123.85	97.35	1.20	25.30	31524
150~180	165	492	1087	17.50	1533	2	163	123.85	97.35	1.20	25.30	28867
130~150	140	321	1408	22.67	1986	2	138	123.85	97.35	1.20	25.30	24440
⋮	⋮	⋮	⋮	⋮	⋮	⋮	⋮	⋮	⋮	⋮	⋮	⋮
15 以下	15 以下	5	6210	100	8760	1	14 以下	123.85	96.55	1.20	26.10	2558

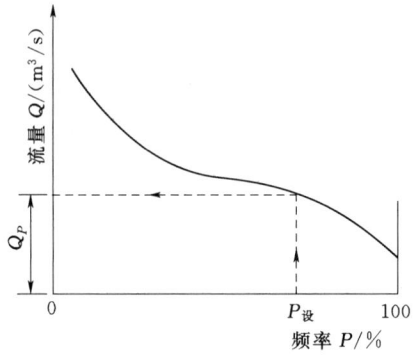

图 14-2　日平均流量频率曲线

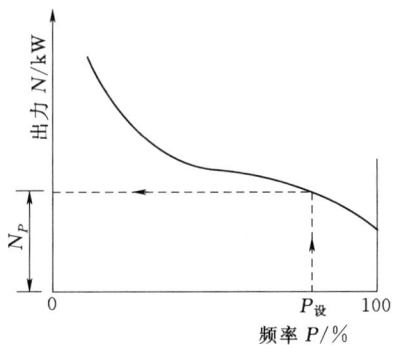

图 14-3　日平均出力频率曲线

2. 代表年法

用长系列法计算水电站的保证出力，计算结果精度较高，但需要的径流系列较长，计算的工作量也较大，因此为了简化计算，一般可选设计代表年进行计算。在规划及初步设计阶段，一般选 3 个设计代表年来进行计算，即设计枯水年、设计平水年和设计丰水年。水能计算时通常按照年水量或按枯水期水量来选择设计代表年。

(1) 按年水量选择设计代表年。按年水量选择设计代表年，应该根据本站历年径流资料，计算并绘制年水量（水利年度的）频率曲线 $W_年$-P，再按照水电站的设计保证率 $P_设$ 在 $W_年$-P 曲线上查得 W_P，在径流系列中找出年径流与 W_P 相接近的一年，作为设计枯水年。同理按 $P_平=50\%$ 及 $P_丰=100\%-P_枯$ 选择设计平水年和设计丰水年。并要求 3 个设计代表年的平均年水量、平均洪水期水量及平均枯水期水量分别与其多年平均值接近。

按年水量选择设计代表年的最大缺点是没有考虑到径流年内分配的特性。因为年水量符合设计保证率的枯水年份，其枯水期水量确有可能出现偏大或偏小的情况。若用这样的枯水年去求水电站的保证出力，必然会得到偏大或偏小的结果。因此，只有在径流年内分

配较稳定的河流，才以年水量为主来选择设计代表年。

（2）按枯水期水量选择设计代表年。按枯水期水量选择设计代表年，应先计算并绘制枯水期水量频率曲线 $W_枯 - P$，然后根据 $P_设$、$P_平$ 及 $P_丰$ 在 $W_枯 - P$ 曲线上选出与之相对应的年份作为设计枯水年、设计平水年和设计丰水年，并要求这 3 个设计代表年的平均年水量也要与多年平均年水量相接近。对于径流年内分配不稳定的河流，宜以枯水期水量为主来选择设计代表年。

用设计代表年法计算无调节和日调节水电站的保证出力时，可将这 3 个设计代表年的日平均流量统一进行分组，并统计各组流量出现日数和累积出现日数，然后按与上述长系列法相同的计算步骤来确定水电站的保证出力。

二、无调节和日调节水电站多年平均发电量的计算

水电站年发电量的多年平均值，称为多年平均年发电量 $\overline{E}_年$。无调节和日调节水电站的多年平均年发电量，可利用已绘制的日平均出力历时曲线确定，如图 14-4 所示。日平均出力历时曲线与纵横坐标所包围的面积，即为天然水流的多年平均年发电量，如水电站的装机容量为 $N_{装,1}$，多年平均年发电量等于面积 $abco$，即 $\overline{E}_{年,1}$，ab 线以上的面积虽然表示天然水流可以利用的电能，但由于装机容量的限制，只好放弃。如水电站的装机容量增加 ΔN_1，即装机容量增大到 $N_{装,2} = N_{装,1} + \Delta N_1$，则多年平均发电量等于面积 $deco$，即 $\overline{E}_{年,2} = \overline{E}_{年,1} + \Delta \overline{E}_1$。由此可见，水电站的多年平均年发电量随装机容量的不同而变化，可假定若干个装机容量方案，从日平均出力历时曲线上算出相应的多年平均年发电量，绘制 $N_装 - \overline{E}_年$ 关系曲线，如图 14-5 所示，待装机容量确定后，便可在 $N_装 - \overline{E}_年$ 关系曲线上查得水电站的多年平均年发电量 $\overline{E}_年$。

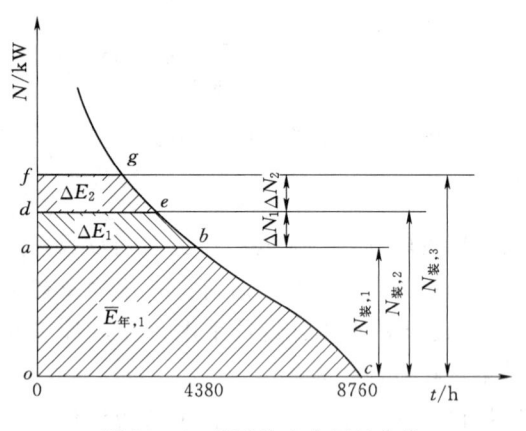

图 14-4 日平均出力历时曲线

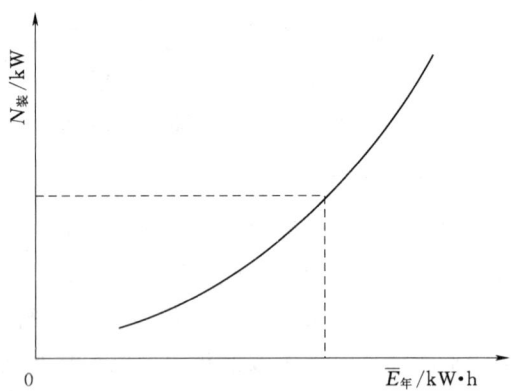

图 14-5 $N_装 - \overline{E}_年$ 关系曲线

在完全缺乏水文资料的情况下，可用式（14-10）粗估水电站的多年平均发电量 $\overline{E}_年$：

$$\overline{E}_年 = A\alpha \overline{Q} H_净 \times 8760 (kW \cdot h) \tag{14-10}$$

式中：α 为径流利用系数，表示发电用水量与天然来水量的比值，可参考邻近相似水电站的径流利用情况选定；$\overline{Q}$ 为水电站的多年平均引用流量，m^3/s；其他符号意义同前。

三、径流式水电站水能计算实例

【例 14-1】 某地区为了解决照明及农副产品加工用电问题，拟修建一座无调节水电

第二节 无调节、日调节水电站水能计算

站,确定上游水位 $Z_上=66m$,下游水位(变化很小,视作常数)$Z_下=45m$。

根据水文资料条件,计算时段以月为单位。水电站处设计代表年的月平均流量见表 14-2。选定水电站的设计保证率为 65%。试作该水电站的水能计算。

表 14-2 某水电站设计代表年的月平均流量 单位:m³/s

代表年	各月平均流量												全年平均流量
	1	2	3	4	5	6	7	8	9	10	11	12	
丰水年	0.90	1.05	1.35	4.20	3.60	5.20	3.15	4.35	2.40	1.80	1.30	0.65	2.50
平水年	0.60	0.56	1.10	1.60	2.30	5.00	3.00	2.05	1.70	1.75	1.05	5.00	1.77
枯水年	0.40	0.60	0.56	1.30	2.05	2.50	2.20	1.56	1.80	0.45	0.20	0.15	1.15

解:(1)水电站的保证出力计算。

根据站址处 3 个代表年的月平均流量资料,以 $0.3m^3/s$ 为间隔进行分组,计算各组流量的频率(保证率),列入表 14-3 第(5)栏。以表中第(2)栏和第(5)栏数据绘制引用流量频率曲线,如图 14-6 所示。由水电站设计保证率 $P=65\%$,查得保证流量 $Q_P=1.15m^3/s$。略去水头损失,设计水头为 $H_P=Z_上-Z_下=66-45=21m$,设水轮机与发电机采用同轴直接连接方式,出力系数 $A=7.0$,则水电站的保证出力为:$N_P=AQ_PH_P=7.0\times1.15\times21=169kW$

(2)水电站多年平均年发电量计算。

根据表 14-3 中的流量频率计算成果,计算水电站年利用小时数,见表 14-4,据此绘制 $N_装-\overline{E}_年$ 关系曲线,如图 14-7 所示。根据该水电站的特性确定水电站的装机容量后,查图 14-7 即可得该水电站的多年平均年发电量。例如确定水电站的装机容量 $N_装=500kW$,则水电站的多年平均年发电量 $\overline{E}_年=212$ 万 $kW\cdot h$。

表 14-3 某水电站流量频率计算表

流量分组/(m³/s)	分组平均流量/(m³/s)	出现次数	累计出现次数/次	频率[$p=m/(1+n)$]/%
5.20~5.49	5.35	1	1	2.7
4.90~5.19	5.05	1	2	5.4
4.60~4.89	4.75	0	2	5.4
4.30~4.59	4.45	1	3	8.1
4.00~4.29	4.15	1	4	10.8
3.70~3.99	3.85	0	4	10.8
3.40~3.69	3.55	1	5	13.5
3.10~3.39	3.25	1	6	16.2
2.80~3.09	2.95	1	7	18.9
2.50~2.79	2.65	1	8	21.6
2.20~2.49	2.35	3	11	24.7
1.90~2.19	2.05	2	13	35.1
1.60~1.89	1.75	5	18	48.6

续表

流量分组/(m³/s)	分组平均流量/(m³/s)	出现次数	累计出现次数/次	频率[p=m/(1+n)]/%
1.30～1.59	1.45	4	22	59.5
1.00～1.29	1.15	3	25	67.6
0.70～0.99	0.85	1	26	70.3
0.40～0.69	0.55	8	34	91.9
0.10～0.39	0.25	2	36	97.3

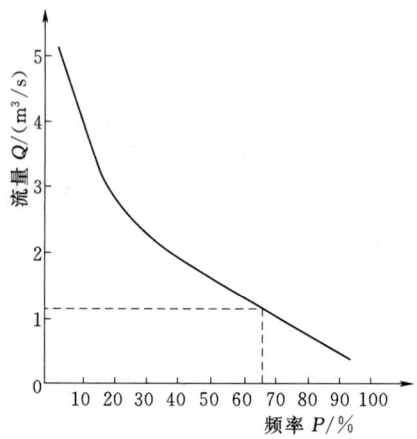

图 14-6 某水电站流量频率曲线　　图 14-7 某水电站 $N_{装}$-$\overline{E}_{年}$ 关系曲线

表 14-4　　　　某水电站装机年利用小时数计算表

分组平均流量/(m³/s)	水头 H/m	出力 (N=7.0QH)/kW	出力差 ΔN/kW	频率 p/%	保证历时 (t=8760p)/h	电量差 (ΔE=Nt)/(kW·h)	累计电量 E/(kW·h)	装机年利用小时 (h年=E/N)/h
5.35	21	786.45	44.10	2.7	237	10452	2307025	2933
5.05	21	742.35	44.10	5.4	473	20859	2296574	3094
4.75	21	698.25	44.10	5.4	473	20859	2275714	3259
4.45	21	654.15	44.10	8.1	710	31311	2254855	3447
4.15	21	610.05	44.10	10.8	946	41719	2223544	3645
3.85	21	565.95	44.10	10.8	946	41719	2181825	3855
3.55	21	521.85	44.10	13.5	1183	52170	2140107	4101
3.25	21	477.75	44.10	16.2	1419	62578	2087937	4370
2.95	21	433.65	44.10	18.9	1656	73030	2025359	4670
2.65	21	389.55	44.10	21.6	1892	83437	1952329	5012
2.35	21	345.45	44.10	24.7	2602	114748	1868892	5410
2.05	21	301.35	44.10	35.1	3075	135608	1754144	5821
1.75	21	257.25	44.10	48.6	4257	187734	1618536	6292
1.45	21	213.15	44.10	59.5	5212	229849	1430802	6713

续表

分组平均流量 /(m³/s)	水头 H /m	出力 $(N=7.0QH)$ /kW	出力差 ΔN /kW	频率 p /%	保证历时 $(t=8760p)$ /h	电量差 $(\Delta E=Nt)$ /(kW·h)	累计电量 E /(kW·h)	装机年利用小时 $(h_{年}=E/N)$ /h
1.15	21	169.05	44.10	67.6	5922	261160	1200953	7104
0.85	21	124.95	44.10	70.3	6158	271568	939793	7521
0.55	21	80.85	44.10	91.9	8050	355005	668225	8265
0.25	21	36.75	36.75	97.3	8523	313220	313220	8523

第三节　年调节水电站水能计算

年调节水电站是对天然径流过程在一个调节年度内进行重新分配，将蓄水期多余的水量蓄存在水库中，到供水期供水发电，以提高供水期的发电流量，满足用电部门的需要。

一、年调节水电站保证出力的计算

以发电为主的年调节水库在一个调节年度内，一般分为蓄水期、弃水期、供水期和不蓄不供期（称天然流量工作期）等几个时期。对年调节水电站而言，在一个调节年度内，供水期的调节流量较小，平均出力也较小，因此以发电为主的年调节水库，只要供水期发电得到保证，则全年发电就有保证。即年调节水电站某年能否保证正常工作，关键取决于供水期，因此只要供水期电站的出力和发电量能满足系统正常用电需求，则水电站全年工作就有保证。或者反过来说，只要供水期供电遭到破坏（因来水受到调节库容的限制）其他时期即使水电站出力很大，也不能改变这一年定遭破坏的局面。因此，年调节水电站的保证出力是指符合设计保证率要求的供水期的平均出力 $N_{保}$，与此相应供水期的发电量称为年调节水电站的保证电量 $E_{保}$。年调节水电站的设计保证率 P 采用年保证率 $P_{年}$。

在年调节水库正常蓄水位和死水位一定的情况下，年调节水电站保证出力的计算通常采用长系列法或代表年法。

(1) 长系列法。长系列法的计算步骤为：①利用坝址断面处已有的全部径流资料系列（n 年），通过径流调节计算每年供水期的平均出力，一般采用等流量调节的水能计算方法进行计算；②将每年供水期的平均出力按大小排列，进行频率计算，绘制供水期平均出力的频率曲线；③该曲线上与设计保证率相对应的供水期平均出力，就是年调节水电站的保证出力 $N_{保}$。

上述计算方法中，也可以在求出各年供水期调节流量以后，将调节流量按大小顺序排列，计算其相应频率，绘制调节流量频率曲线。由选定的水电站设计保证率在调节流量频率曲线上可查得水电站的保证调节流量 $Q_{调,P}$（或称设计调节流量）。年调节水电站的平均发电水头也可以采用简化方法进行计算，根据年调节水库的平均蓄水库容（$V_{死}+\dfrac{1}{2}V_{调}$）查库容曲线，得到供水期水库上游平均水位 $Z_{上}$，减去相应于 $Q_{调,P}$ 的电站尾水位 $Z_{下}$ 及水头损失 ΔH，得到供水期的平均发电水头 H_P，然后按公式 $N_P=AQ_{调,P}H_P$ 计算年调节水电站的保证出力。

(2) 代表年法。由于年调节水电站能否保证正常供电主要取决于供水期，所以在规划设计阶段进行大量方案比较时，为了节省计算工作量，也可以计算设计枯水年供水期的平均出力年调节水电站的保证出力。在实际水文系列中，往往遇到一些年份均与设计枯水年水量十分接近的情况，但这些年份的年内水量分配不同，因而供水期平均出力也相差较大，当水库以发电为主时，应选择符合水电站设计保证率要求的供水期的平均出力作为年调节水电站的保证出力。根据代表年确定水电站保证出力时，目前多用等流量调节进行水能计算，亦即先求出供水期的平均调节流量 $Q_{调,P}$，按此流量求出供水期各月出力，再以各月出力的平均值作为年调节水电站的保证出力。对于小型水电站来说，一般是按设计保证率选一个枯水代表年，算出该年的供水期平均出力，用该值作为年调节水电站的保证出力。

二、年调节水电站多年平均发电量的计算

水电站的多年平均年发电量是指水电站在多年工作期间内，平均每年所能产生的电能。根据定义，水电站的多年平均发电量，应对整个水文系列逐时段进行径流调节和水能计算才能求得。实际工作中，在规划设计阶段，当比较方案较多时，常根据不同设计阶段的具体情况及对计算精度的不同要求，采用比较简化的方法估算多年平均发电量。常用的几种估算水电站多年平均发电量的方法包括长系列法、三个代表年法和平水年法等。

1. 长系列法

无论水电站为多年调节、年调节，还是季调节、日调节和无调节，当水电站水库的正常蓄水位、死水位及装机容量经过方案比较和综合分析确定后，为了精确求得水电站在长期运行中的多年平均发电量，有必要对全部水文系列按照水库调度图进行径流调节和水能计算，计算步骤如下：

(1) 根据逐时段净入库流量及综合利用部门的用水流量进行径流调节和水能计算，一般采用等流量调节的水能计算方法进行计算，求出各时段的平均水头 $\overline{H}$ 及其平均出力 $\overline{N_i}$。水能计算时对年调节水电站按月进行径流调节计算，对季调节、日调节或无调节水电站，按旬或日进行径流调节计算。

(2) 将各时段的平均出力 $\overline{N_i}$ 乘以一个时段的小时数 t，即可得到各时段的发电量 E_i。计算时注意，当以月为时段进行计算时总时段数为 12，$t=730h$，当以日为时段进行计算时总时段数为 365，$t=24h$；如某些时段的平均出力 $\overline{N_i}$ 大于水电站的装机容量 $N_装$ 时，即以该装机容量值作为平均出力值。

(3) 根据式（14-11）逐年计算年发电量 $E_年$。

$$E_年 = t\left[\sum_{i=1}^{n}\overline{N_i} + mN_装\right] \qquad (14-11)$$

(4) 水文资料系列逐年发电量的平均值，即为多年平均年发电量 $\overline{E_年}$。

$$\overline{E_年} = \frac{1}{N}\sum_{i=1}^{N}E_年 \qquad (14-12)$$

以上式中：$E_年$ 为水文资料系列各年发电量，kW·h；t 为时段小时数，$m+n$ 为全年或全日时段数，n 为平均出力低于装机容量 $N_装$ 的时段数，m 为平均出力等于或高于装机容量 $N_装$ 的时段数；$\overline{N_i}$ 为各时段的平均出力，kW；$N_装$ 为水电站的装机容量，kW；$\overline{E_年}$ 为水电站的多年平均年发电量，kW·h；N 为水文资料系列的年数。

长系列法计算水电站多年平均发电量工作量较大，但由于电子计算机得到普遍的应用，当径流调节、水能计算等各种计算程序标准化后，对几十年甚至更长的水文资料系列，均可在很短的时间内迅速运算，并比较精确地求出多年平均年发电量。

2. 三个设计代表年法

对年调节及以下调节性能的水电站，确定多年平均发电量时，可采用三个代表年法。计算步骤如下：

(1) 根据年径流频率 $P_枯=P_设$、$P_中=50\%$、$P_丰=1-P_设$，选择设计枯水年、设计中水年、设计丰水年三个代表年，要求三个代表年的平均径流量接近于多年平均值，各个代表年的径流年内分配情况要符合各自典型年的特点。

(2) 对 3 个代表年分别进行径流调节和水能计算，求得各时段平均出力 $\overline{N_i}$。

(3) 采用式 (14-11) 分别求出三个代表年的发电量 $E_枯$、$E_中$ 和 $E_丰$。

(4) 将三个代表年的发电量加以平均，即得到多年平均年发电量 $\overline{E}_年$：

$$\overline{E}_年=\frac{1}{3}(E_枯+E_中+E_丰) \quad (14-13)$$

式中：$E_枯$、$E_中$ 和 $E_丰$ 分别为设计枯水年、设计中水年和设计丰水年年发电量。

当 3 个代表年法的计算精度不能满足规划设计需要时，也可以选择枯水年、中枯水年、中水年、中丰水年和丰水年 5 个代表年，根据这些代表年估算多年平均发电量。

3. 设计中水年法

对年调节及以下调节性能的水电站，可根据一个设计中水年，大致确定出水电站的多年平均发电量时。计算步骤如下：

(1) 按年径流频率 $P_中=50\%$ 选择一个中水年作为设计中水年，要求该年的年径流量及其年内分配均接近于多年平均情况。

(2) 根据该年逐时段净入库流量及综合利用部门的用水流量，进行径流调节和水能计算，求出各时段的平均水头 $\overline{H}$ 及其平均出力 $\overline{N_i}$。

(3) 利用式 (14-11) 计算设计中水年的年发电量 $E_中$，即为水电站的多年平均发电量。

$$\overline{E}_年=E_中 \quad (14-14)$$

三、年调节水电站水能计算的实例

【例 14-2】 某水电站为坝式年调节水电站，设计保证率为 80%。水库以发电为主，兴利库容 $V_兴=3152$ 万 m^3，死库容 $V_死=1050$ 万 m^3，库区无其他部门引水。设计枯水年月平均流量资料见表 14-5 第 (1)、(2) 栏所列。试求该水电站的保证出力（出力系数 $A=7.0$）。

解：采用代表年法计算保证出力，即对设计枯水年进行水能计算（表 14-5），具体步骤如下：

(1) 按等流量调节，先假定供水期为 10 月至次年 2 月，供水期 5 个月，供水期内的天然来水量 $W_供$ 和调节流量 Q_P 分别为

$$W_供=(2.00+2.05+0.85+1.50+2.8)\times30.4\times24\times3600=2416\times10^4(m^3)$$

$$Q_P = \frac{W_{供} + V_{兴}}{T_{供}} = \frac{2416 \times 10^4 + 3152 \times 10^4}{5 \times 30.4 \times 24 \times 3600} = 4.24 (\text{m}^3/\text{s})$$

(2) 将供水期的调节流量 Q_P 与天然来水流量比较,发现 9 月流量小于 Q_P,应重新假定供水期为 9 月至次年 2 月,共 6 个月,供水期内的天然来水量 $W_{供}$ 和调节流量 Q_P 分别为

$$W_{供} = (3.40 + 2.00 + 2.05 + 0.85 + 1.50 + 2.8) \times 30.4 \times 24 \times 3600 = 3309 \times 10^4 (\text{m}^3)$$

$$Q_P = \frac{W_{供} + V_{兴}}{T_{供}} = \frac{3309 \times 10^4 + 3152 \times 10^4}{6 \times 30.4 \times 24 \times 3600} = 4.1 (\text{m}^3/\text{s})$$

将 $Q_P = 4.1 \text{m}^3/\text{s}$ 与天然来水流量比较可知,供水期定为 9 月至次年 2 月是合理的。将 $Q_P = 4.1 \text{m}^3/\text{s}$ 填入表 14-5 第 (3) 栏供水期月份内。

(3) 假设 3—8 月为蓄水期,蓄水期亦按等流量调解,其调节流量为

$$Q_{调} = \frac{W_{蓄} - V_{兴}}{T_{蓄}} = \frac{(8.00 + 7.50 + 6.50 + 13.50 + 7.50 + 7.30) \times 30.4 \times 24 \times 3600 - 3152 \times 10^4}{6 \times 30.4 \times 24 \times 3600}$$
$$= 6.38 (\text{m}^3/\text{s})$$

此值与天然来水流量比较,可知假设的蓄水期合理。将 $Q_{调} = 6.38 \text{m}^3/\text{s}$ 填入表 14-5 第 (3) 栏蓄水期月份内。其中,7 月和 8 月为避免弃水,使 $Q_{发} = 6.39 \text{m}^3/\text{s}$。

(4) 逐月进行水量平衡计算,求出各月平均蓄水量,查库容曲线(本例略)得水库各月平均蓄水水位,再由各月调节流量查得下游水位,算出每月平均水头 $\overline{H}$ 及其平均出力 $\overline{N_i}$,见表 14-5 中第 (4)~(13) 栏。

(5) 供水期(9 月至次年 2 月)的平均出力即为水电站保证出力 N_P:

$$N_P = \frac{956 + 936 + 859 + 821 + 746 + 677}{6} = 838.5 (\text{kW})$$

以上计算未考虑水量损失及水头损失,故结果稍偏大。当求出供水期调节流量 $Q_P = 4.1 \text{m}^3/\text{s}$ 以后,也可按公式 $N_P = AQ_P H_P$ 直接计算 N_P。此时应先求供水期的平均库容:

$$V_{供} = V_{死} + \frac{1}{2} V_{兴} = \left(1050 + \frac{1}{2} \times 3152\right) \times 10^4 = 2626 \times 10^4 (\text{m}^3)$$

查库容曲线得供水期平均库水位 $Z_{上} = 30.90 \text{m}$,$Z_{下} = 1.40 \text{m}$,忽略水头损失,则得 $H_P = 30.9 - 1.4 = 29.5 \text{m}$,由此可算出 N_P:$N_P = AQ_P H_P = 7 \times 4.10 \times 29.5 = 846.7 (\text{kW})$。

表 14-5 某年调节水电站设计枯水年出力计算表

月份	天然来水流量 /(m³/s)	发电用水流量 /(m³/s)	多余水量		不足水量		月末水库蓄水量 /(万 m³)	月平均蓄水量 /(万 m³)	月平均蓄水位 /m	下游水位 /m	月平均水头 /m	月平均出力 /kW
			流量 /(m³/s)	水量 /(万 m³)	流量 /(m³/s)	水量 /(万 m³)						
(1)	(2)	(3)	(4)	(5)	(6)	(7)	(8)	(9)	(10)	(11)	(12)	(13)
3	8	6.38	1.62	425.5			1476.1	1263.4	25.2	1.6	23.6	1054
4	7.5	6.38	1.12	294.2			1770.3	1623.2	27	1.6	25.4	1134
5	6.5	6.38	0.12	31.5			1801.8	1786.1	27.5	1.6	25.4	1157
6	13.5	6.38	7.12	1870.1			3671.9	2736.9	30.5	1.6	28.9	1291

续表

月份	天然来水流量/(m³/s)	发电用水流量/(m³/s)	多余水量 流量/(m³/s)	多余水量 水量/(万m³)	不足水量 流量/(m³/s)	不足水量 水量/(万m³)	月末水库蓄水量/(万m³)	月平均蓄水量/(万m³)	月平均蓄水位/m	下游水位/m	月平均水头/m	月平均出力/kW
7	7.5	6.39	1.11	291.5			3963.4	3817.7	34.2	1.6	32.6	1458
8	7.3	6.39	0.91	239			4202.4	4082.9	34.6	1.6	33	1476
9	3.4	4.1			0.7	183.9	4018.5	4110.5	34.7	1.4	33.3	956
10	2	4.1			2.1	551.6	3466.9	3742.7	34	1.4	32.6	936
11	2.05	4.1			2.05	538.4	2928.5	3197.7	32.6	1.4	31.2	895
12	0.85	4.1			3.25	853.6	2074.9	2501.7	30	1.4	28.6	821
1	1.5	4.1			2.6	682.9	1392	1733.5	27.4	1.4	26	746
2	2.8	4.1			1.3	341.5	1050.5	1221.3	25	1.4	23.6	677
合计	62.9	62.9	12	3152	12	3152						12601

复习思考题

1. 水电站效益指标有哪些？各代表什么含义？

2. 已知某年调节水电站水库的正常蓄水位 $Z_\text{蓄}=706\text{m}$，死水位 $Z_\text{死}=685\text{m}$。设计枯水年入库径流资料见表 14-6，水库的水位-容积曲线见表 14-7，下游水位流量关系见表 14-8。不计水库的水量损失，出力系数取 $A=8.2$，无其他用水要求，水头损失假定为 1.0m。

计算：(1) 各时段水电站的出力和发电量；(2) 确定水电站的保证出力和设计枯水年的年发电量。

表 14-6　　某水库设计枯水年天然来水流量过程

月份	5	6	7	8	9	10	11	12	1	2	3	4
$Q/(\text{m}^3/\text{s})$	182	348	407	500	363	180	109	90	60	73	83	99

表 14-7　　水库水位-容积关系

水位/m	685	686	687	688	689	690	691	692	693	694	695
容积/(10^8m^3)	2.39	2.49	2.7	2.93	3.18	3.45	3.76	4.15	4.63	5.16	5.79
水位/m	696	697	698	699	700	701	702	703	704	705	706
容积/(10^8m^3)	6.49	7.21	7.99	8.82	9.68	10.58	11.51	12.46	13.49	14.8	16.33

表 14-8　　下游水位流量关系

水位/m	586	586.5	587	587.5	588	588.5	589	589.5	590
$Q/(\text{m}^3/\text{s})$	55	125	212	302	415	537	700	850	1100

第十五章 水库防洪计算

水库的防洪计算就是在兴利计算的基础上，合理地定出泄洪建筑物的类型、尺寸和调洪库容、设计洪水位、校核洪水位、坝高等。这些便是水库防洪计算的中心内容。围绕这一中心，本章主要介绍水库的防洪设计标准、水库调洪计算的原理和方法、水库调洪方案比较等内容。其中溢洪道设闸门的水库防洪计算为重点，防洪限制水位的确定是难点。

第一节 水库调洪作用

为使水工建筑物和下游防护地区能抵御规定的洪水，要求水库有防洪设施，即设置一定的调洪库容和泄洪建筑物，使洪水经过调节后，安全通过大坝。对于下游防洪标准的洪水，还要求下泄流量不超过防护河段的安全泄量，以保证下游防护对象的安全。河道的安全泄量是指防护河段允许通过而不发生泛滥的最大流量。水库的防洪设施包括防洪库容（大坝）和泄洪建筑物。根据水库的具体条件，水库的泄洪建筑物可设表面式溢洪道或深水式泄洪洞，或二者兼有。

现举出两种典型情况，介绍水库是如何发挥其调洪作用的。

一、无闸溢洪道水库的调洪情况

无闸溢洪道常称作开敞式溢洪道，如图 15-1 所示。在溢洪道上不设置闸门，当库水位超过溢洪道的堰顶高程后，即自行泄流。这种泄洪设施结构简单，造价低廉，操作方便可靠，小型水库常常采用。

1. 调洪过程

在水库规划设计的情况下，常假设洪水来临时，库水位正好与堰顶齐平。显然，洪水刚刚入库瞬间，泄流量为零。其后，在 $0 \sim t_1$ 段内，因入库流量 Q 大于出库流量 q，有余水不断地蓄于水库中，库水位 Z 随之上涨，堰顶水深加大，下泄流量 q 也随着增加。至 t_1 时，溢洪道的泄流量与同一时刻的入库流量相等，这时水库具有最大的蓄洪量 $V_{洪}$（t_1 前的阴影面积）及相应的最大堰顶水深和最大下泄流量。t_1 以后，入库流量 Q 小于同一时刻的下泄流量 q，所以水库水位和下泄流量也随之逐渐减小，至 t_2 时，水位恢复到堰顶高程，这次调洪过程即告终止，腾空的调洪库容，将迎接下一次洪水，这便是水库调洪过程。

2. 调洪作用

削峰。入库的最大峰量为 Q_m，经过水库溢洪道调节后，下泄到河道中的最大流量为 q_m。且 $Q_m > q_m$，起到了削峰的作用。

滞洪。由于水库的滞蓄作用，坝下河道洪峰出现时间由 t_1' 延到 t_1，整个泄洪时间也相应延长。

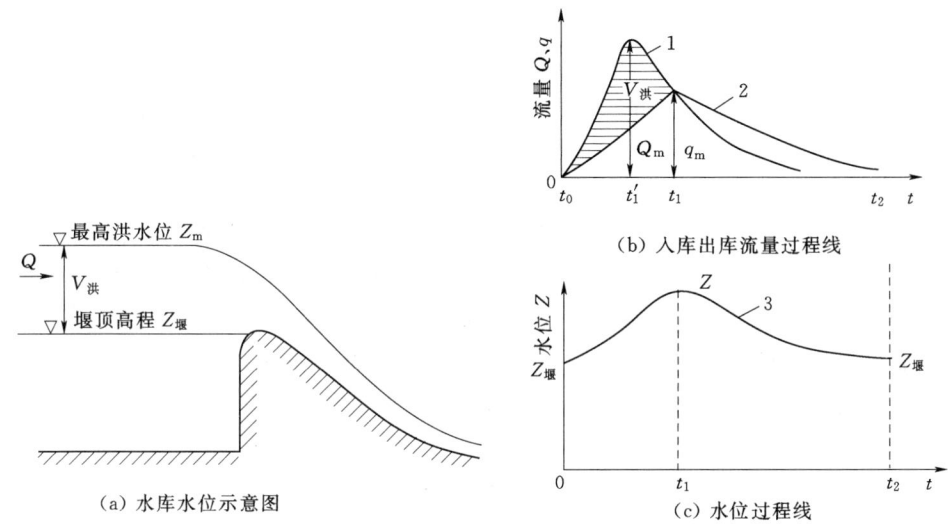

图 15-1 无闸溢洪道的水库调洪作用
1—入库流量过程线 Q-t；2—出库流量过程线 q-t；3—库水位过程线 Z-t

二、有闸溢洪道水库的调洪情况

在溢洪道上设置闸门，虽使投资增加，操作复杂，但控制运用较为灵活，常常给大中型水库的防洪兴利带来巨大好处，尤其承担下游防洪任务者。所以较大的水库枢纽多设置具有闸门的溢洪道，如图 15-2 所示。

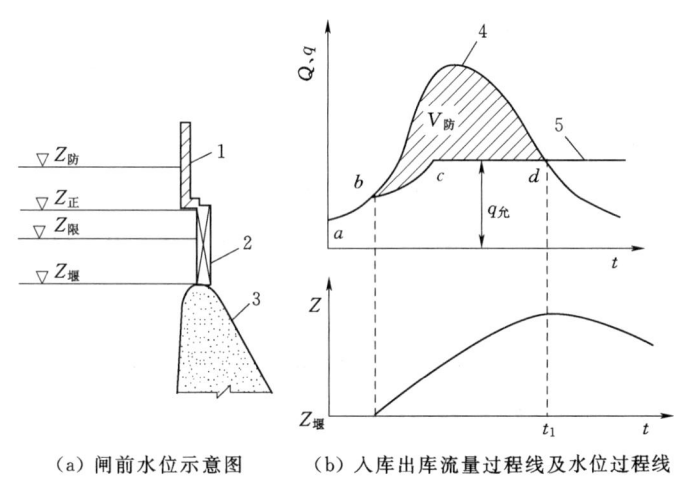

(a) 闸前水位示意图　　(b) 入库出库流量过程线及水位过程线

图 15-2 有闸溢洪道水库的调洪作用
1—胸墙；2—闸门；3—溢洪道；4—入库流量过程线；5—出库流量过程线

1. 调洪过程

有闸溢洪道水库的调洪，视具体条件的不同，其调洪情况是相当复杂的。这里先介绍一种比较简单的情况，以此了解其基本特点，为后面掌握更复杂的调洪计算打下基础。

假定入库洪水为下游防洪标准的洪水，当它来临时库水位（称防洪起调水位）正好为防洪限制水位 $Z_限$。因此，洪水刚刚入库的时候，堰顶就有一定的水头，使溢洪道有相当的泄流能力。但为了保证兴利的要求，显然在没有确切预报的情况下，不允许闸门全开，否则 $Z_\text{限}$ 以下的水量就会泄出，这时只能控制闸门开度，来多少泄多少，即 $Q=q$，如图 15-2（b）中的 ab 段。b 点以后，当来水流量 Q 大于 $Z_\text{限}$ 水位时闸门全开的下泄能力，但下泄能力又不超过允许泄量时，显然应使闸门全开，像无闸溢洪道那样按泄流能力泄洪。由于 Q 大于 q，水库蓄水不断增加，水位上涨，q 越来越大，如图 15-2（b）中的 bc 段。至 c 点时，水库下泄能力开始大过水库的允许泄量 $q_\text{允}$，不能继续敞开泄流，这时应徐徐关小闸门，按 $q=q_\text{允}$ 下泄，以确保下游防护对象的安全，如图 15-2（b）中的 cd 段。至 d 点时水库滞蓄洪量达到最大值 $V_\text{防}$（图中的阴影面积），这就是水库为保证下游防洪安全所必须设置的防洪库容，与之相应的库水位称作防洪高水位 $Z_\text{防}$。

此后，保持 $q \leqslant q_\text{允}$，尽快将库水位降至 $Z_\text{限}$，以便迎接下次洪水。

2. 调洪作用

削峰、滞洪。同无闸溢洪道水库。延长泄洪时间，使 q 值满足 $q_\text{允}$ 要求。

从以上的分析可知，不论溢洪道上有无闸门，洪水在通过水库的过程中，总是先蓄后泄，使出库洪水变得平缓，洪峰流量减小，泄水历时加长。泄洪建筑物的尺寸越小，在同一水位时下泄流量也越小，这将使蓄洪期内的下泄洪量也越小，并使所需调洪库容越大；反之，加大泄洪建筑物尺寸，将使所需调洪库容减小。即入库洪水、下泄洪水、调洪库容和泄洪建筑物尺寸、调洪方式之间存在着相互关联、相互制约的密切关系。

第二节 水库调洪计算的原理与方法

水库调洪计算也称调洪演算，目的在于求出水库逐时段的蓄水、泄水变化过程，从而获得调节该次洪水后的水库最高洪水位和最大下泄流量。即在水工建筑物和下游防护区防洪标准一定情况下，根据已知的洪水过程线、水库地形特性资料（$Z-V$、$Z-A$），拟定泄洪建筑物的形式（有闸或无闸）、尺寸（主要为溢洪道净宽 B 和堰顶高程 $Z_\text{堰}$）、调洪方式，作为已知的基本资料和条件，通过调洪计算，推求出水库出流过程、最大下泄流量、防洪库容和水库相应的最高洪水位。

水库调洪演算要遇到两种情况，一种为下泄流量受控制的调洪演算，其控制调节方式由水库防洪运行规则决定。这只能在有闸门控制的泄洪条件下才存在。对于这种情况，逐时段的调洪递推计算只应用时段水量平衡方程便可求出逐时段水库泄流量及蓄水量变化过程。

另一种情况为无闸门溢洪道自由泄流、有闸溢洪道的闸门全开或开启程度固定的条件下泄流。这时，若按静库容条件考虑，须联解水库水量平衡方程和相应水库蓄泄方程才能实现逐时段的调洪演算。

当在一次调洪过程中，既有控制泄流又有自由泄流时，应特别注意调洪演算的阶段划分和调洪方法的选择。

一、水库调洪计算基本方程

溢洪道上不设闸门或虽设闸门，但闸门全开的调洪是水库调洪的基本方式，这里就针对这种调洪方式来讨论调洪计算基本原理。

第二节 水库调洪计算的原理与方法

水库调洪是在水量平衡和动力平衡（即水力学中所说的连续方程和运动方程）的支配下进行的。水量平衡可表示为水库水量平衡方程，动力平衡可由水库蓄泄方程（或蓄泄曲线）来反映。从起调开始，逐时段连续求解这两个方程，即可由入库流量过程 Q-t 求得出库流量过程 q-t，这就是水库调洪计算所遵循的基本原理。

1. 水库水量平衡方程

物理意义为：在某一时段内，入库水量减去出库水量，应等于该时段内水库增加或减少的蓄水量。

$$\frac{Q_1+Q_2}{2}\Delta t - \frac{q_1+q_2}{2}\Delta t = V_2 - V_1 \tag{15-1}$$

式中：Q_1、Q_2 为时段 Δt 始、末入库流量，m^3/s；q_1、q_2 为时段 Δt 始、末出库流量，m^3/s；V_1、V_2 为时段 Δt 始、末水库蓄水量，m^3；Δt 为计算时段，陡涨陡落的 Δt 短，反之，取长些；要求精度高的取短些，反之，取长些。

2. 水库蓄泄方程（蓄泄曲线）

$$q = f(V) \tag{15-2}$$

对于某一水库，当泄洪建筑物的型式、尺寸一定时，泄流能力 q 仅取决于泄洪设施的水头或水库蓄量。从水力学公式可知无闸溢洪道或有闸闸门全开的情况，按堰流公式计算：$q = MBH_0^{\frac{3}{2}}$；有闸控制泄流时，可按孔口出流公式计算；当为泄洪洞时，可按有压管流公式计算。从公式中可看出，$q = f(H)$，而 $H = f(V)$，所以可换算成 $q = f(V)$，前提是水库水面为水平时的情况，而动库容时，$v = f(H, Q)$。

二、水库静库容调洪计算的方法

在水库设计中，常需要根据水工建筑物的设计标准或下游防洪标准，按"工程水文学"中所介绍的方法，去推求设计洪水过程线。因此，对调洪计算来说，入库洪水过程及下游允许水库下泄的最大流量均是已知的。并且，要对水库汛期防洪限制水位以及泄洪建筑物的型式和尺寸拟定几个比较方案，因此对每一方案来说，它们也都是已知的。于是，调洪计算就是在这些初始的已知条件下，推求下泄洪水过程线，拦蓄洪水的库容和水库水位的变化，在水库运行中，调洪计算的已知条件和要求的结果，基本上也与上述类似。

调洪计算的具体方法有很多种，如列表试算法、图解分析法、图解法、简化三角形法、简化列表法等。常用的方法有列表试算法和图解分析法，分述如下。

1. 列表试算法

列表试算法概念清楚，是一种最基本的、用途较广的水库调洪计算方法。不管溢洪道是否设闸和计算时段是否固定均可使用。为叙述方便，本节先叙述无闸溢洪道情况的计算步骤，其他情况将在以后讨论。

计算步骤如下：

（1）根据已知的水库容积曲线 Z-V，和泄洪建筑物尺寸、型式，做出 q-V 曲线，其中 q 为 $q_溢 + q_引$（两条曲线在一张图上，如图 15-3 所示）。

（2）确定调洪计算的起始条件，V_1、q_1、Q_1、Q_2（由起调水位查 Z-V 得 V_1，查 q-V，得 q_1）。

（3）假设 q_2，根据水量平衡方程，计算出 V_2，并由 q-V 曲线查得 V_2 对应的 q_2，若两个

q_2 相等，q_2 即为所求。否则，应重新假设 q_2，重复上述计算过程，直到二者相等为止。

（4）将上时段末的 q_2、V_2 值作为下一时段的 q_1、V_1；Q_2、Q_3 变为 Q_1、Q_2 代入水量平衡方程，继续下一时段计算。最后得出 q-t 过程线，如图 15-4 所示。

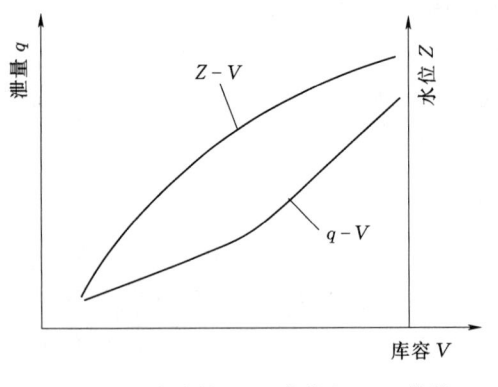

图 15-3 水库的 z-v 曲线和 q-v 曲线

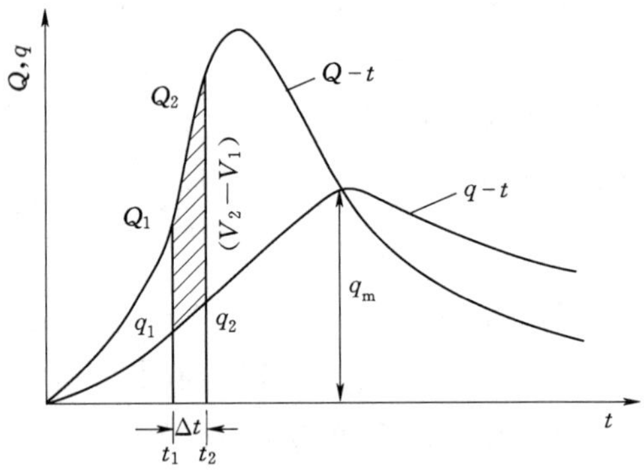

图 15-4 水库调洪计算示意图

（5）计算最大下泄量 q_m。将 Q-t 和 q-t 两条线绘在一张图上，若计算的 q_m 正好位于两条线交点，说明计算的 q_m 是正确的。否则在附近应改变计算时段 Δt 重新进行计算，直到计算的 q_m 位于交点为止。

（6）由 q_m 查 q-V 和 Z-V 曲线，得出 V_m 和 Z_m。$V_m - V_{起调} = V_{调}$。不同的入库洪水标准，得出相应的 q_m、$V_{调}$、Z_m，当入库洪水为设计标准的洪水时，求得的 q_m、$V_{调}$、Z_m 分别为 $q_{m设}$、$V_{设}$、$Z_{设}$。同理，当入库洪水为校核标准的洪水时，q_m、$V_{调}$、Z_m 分别为 $q_{m,校}$、$V_{校}$、$Z_{校}$。

【**例 15-1**】 用试算法求水库在建筑物本身设计洪水标准情况下的 $Z_{设}$、$V_{设}$、$q_{m,设}$ 值。

基本资料：某水库泄洪建筑物为无闸溢洪道，其堰顶高程与正常蓄水位齐平为 116.0m，堰顶宽 $B=45$m，堰流系数 $M_1=1.6$。该水库设有小型水电站，汛期按水轮机过水能力 $Q_{电}=10$m³/s 引水发电。水库库容曲线和设计洪水过程线数值分别列于表 15-1 和表 15-2。求水库下泄流量过程线 q-t 及水库的 $q_{m校}$、$V_{校}$、$Z_{校}$。

表 15-1 水 库 水 位 容 积 关 系

库水位 Z/m	75	80	85	90	95	100	105	115	125	135
库容 V/(10^6m³)	0.5	4.0	10.0	23.0	45.0	77.5	119	234	401	610

表 15-2 设 计 洪 水 过 程 线

时间/h	0	12	24	36	48	60	72	84	96
流量/(m³/s)	10	140	710	279	131	65	32	15	10

解：取计算时段 $\Delta t=12$h。假定洪水到来时，水位刚好保持在溢洪道堰顶，即起调水位为 116.0m。

（1）绘制 Z-V 曲线。按表 15-1 所给的数据绘制水库容积曲线，如图 15-5 所示。

（2）列表计算 q-V 曲线。在堰顶高程 116m 之上，假设不同库水位 Z，列于表 15-3 中第（1）栏。用它们分别减去堰顶高程 116m，得到第（2）栏所示的堰顶水头 H，代入

堰流公式 $q_溢 = M_1 BH^{3/2} = 1.6 \times 45 H^{3/2} = 72 H^{3/2}$

从而计算出各 H 相应的溢洪道泄流能力，加上发电流量 $10\mathrm{m}^3/\mathrm{s}$，得 Z 值相应的水库泄流能力 $q = q_溢 + q_电$，列于第（3）栏。再由第（1）栏的 Z 值查图 15-3 中的 Z-V 曲线，得 Z 值相应的库容 V，见表中第（4）栏。

表 15-3　　　　　某水库 q-V 关系计算表

库水位 Z/m	(1)	116	118	120	122	124	126
堰顶水头 H/m	(2)	0	2	4	6	8	10
泄流能力 q/(m³/s)	(3)	10	214	586	1068	1638	2280
库容 V/10⁴m³	(4)	247	276	307	340	378	423

（3）绘制 q-V 曲线。如图 15-5 所示。

（4）推求下泄流量过程线 $q(t)$。按表 15-4 的格式逐时段进行试算。对于第一时段，按起始条件 $V_1 = 247 \times 10^6 \mathrm{m}^3$、$q_1 = 10 \mathrm{m}^3/\mathrm{s}$ 和已知值 $Q_1 = 10 \mathrm{m}^3/\mathrm{s}$、$Q_2 = 140 \mathrm{m}^3/\mathrm{s}$，求 V_2、q_2。

假设 $q_2 = 30 \mathrm{m}^3/\mathrm{s}$，由式（15-1）得

$$V_2 = \frac{10 + 140}{2} \times 12 \times 3600 - \frac{10 + 30}{2} \times 12 \times 3600 + 247 \times 10^6$$
$$= 249.38 \times 10^6 (\mathrm{m}^3)$$

依此查图 15-5 中的 q-V 曲线，得 $q_2 = 20 \mathrm{m}^3/\mathrm{s}$，与原假设不符，故需重设 q_2 进行计算。再假设 $q_2 = 20 \mathrm{m}^3/\mathrm{s}$，由式（15-1）得

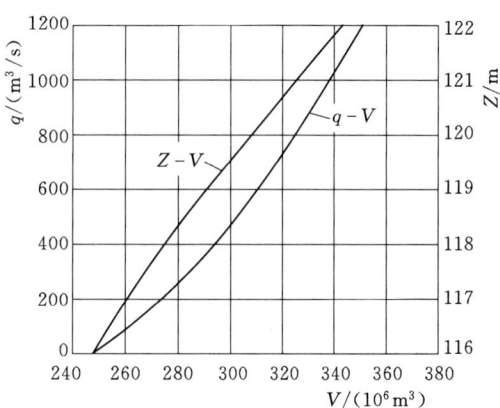

图 15-5　某水库的 z-v 曲线和 q-v 曲线

$$V_2 = \frac{10 + 140}{2} \times 12 \times 3600 - \frac{10 + 20}{2} \times 12 \times 3600 + 247 \times 10^6$$
$$= 249.59 \times 10^6 (\mathrm{m}^3)$$

再依此查 q-V 曲线，得 $q_2 = 20 \mathrm{m}^3/\mathrm{s}$，与原假设相符，故 $q_2 = 20 \mathrm{m}^3/\mathrm{s}$，$V_2 = 249.59 \times 10^6$ 即为所求。分别填入表 15-4 中第（6）、（9）列。

表 15-4　　　　　某水库调洪计算表

时间 t/h	时段 Δt/h	Q/(m³/s)	$\frac{Q_1+Q_2}{2}$/(m³/s)	$\frac{Q_1+Q_2}{2}\Delta t$/(10⁶m³)	q/(m³/s)	$\frac{q_1+q_2}{2}$/(m³/s)	$\frac{q_1+q_2}{2}\Delta t$/(10⁶m³)	V/(10⁶m³)	Z/m
(1)	(2)	(3)	(4)	(5)	(6)	(7)	(8)	(9)	(10)
0		10			10			247.00	116.0
12	12	140	75	3.24	20	15	0.65	249.50	116.2
24	12	710	425	18.36	105	625	2.70	265.26	117.2
36	12	279	494.5	21.36	240	1725	7.45	269.18	118.2

续表

时间 t /h	时段 Δt /h	Q /(m³/s)	$\dfrac{Q_1+Q_2}{2}$ /(m³/s)	$\dfrac{Q_1+Q_2}{2}\Delta t$ /(10⁶m³)	q /(m³/s)	$\dfrac{q_1+q_2}{2}$ /(m³/s)	$\dfrac{q_1+q_2}{2}\Delta t$ /(10⁶m³)	V /(10⁶m³)	Z /m
48	2	250	264.5	1.90	250	245	1.76	279.32	118.2
60	10	131	190.5	6.86	230	240	8.64	277.54	118.1
⋮	⋮	⋮	⋮	⋮	⋮	⋮	⋮	⋮	⋮

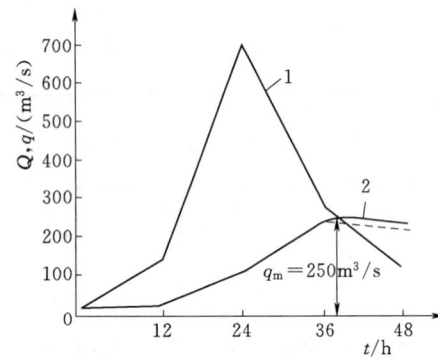

图 15-6 某水库设计洪水过程线和下泄流量过程线

以第一时段所求的 V_2、q_2 作为第二时段的 V_1、q_1，重复第一时段的计算过程，可求得第二时段的 $V_2=265.26\times10^6\text{m}^3$、$q_2=105\text{m}^3/\text{s}$。如此继续试算下去，即得表 15-4 中第（1）、(3)、(6) 列的 t、Q、q 值。绘出图 15-6 中 $Q(t)$ 和 $q(t)$ 过程线。

由于以 $\Delta t=12\text{h}$ 逐时段求得的 $q_m=240\text{m}^3/\text{s}$ 不是正好落在 $Q(t)$ 线上，而是偏在它的下方，正确的 q_m 值应比 $240\text{m}^3/\text{s}$ 大一些。为此，可根据两曲线相交的趋势，设 $q_m=q_2=250\text{m}^3/\text{s}$。在图上查得 $\Delta t=2\text{h}$，该时段初的 $V_1=269.18\times10^6\text{m}^3$，$q_1=240\text{m}^3/\text{s}$，$Q_1=279\text{m}^3/\text{s}$，代入式（15-1）得

$$V_2=\frac{279+250}{2}\times12\times3600-\frac{240+250}{2}\times12\times3600+279.18\times10^6$$
$$=279.32\times10^6(\text{m}^3)$$

依此在图 15-5 的 q-V 曲线上查得 $q_2=250\text{m}^3/\text{s}$，与假设的相符。故 $q_m=250\text{m}^3/\text{s}$ 即为所求，其出现时间在第 38h。

以后仍采用与第四步同样的方法，对 38～48h 进行试算，求得第 48h 的 $q=230\text{m}^3/\text{s}$。图 15-6 中 36～48h 用实线绘出的 $q(t)$，代表该时段正确的下泄流量过程。

(5) 推求设计防洪库容 $V_{设}$ 和设计洪水位 $Z_{设}$。按 $q_m=250\text{m}^3/\text{s}$ 在图 15-5 的 q-V 曲线上查得相应的总库容 $V_m=279.32\times10^6\text{m}^3$，$V_{设}=V_m-V_{堰}=279.32\times10^6-247\times10^6=32.32\times10^6\text{m}^3$。由 V_m 值在 q-V 曲线上查得 $Z_{设}=118.21\text{m}$。

2. 双辅助线图解分析法

尽管试算法概念明确，适用于多种情况，但计算繁杂，当计算时段多或需进行调洪计算的洪水较多时，显得非常麻烦，所以，实际工作中单独使用该法的不多，用得比较多的则是可避免试算的图解分析法，这里要介绍的双辅助线法就是图解分析法中广泛应用的一种。

计算步骤如下：

(1) 将水量平衡方程整理移项后变为

$$\frac{V_2}{\Delta t}+\frac{q_2}{2}=\frac{Q_1+Q_2}{2}-q_1+\frac{V_1}{\Delta t}+\frac{q_1}{2}$$
$$\frac{V_2}{\Delta t}+\frac{q_2}{2}=Q_{cp}+\left(\frac{V_1}{\Delta t}-\frac{q_1}{2}\right) \tag{15-3}$$

$$Q_{cp}=\frac{Q_1+Q_2}{2} \tag{15-4}$$

上式可用两个函数式表示：

$$q=f_1\left(\frac{V}{\Delta t}-\frac{q}{2}\right) \tag{15-5}$$

$$q=f_2\left(\frac{V}{\Delta t}+\frac{q}{2}\right) \tag{15-6}$$

$$f_2=Q_{cp}+f_1 \tag{15-7}$$

（2）为了实用方便，可将式（15-5）、式（15-6）表示为如图15-7所示的双辅助线：$q-\frac{V}{\Delta t}-\frac{q}{2}$ 和 $q-\frac{V}{\Delta t}+\frac{q}{2}$，其中纵坐标为 q，横坐标为 $\frac{V}{\Delta t}\pm\frac{q}{2}$。

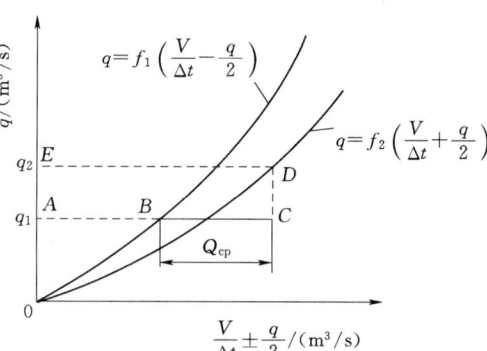

图15-7 图解分析法辅助曲线

（3）根据 q_1，作水平线与 q 轴交于 A，与 f_1 线相交于 B。

（4）令 $BC=Q_{cp}$，由 c 向上引平行 q 轴的直线与 f_2 曲线相交于 D。

（5）由 D 向 q 轴做水平线交于 E，则 $OE=q_2$。

（6）以此类推，求出 $q-t$ 曲线。

（7）用试算法求 q_m 或根据泄流曲线的趋势在图中查得 q_m。

【例15-2】 用图解分析法求水库在建筑物本身设计洪水标准情况下的 $Z_设$、$V_设$ 和 $q_{m,设}$ 值。

基本资料：同［例15-1］

解：（1）绘制两条辅助线 $q-\frac{V}{\Delta t}-\frac{q}{2}$，$q-\frac{V}{\Delta t}+\frac{q}{2}$。利用水库已有的资料，列表计算 $\frac{V}{\Delta t}\pm\frac{q}{2}$ 数值，见表15-5。根据表中数据，点绘出 $q-\frac{V}{\Delta t}-\frac{q}{2}$、$q-\frac{V}{\Delta t}+\frac{q}{2}$ 关系曲线，如图15-7所示。

表15-5　　　　　$q-\frac{V}{\Delta t}-\frac{q}{2}$　$q-\frac{V}{\Delta t}+\frac{q}{2}$ 关系曲线计算表

Z/m	H/m	V/(10^6m^3)	$\frac{V}{\Delta t}$/(m^3/s)	q/(m^3/s)	$\frac{q}{2}$/(m^3/s)	$\frac{V}{\Delta t}+\frac{q}{2}$/($10^3$m^3/s)	$\frac{V}{\Delta t}-\frac{q}{2}$/($10^3$m^3/s)
116	0	247	5.72	10	5	5.725	5.715
117	1	262	6.06	82	41	6.101	6.019
118	2	276	6.39	214	107	6.497	6.283
119	3	291	6.74	384	192	6.932	6.548
120	4	307	7.11	586	293	7.403	6.817

续表

Z /m	H /m	V /(10^6m^3)	$\dfrac{V}{\Delta t}$ /(m^3/s)	q /(m^3/s)	$\dfrac{q}{2}$ /(m^3/s)	$\dfrac{V}{\Delta t}+\dfrac{q}{2}$ /(10^3m^3/s)	$\dfrac{V}{\Delta t}-\dfrac{q}{2}$ /(10^3m^3/s)
121	5	322	7.45	816	408	7.858	7.042
122	6	340	7.87	1068	534	8.404	7.336
124	8	378	8.75	1638	819	9.569	7.931
126	10	423	9.79	2280	1140	10.930	8.650

(2) 推求 $q(t)$ 及 q_m。调洪的起始条件同 [例 15-1]，取计算时段 $\Delta t=12\mathrm{h}$。对于第一个时段，已知 $Q_1=10\mathrm{m}^3/\mathrm{s}$，$Q_2=140\mathrm{m}^3/\mathrm{s}$，$Q_{cp}=75\mathrm{m}^3/\mathrm{s}$，$q_1=10\mathrm{m}^3/\mathrm{s}$。用 $q_1=10\mathrm{m}^3/\mathrm{s}$ 在纵坐标上量得 A 点，过 A 引水平线与 $q-\dfrac{V}{\Delta t}-\dfrac{q}{2}$ 曲线相交于 B 点；在 AB 延长线上量取 $BC=Q_{cp}=75\mathrm{m}^3/\mathrm{s}$；过 C 点引一垂线与 $q-\dfrac{V}{\Delta t}+\dfrac{q}{2}$ 曲线交于 D。该点的纵坐标即为 $q_2=20\mathrm{m}^3/\mathrm{s}$。

将第一时段 q_2 作为第二时段 q_1，用上述相同的方法计算，即可求得第二时段 q_2，其余时段同理类推。最后求得 $q(t)$，见表 15-6。

表 15-6　　　　调洪计算成果表（双辅助线的图解分析法）

时间/h	(1)	0	12	24	36	48	60	72	84	96	108
Q/(m^3/s)	(2)	10	140	710	279	131	65	32	15	10	10
Q_{cp}/(m^3/s)	(3)		75	425	495	205	98	49	24	13	10
q/(m^3/s)	(4)	10	20	105	235	225	175	130	100	75	65

(3) 按表 15-6 的计算成果绘出 $Q(t)$ 线和 $q(t)$ 线，$q(t)$ 线的峰值 q_m 按趋势绘于 $Q(t)$ 线的退水段上，并量得 $q_m=250\mathrm{m}^3/\mathrm{s}$，如图 15-8 所示。根据 q_m 求得相应的 $V_{设}=32.5\times10^6\mathrm{m}^3$，$Z_{设}=118.21\mathrm{m}$。

3. 单辅助线图解分析法

单辅助线法也是图解分析法中广泛应用的一种。其基本原理仍然是逐时段连续求解水量平衡方程和蓄泄方程，同样为了避免试算，对两个方程作适当的变换。

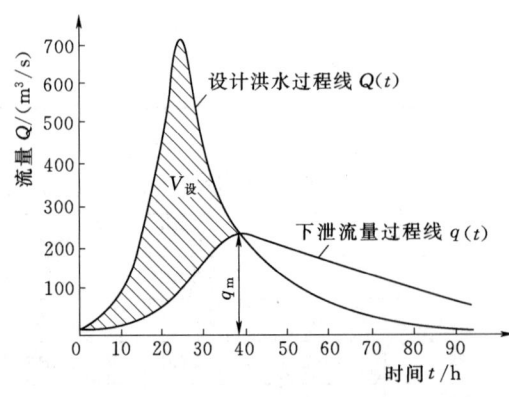

图 15-8　下泄流量过程线

(1) 将水量平衡方程整理移项后变为

$$\dfrac{V_2}{\Delta t}+\dfrac{q_2}{2}=\dfrac{Q_1+Q_2}{2}-q_1+\dfrac{V_1}{\Delta t}+\dfrac{q_1}{2}$$

(15-8)

令：　　　$q=f\left(\dfrac{V}{\Delta t}+\dfrac{q}{2}\right)$　　(15-9)

同样，为了实用方便，可将式 (15-9) 表示为如图 15-9 所示的单辅助线 $q-\dfrac{V}{\Delta t}+$

$\frac{q}{2}$。将 $q\text{-}V$ 曲线改绘成 $q-\frac{V}{\Delta t}+\frac{q}{2}$ 曲线是比较容易的。

（2）调洪开始时，式（15-8）右端的数据为已知，将它们代入公式，求出 $\frac{V_2}{\Delta t}+\frac{q_2}{2}$。依此数值在 $q-\frac{V}{\Delta t}+\frac{q}{2}$ 上查得 q_2。

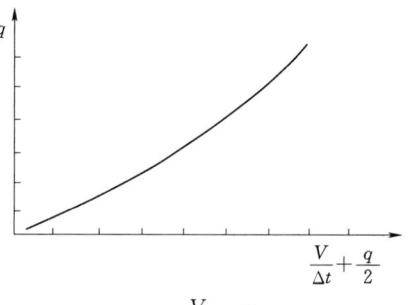

图 15-9 $q-\frac{V}{\Delta t}+\frac{q}{2}$ 关系曲线

（3）对于第二时段，上时段末的 Q_2、q_2、$\frac{V_2}{\Delta t}+\frac{q_2}{2}$ 就是本时段初的 Q_1、q_1、$\frac{V_1}{\Delta t}+\frac{q_1}{2}$，重复第一时段的解算过程，又可求得第二时段末的 q_2、$\frac{V_2}{\Delta t}+\frac{q_2}{2}$。

逐时段连续计算，便可求得水库的下泄流量过程 $q(t)$。

必须指出，图解分析法在作辅助线时 Δt 需取定值，所使用的 $q-\frac{V}{\Delta t}\pm\frac{q}{2}$ 辅助线是由泄流能力曲线 $q\text{-}V$ 曲线转换而来的，所以该法只适用于自由泄流（无闸或闸门全开的泄流）和 Δt 固定的情况。当用闸门控制泄流时，应按拟定的调洪方式确定下泄流量；当 Δt 有变化时，即与做辅助线所选用的 Δt 不一致时，仍需采用试算法计算。

4. 简化三角形法

在小流域、小型水库资料缺乏或在初步规划阶段进行调洪多方案比较时，只需求出最大下泄流量 q_m 及调洪库容 V_m，不需推求下泄流量过程线，为了避免上述列表试算或图解分析法演算的繁琐工作，可采取高切林的简化三角形法进行调洪计算。该法的适用条件是：溢洪道上无闸门控制，汛前水位与堰顶齐平，入库洪水和出库过程均简化为三角形，如图 15-10 所示。注意对于有闸门的溢洪道及泄洪洞，其泄洪过程与直线变化相差很大，不宜用此法。

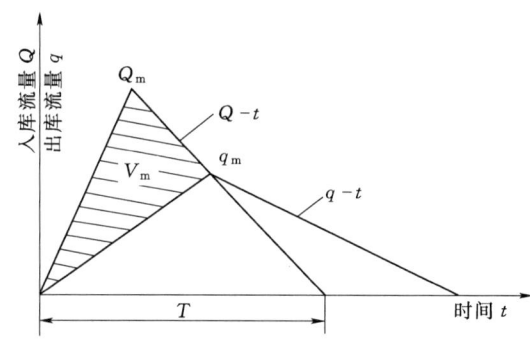

图 15-10 简化三角形法调洪计算示意图

在图 15-10 中，入库洪水过程 $Q\text{-}t$ 已概括为三角形，其高为 Q_m，底宽为过程线历时 T，三角形的面积即入库洪水总量 W 为

$$W=\frac{1}{2}Q_m T \tag{15-10}$$

调洪库容 V_m 为

$$V_m=\frac{1}{2}Q_m T-\frac{1}{2}q_m T=\frac{1}{2}Q_m T\left(1-\frac{q_m}{Q_m}\right) \tag{15-11}$$

式中：q_m 为最大下泄流量，m^3/s。

将式（15-10）代入式（15-11）中得

$$V_m = W\left(1 - \frac{q_m}{Q_m}\right) \tag{15-12}$$

当已知调洪库容 V_m，求最大下泄流量 q_m 时，可将式（15-12）改写为

$$q_m = Q_m\left(1 - \frac{V_m}{W}\right) \tag{15-13}$$

式（15-12）及式（15-13）称为高切林公式。

在调洪计算时，用式（15-12）或式（15-13）与水库蓄泄曲线 $q=f(V)$ 联合求解。这里的 V 是用堰顶以上的库容，即 $V=V_总 - V_堰$。解题方法又可分为简化三角形解析法和简化三角形图解法。

简化三角形解析法的计算方法是：先假设 q_m，代入式（15-12）求出 V_m，以 V_m 在 $q=f(V)$ 曲线上查出 q 值，如与原假设相等，则 q_m 和 V_m 即为所求，否则需重新试算。

简化三角形图解法是：基于 W 和 Q_m 为已知的情况，式（15-12）中的 q_m 和 V_m 是一条直线关系，见图 15-11 中的 AB 线，所以在 $q=f(V)$ 曲线图上沿纵轴（q 轴）找出等于 Q_m 的点 A，再沿横轴（V 轴）找出等于 W 的点 B，连直线 AB，它与 $q=f(V)$ 曲线相交于 C，则 C 点的纵坐标和横坐标值即是 q_m 和 V_m。现证明如下：

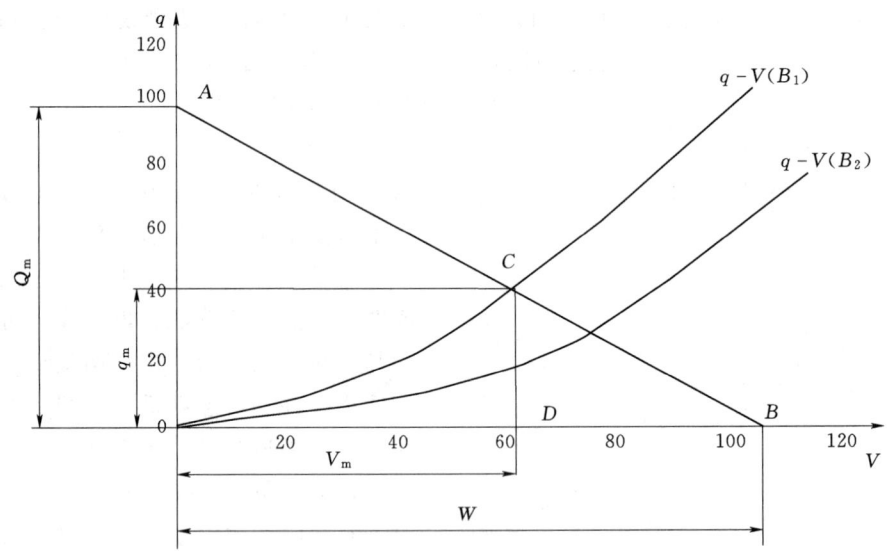

图 15-11 简化三角形图解法

在图 15-11 中，由于直角三角形 AOB 和直角三角形 CDB 相似，则

$$\frac{CD}{AO} = \frac{BD}{BO}$$

用 $q_m = CD$、$Q_m = AO$、$W - V_m = BD$、$W = BO$ 代入上式，得

$$\frac{q_m}{Q_m} = 1 - \frac{V_m}{W}$$

即

$$q_{\mathrm{m}} = Q_{\mathrm{m}}\left(1 - \frac{V_{\mathrm{m}}}{W}\right)$$

此式与式（15-13）相同，故图15-11的解法是正确的。

如果假定了不同的溢洪道方案（例如不同的溢洪道宽度 B_1 和 B_2），再由水力学公式分别求得各方案的堰顶以上的蓄水量与下泄流量的关系曲线 q-$V(B_i)$，则 q-$V(B_i)$ 曲线与 AB 直线的交点，就是第 $i(i=1,2)$ 溢洪道方案所相应的最大下泄流量 q_{m} 和调洪库容 V_{m}。

第三节 水库防洪计算

第二节介绍了水库调洪计算的原理和方法，也就是在既定泄洪建筑物尺寸和型式的前提下，如何利用水量平衡方程和蓄泄方程（动力方程），调节计算出下泄流量过程线、最大下泄量、各种防洪库容和洪水位。但是，一个水库的设计，不可能事先知道溢洪道的型式和尺寸，需要设计人员根据具体情况，初步拟定几个比较方案，通过技术经济比较，选出最优方案。

本节则是叙述水库防洪计算的具体步骤和内容。按工作的先后次序共分以下3个方面：

（1）在调查分析洪水特性及灾害、防洪要求，以及当地自然条件的基础上，根据需要和可能提出若干防洪比较方案。所谓防洪方案，就是所采用的防洪措施及其规模、运用方式等因素的组合。例如泄洪措施方面，可供考虑的有无闸溢洪道、有闸溢洪道、泄洪洞、非常泄洪设施（如爆破副坝）等，其规模如何、怎样运用，又如能否利用一部分兴利库容调洪、如何利用、利用的程度多大等。为达到一定的防洪目标，对这些因素采取不同的组合，就形成了许多不同的方案，在拟定方案时，要抓住主要矛盾，着重对主要影响因素进行比较，并且要对能够经过调查分析可以定下来的因素先定下来，以减少不确定的比较因素。

（2）对各方案进行调洪计算，求得每个方案在各种防洪标准洪水时的下泄流量过程、最大下泄流量、防洪特征库容、特征水位。

（3）计算各方案的投资、材料消耗、淹没损失、防洪效益等，进行政治、经济、技术等多方面的综合比较论证，选出最佳方案，报上级机关审批。

水库防洪计算，一般分为两大类型：一类是溢洪道不设闸的情况，另一类是溢洪道设闸的情况。前者比较简单，也是后者的基础。水库防洪计算也可按有无下游防洪任务来分类，无闸溢洪道一般都是中小型水库，调洪能力差，多数都不承担下游防洪任务；溢洪道设闸，控制运用比较灵活，便于承担下游防洪任务，因此在讨论设闸溢洪道水库的防洪计算时，考虑下游防洪问题将是研究的一个重点。

水利计算解够解决的问题是前两步、第三步需要水工建筑物、水利经济、概算等多学科综合起来才能够完成。

一、无闸溢洪道的水库防洪计算

1. 特点

中小型水库，尤其小型水库，库容小，一般不承担下游的防洪任务，同时为了管理上的方便可靠以及节省投资，溢洪道一般不设闸门，这种情况下的防洪计算常有以下特点：

(1) 溢洪道的堰顶高程一般都等于正常蓄水位。因为堰顶高程如果比正常蓄水位低，将由于堰顶到正常蓄水之间的库容无法蓄水，而使设计供水得不到保证；反之，如果高于正常蓄水位，将由于堰顶高程之下常常没有强大的排洪设施及时排空堰顶至正常蓄水位间的那部分调洪库容，从而有可能破坏防洪安全。

(2) 设计的兴利库容不可能与防洪库容结合使用，即防洪限制水位应与正常蓄水位齐平。

(3) 库水位超过溢洪道的堰顶后，即自行敞开泄洪，属自由泄流方式。

(4) 为安全计，起调水位应取防洪限制水位，此处即正常蓄水位。

(5) 水库下游一般没有防洪任务。

2. 拟定方案——主要是拟定不同的 B 值

如上所述，无闸溢洪道的堰顶高程一般都等于正常蓄水位，因此，泄洪方案的拟定主要是根据水库坝址附近地形、地质条件和洪水情况，拟定几个可能的溢洪道宽度 B（有时还要拟定泄洪洞的尺寸）。

3. 调洪计算

利用已求得的设计标准和校核标准的洪水过程线，对于不同的溢洪道宽度 B 的各方案，用前节介绍的方法进行调洪计算，计算出每种方案的 $\begin{cases} q_{m,设}, V_设, Z_设 \\ q_{m,校}, V_校, Z_校 \end{cases}$，并绘出 $\begin{cases} B-q_{m,设} \\ B-q_校 \end{cases}$ $\begin{cases} B-V_设 \\ B-V_校 \end{cases}$ $\begin{cases} B-Z_设 \\ B-Z_校 \end{cases}$ 曲线，见图 15-12。

4. 方案比较及选定

对各个 B 值方案进行技术、经济比较。在进行方案比较时，可点绘两条曲线。其中大坝投资及水库上游淹没损失等项内容为 u_1，同时溢洪道本身投资和水库下游堤防费用及下游淹没损失为 u_2，分别绘出其与溢洪道宽度的关系曲线 (u_1-B)、(u_2-B)。两条曲线叠加，u_1+u_2 最小值对应的 B 即为溢洪道设计宽度 $B_设$。在其他条件相同时，u_2 越大，其相应的最大下泄流量 q_m 亦越大，所需坝高则越小；u_1 越大，其相应的溢洪道则越小，最大下泄流量 q_m 也越小，见图 15-13。

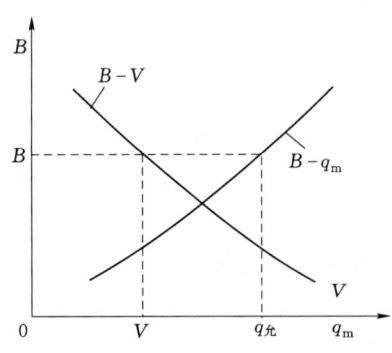

图 15-12 $B-q_m$、$B-V$ 关系曲线

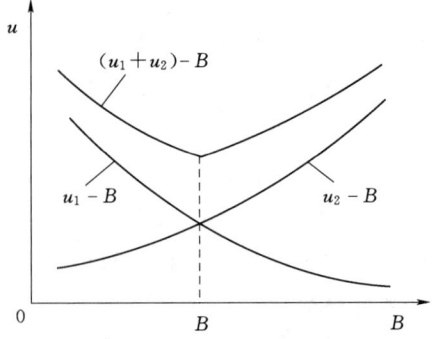

图 15-13 各方案投资费用关系图

查得 $B_设$ 对应的 $q_设$、$q_校$、$V_设$、$V_校$、$Z_设$、$Z_校$ 为水库的特征水位、特征库容。

二、有闸溢洪道水库的防洪计算

1. 溢洪道设闸的作用

溢洪道上设置闸门，尽管使泄洪设施的投资增加，操作管理变得复杂，但可以比较灵活地按照需要控制泄流量的大小和泄流时间，给大中型水库枢纽的综合利用带来巨大好处，利远大于弊，故大中型水库的溢洪道上一般都设闸门，设闸的作用很多，主要有以下几方面：

（1）因为无闸溢洪道的堰顶与正常蓄水位齐平，有闸溢洪道的堰顶低于正常蓄水位，故在库水位相同时，有闸溢洪道的泄流能力大于无闸溢洪道的泄流能力。

（2）在同样满足下游河道安全泄量 $q_安$ 的情况下，有闸的防洪库容要比无闸的小，从而可以减少大坝投资和上游淹没损失；反之，防洪库容一定，有闸则可使下泄的最大流量减小，从而可以减轻下游的洪水灾害，见图 15-14。

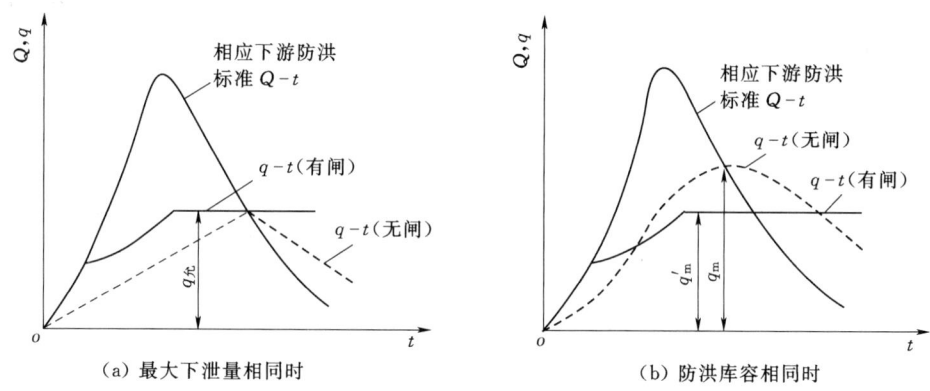

图 15-14 有闸与无闸溢洪道调洪情况比较

（3）有闸控制泄流，可以在区间来水较大时，控制闸门减小水库下泄量，待区间洪水减小时，再加大水库下泄量，使上游来的洪水和区间来的洪水错开，从而可以有效地削减下游河段的最大流量。

（4）在溢洪道设闸的情况下，防洪限制水位低于正常蓄水位。这样，便可使水库的总库容减小。

（5）水库溢洪道设闸，还便于考虑洪水预报，提前预泄腾空库容，降低工程投资。

但是，对于小型水库，有闸溢洪道反而会增大投资，所以要进行方案比较。它与无闸溢洪道最大的区别是控制泄流。

2. 防洪方案的拟定

组成有闸溢洪道水库防洪计算方案的因素很多，例如溢洪道宽 B、堰顶高程 $Z_堰$、防洪限制水位 $Z_限$、门顶高程 $Z_门$ 等。另外，当有非常泄洪设施时，还要考虑其位置、类型、规模、启用水位等因素，其中任一因素的改变，都将构成一个拟定的方案，对于这种比较复杂的情况，要特别注意深入全面地调查和分析，抓住主要矛盾，尽可能排除那些无需大量计算就能确定的比较因素，以利尽快找到最优方案。

（1）当闸门顶以上没有胸墙时，闸门顶高程 $Z_门$ 应不低于正常蓄水位 $Z_正$。

（2）溢洪道堰顶高程等于闸门顶高程 $Z_门$ 减去闸门高度 $h_门$。

B 值的拟定与 $Z_堰$ 同时考虑，一般根据水工闸门的型式，考虑到通常的闸门高度，可假定几组 B 和 $Z_堰$ 值。

(3) 防洪限制水位 $Z_限$ 是指汛期水库允许经常维持的上限水位。即在每场洪水过后，要尽快使之恢复到该水位，以迎接下次洪水。对于设计条件，$Z_限$ 就是调洪开始时的起调水位。该水位反映了兴利库容与防洪库容结合的程度，当 $Z_限$ 等于 $Z_正$ 时，表示二者不结合。$Z_堰 \leqslant Z_限 \leqslant Z_正$。

$Z_限$ 可根据洪水特性、防洪要求等确定。从主观愿望讲，希望将该水位定得低一些，使较多的兴利库容兼作防洪，这样便可使 $Z_设$、$Z_校$ 都较低，从而降低工程造价。但定得太低，会使兴利得不到保证，这对兴利来说，又是绝对不允许的。正确的 $Z_限$ 应是在不破坏设计供水的原则下取最低值，依此原理，可用试算法求得。

3. 汛前限制水位 $Z_限$ 的推求

一般有长系列法和代表年法两种。

(1) 长系列法。

1) 假设 $Z_限$，进行逐年兴利调节计算。使水库汛期水位不超过 $Z_限$，非汛期不超过 $Z_正$，并且 Z 不能低于 $Z_死$，来水量多时弃水。水量不足时供水遭到破坏。

2) 统计保证供水的年数和供水遭到破坏的年数，求得供水保保证率 P。

$$P = \frac{\text{正常供水年数}}{\text{供水总年数}+1} \times 100\%$$

3) 设不同的 $Z_限$ 值，得到不同的 P 值。

4) 绘制 $Z_限$-P 的关系曲线。

5) 求 $P_设$ 对应的 $Z_限$ 值，即为所求。

(2) 代表年法。以设计频率的枯水年为典型年，假设 $Z_限$ 做调节计算，使该年汛期水位不高于 $Z_限$，非汛期不高于 $Z_正$，满足用水，也不遭到破坏的 $Z_限$ 最小值才是合理的。一般需要多次假设才能得到。

4. 拟定泄流方式

有闸溢洪道泄流，随着闸门的启闭，有时属控制泄流，有时属闸门全开的自由泄流；另外，还要考虑非常泄洪设施的运用。因此，调洪计算时，应先根据下游防洪、非常泄洪和是否有可靠的洪水预报等情况拟定调洪方式，即定出各种条件下启闭闸门和启用非常泄洪设施的规则，调洪计算则依此进行。

各水库的情况不同，调洪方式也不尽一致。下面以水库有防洪任务、无非常溢洪设施、无洪水预报、无补偿调节情况为例，介绍水库在不同洪水标准时的泄流方式。

(1) 按下游防护对象的设计洪水调洪的泄流方式（图 15-15）。

1) ab 段，$q = Q$，控制闸门开启高度。

2) bc 段，当 $q_{能力} < Q$ 时，打开闸门，自由泄流。

3) cd 段，当 $q_{能力} = q_允 < Q$，逐渐关小闸门，按 $q_允$ 控制下泄，d 点为最高水位。

一般情况下，在水库设计阶段，调洪计算到 d 点就可以，因为这时库水位达到最高，所求的特征值已出现了。

(2) 按水工建筑物设计、校核洪水拟定泄流方式（图 15-16）。

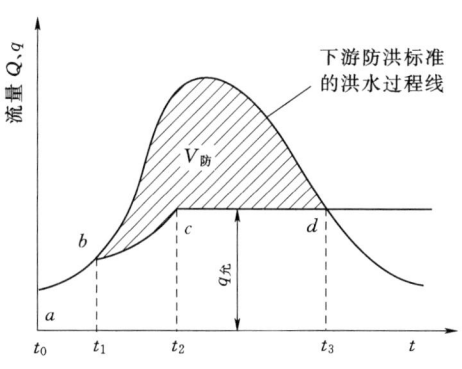 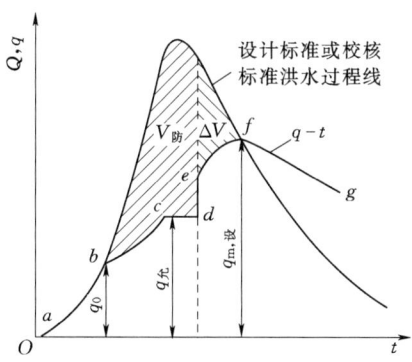

图 15-15　发生下游防洪标准洪水时水库的泄流方式　　　图 15-16　发生设计或校核标准洪水时水库的泄流方式

1) ab 段，$q=Q$，控制泄流。
2) bc 段，$q_{能力}<Q$，自由泄流。
3) cd 段，$q_{能力}>q_{允}$时关小闸门控制泄流。
4) def 段，自由泄流。

当水位达到 $Z_{防}$ 时，来水 Q 仍大于 $q_{允}$，因为该洪水大于下游防护区的洪水标准，打开闸门自由泄流。f 点水库达到最大 q_m 及 Z_m，这时的水库库容即为设计防洪库容或校核防洪库容（不计 $Z_{限}$ 以下的库容）。

5) fg 段，退水曲线。

5．调洪计算

针对不同的 B 值、$Z_{堰}$ 以及所求出的 $Z_{限}$、拟定的泄流方式，用所学的方法进行调洪计算，得出表 15-7 中的参数。

表 15-7　　　　　　　　　　　　　调洪计算成果汇总表

B	$Z_{堰}$	$q_{设}$	$q_{校}$	$Z_{防}$	$V_{防}$	$Z_{设}$	$V_{设}$	$Z_{校}$	$V_{校}$
B_1	$Z_{堰1}$								
B_2	$Z_{堰2}$								
⋮	⋮								
B_n	$Z_{堰n}$								

6．方案比较和选定

对各个 B 值和 $Z_{堰}$ 方案进行技术、经济比较，选择最优越的设计方案。具体方法同无闸溢洪道。

三、水库上游有回水淹没限制时的防洪计算

这种情况的水库防洪问题，在很大程度上限制了水库正常蓄水位的选择。为了便于说清楚问题，现就一定的正常蓄水位而言，拟定若干个溢洪道宽度方案，按回水区淹没限制的防护对象（城镇、集中的农田、交通设施等）的防洪标准的洪水，进行调洪演算和水库回水演算，选出满足淹没限制要求的各溢洪道宽度方案，再用大坝设计洪水进行调洪演算，求出相应最高洪水位和最大下泄流量，进而可按类似于前一种情况的办法，进行经济计算、比较和分析，以选出最佳溢洪道宽度方案。如果所拟的满足水工枢纽总体布置等技术上可行的溢洪道宽度方案，经调洪及回水计算后均不能满足上游淹没限制要求，这就需要降低水库正常蓄水位，经济分析论证的问题应由此而扩大，而不局限于防洪方面。

四、水库具有非常泄洪设施时的防洪计算

1. 非常泄洪设施

水库校核洪水比设计洪水大很多，尤其当校核洪水采用可能最大洪水时，二者相差更为悬殊，如只有正常泄洪建筑物，例如正常溢洪道，则将正常泄洪建筑物筑得很宽，枢纽造价较高，很不经济。在这种情况下，若条件许可，应尽量修建位置适当，工程比较简易，造价较低，使用机会很少的非常泄洪设施，帮助正常泄洪设施宣泄比设计洪水大得多的洪水（包括校核洪水），但正常泄洪设施的泄洪能力应不小于正常运用时的泄洪要求。

国内目前采用的非常泄洪设施主要是设置非常溢洪道，其位置可选在高程及位置比较合适的库区分水线的垭口或副坝处。在垭口处开挖非常溢洪道时，需在进口底坎上修筑既能可靠挡水又能在启用时迅速破开的挡水土堰。如果副坝（土石坝）较长，则应采用一定形式的结构以限制其溃口宽度。非常溢洪道的堰顶高程或副坝的坝底高程一般应不低于正常溢洪道堰顶（当正常溢洪道不设闸门时）或防洪限制水位（正常溢洪道设闸时），这样，将有利于汛后蓄水。

并不是所有水库都有建非常溢洪道的条件。非常溢洪道的启用方式有两种：自溃和引溃。前者是库水位涨到启用水位时，库水没过挡水堰（或副坝）而使其自行溃决；后者是库水位达到启用水位时即用炸药爆破。按上述方式启用，实属溃坝性质，理应按溃坝水流计算，但这样做比较困难，故目前一般都近似简化为无闸溢洪道的情况估算其泄流曲线。规划非常溢洪道时，应控制水库最大总下泄量不超过坝址最大天然来水量。

2. 非常泄洪设施的启用标准

修建非常泄洪设施，除了要考虑它的位置、类型、尺寸外，还要考虑它在什么条件下投入运用，即启用标准问题。目前，多以某一库水位作为启用的标准，并称该水位为启用水位。当设计洪水位为$Z_设$时，$Z_启 > Z_设$。有时也以某一频率的洪水为标准。例如小型水库设计标准为30年，校核标准为500年，非常溢洪道启用标准为200～300年，远远大于30年。启用标准过低，例如超过设计洪水水位不多就启用，将会给下游带来比较频繁的洪水灾害，且在洪水过后修复这些措施（例如修复被炸毁的副坝），也不是一件容易的事，故启用标准不能定得很太低；但也不宜定得太高，如果定得过高，虽能减少下游洪水灾害，但会使坝高或泄洪设施的规模过分增大，上游淹没损失增加。至于启用标准定多高为宜，则应通过方案比较加以确定。

3. 启用非常泄洪设施时的调洪计算

如果水库有一个正常溢洪道和一个非常溢洪道，它们的堰顶高程分别为$Z_{堰正常}$、$Z_{堰非常}$，则其合成泄流曲线Z-q及相应的蓄泄曲线q-V，如图15-17所示。在图15-17（a）中，A点的高程为$Z_{堰正常}$，B点的高程为$Z_{堰非常}$，C点的高程为$Z_启$，$Z_设$为设计洪水位，常高于$Z_{堰非常}$，并低于$Z_启$。库水位低于C点时，只有正常溢洪道泄洪，其泄流量为$q_{正常}$；库水位在C点以上时，挡水堰或副坝已被冲（炸）毁，两种泄洪建筑物联合泄洪，其泄流

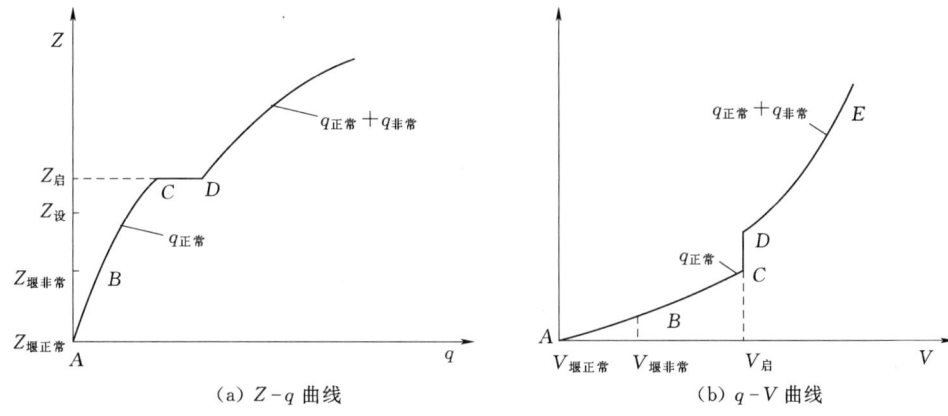

图 15-17　启用非常溢洪设施时的泄流曲线及蓄泄曲线

量为 $q_{正常}+q_{非常}$。

由于库水位在 C 点时,非常溢洪道上已有一定水头(等于 $Z_启$ 与 $Z_{堰非常}$ 之差),挡水堤或副坝冲(炸)毁时,其泄流量会骤然增加,故 $Z-q$ 线在 C 点有一段水平线 CD(其值即 $Z_启$ 时非常溢洪道的泄流能力)。与之相应,在图 15-17(b)中,则有一段垂直线 CD。

一般情况下,当启用非常溢洪道时,已超过下游防护标准,所以均按自由泄流计算。

值得提出的是,启用非常泄洪设施以后,水库的泄流能力大大增加,与单用正常泄洪设施相比,$V_校$、$Z_校$ 都有所减小,而 q_m 则有所增加。

4. 方案比较和选择

需要修建非常泄洪设施的水库,在拟定水库的泄洪方案时,应该对正常泄洪设施和非常泄洪设施同时考虑。拟定非常泄洪设施的位置、类型、堰顶高程 $Z_{堰非常}$ 及启用水位 $Z_启$ 等,通过调洪计算,进行方案比较,选择最优方案。实际上,非常泄洪设施的选择余地并不大,水库周边的垭口位置常常只有一个或少数几个,有时一个也没有。

第四节　溃坝洪水计算

兴修水库主要是为了兴利和防洪,促进国民经济的发展,为人类造福。但是,由于某些特殊原因,例如战争、地震、超标准洪水以及施工、管理的严重失误,都会使坝体突然遭到破坏,形成溃坝洪水,给下游带来极其严重的损失。在我国,中小型水库溃坝的事例也时有发生。因此,在水工设计的水文计算中,对于中小型水库的溃坝最大流量也必须作必要的计算,以便为今后工程管理和防护提供必要的依据。

当坝体瞬间全部溃破时,根据前人试验证明,溃坝初期,库内蓄水在水压力和重力作用下,奔泻而出,在坝前形成负波,逆着水流方向向上游传播,称为落水逆波;在坝下游形成正波,顺着水流方向向下游传播,称为涨水顺波,落水逆波向上游传播时,前边的波速总是大于后面的波速,使波形逐渐展平;涨水顺波向下游传播时,后面的波速总是大于前面的波速,造成后波赶前波的现象(图 15-18)。图 15-19 表示出一次溃坝洪水在坝址及下游各断面的流量过程线,图中坝址处峰形极为尖瘦,溃坝后瞬息之间即达最大值,然后随时间的推移而急速下降,呈乙字形的退水线,随着溃坝洪水向下游的演进,沿程过程线渐渐变缓。

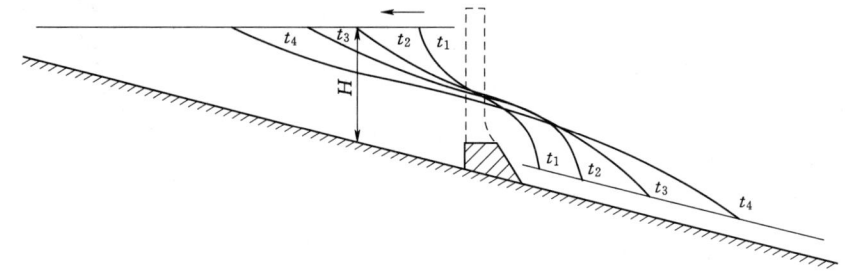

图 15-18 溃坝水流状态示意图

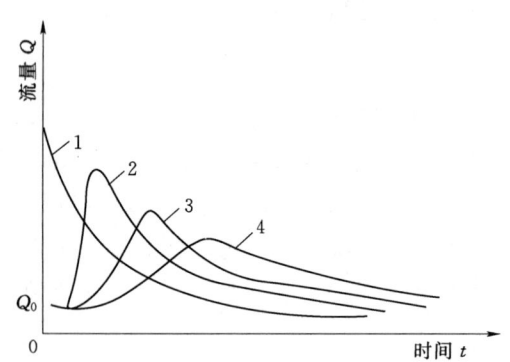

图 15-19 溃坝洪水沿程演进示意图
1—坝址断面；2、3、4—坝下游沿程断面

当坝体局部溃破时,由于溃决口门的宽度和深度与全部溃坝时不同,故溃坝对最大流量的影响也不尽相同,最大流量计算的条件也有所区别,调查资料表明,中小型水库的土坝、堆石坝,短时间局部溃决的较多,而山谷中的土坝和刚性坝（如拱坝）在短时间内坝体容易全部溃决。为了安全起见,在设计计算时一般按瞬时全部溃决的情况考虑。

一、坝址溃坝最大流量计算

溃坝流量计算方法基本可分为两类:一类是详算法,如特征线法、瞬态法,这些方法计算工作量大,工程设计很少采用;另一类是简化法,种类也不少。这里着重介绍两种方法,以供学习和应用参考。

在坝体瞬时全溃条件下,A. 里特尔（A. Ritter）在圣维南不恒定流方程的基础上,假定水库库区为平底、无阻力,河槽为棱柱体,推导出了溃坝最大流量计算公式:

$$Q_{max}=\frac{8}{27}\sqrt{g}BH^{3/2} \tag{15-14}$$

式中: Q_{max} 为溃坝最大流量, m^3/s; g 为重力加速度, m/s^2; B 为坝址处的库面宽,通常以坝长表示, m; H 为坝前水深, m。

考虑到坝体局部溃决的情况,以及溃决口门和溃决口处残留坝体高度对溃坝最大流量的影响,铁道部科学研究院采用该院和某些水库试验资料,综合归纳,得出适合于瞬间全溃和局部溃决的坝址溃坝最大流量计算公式为

$$Q_{max}=0.27\sqrt{g}(L/B)^{\frac{1}{10}}(B/b)^{\frac{1}{3}}b(H-Kh)^{\frac{3}{2}} \tag{15-15}$$

式中: L 为库区长度, m,一般可采用坝址断面至库区上游端部库面突然缩小处的距离。$L/B>5$ 时,其影响不再增加,均按 $L/B=5$ 计算; b 为溃口的平均宽度, m,全溃时等于坝长,当溃坝的蓄水库容 $V\geqslant100$ 万 m^3 时,按 $b=K_1V^{\frac{1}{4}}B^{\frac{1}{7}}H^{\frac{1}{2}}$ 估计（K_1 称为坝体材质系数,对黏土类、黏土心墙或斜墙以及土、石、混凝土等 $K_1=1.19$,对均质壤土 $K_1=$

1.98),当 $V<100$ 万 m^3 时,按 $b=K_2(BH)^{\frac{1}{4}}$ 估计(坝体施工和管理质量好的 K_2 取 6.6,差的取 9.1);h 为坝口处残留坝体的平均高度,m;K 为经验系数,按 $K=1.4(bh/BH)^{\frac{1}{3}}$ 估计;其余符号意义同前。

显然,上式适用性比较广泛,当 $b=B$,$h=0$ 时,为全部溃决,当 $b<H$,$h=0$ 时,为横向局部溃决;当 $b<H$,$h>0$ 时,为横向与竖向局部溃决同时存在。

二、坝址溃坝洪水过程线的推求

计算坝址溃坝洪水过程线的目的,在于推算下游各处溃坝洪水最大流量、水位和到达时间。根据前人试验和对计算成果的分析,得出溃坝流量过程线与溃坝最大流量 Q_m、溃坝时入库流量 Q_0、下游水位以及溃坝可泄库容有关,其线型近似于四次抛物线,即

$$\frac{t}{T}=\left(1-\frac{Q_t-Q_0}{Q_m-Q_0}\right)^4 \qquad (15-16)$$

式中:Q_t 为 t 时刻的流量,m^3/s;Q_m 为溃坝最大流量,m^3/s;Q_0 为入库流量,m^3/s;T 为过程线的总历时。

通过实验得出坝址溃坝典型洪水过程线的坐标值,见表 15-8。

表 15-8　　坝址溃坝典型洪水过程线坐标值

t/T	0	0.05	0.1	0.2	0.3	0.4	0.6	0.8	1.0
$\dfrac{Q_t-Q_0}{Q_m-Q_0}$	1.0	0.62	0.48	0.34	0.26	0.207	0.130	0.061	0

根据水量平衡原理,坝址溃坝洪水过程线的总历时 T 应满足下列条件,即

$$T=\frac{5W}{Q_m-Q_0} \qquad (15-17)$$

式中:W 为溃坝前的水库蓄水容积。

由式 (15-13) 求得 T 值后,连同已知的 Q_m、Q_0,就可按表 15-8 的数值缩放求得坝址溃坝洪水过程(图 15-20)。

典型过程线法计算简单,易于掌握,但由于把溃坝流量的全部过程过于概化,因此不能反映水库的库容特性以及坝址泄流过水能力等,只能是近似计算。

三、溃坝洪水向下游的演算

求得坝址溃坝流量过程线之后,可以用不恒定流解法向下游推演,求得下游各断面的流量过程线。由于溃坝波向下游演进时主要受河槽蓄水作用,尖峰部分容易坦化,可以忽略动

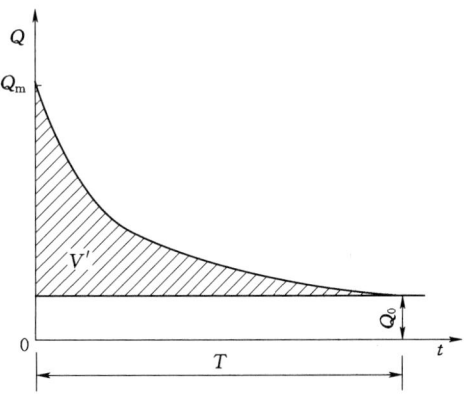

图 15-20　坝址溃坝洪水过程线

力方程式中的惯性项和立波特性,采用水量平衡的图解法作简化计算。

按照水量平衡原理,Δt 时段内 Δl 河段入流与出流的水量差应等于河槽蓄水的变化,即

$$\frac{1}{2}\Delta t[(Q_1''+Q_1')-(Q_2''+Q_2')] = \frac{1}{2}\Delta l[(F_2''+F_1'')-(F_2'+F_1')] \quad (15-18)$$

式中：Δl 为河段长度；F 为断面积；Q 为流量；上角标"'"代表时段初；上角标"″"代表时段末；下角标"1"代表河段入流断面；下角标"2"代表河段出流断面。

将式（15-18）两端除以 Δt，并令 $K=\Delta l/\Delta t$，经移项整理得

$$(KF_1'+Q_1')-(KF_1''-Q_1'') = (KF_2'+Q_2')-(KF_2''-Q_2'') \quad (15-19)$$

当 Δt 及 Δl 确定后，K 值已知，由每个断面的水位-流量及水位-面积曲线，便可建立河段上下断面的 Q-$(KF\pm Q)$ 关系曲线（图 15-21）。将式（15-19）移项，得

$$(KF_1'+Q_1')-(KF_1''-Q_1'')+(KF_2'-Q_2') = (KF_2''+Q_2'') \quad (15-20)$$

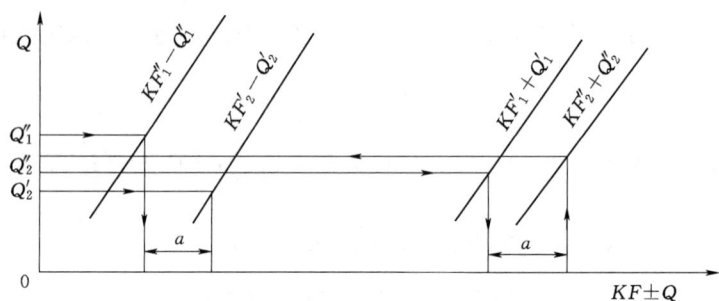

图 15-21　Q-$(KF\pm Q)$ 关系曲线

根据上式原理，利用图 15-21，即可进行图解，步骤如下：

(1) 已知 Q_1''，由图 15-21 查得 $KF_1''-Q_1''$；已知 Q_2'，由图 15-21 查得 $KF_2'-Q_2'$。

(2) 令 $(KF_2'-Q_2')-(KF_1''-Q_1'')=a$。

(3) 已知 Q_1'，由图 15-21 查得 $KF_1'+Q_1'$，代入式（15-20）得 $KF_2''+Q_2''$。

(4) 由 $KF_2''+Q_2''$ 在图 15-21 上查得 Q_2''。依此类推即可求得河段出流过程线。

在溃坝的情况下，第一时段的出流量不能当作直线变化。在溃坝立波未到达下断面之前，流量仍为起始状态 Q_0；当立波到达时，流量即瞬时陡涨（图 15-22）。因此，第一时段需用试算方法处理。

第一时段 Δt 的选取应满足下式：

$$\Delta t \geqslant \frac{\Delta l}{\omega} \quad (15-21)$$

而且

$$\omega = v_0 + \sqrt{gh\left(1+\frac{3}{2}\frac{h}{h_0}\right)} \quad (15-22)$$

式中：ω 为立波传播速度；v_0 为起始状态断面平均流速；h_0 为起始状态断面平均水深；h 为立波高度。

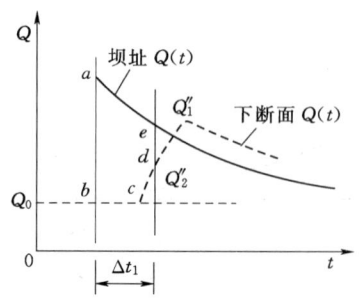

图 15-22　第一时段试算示意图

试算时先假定时段末下断面流量 Q_2，由于起始流态及时段入流过程已知，就可以求得时段增加的水量，即图 15-22 中 $abcde$ 的面积。然后根据河段上下断面时段末流量，由水位-流量及水位-面积关系曲线查得相应过水面积，计算时段始末的河槽蓄量 $W=\Delta l\overline{F}$ 及其差值 ΔW，如果 ΔW 等于时段增加的水量，则假定的 Q_2 即为所求，否则须另设 Q_2 值重算，直到相等为止。

附 录

附录1 皮尔逊Ⅲ型频率曲线的离均系数  值表

C_s\P/%	0.01	0.1	0.2	0.33	0.5	1	2	5	10	20	50	75	90	95	99	P/%\C_s
0.0	3.72	3.09	2.88	2.71	2.58	2.33	2.05	1.64	1.28	0.84	0.00	−0.67	−1.28	−1.64	−2.33	0.0
0.1	3.94	3.23	3.00	2.82	2.67	2.40	2.11	1.67	1.29	0.84	−0.02	−0.68	−1.27	−1.62	−2.25	0.1
0.2	4.16	3.38	3.12	2.92	2.76	2.47	2.16	1.70	1.30	0.83	−0.03	−0.69	−1.26	−1.59	−2.18	0.2
0.3	4.38	3.52	3.24	3.03	2.86	2.54	2.21	1.73	1.31	0.82	−0.05	−0.70	−1.24	−1.55	−2.10	0.3
0.4	4.61	3.67	3.36	3.14	2.95	2.62	2.26	1.75	1.32	0.82	−0.07	−0.71	−1.23	−1.52	−2.03	0.4
0.5	4.83	3.81	3.48	3.25	3.04	2.68	2.31	1.77	1.32	0.81	−0.08	−0.71	−1.22	−1.49	−1.96	0.5
0.6	5.05	3.96	3.60	3.35	3.13	2.75	2.35	1.80	1.33	0.80	−0.10	−0.72	−1.20	−1.45	−1.88	0.6
0.7	5.28	4.10	3.72	3.45	3.22	2.82	2.40	1.82	1.33	0.79	−0.12	−0.72	−1.18	−1.42	−1.81	0.7
0.8	5.50	4.24	3.85	3.55	3.31	2.89	2.45	1.84	1.34	0.78	−0.13	−0.73	−1.17	−1.38	−1.74	0.8
0.9	5.73	4.39	3.97	3.65	3.40	2.96	2.50	1.86	1.34	0.77	−0.15	−0.73	−1.15	−1.35	−1.66	0.9
1.0	5.96	4.53	4.09	3.76	3.49	3.02	2.54	1.88	1.34	0.76	−0.16	−0.73	−1.13	−1.32	−1.59	1.0
1.1	6.18	4.67	4.20	3.86	3.58	3.09	2.58	1.89	1.34	0.74	−0.18	−0.74	−1.10	−1.28	−1.52	1.1
1.2	6.41	4.81	4.32	3.95	3.66	3.15	2.62	1.91	1.34	0.73	−0.19	−0.74	−1.08	−1.24	−1.45	1.2
1.3	6.64	4.95	4.44	4.05	3.74	3.21	2.67	1.92	1.34	0.72	−0.21	−0.74	−1.06	−1.20	−1.38	1.3
1.4	6.87	5.09	4.56	4.15	3.83	3.27	2.71	1.94	1.33	0.71	−0.22	−0.73	−1.04	−1.17	−1.32	1.4
1.5	7.09	5.23	4.68	4.24	3.91	3.33	2.74	1.95	1.33	0.69	−0.24	−0.73	−1.02	−1.13	−1.26	1.5
1.6	7.31	5.37	4.80	4.34	3.99	3.39	2.78	1.96	1.32	0.68	−0.25	−0.73	−0.99	−1.10	−1.20	1.6
1.7	7.54	5.50	4.91	4.43	4.07	3.44	2.82	1.97	1.32	0.66	−0.27	−0.72	−0.97	−1.06	−1.14	1.7
1.8	7.76	5.64	5.01	4.52	4.15	3.50	2.85	1.98	1.32	0.64	−0.28	−0.72	−0.94	−1.02	−1.09	1.8
1.9	7.98	5.77	5.12	4.61	4.23	3.55	2.88	1.99	1.31	0.63	−0.29	−0.72	−0.92	−0.98	−1.04	1.9
2.0	8.21	5.91	5.22	4.70	4.30	3.61	2.91	2.00	1.30	0.61	−0.31	−0.71	−0.895	−0.949	−0.989	2.0
2.1	8.43	6.04	5.33	4.79	4.37	3.66	2.93	2.00	1.29	0.59	−0.32	−0.71	−0.869	−0.914	−0.945	2.1
2.2	8.65	6.17	5.43	4.88	4.44	3.71	2.96	2.00	1.28	0.57	−0.33	−0.70	−0.844	−0.879	−0.905	2.2
2.3	8.87	6.30	5.53	4.97	4.51	3.76	2.99	2.01	1.27	0.55	−0.34	−0.69	−0.820	−0.849	−0.867	2.3
2.4	9.08	6.42	5.63	5.05	4.58	3.81	3.02	2.01	1.26	0.54	−0.35	−0.68	−0.795	−0.820	−0.831	2.4
2.5	9.30	6.55	5.73	5.13	4.65	3.85	3.04	2.01	1.25	0.52	−0.36	−0.67	−0.772	−0.791	−0.800	2.5
2.6	9.51	6.67	5.82	5.20	4.72	3.89	3.06	2.01	1.23	0.50	−0.37	−0.66	−0.748	−0.764	−0.769	2.6
2.7	9.72	6.79	5.92	5.28	4.78	3.93	3.09	2.01	1.22	0.48	−0.37	−0.65	−0.726	−0.736	−0.740	2.7
2.8	9.93	6.91	6.01	5.36	4.84	3.97	3.11	2.01	1.21	0.46	−0.38	−0.64	−0.702	−0.710	−0.714	2.8
2.9	10.14	7.03	6.10	5.44	4.90	4.01	3.13	2.01	1.20	0.44	−0.39	−0.63	−0.680	−0.687	−0.690	2.9

续表

$P/\%$ C_s	0.01	0.1	0.2	0.33	0.5	1	2	5	10	20	50	75	90	95	99	$P/\%$ C_s
3.0	10.35	7.15	6.20	5.51	4.96	4.05	3.15	2.00	1.18	0.42	−0.39	−0.62	−0.658	−0.665	−0.667	3.0
3.1	10.56	7.26	6.30	5.59	5.02	4.08	3.17	2.00	1.16	0.40	−0.40	−0.60	−0.639	−0.644	−0.645	3.1
3.2	10.77	7.38	6.39	5.66	5.08	4.12	3.19	2.00	1.14	0.38	−0.40	−0.59	−0.621	−0.625	−0.625	3.2
3.3	10.97	7.49	6.48	5.74	5.14	4.15	3.21	1.99	1.12	0.36	−0.40	−0.58	−0.604	−0.606	−0.606	3.3
3.4	11.17	7.60	6.56	5.80	5.20	4.18	3.22	1.98	1.11	0.34	−0.41	−0.57	−0.587	−0.588	−0.588	3.4
3.5	11.37	7.72	6.65	5.86	5.25	4.22	3.23	1.97	1.09	0.32	−0.41	−0.55	−0.570	−0.571	−0.571	3.5
3.6	11.57	7.83	6.73	5.93	5.30	4.25	3.24	1.96	1.08	0.30	−0.41	−0.54	−0.555	−0.556	−0.556	3.6
3.7	11.77	7.94	6.81	5.99	5.35	4.28	3.25	1.95	1.06	0.28	−0.42	−0.53	−0.540	−0.541	−0.541	3.7
3.8	11.97	8.05	6.89	6.05	5.40	4.31	3.26	1.94	1.04	0.26	−0.42	−0.52	−0.525	−0.526	−0.526	3.8
3.9	12.16	8.15	6.97	6.11	5.45	4.34	3.27	1.93	1.02	0.24	−0.41	−0.506	−0.512	−0.513	−0.513	3.9
4.0	12.36	8.25	7.05	6.18	5.50	4.37	3.27	1.92	1.00	0.23	−0.41	−0.495	−0.500	−0.500	−0.500	4.0
4.1	12.55	8.35	7.13	6.24	5.54	4.39	3.28	1.91	0.98	0.21	−0.41	−0.484	−0.488	−0.488	−0.488	4.1
4.2	12.74	8.45	7.21	6.30	5.59	4.41	3.29	1.90	0.96	0.19	−0.41	−0.473	−0.476	−0.476	−0.476	4.2
4.3	12.93	8.55	7.29	6.36	5.63	4.44	3.29	1.88	0.94	0.17	−0.41	−0.462	−0.465	−0.465	−0.465	4.3
4.4	13.12	8.65	7.36	6.41	5.68	4.46	3.30	1.87	0.92	0.16	−0.40	−0.453	−0.455	−0.455	−0.455	4.4
4.5	13.30	8.75	7.43	6.46	5.72	4.48	3.30	1.85	0.90	0.14	−0.40	−0.444	−0.444	0.444	−0.444	4.5
4.6	13.49	8.85	7.50	6.52	5.76	4.50	3.30	1.84	0.88	0.13	−0.40	−0.435	−0.435	−0.435	−0.435	4.6
4.7	13.67	8.95	7.56	6.57	5.80	4.52	3.30	1.82	0.86	0.11	−0.39	−0.426	−0.426	−0.426	−0.426	4.7
4.8	13.85	9.04	7.63	6.63	5.84	4.54	3.30	1.80	0.84	0.09	−0.39	−0.417	−0.417	−0.417	−0.417	4.8
4.9	14.04	9.13	7.70	6.68	5.88	4.55	3.30	1.78	0.82	0.08	−0.38	−0.408	−0.408	−0.408	−0.408	4.9
5.0	14.22	9.22	7.77	6.73	5.92	4.57	3.30	1.77	0.80	0.06	−0.379	−0.400	−0.400	−0.400	−0.400	5.0
5.1	14.40	9.31	7.84	6.78	5.95	4.58	3.30	1.75	0.78	0.05	−0.374	−0.392	−0.392	−0.392	−0.392	5.1
5.2	14.57	9.40	7.90	6.83	5.99	4.59	3.30	1.73	0.76	0.03	−0.369	−0.385	−0.385	−0.385	−0.385	5.2
5.3	14.75	9.49	7.96	6.87	6.02	4.60	3.30	1.72	0.74	0.02	−0.363	−0.377	−0.377	−0.377	−0.377	5.3
5.4	14.92	9.57	8.02	6.91	6.05	4.62	3.29	1.70	0.72	0.00	−0.358	−0.370	−0.370	−0.370	−0.370	5.4
5.5	15.10	9.66	8.08	6.96	6.08	4.63	3.28	1.68	0.70	−0.01	−0.353	−0.364	−0.364	−0.364	−0.364	5.5
5.6	15.27	9.74	8.14	7.00	6.11	4.64	3.28	1.66	0.67	−0.03	−0.349	−0.357	−0.357	−0.357	−0.357	5.6
5.7	15.45	9.82	8.21	7.04	6.14	4.65	3.27	1.65	0.65	−0.04	−0.344	−0.351	−0.351	−0.351	−0.351	5.7
5.8	15.62	9.91	8.27	7.08	6.17	4.67	3.27	1.63	0.63	−0.05	−0.339	−0.345	−0.345	−0.345	−0.345	5.8
5.9	15.78	9.99	8.32	7.12	6.20	4.68	3.26	1.61	0.61	−0.06	−0.334	−0.339	−0.339	−0.339	−0.339	5.9
6.0	15.94	10.07	8.38	7.15	6.23	4.68	3.25	1.59	0.59	−0.07	−0.329	−0.333	−0.333	−0.333	−0.333	6.0
6.1	16.11	10.15	8.43	7.19	6.26	4.69	3.24	1.57	0.57	−0.08	−0.325	−0.328	−0.328	−0.328	−0.328	6.1
6.2	16.28	10.22	8.49	7.23	6.28	4.70	3.23	1.55	0.55	−0.09	−0.320	−0.323	−0.323	−0.323	−0.323	6.2
6.3	16.45	10.30	8.54	7.26	6.30	4.70	3.22	1.53	0.53	−0.10	−0.315	−0.317	−0.317	−0.317	−0.317	6.3
6.4	16.61	10.38	8.60	7.30	6.32	4.71	3.21	1.51	0.51	−0.11	−0.311	−0.313	−0.313	−0.313	−0.313	6.4

附录 2 皮尔逊Ⅲ型频率曲线的模比系数 K_p 值表

(1) $C_s = 2C_v$

C_v \ $P/\%$	0.01	0.1	0.2	0.33	0.5	1	2	5	10	20	50	75	90	95	99	$P/\%$ \ C_s
0.05	1.20	1.16	1.15	1.14	1.13	1.12	1.11	1.08	1.06	1.04	1.00	0.97	0.94	0.92	0.89	0.10
0.10	1.42	1.34	1.31	1.29	1.27	1.25	1.21	1.17	1.13	1.08	1.00	0.93	0.87	0.84	0.78	0.20
0.15	1.67	1.54	1.48	1.46	1.43	1.38	1.33	1.26	1.20	1.12	0.99	0.90	0.81	0.77	0.69	0.30
0.20	1.92	1.73	1.67	1.63	1.59	1.52	1.45	1.35	1.26	1.16	0.99	0.86	0.75	0.70	0.59	0.40
0.22	2.04	1.82	1.75	1.70	1.66	1.58	1.50	1.39	1.29	1.18	0.98	0.84	0.73	0.67	0.56	0.44
0.24	2.16	1.91	1.83	1.77	1.73	1.64	1.55	1.43	1.32	1.19	0.98	0.83	0.71	0.64	0.53	0.48
0.25	2.22	1.96	1.87	1.81	1.77	1.67	1.58	1.45	1.33	1.20	0.98	0.82	0.70	0.63	0.52	0.50
0.26	2.28	2.01	1.91	1.85	1.80	1.70	1.60	1.46	1.34	1.21	0.98	0.82	0.69	0.62	0.50	0.52
0.28	2.40	2.10	2.00	1.93	1.87	1.76	1.66	1.50	1.37	1.22	0.97	0.79	0.66	0.59	0.47	0.56
0.30	2.52	2.19	2.08	2.01	1.94	1.83	1.71	1.54	1.40	1.24	0.97	0.78	0.64	0.56	0.44	0.60
0.35	2.86	2.44	2.31	2.22	2.13	2.00	1.84	1.64	1.47	1.28	0.96	0.75	0.59	0.51	0.37	0.70
0.40	3.20	2.70	2.54	2.42	2.32	2.16	1.98	1.74	1.54	1.31	0.95	0.71	0.53	0.45	0.30	0.80
0.45	3.59	2.98	2.80	2.65	2.53	2.33	2.13	1.84	1.60	1.35	0.93	0.67	0.48	0.40	0.26	0.90
0.50	3.98	3.27	3.05	2.88	2.74	2.51	2.27	1.94	1.67	1.38	0.92	0.64	0.44	0.34	0.21	1.00
0.55	4.42	3.58	3.32	3.12	2.97	2.70	2.42	2.04	1.74	1.41	0.90	0.59	0.40	0.30	0.16	1.10
0.60	4.85	3.89	3.59	3.37	3.20	2.89	2.57	2.15	1.80	1.44	0.89	0.56	0.35	0.26	0.13	1.20
0.65	5.33	4.22	3.89	3.64	3.44	3.09	2.74	2.25	1.87	1.46	0.87	0.52	0.31	0.22	0.10	1.30
0.70	5.81	4.56	4.19	3.91	3.68	3.29	2.90	2.36	1.94	1.50	0.85	0.49	0.27	0.18	0.08	1.40
0.75	6.33	4.93	4.52	4.19	3.93	3.50	3.06	2.46	2.00	1.52	0.82	0.45	0.24	0.15	0.06	1.50
0.80	6.85	5.30	4.84	4.47	4.19	3.71	3.22	2.57	2.06	1.54	0.80	0.42	0.21	0.12	0.04	1.60
0.90	7.98	6.08	5.51	5.07	4.74	4.15	3.56	2.78	2.19	1.58	0.75	0.35	0.15	0.08	0.02	1.80

(2) $C_s = 3C_v$

C_v \ $P/\%$	0.01	0.1	0.2	0.33	0.5	1	2	5	10	20	50	75	90	95	99	$P/\%$ \ C_s
0.20	2.02	1.79	1.72	1.67	1.63	1.55	1.47	1.36	1.27	1.16	0.98	0.86	0.76	0.71	0.62	0.60
0.25	2.35	2.05	1.95	1.88	1.82	1.72	1.61	1.46	1.34	1.20	0.97	0.82	0.71	0.65	0.56	0.75
0.30	2.72	2.32	2.19	2.10	2.02	1.89	1.75	1.56	1.40	1.23	0.96	0.78	0.66	0.60	0.50	0.90
0.35	3.12	2.61	2.46	2.33	2.24	2.07	1.90	1.66	1.47	1.26	0.94	0.74	0.61	0.55	0.46	1.05
0.40	3.56	2.92	2.73	2.58	2.46	2.26	2.05	1.76	1.54	1.29	0.92	0.70	0.57	0.50	0.42	1.20
0.42	3.75	3.06	2.85	2.69	2.56	2.34	2.11	1.81	1.56	1.31	0.91	0.69	0.55	0.49	0.41	1.26
0.44	3.94	3.19	2.97	2.80	2.65	2.42	2.17	1.85	1.59	1.32	0.91	0.67	0.54	0.47	0.40	1.32
0.45	4.04	3.26	3.03	2.85	2.70	2.46	2.21	1.87	1.60	1.32	0.90	0.67	0.53	0.47	0.39	1.35
0.46	4.14	3.33	3.09	2.90	2.75	2.50	2.24	1.89	1.61	1.33	0.90	0.66	0.52	0.46	0.39	1.38
0.48	4.34	3.47	3.21	3.01	2.85	2.58	2.31	1.93	1.65	1.34	0.89	0.65	0.51	0.45	0.38	1.44
0.50	4.55	3.62	3.34	3.12	2.96	2.67	2.37	1.98	1.67	1.35	0.88	0.64	0.49	0.44	0.37	1.50
0.52	4.76	3.76	3.46	3.24	3.06	2.75	2.44	2.02	1.69	1.36	0.87	0.62	0.48	0.42	0.36	1.56
0.54	4.98	3.91	3.60	3.36	3.16	2.84	2.51	2.06	1.72	1.36	0.86	0.61	0.47	0.41	0.36	1.62
0.55	5.09	3.99	3.66	3.42	3.21	2.88	2.54	2.08	1.73	1.36	0.86	0.60	0.46	0.41	0.36	1.65
0.56	5.20	4.07	3.73	3.48	3.27	2.93	2.57	2.10	1.74	1.37	0.85	0.59	0.46	0.40	0.35	1.68
0.58	5.43	4.23	3.86	3.59	3.38	3.01	2.64	2.14	1.77	1.38	0.84	0.58	0.45	0.40	0.35	1.74
0.60	5.66	4.38	4.01	3.71	3.49	3.10	2.71	2.19	1.79	1.38	0.83	0.57	0.44	0.39	0.35	1.80
0.65	6.26	4.81	4.36	4.03	3.77	3.33	2.88	2.29	1.85	1.40	0.80	0.53	0.41	0.37	0.34	1.95
0.70	6.90	5.23	4.73	4.35	4.06	3.56	3.05	2.40	1.90	1.41	0.78	0.50	0.39	0.36	0.34	2.10
0.75	7.57	5.68	5.12	4.69	4.36	3.80	3.24	2.50	1.96	1.42	0.76	0.48	0.38	0.35	0.34	2.25
0.80	8.26	6.14	5.50	5.04	4.66	4.05	3.42	2.61	2.01	1.43	0.72	0.46	0.36	0.34	0.34	2.40

续表

(3) $C_s = 3.5C_v$

C_v \ P/%	0.01	0.1	0.2	0.33	0.5	1	2	5	10	20	50	75	90	95	99	P/% \ C_s
0.20	2.06	1.82	1.74	1.69	1.64	1.56	1.48	1.36	1.27	1.16	0.98	0.86	0.76	0.72	0.64	0.70
0.25	2.42	2.09	1.99	1.91	1.85	1.74	1.62	1.46	1.34	1.19	0.96	0.82	0.71	0.66	0.58	0.88
0.30	2.82	2.38	2.24	2.14	2.06	1.92	1.77	1.57	1.40	1.22	0.95	0.78	0.67	0.61	0.53	1.05
0.35	3.26	2.70	2.52	2.39	2.29	2.11	1.92	1.67	1.47	1.26	0.93	0.74	0.62	0.57	0.50	1.22
0.40	3.75	3.04	2.82	2.66	2.53	2.31	2.08	1.78	1.53	1.28	0.91	0.71	0.58	0.53	0.47	1.40
0.42	3.95	3.18	2.95	2.77	2.63	2.39	2.15	1.82	1.56	1.29	0.90	0.69	0.57	0.52	0.46	1.47
0.44	4.16	3.33	3.08	2.88	2.73	2.48	2.21	1.86	1.59	1.30	0.89	0.68	0.56	0.51	0.46	1.54
0.45	4.27	3.40	3.14	2.94	2.79	2.52	2.25	1.88	1.60	1.31	0.89	0.67	0.55	0.50	0.45	1.58
0.46	4.37	3.48	3.21	3.00	2.84	2.56	2.28	1.90	1.61	1.31	0.88	0.66	0.54	0.50	0.45	1.61
0.48	4.60	3.63	3.35	3.12	2.94	2.65	2.35	1.95	1.64	1.32	0.87	0.65	0.53	0.49	0.45	1.68
0.50	4.82	3.78	3.48	3.24	3.06	2.74	2.42	1.99	1.66	1.32	0.86	0.64	0.52	0.48	0.44	1.75
0.52	5.06	3.95	3.62	3.36	3.16	2.83	2.48	2.03	1.69	1.33	0.85	0.63	0.51	0.47	0.44	1.82
0.54	5.30	4.11	3.76	3.48	3.28	2.91	2.55	2.07	1.71	1.34	0.84	0.61	0.50	0.47	0.44	1.89
0.55	5.41	4.20	3.83	3.55	3.34	2.96	2.58	2.10	1.72	1.34	0.84	0.60	0.50	0.46	0.44	1.92
0.56	5.55	4.28	3.91	3.61	3.39	3.01	2.62	2.12	1.73	1.35	0.83	0.60	0.49	0.46	0.43	1.96
0.58	5.80	4.45	4.05	3.74	3.51	3.10	2.69	2.16	1.75	1.35	0.82	0.58	0.48	0.46	0.43	2.03
0.60	6.06	4.62	4.20	3.87	3.62	3.20	2.76	2.20	1.77	1.35	0.81	0.57	0.48	0.45	0.43	2.10
0.65	6.73	5.08	4.58	4.22	3.92	3.44	2.94	2.30	1.83	1.36	0.78	0.55	0.46	0.44	0.43	2.28
0.70	7.43	5.54	4.98	4.56	4.23	3.68	3.12	2.41	1.88	1.37	0.75	0.53	0.45	0.44	0.43	2.45
0.75	8.16	6.02	5.38	4.92	4.55	3.92	3.30	2.51	1.92	1.37	0.72	0.50	0.44	0.43	0.43	2.62
0.80	8.94	6.53	5.81	5.29	4.87	4.18	3.49	2.61	1.97	1.37	0.70	0.49	0.44	0.43	0.43	2.80

(4) $C_s = 4C_v$

C_v \ P/%	0.01	0.1	0.2	0.33	0.5	1	2	5	10	20	50	75	90	95	99	P/% \ C_s
0.20	2.10	1.85	1.77	1.71	1.66	1.58	1.49	1.37	1.27	1.16	0.97	0.85	0.77	0.72	0.65	0.80
0.25	2.49	2.13	2.02	1.94	1.87	1.76	1.64	1.47	1.34	1.19	0.96	0.82	0.72	0.67	0.60	1.00
0.30	2.92	2.44	2.30	2.18	2.10	1.94	1.79	1.57	1.40	1.22	0.94	0.78	0.68	0.63	0.56	1.20
0.35	3.40	2.78	2.60	2.45	2.34	2.14	1.95	1.68	1.47	1.25	0.92	0.74	0.64	0.59	0.54	1.40
0.40	3.92	3.15	2.92	2.74	2.60	2.36	2.11	1.78	1.53	1.27	0.90	0.71	0.60	0.56	0.52	1.60
0.42	4.15	3.30	3.05	2.86	2.70	2.44	2.18	1.83	1.56	1.28	0.89	0.70	0.59	0.55	0.52	1.68
0.44	4.38	3.46	3.19	2.98	2.81	2.53	2.25	1.87	1.58	1.29	0.88	0.68	0.58	0.55	0.51	1.76
0.45	4.49	3.54	3.25	3.03	2.87	2.58	2.28	1.89	1.59	1.29	0.87	0.68	0.58	0.54	0.51	1.80
0.46	4.62	3.62	3.32	3.10	2.92	2.62	2.32	1.91	1.61	1.29	0.87	0.67	0.57	0.54	0.51	1.84
0.48	4.86	3.79	3.47	3.22	3.04	2.71	2.39	1.96	1.63	1.30	0.86	0.66	0.56	0.53	0.51	1.92
0.50	5.10	3.96	3.61	3.35	3.15	2.80	2.45	2.00	1.65	1.31	0.84	0.64	0.55	0.53	0.50	2.00
0.52	5.36	4.12	3.76	3.48	3.27	2.90	2.52	2.04	1.67	1.31	0.83	0.63	0.55	0.52	0.50	2.08
0.54	5.62	4.30	3.91	3.61	3.38	2.99	2.59	2.08	1.69	1.31	0.82	0.62	0.54	0.52	0.50	2.16
0.55	5.76	4.39	3.99	3.68	3.44	3.03	2.63	2.10	1.70	1.31	0.82	0.62	0.54	0.52	0.50	2.20
0.56	5.90	4.48	4.06	3.75	3.50	3.09	2.66	2.12	1.71	1.31	0.81	0.61	0.53	0.51	0.50	2.24
0.58	6.18	4.67	4.22	3.89	3.62	3.19	2.74	2.16	1.74	1.32	0.80	0.60	0.53	0.51	0.50	2.32
0.60	6.45	4.85	4.38	4.03	3.75	3.29	2.81	2.21	1.76	1.32	0.79	0.59	0.52	0.51	0.50	2.40
0.65	7.18	5.34	4.78	4.38	4.07	3.53	2.99	2.31	1.80	1.32	0.76	0.57	0.51	0.50	0.50	2.60
0.70	7.95	5.84	5.21	4.75	4.39	3.78	3.18	2.41	1.85	1.32	0.73	0.55	0.51	0.50	0.50	2.80
0.75	8.76	6.36	5.65	5.13	4.72	4.03	3.36	2.50	1.88	1.32	0.71	0.54	0.51	0.50	0.50	3.00
0.80	9.62	6.90	6.11	5.53	5.06	4.30	3.55	2.60	1.91	1.30	0.68	0.53	0.50	0.50	0.50	3.20

附录3   三点法用表——S 与 C_s 关系表

(1) $P=1-50-99$ %

S	0	1	2	3	4	5	6	7	8	9
0.0	0.00	0.03	0.05	0.07	0.10	0.12	0.15	0.17	0.20	0.23
0.1	0.26	0.28	0.31	0.34	0.36	0.39	0.41	0.44	0.47	0.49
0.2	0.52	0.54	0.57	0.59	0.62	0.65	0.67	0.70	0.73	0.76
0.3	0.78	0.81	0.84	0.86	0.89	0.92	0.94	0.97	1.00	1.02
0.4	1.05	1.08	1.10	1.13	1.16	1.18	1.21	1.24	1.27	1.30
0.5	1.32	1.36	1.39	1.42	1.45	1.48	1.51	1.55	1.58	1.61
0.6	1.64	1.68	1.71	1.74	1.78	1.81	1.84	1.88	1.92	1.95
0.7	1.99	2.03	2.07	2.11	2.16	2.20	2.25	2.30	2.34	2.39
0.8	2.44	2.50	2.55	2.61	2.67	2.74	2.81	2.89	2.97	3.05
0.9	3.14	3.22	3.33	3.46	3.59	3.73	3.92	4.14	4.44	4.90

例：当 $S=0.43$ 时，$C_s=1.13$。

(2) $P=3-50-97$ %

S	0	1	2	3	4	5	6	7	8	9
0.0	0.00	0.04	0.08	0.11	0.14	0.17	0.20	0.23	0.26	0.29
0.1	0.32	0.35	0.38	0.42	0.45	0.48	0.51	0.54	0.57	0.60
0.2	0.63	0.66	0.70	0.73	0.76	0.79	0.82	0.86	0.89	0.92
0.3	0.95	0.98	1.01	1.04	1.08	1.11	1.14	1.17	1.20	1.24
0.4	1.27	1.30	1.33	1.36	1.40	1.43	1.46	1.49	1.52	1.56
0.5	1.59	1.63	1.66	1.70	1.73	1.76	1.80	1.83	1.87	1.90
0.6	1.94	1.97	2.00	2.04	2.08	2.12	2.16	2.20	2.23	2.27
0.7	2.31	2.36	2.40	2.44	2.49	2.54	2.58	2.63	2.68	2.74
0.8	2.79	2.85	2.90	2.96	3.02	3.09	3.15	3.22	3.29	3.37
0.9	3.46	3.55	3.67	3.79	3.92	4.08	4.26	4.50	4.75	5.21

(3) $P=5-50-95$ %

S	0	1	2	3	4	5	6	7	8	9
0.0	0.00	0.04	0.08	0.12	0.16	0.20	0.24	0.27	0.31	0.35
0.1	0.38	0.41	0.45	0.48	0.52	0.55	0.59	0.63	0.66	0.70
0.2	0.73	0.76	0.80	0.84	0.87	0.90	0.94	0.98	1.01	1.04
0.3	1.08	1.11	1.14	1.18	1.21	1.25	1.28	1.31	1.35	1.38
0.4	1.42	1.46	1.49	1.52	1.56	1.59	1.63	1.66	1.70	1.74
0.5	1.78	1.81	1.85	1.88	1.92	1.95	1.99	2.03	2.06	2.10
0.6	2.13	2.17	2.20	2.24	2.28	2.32	2.36	2.40	2.44	2.48
0.7	2.53	2.57	2.62	2.66	2.70	2.76	2.81	2.86	2.91	2.97
0.8	3.02	3.07	3.13	3.19	3.25	3.32	3.38	3.46	3.52	3.60
0.9	3.70	3.80	3.91	4.03	4.17	4.32	4.49	4.72	4.94	5.43

(4) $P=10-50-90$ %

S	0	1	2	3	4	5	6	7	8	9
0.0	0.00	0.05	0.10	0.15	0.20	0.24	0.29	0.34	0.38	0.43
0.1	0.47	0.52	0.56	0.60	0.65	0.69	0.74	0.78	0.83	0.87
0.2	0.92	0.96	1.00	1.04	1.08	1.13	1.17	1.22	1.26	1.30
0.3	1.34	1.38	1.43	1.47	1.51	1.55	1.59	1.63	1.67	1.71
0.4	1.75	1.79	1.83	1.87	1.91	1.95	1.99	2.02	2.06	2.10
0.5	2.14	2.18	2.22	2.26	2.30	2.34	2.38	2.42	2.46	2.50
0.6	2.54	2.58	2.62	2.66	2.70	2.74	2.78	2.82	2.86	2.90
0.7	2.95	3.00	3.04	3.08	3.13	3.18	3.24	3.28	3.33	3.38
0.8	3.44	3.50	3.55	3.61	3.67	3.74	3.80	3.87	3.94	4.02
0.9	4.11	4.20	4.32	4.45	4.59	4.75	4.96	5.20	5.56	—

附录 4   三点法用表——C_s 与有关 Φ 值的关系表

C_s	$\Phi_{50\%}$	$\Phi_{1\%}-\Phi_{99\%}$	$\Phi_{3\%}-\Phi_{97\%}$	$\Phi_{5\%}-\Phi_{95\%}$	$\Phi_{10\%}-\Phi_{90\%}$
0.0	0.000	4.652	3.762	3.290	2.564
0.1	−0.017	4.648	3.756	3.287	2.560
0.2	−0.033	4.645	3.750	3.284	2.557
0.3	−0.055	4.641	3.743	3.278	2.550
0.4	−0.068	4.637	3.736	3.273	2.543
0.5	−0.084	4.633	3.732	3.266	2.532
0.6	−0.100	4.629	3.727	3.259	2.522
0.7	−0.116	4.624	3.718	3.246	2.510
0.8	−0.132	4.620	3.709	3.233	2.498
0.9	−0.148	4.615	3.692	3.218	2.483
1.0	−0.164	4.611	3.674	3.204	2.468
1.1	−0.179	4.606	3.656	3.185	2.448
1.2	−0.194	4.601	3.638	3.167	2.427
1.3	−0.208	4.595	3.620	3.144	2.404
1.4	−0.223	4.590	3.601	3.120	2.380
1.5	−0.238	4.586	3.582	3.090	2.353
1.6	−0.253	4.586	3.562	3.062	2.326
1.7	−0.267	4.587	3.541	3.032	2.296
1.8	−0.282	4.588	3.520	3.002	2.265
1.9	−0.294	4.591	3.499	2.974	2.232
2.0	−0.307	4.594	3.477	2.945	2.198
2.1	−0.319	4.603	3.469	2.918	2.164
2.2	−0.330	4.613	3.440	2.890	2.130
2.3	−0.340	4.625	3.421	2.862	2.095
2.4	−0.350	4.636	3.403	2.833	2.060
2.5	−0.359	4.648	3.385	2.806	2.024
2.6	−0.367	4.660	3.367	2.778	1.987
2.7	−0.376	4.674	3.350	2.749	1.949
2.8	−0.383	4.687	3.333	2.720	1.911
2.9	−0.389	4.701	3.318	2.695	1.876
3.0	−0.395	4.716	3.303	2.670	1.840
3.1	−0.399	4.732	3.288	2.645	1.806
3.2	−0.404	4.748	3.273	2.619	1.772
3.3	−0.407	4.765	3.259	2.594	1.738
3.4	−0.410	4.781	3.245	2.568	1.705
3.5	−0.412	4.796	3.225	2.543	1.670
3.6	−0.414	4.810	3.216	2.518	1.635
3.7	−0.415	4.824	3.203	2.494	1.600
3.8	−0.416	4.837	3.189	2.470	1.570
3.9	−0.415	4.850	3.175	2.446	1.536
4.0	−0.414	4.863	3.160	2.422	1.502
4.1	−0.412	4.876	3.145	2.396	1.471
4.2	−0.410	4.888	3.130	2.372	1.440
4.3	−0.407	4.901	3.115	2.348	1.408
4.4	−0.404	4.914	3.100	2.325	1.376
4.5	−0.400	4.924	3.084	2.300	1.345
4.6	−0.396	4.934	3.067	2.276	1.315
4.7	−0.392	4.942	3.050	2.251	1.286
4.8	−0.388	4.949	3.034	2.226	1.257
4.9	−0.384	4.955	3.016	2.200	1.229
5.0	−0.379	4.961	2.997	2.174	1.200
5.1	−0.374		2.978	2.148	1.173
5.2	−0.370		2.960	2.123	1.145
5.3	−0.365			2.098	1.118
5.4	−0.360			2.072	1.090
5.5	−0.356			2.047	1.063
5.6	−0.350			2.021	1.035

参 考 文 献

[1] 魏永霞,王丽学. 工程水文学 [M]. 北京:中国水利水电出版社,2005.
[2] 任树梅,李靖. 工程水文与水利计算 [M]. 北京:中国农业出版社,2005.
[3] 余新晓,张建军. 水文与水资源学 [M]. 北京:中国林业出版社,2016.
[4] 叶守泽. 水文水利计算 [M]. 北京:中国水利水电出版社,1992.
[5] 詹道江,叶守泽. 工程水文学 [M]. 北京:中国水利水电出版社,2000.
[6] 余光炎. 水文统计的原理与方法 [M]. 北京:水利电力出版社,1959.
[7] 华东水利学院. 水文学的概率统计基础 [M]. 北京:水利出版社,1981.
[8] 袁作新. 工程水文学 [M]. 北京:水利电力出版社,1990.
[9] 耿鸿江. 工程水文基础 [M]. 北京:中国水利水电出版社,2003.
[10] 何文英. 工程水文学 [M]. 重庆:重庆大学出版社,2003.
[11] 水利部长江水利委员会水文局,水利部南京水文水资源研究所. 水利水电工程设计洪水计算手册 [M]. 北京:水利电力出版社,1995.
[12] 水利部长江水利委员会. SL 278—2002 水利水电工程水文计算规范 [S]. 北京:中国水利水电出版社,2002.
[13] 中国水利水电出版社. SL 44—2006 水利水电工程设计洪水计算规范 [S]. 北京:中国水利水电出版社,2006.
[14] 王文圣. 水文学方法. 基础篇 [M]. 北京:科学出版社,2014.
[15] 黄廷林,马学尼. 水文学 [M]. 北京:中国建筑工业出版社,2014.
[16] 于建华,杨胜勇. 水文信息采集与处理 [M]. 北京:中国水利水电出版社,2015.
[17] 汤成友,官学文,张世明. 现代中长期水文预报方法及其应用 [M]. 北京:中国水利水电出版社,2008.
[18] 于玲. 水文预报 [M]. 郑州:黄河水利出版社,2011.
[19] 邓绶林. 地学辞典 [M]. 石家庄:河北教育出版社,1992.
[20] 姜弘道,严忠民. 水利概论 [M]. 北京:中国水利水电出版社,2010.
[21] 徐宗学. 水文模型 [M]. 北京:科学出版社,2009.
[22] 雷晓辉. 分布式水文模型 [M]. 北京:中国水利水电出版社,2010.
[23] 王浩. 水文学方法研究 [M]. 北京:科学出版社,2012.
[24] 李铁峰. 环境地质学 [M]. 北京:高等教育出版社,2003.
[25] 郭廷忠. 环境影响评价学 [M]. 北京:科学出版社,2007.
[26] 任树梅. 工程水文与水利计算 [M]. 北京:中国农业出版社,2013.
[27] 黄锡荃,李惠明,金伯欣. 水文学 [M]. 北京:高等教育出版社,1993.
[28] 徐淑琴,刘小燕. 水利计算 [M]. 北京:中国水利水电出版社,2011.
[29] 陈元芳,钟平安,李国芳,等. 工程水文及水利计算 [M]. 北京:中国水利水电出版社,2013.
[30] 李继清,门宝辉. 水文水利计算 [M]. 北京:中国水利水电出版社,2015.
[31] 任树梅,朱仲元. 工程水文学 [M]. 北京:中国农业大学出版社,2001.
[32] 叶秉如. 水利计算及水资源规划 [M]. 北京:中国水利水电出版社,1995.